Johannes Stärk
Assessment-Center erfolgreich bestehen

Johannes Stärk

# Assessment-Center erfolgreich bestehen

## Das Standardwerk für anspruchsvolle Führungs- und Fach-Assessments

Externe Links wurden bis zum Zeitpunkt der Drucklegung des Buches geprüft. Auf etwaige Änderungen zu einem späteren Zeitpunkt hat der Verlag keinen Einfluss. Eine Haftung des Verlags ist daher ausgeschlossen.

Bibliografische Information der Deutschen Nationalbibliothek

Die Deutsche Nationalbibliothek verzeichnet diese Publikation in der Deutschen Nationalbibliografie; detaillierte bibliografische Informationen sind im Internet über http://dnb.d-nb.de abrufbar.

ISBN 978-3-86936-184-0

Lektorat: Anja Hilgarth, Herzogenaurach
Umschlaggestaltung: Michael Wahl | www.buddelschiff.de
Umschlagfoto: iceteaimages / Fotolia.com
Autorenfoto: Siegbert Heuser, Taufkirchen
Satz und Layout: Das Herstellungsbüro, Hamburg
www.buch-herstellungsbuero.de
Druck und Bindung: Salzland Druck, Staßfurt

26. Auflage 2023
© 2021 GABAL Verlag GmbH, Offenbach
Alle Rechte vorbehalten. Vervielfältigung, auch auszugsweise, nur mit schriftlicher Genehmigung des Verlages.
Wir drucken in Deutschland.

www.gabal-verlag.de
www.gabal-magazin.de
www.facebook.com/Gabalbuecher
www.twitter.com/gabalbuecher
www.instagram.com/gabalbuecher

PEFC zertifiziert
Dieses Produkt stammt aus nachhaltig bewirtschafteten Wäldern und kontrollierten Quellen.

www.pefc.de

# Inhaltsverzeichnis

# Vorwort

## Warum dieses Buch eine gute Entscheidung ist

Mit diesem Ratgeber partizipieren Sie an meiner Erfahrung mit über 10 000 Kandidaten, die ich seit 2001 als Assessment-Center-Coach face-to-face auf anspruchsvolle Assessment-Center, Management-Audits, Potenzialanalysen und vergleichbare Verfahren vorbereitet habe. Sie erwerben sofort umsetzbare und praxiserprobte Methoden und Lösungswege, die von mir im Laufe der Jahre immer weiter optimiert und perfektioniert wurden und die bereits unzähligen Lesern halfen, ihr Assessment-Center erfolgreich zu bestehen.

Sie profitieren von meinem Insider-Wissen, denn als Entwickler und Moderator war ich an der Konzeption und Durchführung von Assessment-Centern bereits für zahlreiche Arbeitgeber tätig und sitze regelmäßig auf der Beurteilerseite. Sie erhalten somit die 360°-Perspektive auf dieses Verfahren, die Sie benötigen, um herausfordernde Assessment-Center-Situationen souverän zu meistern, damit Sie Ihr Karriereziel auf direktem Weg erreichen.

Sie erhalten on top 280 Seiten Assessment-Center-Übungsmaterial, das Sie direkt downloaden und ausdrucken können. Das ermöglicht Ihnen, die Erfolgsstrategien aus diesem Buch sofort in die Praxis umzusetzen und zu trainieren. Dadurch erwerben Sie umfassende Assessment-Center-Routine und maximieren Ihre Erfolgschancen. Unter www.assessment-center-kurse.de/vip und dem unten stehenden QR-Code haben Sie mit dem Passwort »ACErfolg1« Zugang zum Downloadbereich.

Viel Erfolg bei der Umsetzung wünscht Ihnen
Ihr Assessment-Center-Coach
Johannes Stärk

P. S.

Als hochspezialisierter Assessment-Center-Coach bin ich an Ihren persönlichen Assessment-Center-Erfahrungen und Ihrer Meinung zu diesem Buch interessiert. Teilen Sie mir gerne mit, wie Sie die hier vorgestellten Empfehlungen in Ihrem Assessment-Center umsetzen konnten, und senden Sie Ihr Feedback an kontakt@intertrainment.de.

Downloadbereich

# 1. Grundsätzliches zum Thema Assessment-Center

## Zielsetzung und Stellenwert eines Assessment-Centers

Kaum ein Auswahlverfahren erlebte in den letzten Jahren einen so starken Boom und ist zugleich derart umstritten wie das Assessment-Center – zu Deutsch Einschätzungsverfahren. Derzeit setzen mindestens 80 der DAX-100-Unternehmen dieses Personalauswahlverfahren ein – Tendenz steigend. Warum erfreuen sich Assessment-Center, die als zeitintensiv, kostspielig und aufwendig gelten, bei vielen Personalentscheidern so großer Beliebtheit? Personelle Fehlentscheidungen sind teuer, daher ist es nachvollziehbar, wenn sich ein Arbeitgeber im Rahmen einer Arbeitsprobe einen umfassenden Eindruck von Leistung und Verhalten eines Bewerbers verschaffen möchte. Je hochwertiger die zu besetzende Position ist, desto größer ist auch das Risiko einer Fehlbesetzung. In Führungs- und anspruchsvollen Fachpositionen kann der Schaden, den die falsche Person bereits während der Probezeit anrichten könnte, beträchtlich sein. Warum also nicht eine Arbeitsprobe vorab, quasi als Bestandsaufnahme? Dies ist der Grundgedanke des Assessment-Centers. Betrachten Sie dieses Auswahlverfahren daher als eine Art stark komprimierte und vorgezogene Probezeit, in der erfolgskritische Aufgaben der Zielposition simuliert werden. Ziel ist es zu ermitteln, inwieweit ein Bewerber die Anforderungen für eine bestimmte Position oder Hierarchieebene erfüllt oder nicht – also ein Soll-Ist-Vergleich. Und wenn es sich um eine sogenannte Potenzialanalyse handelt, besteht ein weiteres Ziel darin, herauszufinden, welche Entwicklungsmaßnahmen notwendig sind, um ihn auf die angestrebte Position vorzubereiten.

*Fehlbesetzungen verhindern mit ACs*

Glaubt man einschlägigen Studien, so erzielt das Assessment-Center eine relativ hohe prognostische Validität – also Trefferquote – und schneidet damit besser ab als viele andere eignungsdiagnostische Verfahren. Statistisch gesehen bedeutet das: Etwa acht von zehn Kandidaten, denen im Assessment-Center die Eignung für eine bestimmte Position zugesprochen wurde, erweisen sich auch im Nachhinein als die richtige Wahl. Viele Teilnehmer stehen einem Assessment-Center jedoch kritisch gegenüber oder zweifeln seine Aussagekraft und Sinnhaftigkeit an. Auch Linienvorgesetzte, die ihre Mitarbeiter in ein unternehmensinternes AC schicken, geben manchmal hinter vorgehaltener Hand zu, wenig von diesem Verfahren zu halten. Wie kommt es zu dieser Diskrepanz?

Eine hohe prognostische Qualität setzt voraus, dass von den Veranstaltern bestimmte Kriterien genau eingehalten werden. Der Assessment-Center e. V. – ein Verband, der unter anderem das Ziel verfolgt, Assessment-Center qualitativ zu verbessern – hat eine Reihe von Qualitätsstandards entwickelt, die in der Summe erfüllt sein müssen, um ein aussagekräftiges Ergebnis zu gewährleisten. In der Praxis werden diese Maßstäbe aber nicht überall eins zu eins umgesetzt. Leider wird bei diesem aufwendigen Auswahlverfahren häufig am falschen Fleck gespart. Beispielsweise werden Beobachter auf ihre anspruchsvolle Aufgabe aus Zeitgründen oftmals nur unzureichend oder im Schnelldurchlauf vorbereitet – um nur eine der vielen möglichen Schwachstellen zu nennen.

Zum Negativimage trägt weiterhin bei, dass viele der als Potenzialanalyse oder ähnlich deklarierten internen Verfahren ein ganz anderes Ziel verfolgen als die Weiterentwicklung ihrer Teilnehmer. In manchen Unternehmen landen Mitarbeiter, die das interne Assessment-Center nur mit mäßigem Erfolg absolvieren, auf dem Abstellgleis. Vielen bleiben Entwicklungs- und Aufstiegsmöglichkeiten für Jahre versagt oder sie müssen im schlimmsten Fall sogar damit rechnen, bei der nächsten Personalabbauwelle ihren Arbeitsplatz zu verlieren. Kein Wunder, dass dieses Instrument bei vielen einen so schlechten Ruf hat.

Wie bei vielen Dingen gibt es aber auch beim Assessment-Center nicht ausschließlich Schwarz und Weiß, sondern viele Facetten dazwischen. Die Idee, die hinter diesem Verfahren steckt – nämlich aufgrund von Arbeitsproben eine Prognose zu treffen – ist grundsätzlich sinnvoll. Um diesem Gedanken gerecht zu werden, ist seitens der Veranstalter und Arbeitgeber allerdings ein sehr verantwortungsbewusster und sorgfältiger Umgang mit diesem komplexen Instrument erforderlich.

## Assessment-Center-Varianten

Abhängig von der Teilnehmerzahl und der Frage, ob das Assessment-Center zur externen Bewerberauswahl oder intern eingesetzt wird, lassen sich die folgenden Varianten mit unterschiedlichen Zielsetzungen unterscheiden:

| | Einzel-Assessment: ein Teilnehmer | Gruppen-Assessment: mehrere Teilnehmer (in der Regel mind. vier Personen) |
| --- | --- | --- |
| **Externe Bewerber** | • hochrangige Führungspositionen oder<br>• Spezialistenstellen<br>• wenige Bewerber in der engeren Auswahl | • Wettbewerb um eine bestimmte Anzahl von Stellen<br>• hoher Konkurrenzdruck |
| **Interne Bewerber/ Mitarbeiter** | • Potenzialeinschätzung einer (hochrangigen) Führungskraft oder<br>• mehrere interne Kandidaten für eine ausgeschriebene Position<br>• Vermeidung einer Konkurrenzsituation aus unternehmenspolitischen Gründen<br>• Teilnahme kann leichter geheim gehalten werden | • Qualifizierung für eine bestimmte Hierarchieebene<br>• meist noch nicht mit einer konkreten Stellenbesetzung verknüpft, sondern Zugangsvoraussetzung<br>• keine unmittelbare Konkurrenzsituation |

Auch wenn Ihr Auswahlverfahren anders deklariert ist, sollte es sich einer dieser vier Kategorien zuordnen lassen. Manche Veranstalter wählen gerne anderslautende Bezeichnungen wie zum Beispiel:

**Der Arbeitstitel sagt wenig aus**

• Auswahltag
• Development-Center
• Förder-Assessment
• Förderseminar
• Karriere-Workshop
• Management-Audit
• Orientierungs-Center
• Personalentwicklungsseminar
• Potenzialanalyse
• Potenzialvalidierung
• Recruitment-Workshop
• usw.

Der Arbeitstitel alleine lässt nicht unbedingt Rückschlüsse auf die Zielsetzung, den Schwierigkeitsgrad oder den Ablauf zu. Nur noch wenige Organisationen verwenden die Bezeichnung Assessment-Center – vermutlich deshalb, weil sie mittlerweile eher negativ belegt ist und andere Namen positiver oder zumindest neutraler klingen.

Wenn man den Ablauf der Veranstaltungen genauer betrachtet, stellt man fest, dass es sich fast immer um ein klassisches Assessment-Center handelt, bei dem bestimmte Fähigkeiten der Teilnehmer auf dem Prüfstand stehen. Charakteristisch für die sogenannte Assessment-Center-Methode ist, dass die Kandidaten in anforderungsrelevanten simulierten Situationen beobachtet und anschließend bewertet werden. In diesem Buch werde ich mich deshalb weitgehend auf die Bezeichnungen Assessment-Center (AC) und Einzel-Assessment beschränken und möchte damit alle weiteren Arbeitstitel, die für dieses Verfahren noch existieren, automatisch mit einschließen.

**Unterschiede Einzel- und Gruppen-Assessment?** Viele Probanden vermuten zwischen Einzel- und Gruppen-Assessments erhebliche Unterschiede bezüglich der darin enthaltenen Aufgaben und Inhalte. Doch dabei handelt es sich um einen weitverbreiteten Irrglauben. Im Abschnitt »Kombination der Aufgaben« werden Sie noch die Top-7-Module kennenlernen, die unabhängig davon, ob es sich um ein Einzel- oder um ein Gruppen-AC handelt, am häufigsten zum Einsatz kommen. Abgesehen von der AC-Eröffnung und Pausenzeiten treffen Kandidaten eines Gruppen-Assessments lediglich bei einer Gruppendiskussion auf ihre Mitstreiter. Alle anderen Module durchlaufen sie üblicherweise einzeln. Die Beliebtheit der Gruppendiskussion hat jedoch im Laufe der letzten Jahre stark abgenommen, statistisch betrachtet kommt sie nur noch in jedem zweiten Gruppen-AC vor. Faktisch handelt es sich daher bei einem Gruppenverfahren ohne Gruppendiskussion um ein Einzel-Assessment. Zwar absolvieren mehrere Personen dasselbe AC, aber ohne Bezug zueinander. Dem »echten« Einzel-Assessment wird dagegen häufig unterstellt, dass es ohnehin nur typische Einzelaufgaben beinhalten könne. Doch auch hier lassen sich Gruppensituationen – z. B. in Form eines Teammeetings – erzeugen. Die anderen Beteiligten werden in diesem Fall durch Rollenspieler verkörpert. Die häufig vermuteten Unterschiede existieren also bei genauerer Betrachtung überhaupt nicht.

# Beteiligte

## Veranstalter

Im Grunde genommen initiiert natürlich der Arbeitgeber die Veranstaltung. Er kann das Assessment-Center entweder selbst organisieren – in diesem Fall durch seinen eigenen Personalbereich – oder aber Konzeption und Durchführung an ein Beratungsunternehmen vergeben, das dann federführend als Veranstalter in Erscheinung tritt.

**Extern oder intern**

## Moderator

Der Moderator ist verantwortlich für den reibungslosen Ablauf, das heißt, er organisiert die Vorbereitung, Durchführung und Auswertung. Er achtet auf die Einhaltung des Zeitplans und ist zentrale Anlaufstelle für alle Beteiligten. Wie es schon die Bezeichnung vermuten lässt, moderiert er auch das Assessment-Center. Er leitet die Eröffnungsrunde, stellt den Ablauf vor und weist in bestimmte Übungen ein. Unter Umständen wird er durch einen oder mehrere Co-Moderatoren oder Assistenten unterstützt. Wer als Veranstalter das Assessment-Center organisiert, stellt normalerweise auch den Moderator.

## Beobachter

Die Beobachter – manchmal auch als Assessoren bezeichnet – verfolgen die Aufgaben sozusagen als Jury mit und beurteilen daraufhin das gezeigte Verhalten der Probanden.

**Die Jury**

Sofern das Assessment-Center durch das Unternehmen selbst organisiert wird, sitzen im Beobachtergremium meist Vertreter des Personalbereichs (Personalentwickler, Psychologen) sowie Führungskräfte aus unterschiedlichen Unternehmensbereichen. Insbesondere bei internen Verfahren, bei denen es um die Eignung für Führungsaufgaben oder eine bestimmte Hierarchiestufe geht, werden – im Vergleich zu einem klassischen Einstellungs-AC – die Führungskräfte stärker repräsentiert sein. Diese werden idealerweise so ausgewählt, dass sie zwei Hierarchieebenen über den Teilnehmern angesiedelt sind, aus unterschiedlichsten Fachbereichen kommen und keinen direkten Bezug zu einzelnen Kandidaten haben (also kein Vorgesetzter, ehemaliger Vorgesetzter oder Kollege sind). Handelt es sich um ein Assessment-Center, bei dem ein Kandidat für eine konkrete Stelle ausgewählt werden soll, wird oft auch der künftige Linienvorgesetzte eingebunden. Er müsste ja schließlich die Anforderungen an die Position am besten kennen.

Wird das Assessment-Center durch einen externen Dienstleister organisiert, so liefert dieser oft alle zur Durchführung erforderlichen Personen mit. Es ist hier aber genauso denkbar, dass die Beobachter ausschließlich unternehmensintern rekrutiert werden oder sich das Gremium sowohl aus internen wie auch externen Beobachtern zusammensetzt.

**Objektives Bild von Teilnehmern** Um Beobachtungs- und Beurteilungsfehler auf ein Minimum zu reduzieren, werden die Beobachter in der Regel im Rahmen einer Beobachterschulung auf ihre Tätigkeit vorbereitet. Damit ein möglichst objektives Bild von den einzelnen Teilnehmern entsteht, ist der AC-Ablauf idealerweise so organisiert, dass jeder Beobachter jeden Kandidaten mindestens zweimal erlebt. Dabei wird grundsätzlich nach dem Vieraugenprinzip gearbeitet. Für Sie als Teilnehmer bedeutet dies, dass Sie bei den unterschiedlichen Aufgaben immer wieder auf neue Beobachterteams treffen werden.

## Rollenspieler

Rollenspieler spielen die Gesprächspartner der AC-Kandidaten, zum Beispiel in einem Mitarbeiter- oder Kundengespräch. In manchen Unternehmen werden diese Positionen durch Beobachter besetzt – meist aus Kostengründen. Andere Organisationen leisten sich dagegen professionelle Rollenspieler, die keine weiteren Aufgaben im Assessment-Center wahrnehmen müssen und ihre Rolle dadurch auch besser ausfüllen können. Oft sind dies Psychologen oder Bühnenschauspieler. Dass Teilnehmer in einem Rollenspiel gegen andere Teilnehmer antreten müssen, kommt relativ selten vor. Durch diese Rollenbesetzung entstünde ein nicht kalkulierbarer Schwierigkeitsgrad. Im Sinne eines gleichen Anforderungsmaßstabs für alle Kandidaten kann dies eigentlich nicht gewünscht sein. Etwas nachvollziehbarer wäre diese Vorgehensweise höchstens, wenn ein Verhandlungsgespräch zwischen hierarchisch Gleichgestellten simuliert werden soll. Bei einem Mitarbeitergespräch sollte diese Variante dagegen absolut tabu sein.

## Meta-Beobachter

Gelegentlich kommt es vor, dass bei einem Assessment-Center weitere Personen als Meta-Beobachter anwesend sind. Dabei handelt es sich jedoch nicht um die AC-Beobachter, deren Aufgabe in der Bewertung der Kandidaten besteht. Meta-Beobachter interessieren sich stattdessen für die Veranstalterseite und den Gesamtablauf. Zum einen könnte es sich um Betriebs- bzw. Personalräte handeln, deren Beteiligung im Rahmen einer Betriebsvereinbarung geregelt ist und die sich davon überzeugen möchten, dass die Arbeitnehmerinteressen gewahrt werden. Außerdem könnten externe Berater oder Personalverantwortliche vor Ort sein, die das Verfahren unter dem Aspekt der Qualitätssicherung beobachten bzw. supervidieren.

**Kontrolle des Gesamtablaufs**

## Organisation und Ablauf

### Einladung

Bei manchen externen Assessment-Centern enthält die Einladung neben dem Veranstaltungstermin und -ort oft nur dürftige Angaben. Bei internen Assessment-Centern ist darüber hinaus meist im Rahmen einer Betriebsvereinbarung geregelt, welche zusätzlichen Informationen den Teilnehmern vorab zur Verfügung gestellt werden. Dabei wird in der Regel über die Zielsetzung und den Stellenwert des Verfahrens, die Assessment-Center-Methodik allgemein, die Rolle und Hierarchieebene der Beobachter, die Ergebnisfindung und die Ergebnisübermittlung informiert. Existiert so etwas wie ein Kompetenzmodell, in dem hinterlegt ist, welche Anforderungen an welche Hierarchieebene gestellt werden, wird dieses oft ebenfalls mitgeliefert. Über diese grundsätzlichen Erläuterungen zur Methodik gehen die meisten Einladungen nicht hinaus. Es gibt jedoch einige Organisationen, in denen der Prozess tatsächlich so transparent gestaltet ist, dass bereits vorab der konkrete Ablauf mit den einzelnen Aufgaben vorgestellt wird.

**Dresscode** Wenn – wie in den meisten Einladungen – das Thema Dresscode nicht erwähnt ist, wird meist Businessgarderobe erwartet. Andernfalls wird man explizit darauf hinweisen, dass legere Kleidung erwünscht ist bzw. in Ordnung geht. Sofern Sie nicht aufgefordert werden, bestimmte Arbeitsutensilien mitzubringen, können Sie davon ausgehen, dass alle erforderlichen Materialien gestellt werden.

**Tipp**

Denken Sie daran, die **Einladung** und **Anreisebeschreibung** einzupacken. Nehmen Sie auf jeden Fall eine **Armbanduhr** mit!

Darüber hinaus ist es empfehlenswert, folgende Hilfsmittel mitzubringen, auch dann, wenn Material und Verpflegung gestellt werden:

• Schreibblock
• Stifte
• Lineal
• Textmarker
• Taschenrechner
• evtl. Getränk und kleinen Snack

Ob Sie eigenes Arbeitsmaterial einsetzen dürfen, wird sich im Assessment-Center herausstellen. Falls ja, dann kommen Sie mit Ihren eigenen Utensilien erfahrungsgemäß leichter zurecht.

Gelegentlich erhalten Teilnehmer eines Assessment-Centers mit der Einladung einen bestimmten Arbeitsauftrag, der bis zum Veranstaltungstermin zu erledigen ist. Nur wenige Unternehmen sprechen die Empfehlung aus, sich auf das Verfahren vorzubereiten. Bei manchen Arbeitgebern ist das Thema AC-Vorbereitung unerwünscht, einige raten den Teilnehmern sogar explizit davon ab. Dies dürfte wohl auch der Hintergrund für sehr kurzfristig ausgesprochene Einladungen sein: zu verhindern, dass sich AC-Kandidaten umfassend vorbereiten können. Der Trend zu sehr knappen Einladungsfristen nimmt leider zu. Uns erreichen zunehmend Anfragen von Probanden, die erst ca. 10 Tage vor ihrem AC-Termin eine Einladung erhalten und nun ad hoc ein AC-Vorbereitungstraining benötigen.

## Ablauf

Die Teilnehmer erhalten üblicherweise eine Übersicht, aus der die Abfolge der Assessment-Center-Stationen hervorgeht. Unter Umständen wird dieser Ablaufplan bereits mit der Einladung verschickt. Meistens werden diese Informationen jedoch erst zu Beginn der Veranstaltung ausgegeben. In der folgenden Übersicht ist der Ablauf am Beispiel eines Teilnehmers dargestellt:

**ABLAUFPLAN für Herrn Michael Müller**

**1. Tag**

| von | bis | Aufgabe | Raum |
|---|---|---|---|
| | 18:00 Uhr | Anreise | |
| 19:00 Uhr | 20:00 Uhr | gemeinsames Abendessen | Restaurant |
| 20:00 Uhr | | Freizeit | |

**2. Tag**

| von | bis | Aufgabe | Raum |
|---|---|---|---|
| 08:00 Uhr | 08:30 Uhr | Einführung | Plenum |
| 08:30 Uhr | 09:45 Uhr | Gruppendiskussion | Plenum |
| 09:45 Uhr | 10:05 Uhr | Vorbereitung Mitarbeitergespräch | Raum 3 |
| 10:05 Uhr | 10:30 Uhr | Rollenspiel: Mitarbeitergespräch | Raum 1 |
| 10:30 Uhr | 10:40 Uhr | Pause | |
| 10:40 Uhr | 11:40 Uhr | Postkorbbearbeitung | Raum 2 |
| 11:40 Uhr | 13:00 Uhr | Fallbearbeitung | Raum 2 |
| 13:00 Uhr | 14:00 Uhr | Mittagspause | Restaurant |
| 14:00 Uhr | 14:40 Uhr | Fallpräsentationen | Plenum |
| 14:40 Uhr | 15:15 Uhr | Gruppenaufgabe | Plenum |
| 15:15 Uhr | 15:35 Uhr | Vorbereitung Entwicklungsgespräch | Raum 3 |
| 15:35 Uhr | 16:00 Uhr | Rollenspiel: Entwicklungsgespräch | Raum 1 |
| 16:00 Uhr | 16:20 Uhr | Einzelarbeit | Raum 3 |
| 16:20 Uhr | 16:35 Uhr | Kurzpräsentation | Raum 2 |
| 16:35 Uhr | 16:55 Uhr | Pause | |
| 16:55 Uhr | 18:00 Uhr | Einzelarbeit | Raum 3 |
| 18:00 Uhr | 18:30 Uhr | Tagesabschlussrunde | Plenum |

| 19:00 Uhr | 20:00 Uhr | Gemeinsames Abendessen | Restaurant |
| 20:00 Uhr | | Freizeit | |

**3. Tag**

| von | bis | Aufgabe | Raum |
| --- | --- | --- | --- |
| 9:00 Uhr | 11:00 Uhr | Feedbackgespräche mit den Beobachtern (nach Aufruf, bitte im Plenum zur Verfügung halten) | Räume 1–3 Plenum |
| | | anschließend Rückreise | |

**Pläne für Teilnehmer und Beobachter**

Beim Vergleich der Ablaufpläne aller Kandidaten, die zu diesem Termin eingeladen sind, würde man höchstwahrscheinlich von Teilnehmer zu Teilnehmer eine unterschiedliche Abfolge feststellen. Es gibt in einem Assessment-Center bestimmte Stationen, die die Teilnehmer gemeinsam absolvieren – zum Beispiel Gruppendiskussionen –, und andere Aufgaben, die die Kandidaten einzeln durchlaufen – beispielsweise Rollenspiel oder Interview. Bei diesen Einzeldurchgängen sind normalerweise keine anderen Teilnehmer zugegen, da für diese sonst Leerlaufzeiten sowie Wettbewerbsvorteile durch Beobachtung der Aufgabe entstünden. Der Ablauf ist daher so gestaltet, dass parallel zu diesen Einzelstationen, die hohe Beobachterkapazitäten binden, räumlich getrennt für andere Teilnehmer Aufgaben in stiller Einzelarbeit stattfinden, wie beispielsweise »Postkorb« oder »Fallstudie«. Die Veranstalter bezwecken durch dieses rollierende Prinzip eine optimale Ausnutzung der zur Verfügung stehenden Zeit unter Berücksichtigung der Beobachterkapazitäten. Gleichzeitig erzeugt man den für viele Assessment-Center typischen Parcours mit einer Vielzahl unterschiedlicher Aufgaben, die zeitlich eng getaktet sind. Die Organisatoren planen daher im Vorfeld genau, wer wann welche Station durchläuft, und erstellen eine dementsprechende Übersicht pro Teilnehmer (siehe Ablaufplan Michael Müller). Analoge Ablaufpläne existieren auch für die Beobachterseite; darin ist genau festgelegt, welche Beobachter welche Übungen begleiten.

**Knappe Zeit erhöht Leistungsdruck**

Da Zeitverzögerungen bei einzelnen Übungen den Ablauf des gesamten Verfahrens beeinträchtigen können, achten die Moderatoren meist sehr stringent auf die Einhaltung des Zeitplans. Pro Arbeitsauftrag wird deshalb eine konkrete Bearbeitungszeit vorgegeben, die genau einzuhalten ist. Läuft diese ab, werden die Beobachter bzw. Moderatoren darauf hinweisen oder die Übung direkt abbrechen. Innerhalb der Aufgabe sind die Kandidaten immer selbst für das Zeitmanagement verantwortlich. Die Bearbeitungszeiten sind im Verhältnis zum Umfang der Aufgaben meist äußerst knapp bemessen, was den Leistungsdruck auf die Teilnehmer erhöht.

## Kombination der Aufgaben

Mit welchen Aufgaben müssen Sie rechnen? Im vorhergehenden Abschnitt tauchten bereits bestimmte Übungen wie »Postkorb«, »Fallstudie«, »Präsentation«, »Gruppendiskussion«, »Rollenspiel« und »Interview« auf. Doch ein Assessment-Center ausschließlich darauf zu reduzieren, würde der Vielschichtigkeit dieses Instruments nicht gerecht werden. Immerhin handelt es sich um ein ausgesprochen komplexes Auswahlverfahren, bei dem anhand anforderungsbezogener Kriterien die Eignung für eine bestimmte Position oder Ebene ermittelt werden soll. In den meisten Assessment-Centern ist der Fokus dabei auf Kriterien aus den Bereichen der sozialen und methodischen Kompetenz gerichtet. Dies bedeutet keineswegs, dass die fachliche Kompetenz irrelevant ist. Dem Kandidaten, der sich einem solchen Auswahlverfahren unterziehen muss, wird diese vielmehr als Grundvoraussetzung unterstellt bzw. im Vorfeld anderweitig überprüft.

Auch wenn die Fachkompetenz größtenteils außen vor bleibt, ist die Annahme, es gäbe so etwas wie ein Standard-Assessment-Center, mit dem sich die soziale und die methodische Kompetenz übergreifend messen ließen, nicht zutreffend. Dafür sind die Anforderungen innerhalb dieser Kompetenzbereiche, die je nach Aufgabengebiet, Hierarchieebene sowie innerhalb des Unternehmens und der Branche stark variieren können, zu unterschiedlich. Ein Assessment-Center ist im Idealfall so konzipiert, dass es das individuelle Anforderungsprofil der Position oder Hierarchieebene über eine ganz bestimmte Kombination von Aufgaben abbildet. Es ist also durchaus denkbar, dass der gleiche Bewerber, der ein Assessment-Center sehr gut besteht, bei einem anderen eher schlecht abschneidet. Im Klartext heißt das: DAS Assessment-Center gibt es nicht. Es gibt nahezu so viele verschiedene

Kombinationsmöglichkeiten, wie es Unternehmen oder Institutionen gibt.

Die Top-7-Aufgaben Natürlich gibt es Aufgaben, mit denen statistisch betrachtet bevorzugt gearbeitet wird:

1. Präsentation
2. Rollenspiel
3. Strukturiertes Interview
4. Fallstudie / Case Study
5. Gruppendiskussion / Teammeeting
6. Psychometrische Tests
7. Postkorb- / Management-Aufgabe

Mit den Top-3-Aufgaben »Präsentation«, »Rollenspiel« und »Strukturiertes Interview« sollten Sie so gut wie immer rechnen. Gerade in mehrtägigen Assessment-Centern könnten speziell die beiden erstgenannten Module sogar mehrfach zum Einsatz kommen. Insbesondere Präsentationen werden gerne in verschiedenen Variationen eingefordert, zum Beispiel zu Beginn als Selbstpräsentation und im weiteren Verlauf zur Darstellung bestimmter Arbeitsergebnisse. In einem Führungskräfte-AC sollten Sie davon ausgehen, dass das Thema Mitarbeitergespräch nicht nur in einem Rollenspiel behandelt wird, sondern dass durchaus zwei oder drei unterschiedliche Gespräche stattfinden könnten.

Nicht ganz so stark vertreten sind dagegen die anderen vier Module. Die hier dargestellte Auflistung spiegelt in etwa das Ranking der 7 mit Abstand am häufigsten eingesetzten Assessment-Center-Module im deutschsprachigen Raum wider.

## Hinweis

Streng genommen handelt es sich beim strukturierten Interview sowie bei psychometrischen Tests gar nicht um AC-Aufgaben im engeren Sinne. Denn AC-Aufgaben funktionieren nach dem Simulationsprinzip, d. h. erfolgskritische Aufgaben der Zielposition werden nachgestellt und der Kandidat wird bei deren Bewältigung beobachtet und bewertet. Interviews und Tests können dagegen als eigenständige diagnostische Verfahren betrachtet werden. Unabhängig davon sind sie in viele Assessment-Center eingebunden, da sie die Möglichkeit bieten, weitere Erkenntnisse über die Kandidaten zu gewinnen.

Insgesamt ist das Portfolio an denkbaren Übungen erheblich größer, als es die Darstellung in diesem Buch erlaubt. Es gibt eine Fülle von weiteren Aufgaben, deren Aufzählung den Rahmen sprengen würde, bei denen eine nur geringe Wahrscheinlichkeit besteht, damit im AC behelligt zu werden. Seien Sie also nicht verwundert, wenn Sie doch einmal mit einem Arbeitsauftrag konfrontiert werden, von dem Sie als Assessment-Center-Aufgabe noch nie gehört haben. Im Beratungsalltag stoße ich immer wieder auf Übungen, die zuvor selbst mir unbekannt waren. Ich bin deshalb zu der Schlussfolgerung gekommen: Es gibt nichts, was es in einem Assessment-Center nicht geben kann!

### Unkonventionelle Aufgaben

*In einem Auswahlverfahren für Vertriebsmitarbeiter eines Dienstleistungsunternehmens erhalten die Teilnehmer neben den »klassischen Aufgaben« einen Sonderauftrag. Die Kandidaten werden in die Fußgängerzone geschickt, mit dem Ziel, innerhalb einer vorgegebenen Zeit möglichst viele Passanten anzusprechen und Interesse für die Dienstleistungen des Unternehmens zu wecken. Jedem Bewerber wird dabei ein Beobachter zur Seite gestellt, der die Ansprache der potenziellen Interessenten verfolgt.*

**Beispiel**

Auch wenn die Aufgabe aus dem Beispiel zunächst exotisch erscheinen mag, so ist sie auf den zweiten Blick gar nicht so abwegig. Flexibilität, Akquisitionsstärke und die Fähigkeit, auf fremde Menschen aktiv zuzugehen, scheinen zentrale Anforderungskriterien für die ausgeschriebene Position zu sein. Warum sollten diese ausschließlich in konstruierten Aufgaben und nicht auch in realen Situationen beobachtet werden? Das Beispiel ist sicher nicht inhaltlich repräsentativ für die Masse der Assessment-Center, zeigt aber, dass zur Überprüfung spezieller Anforderungskriterien auch unkonventionelle Aufgaben zum Einsatz kommen können. Wenn Sie sich also für eine Vertriebsposition bewerben und Akquisitionsstärke eines der Hauptkriterien ist, dann sollten Sie in der Lage sein, dies nicht nur in der Laborsituation – also im Rollenspiel, auf das Sie sich ja vermutlich gut vorbereitet haben –, sondern auch in unvorhergesehenen Alltagssituationen unter Beweis zu stellen.

Eine Frage, die viele AC-Kandidaten bewegt, ist der Umgang mit den sogenannten »heimlichen Übungen«. Die Meinung, Teilnehmer eines Assessment-Centers würden in den Pausen und bei den Mahlzeiten gezielt beobachtet, ist weit verbreitet, doch aus meiner Erfahrung unbegründet. Erstens wäre eine derartige Vorgehensweise schon aus arbeitsrechtlicher Sicht sehr bedenklich. Und zweitens sind Beobachter auch nur Menschen, denen ein Assessment-Center fast ebenso viel Konzentration und Aufmerksamkeit abverlangt wie den Teilnehmern. Insofern ist auch ein Beobachter dankbar für eine Pause und möchte dann sicher nicht noch zusätzlich Teilnehmer »beschatten« müssen. Es gibt jedoch eine Handvoll Unternehmen, die Abendtermine, wie zum Beispiel ein Dinner, zur Pflichtveranstaltung für bestimmte Führungsebenen machen. Dabei weisen die Veranstalter jedoch in der Regel darauf hin, dass dies ein offizieller Bestandteil des Assessment-Centers ist und zur Bewertung beiträgt – mit einer heimlichen Übung hat dies also nichts zu tun. Die Assessment-Center, in denen tatsächlich gezielte verdeckte Pausenbeobachtungen stattfinden, dürften sich im marginalen Bereich bewegen – mir sind nur wenige Einzelfälle bekannt. Dass die zufälligen Begegnungen mit Beobachtern außerhalb des offiziellen Aufgabenkontextes als Mosaiksteine unbewusst zum Gesamtbild einer Person beitragen können, dürfte dagegen für die meisten Leser kein großes Geheimnis sein. Der Mythos von heimlichen Übungen hält sich dennoch hartnäckig. Möglicherweise nur deshalb, weil einige Bücher diesem Thema sogar ein eigenes Kapitel widmen. Sie sollten diesem Thema nicht mehr Bedeutung beimessen, als ihm gebührt.

Die Aufgaben, die am häufigsten eingesetzt werden (siehe oben: Ranking der Top 7), werde ich in diesem Buch am ausführlichsten behandeln und dazu sehr differenzierte Bearbeitungsstrategien für ihre verschiedenen Untervarianten darstellen. Darüber hinaus werde ich auf eine Reihe weiterer Übungen eingehen, die zwar nicht ganz so häufig vertreten sind, aber dennoch für viele AC-Teilnehmer relevant sein könnten, und auch dafür Lösungsmöglichkeiten vorstellen. Da das Spektrum an möglichen Aufgaben jedoch riesig ist, wird es mir nicht gelingen, jede nur erdenkliche Übung in diesem Buch zu behandeln.

Falls Sie bereits konkret wissen, welche Elemente in Ihrem Assessment-Center eingesetzt werden, sollten Sie sich bei Ihrer Vorbereitung natürlich speziell auf diese Themen konzentrieren. Den Lesern, denen keinerlei Informationen zum Ablauf vorliegen, empfehle ich, sich auf jeden Fall mit den Top-7-Aufgaben auseinanderzusetzen, darüber hinaus aber auch eine Prognose zu treffen, welche Aufgabenkombination wahrscheinlich sein könnte.

> Reflektieren Sie das Anforderungsprofil und die Aufgabenbeschreibung für die angestrebte Position bzw. Hierarchieebene. Versetzen Sie sich dann in die Lage des Arbeitgebers und überlegen Sie aus dessen Perspektive, anhand welcher konkreten Aufgaben Sie die Eignung der Kandidaten überprüfen würden. Die Erfahrung zeigt, dass viele Teilnehmer mit ihrer Einschätzung oft relativ nahe an den dann tatsächlich durchgeführten Übungen liegen.

**Tipp**

## Beurteilung und Ergebnisfindung

»Wie kommt das Ergebnis in einem Assessment-Center zustande?«, oder: »Kann ich eine Übung, die schlecht gelaufen ist, mit einer anderen ausgleichen?« Solche Fragen werden mir häufig gestellt, doch sie lassen sich leider nicht mit einem Satz beantworten. Wie bereits in den vorhergehenden Abschnitten beschrieben, gibt es bestimmte Anforderungskriterien, die in einem Auswahlverfahren beurteilt werden sollen. Daraufhin werden verschiedene Aufgaben entwickelt, deren Konstrukteure der Meinung sind, dass sich daran die Erfüllung dieser Kriterien besonders gut erkennen lässt. Das komplette Assessment-Center wird dann in Form einer sogenannten Übungs-Kriterien-Matrix abgebildet, aus der ersichtlich ist, in welcher Aufgabe welche Anforderungskriterien überprüft werden. Diese Informationen sind Ihnen als Teilnehmer allerdings meist nicht zugänglich.

## ÜBUNGS-KRITERIEN-MATRIX

| AUFGABEN / KRITERIEN | Gruppendiskussion | Gruppenaufgabe | Mitarbeitergespräch | Postkorb | Fallstudie | Entwicklungsgespräch | Kurzpräsentation | Häufigkeit des Kriteriums |
|---|---|---|---|---|---|---|---|---|
| Überzeugungsfähigkeit | x | | x | | | x | x | 4 |
| Konfliktfähigkeit | x | x | x | | | | | 3 |
| Souveränität | | | x | | | | x | 2 |
| Entscheidungsfähigkeit | | | | x | x | | | 2 |
| Ergebnisorientierung | x | x | x | x | | x | | 5 |
| Problemanalysefähigkeit | | x | | x | x | x | | 4 |
| strategisches Denken | | x | x | | | x | | 3 |
| Kriterien pro Aufgabe | 3 | 4 | 5 | 3 | 2 | 4 | 2 | |

In den unterschiedlichen Übungen werden ausschließlich vorgegebene Anforderungsdimensionen beobachtet und bewertet. Durch die Übungs-Kriterien-Matrix wird deutlich, dass ein Kriterium nicht nur über eine, sondern immer über mindestens zwei Aufgaben abgedeckt wird. Pro Übung werden in der Regel nicht mehr als fünf Anforderungskriterien beurteilt, da diese Zahl als kritische Obergrenze für die Erfassbarkeit gilt.

**Erst beobachten, dann bewerten**

Die Beobachter arbeiten nach dem Grundsatz: Erst beobachten und dann bewerten – Letzteres also erst nach Abschluss der Übung. Dazu werden als Hilfsmittel Beobachtungs- und Bewertungsbögen zur Verfügung gestellt. Am Beispiel der Aufgabe »Kurzpräsentation« aus der oben dargestellten Übungs-Kriterien-Matrix ist ersichtlich, dass damit die Kriterien »Souveränität« und »Überzeugungsfähigkeit« beurteilt werden sollen. Diese Begriffe sind allerdings noch sehr abstrakt und könnten von jedem anders interpretiert werden. Deshalb werden den Beobachtern mittels der Arbeitsbögen Unterkategorien, Operationalisierungen oder Beispiele vorgegeben, an denen sie die Erfüllung der Anforderungsdimension festmachen können. Darüber hinaus würde man im Rahmen des Beobachtertrainings die Assessoren darauf schulen, wie sie erkennen können, ob und inwieweit die erwünschten Anforderungen erfüllt sind.

---

### BEOBACHTUNGSBOGEN KURZPRÄSENTATION

| Teilnehmer/in: | Beobachter/in: |
|---|---|
| Michael Müller | Renate Holzmann |

Beobachten Sie den Teilnehmer während der Kurzpräsentation hinsichtlich der vorgegebenen Unterkategorien und notieren Sie Ihre Beobachtungen unmittelbar (stichpunktartig).

#### BEOBACHTUNGEN ZUR SOUVERÄNITÄT IN DER KURZPRÄSENTATION

| | |
|---|---|
| **Blickkontakt:** | |
| **Stimme:** Tempo, Lautstärke, Anzeichen von Nervosität? | |
| **Stand/Position:** Evtl. Bewegung im Raum? Aktionsradius? | |
| **Gestik/Haltung der Hände:** | |
| **Reaktion auf Fragen:** | |
| **Sonstige Beobachtungen in Bezug auf die Souveränität:** | |

#### BEOBACHTUNGEN ZUR ÜBERZEUGUNGSFÄHIGKEIT IN DER KURZPRÄSENTATION

| | |
|---|---|
| **Argumentation:** | |
| **Sprache:** Zielgruppengerecht? Aktiv oder passiv? Häufig im Konjunktiv? Beispiele und Metaphern? | |
| **Medieneinsatz / Visualisierung:** | |
| **Einwandbehandlung:** | |
| **Sonstige Beobachtungen in Bezug auf die Überzeugungsfähigkeit:** | |

## BEWERTUNGSBOGEN KURZPRÄSENTATION

**Teilnehmer / -in:**
Michael Müller

**Beobachter / -in:**
Renate Holzmann

---

Bewerten Sie nach Abschluss der Aufgabe anhand Ihrer Beobachtungen folgende Aussagen und treffen Sie danach eine Gesamtbewertung zur gezeigten <u>Souveränität</u> in der <u>Kurzpräsentation</u>:

**Blickkontakt:** Hat ausgeprägten Blickkontakt zu den Zuhörern

O *trifft kaum zu*    O *trifft weniger zu*    O *trifft teilweise zu*    O *trifft überwiegend zu*    O *trifft genau zu*

**Stimme:** Spricht in angemessenem Tempo und adäquater Lautstärke, Nervosität anhand der Stimme ist in keinster Weise erkennbar, strahlt durch die Stimme Sicherheit aus

O *trifft kaum zu*    O *trifft weniger zu*    O *trifft teilweise zu*    O *trifft überwiegend zu*    O *trifft genau zu*

**Stand / Position:** Ruhiger Stand bzw. bewegt sich sicher in einem angemessenen Aktionsradius, vermeidet häufigen Standbeinwechsel und viele Laufbewegungen, nimmt eine zentrale Position im Raum ein, ohne sich hinter Barrieren zu verstecken

O *trifft kaum zu*    O *trifft weniger zu*    O *trifft teilweise zu*    O *trifft überwiegend zu*    O *trifft genau zu*

**Gestik / Hände:** Gestikuliert angemessen, zeigt keinerlei Verlegenheitsgesten, die Haltung der Hände wirkt insgesamt offen, die Hände sind während der Präsentation immer sichtbar (also nicht hinter dem Rücken oder in der Hosentasche)

O *trifft kaum zu*    O *trifft weniger zu*    O *trifft teilweise zu*    O *trifft überwiegend zu*    O *trifft genau zu*

**Reaktion auf Fragen:** Lässt sich durch Zwischen- / Rückfragen nicht aus der Ruhe bringen, reagiert auf Einwände sicher und sachlich, lässt sich weder provozieren noch einschüchtern

O *trifft kaum zu*    O *trifft weniger zu*    O *trifft teilweise zu*    O *trifft überwiegend zu*    O *trifft genau zu*

Weitere Auffälligkeiten in Bezug auf die Souveränität in der Kurzpräsentation:

......................................................................................................................................................

......................................................................................................................................................

Gesamtbewertung der Souveränität in der Kurzpräsentation:

| – | 1 | 2 | 3 | 4 | 5 | + |
|---|---|---|---|---|---|---|
|   |   |   |   |   |   |   |

Bewerten Sie nach Abschluss der Aufgabe anhand Ihrer Beobachtungen folgende Aussagen und treffen Sie danach eine Gesamtbewertung zur gezeigten Überzeugungsfähigkeit in der Kurzpräsentation:

**Argumentation:** Baut seine Argumentation strukturiert und nachvollziehbar auf, greift wesentliche Fakten zur Untermauerung der eigenen Position auf, leitet den Nutzen für die Zielgruppe folgerichtig ab und stellt diesen plausibel dar

O *trifft kaum zu*   O *trifft weniger zu*   O *trifft teilweise zu*   O *trifft überwiegend zu*   O *trifft genau zu*

**Sprache:** Spricht die Zielgruppe direkt an, verwendet eine lebendige und aktive Sprache, arbeitet mit Beispielen oder Metaphern, vermeidet Formulierungen im Konjunktiv, formuliert verständlich und prägnant

O *trifft kaum zu*   O *trifft weniger zu*   O *trifft teilweise zu*   O *trifft überwiegend zu*   O *trifft genau zu*

**Medien / Visualisierung:** Nutzt Medien sinnvoll, um relevante Zusammenhänge zu verdeutlichen und wichtige Botschaften nachhaltig zu dokumentieren, gestaltet Medien übersichtlich und ansprechend

O *trifft kaum zu*   O *trifft weniger zu*   O *trifft teilweise zu*   O *trifft überwiegend zu*   O *trifft genau zu*

**Umgang mit Einwänden:** Nimmt Einwände und Bedenken der Zielgruppe ernst, geht auf diese ein und entkräftet sie geschickt, nutzt Fragen und Einwände darüber hinaus als Chance, die Zielgruppe mit ins Boot zu holen und für die eigene Position zu gewinnen

O *trifft kaum zu*   O *trifft weniger zu*   O *trifft teilweise zu*   O *trifft überwiegend zu*   O *trifft genau zu*

Weitere Auffälligkeiten in Bezug auf die Überzeugungsfähigkeit in der Kurzpräsentation:

.............................................................................................................................................

.............................................................................................................................................

Gesamtbewertung der Überzeugungsfähigkeit in der Kurzpräsentation:

| − | 1 | 2 | 3 | 4 | 5 | + |
|---|---|---|---|---|---|---|

Zur Vereinfachung möchte ich die weitere Betrachtung auf ein Kriterium, nämlich die Souveränität, beschränken. Diese wird anhand der Kurzpräsentation auf einer Skala von eins bis fünf von mindestens zwei Beobachtern unabhängig voneinander bewertet. Wie aus der Übungs-Kriterien-Matrix ersichtlich ist, wird diese Anforderungsdimension außerdem im Mitarbeitergespräch beurteilt. Dort wird der

Teilnehmer im Idealfall auf andere Beobachter treffen, welche neben weiteren Kriterien ebenfalls seine Souveränität einschätzen. Da es sich beim Mitarbeitergespräch um einen anderen Aufgabentyp handelt, werden die Unterkategorien bzw. Operationalisierungen auf den Beobachtungs- und Bewertungsbögen speziell darauf ausgerichtet sein. Damit sind die Beurteilungen mit denen aus der Aufgabe »Kurzpräsentation« nicht direkt vergleichbar.

Zur Anforderungsdimension »Souveränität« kann am Ende des Assessment-Centers für den Kandidaten Michael Müller nun das Gesamtergebnis ermittelt werden. Dazu wird aus den Ergebnissen der Bewertungsbögen der einzelnen Beobachter aus den beiden relevanten Aufgaben (Kurzpräsentation, Mitarbeitergespräch) der Durchschnitt gebildet.

**Beispiel**

**ERGEBNIS FÜR DIE ANFORDERUNGSDIMENSION SOUVERÄNITÄT**
Teilnehmer: Michael Müller

| Beobachter/in | Aufgabe | Bewertung auf der Zahlenskala |
|---|---|---|
| Holzmann | Kurzpräsentation | 5 |
| Schreiber | Kurzpräsentation | 4 |
| Grünwald | Mitarbeitergespräch | 2 |
| Koch | Mitarbeitergespräch | 4 |
| Gesamtergebnis Ø Ist-Wert | | 3,75 |
| Soll (Mindestanforderung) | | 3,50 |

**Definition eines Mindestwerts**

Wenn das Assessment-Center zum Ziel hat, pro Kandidat ein Ergebnis im Sinne von »bestanden« oder »nicht bestanden« zu ermitteln, wird man vorab für jedes Kriterium einen bestimmten Mindestwert definieren. Nehmen wir an, das Unternehmen hätte für die Anforderungsdimension »Souveränität« als Untergrenze 3,50 festgelegt. Herr Müller hätte dann in diesem Bereich die Anforderungen – wenn auch relativ knapp – erfüllt.

In vielen Assessment-Centern sind die Bewertungsmechanismen als K.-o.-System aufgebaut. Wenn also die Mindestanforderung für ein Kriterium nicht erfüllt wird, gilt das komplette Assessment-Center als nicht bestanden. Hätte Herr Müller im obigen Rechenbeispiel einen Durchschnitt von 3,0 erreicht, könnte er dies auch nicht mit positiven Ergebnissen anderer Anforderungsdimensionen ausgleichen. Er würde das Assessment-Center nicht bestehen.

Die hier beschriebene Vorgehensweise unterstellt, dass die Ermittlung des Ergebnisses rein rechnerisch erfolgt. Auf manche Assessment-Center mag dies zutreffen, bei den meisten ist dies lediglich die erste Stufe der Urteilsfindung. Im nächsten Schritt werden dann widersprüchliche Einzelergebnisse in der Beobachterkonferenz diskutiert. In unserem Beispiel könnte man hinterfragen, aufgrund welcher Eindrücke im Mitarbeitergespräch die Assessoren Grünwald und Koch zu ihrer unterschiedlichen Bewertung der Souveränität gelangten. Die Beobachterkonferenz wird also oft als Kontrollinstanz genutzt, um das Zustandekommen stark voneinander abweichender Einzelergebnisse zu überprüfen und über Ergebnisse zu diskutieren, die sich im Grenzbereich bewegen.

Die Kenntnis über das Beurteilungssystem eines Assessment-Centers wird Ihnen noch keinen unmittelbaren Wettbewerbsvorteil verschaffen. Ich möchte Sie auch keinesfalls zu taktischen Überlegungen nach dem Motto »Da ich bei Präsentationen meistens nervös wirke, werde ich versuchen, besonders im Mitarbeitergespräch durch Sicherheit zu überzeugen.« ermutigen. Von solchen Manövern rate ich dringend ab, da dieses Taktieren oft so viel Energie und Aufmerksamkeit bindet, dass sie Ihnen womöglich bei der Bearbeitung der eigentlichen Arbeitsaufträge fehlen. Viel wichtiger ist mir dagegen, Ihnen einen Eindruck davon zu vermitteln, welche Prozesse im Hintergrund dieses Auswahlverfahrens ablaufen. Denn die Einstellung – die viele Ratgeber suggerieren –, das Ergebnis eines Assessment-Centers entstehe durch Kaffeesatzleserei, halte ich für nicht besonders förderlich, um sich auf dieses Verfahren vorzubereiten.

**Beurteilung ist keine Kaffeesatzleserei**

## Next Generation und Online-Assessments

Was werden die nächsten Entwicklungsschritte sein und wie wird das Assessment-Center der Zukunft aussehen? Dies sind Fragen, die nicht nur für mich beruflich interessant sind, sondern möglicherweise genauso für Sie. Denn haben Sie erst einmal ein Assessment-Center absolviert, werden Sie in Ihrem Berufsleben rein statistisch gesehen mehrfach mit diesem Auswahlverfahren konfrontiert werden. Ich berate seit etwa 20 Jahren AC-Teilnehmer und erlebe nun bereits die zweite und dritte Generation. Damit meine ich Klienten, die vor geraumer Zeit ein Training besuchten, um ihr erstes Assessment-Center zu meistern, und nach mehreren Jahren wiederkommen, um sich erneut vorzubereiten. Angefangen von Umstrukturierungsmaßnahmen, der Bewerbung für die nächste Hierarchieebene bis hin zu einer beruflichen Neuorientierung können die Anlässe für die nächste AC-Runde vielfältig sein. Eines ist deshalb fast sicher: Das nächste Assessment-Center kommt bestimmt – sofern Sie sich nicht kurz vor der Pensionierung befinden.

### Kompakte Formate statt Mammut-Verfahren

Lange Verfahren sind teuer

Recherchiert man nach einer Definition für Assessment-Center, so stößt man häufig auf Beschreibungen wie: »Es handelt sich um ein mehrtägiges eignungsdiagnostisches Verfahren.« Dies traf vor einigen Jahren noch zu, als Assessment-Center tatsächlich fast überall über zwei bis drei Tage liefen. Zwischenzeitlich kann man beobachten, dass die Ein-Tages-Variante immer mehr Einzug hält. Der Hauptgrund dürfte wohl im besseren Kosten-Nutzen-Verhältnis liegen. Als Beobachter fungieren oft Führungskräfte, deren Zeit knapp und teuer ist. Eintägige Verfahren lassen sich deshalb deutlich günstiger realisieren – und das ohne signifikante Qualitätseinbußen. Neben der Einsparung von Arbeitszeit entfallen als weiterer Kostenblock die Hotelübernachtungen für die Beteiligten. Darüber hinaus verzichten manche Unternehmen bei dieser Variante komplett auf ein Seminarhotel und führen das Assessment-Center kurzerhand im eigenen Haus durch. In Zeiten knapper Kassen erfreut sich diese Vorgehensweise immer größerer Beliebtheit.

Wie wirkt sich dieser Trend auf Sie als Teilnehmer aus? Wird auf Übernachtungen verzichtet und die Veranstaltung direkt im Unternehmen durchgeführt, erhöht dies die Flexibilität der Veranstalter. Dadurch können Einladungen noch kurzfristiger ausgesprochen werden, was für Sie wiederum weniger Vorbereitungszeit bedeutet. Außerdem beeinflusst die Gesamtdauer das Zeitbudget für die einzelnen Aufgaben – die dadurch tendenziell kürzer werden. Im mehrtägigen Assessment-Center könnten beispielsweise für eine Selbstpräsentation durchaus zehn bis 15 Minuten vorgegeben sein. In einem eintägigen Verfahren ist die Wahrscheinlichkeit dafür gering. Hier arbeiten die Veranstalter mit kürzeren Varianten und würden für diese Aufgabe vorzugsweise einen Zeitrahmen von zwei bis fünf Minuten veranschlagen.

**Weniger Zeit für die Aufgaben**

Sie müssen damit rechnen, dass der Zeitplan noch enger getaktet ist, Pausenzeiten auf ein Minimum reduziert sind und dadurch der Leistungsdruck punktuell noch höher wird, als er ohnehin schon ist. Dennoch empfinden viele Kandidaten ein eintägiges Assessment-Center als emotional weniger belastend – wenn auch nicht als weniger anspruchsvoll. Ich gehe davon aus, dass diese Kompaktformate in den nächsten Jahren weiterhin zunehmen und die mehrtägigen Verfahren immer weniger zum Einsatz kommen werden.

## Aufgabenübergreifender Kontext

Die Coverstory Gab es in der Vergangenheit meist isolierte Aufgabenstellungen – jeweils mit eigener Ausgangssituation –, arbeiten heute immer mehr Veranstalter mit einem aufgabenübergreifenden Kontext, der für das komplette Assessment-Center gilt. Anstatt sich bei jeder Aufgabe in eine neue Rahmenhandlung hineinversetzen zu müssen, agiert der Teilnehmer bei allen Arbeitsaufträgen aus derselben Position innerhalb einer fiktiven Organisation. Die Kandidaten erhalten zu Beginn Gelegenheit, sich in ihre Rolle mittels einer sogenannten »Coverstory« einzuarbeiten. Darin werden Position, Verantwortungsbereich, Mitarbeiter, Organigramm und die Besonderheiten des Unternehmens bzw. der Institution dargestellt. Dabei wird eine Situation konstruiert, die der des eigenen Unternehmens nicht unbedingt eins zu eins entspricht. Es ist sogar möglich, dass die Rahmenhandlung in einer für sie fremden Branche spielt. Durch diese Verfremdung soll einerseits für alle der gleiche Schwierigkeitsgrad gewährleistet und andererseits eine zusätzliche Herausforderung erzeugt werden, da sich die Teilnehmer aus ihrer Komfortzone – also ihrem gewohnten Arbeitsumfeld – herausbegeben müssen. Dennoch findet man bei genauerer Betrachtung meist bestimmte Parallelen zum realen Arbeitgeber. Größe, Organisationsstruktur, wirtschaftliche Lage und Unternehmenskultur sind oft vergleichbar.

Beliebt ist in diesem Zusammenhang, als Ausgangssituation den ersten Arbeitstag in der neuen Position zu wählen. Die einzelnen Aufgaben sind so in den Kontext eingebettet, dass der Kandidat an seinem neuen Arbeitsplatz nun eine Reihe von Herausforderungen lösen muss. Das könnten zum Beispiel ein wichtiger Besprechungstermin (Gruppendiskussion), ein Gespräch mit einem unzufriedenen Mitarbeiter (Rollenspiel), die Ausarbeitung einer Vorstandspräsentation (Fallstudie) sowie die Terminkoordination für die nächsten Wochen (Postkorb) sein. Dadurch gelingt es, die AC-Aufgaben praxisnaher zu gestalten, auch wenn es natürlich nicht ganz realistisch ist, dass bereits am ersten Arbeitstag so schwerwiegende Entscheidungen getroffen werden müssen.

Verknüpfung
der Aufgaben Manchmal werden einzelne Elemente so miteinander verknüpft, dass Informationen, die Sie aus einzelnen Übungen gewonnen haben, im

weiteren Verlauf eine Rolle spielen können. Dadurch können anforderungsrelevante Kriterien wie »vernetztes Denken« bzw. »Erkennen relevanter Zusammenhänge« zusätzlich abgedeckt werden. Grundsätzlich müssen die Aufgaben aber immer unabhängig voneinander lösbar sein. Wäre das Assessment-Center so konzipiert, dass die sinnvolle Bearbeitung einer Aufgabe ausschließlich durch das erfolgreiche Abschneiden in den Vorübungen möglich ist, würde dies dem Grundsatz der Chancengleichheit widersprechen und zudem das Ergebnis verzerren.

Innerhalb eines aufgabenübergreifenden Kontextes lassen sich zum einen erfolgskritische Aufgaben oft realitätsnäher abbilden, zum anderen können sich AC-Teilnehmer darin leichter mit ihrer Rolle identifizieren. Beide Aspekte wirken sich grundsätzlich positiv auf die prognostische Qualität des Verfahrens aus, daher wird diese Variante zunehmen oder irgendwann sogar AC-Standard sein.

## Online-Assessment, Digitales Assessment-Center, E-Assessment & Co.

Was hat es mit Assessment-Centern, die online durchgeführt werden, genau auf sich und was sollte man dabei beachten? In diesem Zusammenhang sind folgende Bezeichnungen am weitesten verbreitet:

- Online-Assessment
- E-Assessment
- Digitales Assessment-Center
- Virtuelles Assessment-Center
- Remote-Assessment-Center

Der Name alleine verrät wenig über den Aufbau und den Inhalt des Verfahrens, außer dass irgendetwas online durchgeführt wird. Die unterschiedlichen Begrifflichkeiten sind leider nicht einheitlich definiert und können bei jedem Arbeitgeber etwas anderes bedeuten. Deshalb werde ich mich im weiteren Verlauf weitgehend auf den Begriff Online-Assessment beschränken und schließe damit die anderen Bezeichnungen ein.

**Bezeichnungen ohne Aussagekraft**

Zunächst sollten Sie sich bewusst machen, dass Online-Verfahren an unterschiedlichen Stellen im Personalauswahlprozess zum Einsatz kommen können – und das nicht erst seit Pandemiezeiten.

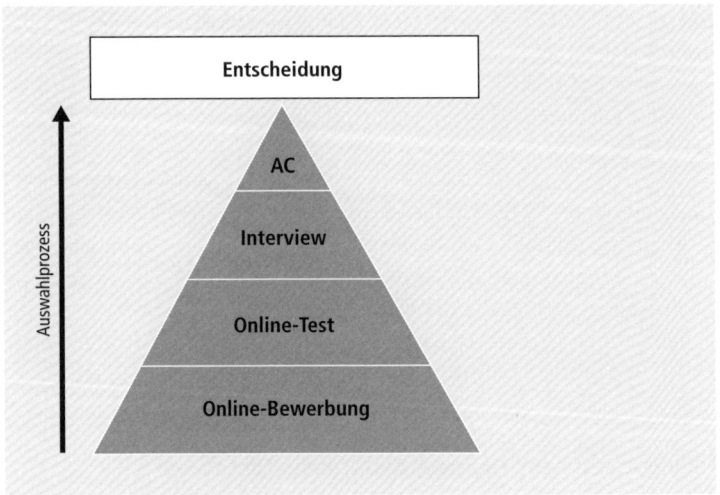

Der typische Auswahlprozess ist bei vielen Arbeitgebern so aufgebaut, dass die Bewerber zunächst eine Auswahlstufe bestehen müssen, um sich für die nächsthöhere zu qualifizieren, und das Assessment-Center dabei die finale Auswahlstufe darstellt, zu dem nur noch die Besten der Besten eingeladen werden. Nach diesem K.-o.-Prinzip ist zumindest der Selektionsprozess für externe Bewerber bei den meisten großen und mittelständischen Unternehmen angelegt. Er kann dabei selbstverständlich auch aus weniger oder mehr als den hier dargestellten vier Stufen bestehen.

Wenn im Rahmen eines Bewerbungsprozesses nun ein Online-Assessment oder etwas Ähnliches angekündigt ist, können damit unterschiedliche Auswahlstufen gemeint sein:

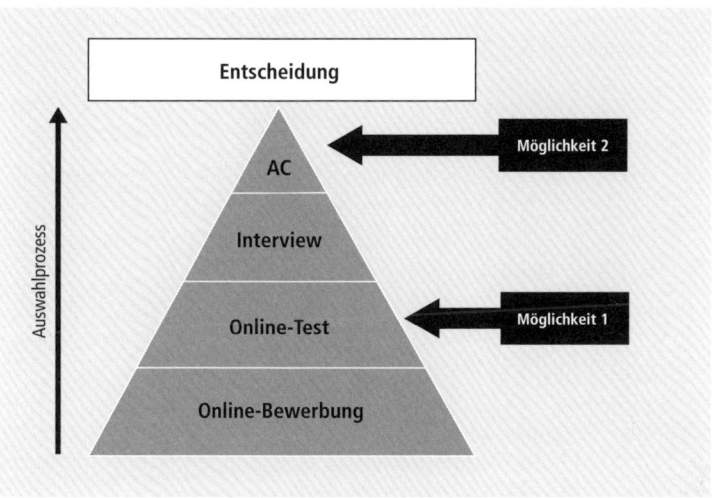

**Möglichkeit 1: Online-Assessment als Synonym für Online-Test**

Insbesondere Arbeitgeber, die eine Masse von eingehenden Bewerbungen verarbeiten müssen, nutzen Online-Tests als automatisierte Filter zur Selektion der Kandidaten, die für die nächsthöhere Auswahlstufe zugelassen werden. Abhängig von der angestrebten Position kann es sich dabei um Intelligenz- und Logiktests, Konzentrationstests oder Wissenstests handeln. Man bezeichnet solche Testmodule auch als kognitive Leistungstests. Als Bewerber erhält man einen Online-Zugang und bearbeitet diese Tests von zu Hause aus innerhalb einer bestimmten Zeitvorgabe – beispielsweise 45 Minuten.

> Wer bei einem großen Arbeitgeber eine Online-Bewerbung über dessen Bewerber-Portal einreicht, sollte darauf gefasst sein, dass er kurzfristig einen Einladungslink zu einem Online-Test erhält und aufgefordert wird, diesen innerhalb weniger Tage zu absolvieren.

**Tipp**

Diese kognitiven Online-Tests werden von manchen Arbeitgebern als Online-Assessment bezeichnet – auch wenn sie mit einem »echten« Assessment-Center wenig zu tun haben. Diese sogenannten Online-Assessments oder besser gesagt Online-Tests sind seit geraumer Zeit fester Bestandteil im Auswahlprozess vieler Arbeitgeber und dienen der Vorselektion der Bewerber.

**Kognitive Leistungstests** Was Sie bei solchen kognitiven Leistungstests erwartet und wie Sie diese am effektivsten lösen, erfahren Sie in Kapitel 8 »Psychometrische Tests« in der Rubrik »Kognitive Leistungstests«. Auch wenn die dort enthaltenen Aufgaben zur Bearbeitung in Papierform vorgesehen sind, bilden sie eine gute Grundlage zur Vorbereitung auf die gängigen Testverfahren. Denn bei kognitiven Leistungstests geht es ja – unabhängig vom Durchführungsformat (online oder offline) – darum, in den vorliegenden Informationen bestimmte Muster und Gesetzmäßigkeiten zu erkennen. Für die vertiefende Vorbereitung auf solche Online-Tests gibt es Dienstleister, die sich darauf spezialisiert haben, bestimmte Testverfahren nachzubilden, und Bewerbern entsprechende Trainingsmöglichkeiten anbieten. Weiterführende Informationen dazu finden Sie im Linkverzeichnis am Ende des Buches.

**Möglichkeit 2: Online-Assessment anstatt einer Präsenzveranstaltung**
Bereits vor der Pandemie gab es einzelne Arbeitgeber, die ihre Assessment-Center digitalisierten, so dass die Teilnehmer nicht mehr vor Ort agierten, sondern die typischen Assessment-Center-Module – wie Rollenspiele, Präsentationen, Interviews, Fallstudien und Gruppendiskussionen – online im virtuellen Raum absolvierten. Bei international tätigen Unternehmen mit global verteilten Teams lag die Motivation dafür in der Einsparung von Reisekosten und -zeiten. In Zeiten der Pandemie haben viele Personalverantwortliche im Sinne der Kontaktreduzierung ihr ursprünglich als Präsenzveranstaltung konzipiertes Assessment-Center auf das Online-Format umgestellt.

**Technische Lösungen** Arbeitgeber, die das Online-Format notgedrungen pandemiebedingt eingeführt haben, setzen überwiegend auf Lösungen, die auch für Online-Meetings und Videokonferenzen gebräuchlich sind. Häufig werden dafür Online-Meeting-Anwendungen wie Adobe Connect, GoToMeeting, Microsoft Teams, Webex oder Zoom genutzt, die inzwischen vielen geläufig sein dürften. Einige Unternehmen nutzen stattdessen spezielle Assessment-Center-Applikationen, die sich auf den ersten Blick zwar kaum von den gängigen Online-Meeting-Plattformen unterscheiden, bei genauerem Hinsehen aber deutlich mehr beinhalten.

Solche speziell entwickelten Online-Assessment-Tools sind üblicherweise so designt, dass den Teilnehmern eine ganzheitliche Benutzeroberfläche mit einem virtuellen Meetingraum, einem eigenen E-Mail-Postfach und Ordnern mit diversen Inhalten dargeboten wird, auf der sie Dokumente per Drag and Drop verschieben, Terminkalender bearbeiten oder Nachrichten versenden können, so ähnlich, wie man das vom eigenen Bildschirmarbeitsplatz kennt – jetzt eben nur innerhalb eines virtuellen Unternehmens. Die Beobachter bzw. Personaler behalten auf einem Dashboard die Übersicht, erhalten statistische Auswertungen zu den Interaktionen der Kandidaten und nehmen in diesem geschlossenen System gleichzeitig ihre Beurteilungen vor. Solche High-End-Lösungen werden hauptsächlich von Unternehmen präferiert, die bestrebt sind, ihren Assessment-Center-Prozess nachhaltig zu digitalisieren. Neben der Einsparung von Reisekosten- und -zeiten liegt der Vorteil solcher spezieller Assessment-Center-Applikationen mit integriertem Bewertungssystem in der deutlich einfacheren und effizienteren Administration seitens der Personalverantwortlichen.

Für Sie als Assessment-Center-Kandidat sehe ich aufgrund des Durchführungsformats – also offline oder online, und sofern online High-End- oder Online-Meeting-Plattform – keine maßgeblichen Vorteile oder Nachteile. Bedingt durch das Durchführungsformat haben sich die inhaltlichen Schwerpunkte der Assessment-Center kaum verändert. Die in Kapitel 1 beschriebenen Top-7-Aufgaben sind hier gleichermaßen relevant. Was ich lediglich beobachte ist, dass bei Online-Assessments die Gruppendiskussion – die sich seit geraumer Zeit ohnehin auf dem absteigenden Ast befindet – noch weniger zur Anwendung kommt. Ansonsten sind die Unterschiede weitaus geringer als vermutet. So ist ein Rollenspiel, bei dem ein Zweiergespräch simuliert wird, online wie offline eine ausgesprochen herausfordernde Assessment-Center-Aufgabe, zu deren Lösung es bestimmter Gesprächsführungsstrategien bedarf. Dabei ist es unabhängig davon, ob Sie mit Ihrem Gesprächspartner physisch an einem Besprechungstisch sitzen oder mit ihm am Bildschirm über die Webcam kommunizieren. Die Kompetenzen und Gesprächsführungstechniken, die Sie benötigen, um so ein Gespräch erfolgreich zu führen, sind immer dieselben – und das gilt für alle anderen Assessment-Center-Aufgaben gleichermaßen. Die Strategien und Lösungswege, die ich Ihnen in diesem Buch ver-

**Durchführungsformat ist irrelevant**

41

mittle, sind also unabhängig vom Durchführungsformat universell anwendbar.

Gekonnt in Szene setzen Natürlich gibt es bei einem Online-Assessment – ebenso wie bei jedem anderen Online-Meeting – bestimmte Dinge, die Sie berücksichtigen können, um sich sprichwörtlich ins richtige Licht zu rücken:

- Platzieren Sie sich vor einem neutralen, hellen Hintergrund und verzichten Sie möglichst auf ein virtuelles Hintergrundbild.
- Ihre Lichtquelle (idealerweise Tageslicht) sollte Sie von vorne oder ggf. von der Seite »beleuchten«.
- Ein unifarbenes Oberteil ist einem gemusterten oder gestreiften in jedem Fall vorzuziehen.
- Empfehlenswert ist eine externe Webcam, da Sie diese im Gegensatz zu einer integrierten flexibler ausrichten können.
- Halten Sie ein Headset bereit, das Sie ggf. nutzen können, falls es Probleme mit der Akustik geben sollte.
- Stellen Sie sicher, dass Sie ungestört arbeiten können und eine stabile Internetverbindung gewährleistet ist.
- Testen Sie Ihr Equipment, Ihre Garderobe und Ihre Ausleuchtung in jedem Fall vorher aus, damit Sie in der Prüfungssituation keine Überraschungen erleben.

**Tipp**

Um Blickkontakt zum Gegenüber zu halten, ist es bei Online-Meetings wichtig, direkt in die Kamera – anstatt auf den Bildschirm – zu schauen. Um sich das im Online-Assessment zu vergegenwärtigen, ist es hilfreich, am oberen Bildschirmrand unterhalb der Kameralinse einen farbigen Klebepunkt anzubringen, der Sie daran erinnert.

# 2. Wegweiser für die persönliche Vorbereitung

## Sichtweise der Personaler

»Seien Sie einfach authentisch. Sie brauchen sich nicht vorzubereiten, wir wollen Sie so erleben, wie Sie wirklich sind.« Solche oder ähnliche Parolen werden von einigen Personalverantwortlichen gerne bei der Einladung zum Assessment-Center an die Kandidaten herausgegeben. Dadurch wird suggeriert, Vorbereitung und Authentizität stünden zwangsläufig in einem Widerspruch. Trainieren für ein Assessment-Center wird dabei häufig mit dem Erlernen einiger Taschenspielertricks assoziiert.

»Wir wollen Sie so erleben, wie Sie wirklich sind«

Ein Assessment-Center ist nun mal eine besondere Situation, von der sehr viel abhängt – vergleichbar mit einer wichtigen Prüfung oder einem bedeutenden sportlichen Wettkampf. Immerhin geht es um kein geringeres Thema als die berufliche Zukunft. Kein halbwegs vernünftiger Mensch würde einem Prüfling oder einem Sportler ernsthaft raten, sich nur ja nicht vorzubereiten! Hinter dem Ratschlag steckt natürlich die große Befürchtung, zu viele Kenntnisse über die Methode Assessment-Center und das Trainieren bestimmter Vorgehensweisen könnten zu einem zu angepassten Verhalten, Schauspielerei und damit zu einem verfälschten Ergebnis führen. Zugegeben, bis zu einem gewissen Grad sind diese Bedenken nachvollziehbar, denn man kann – wie in allen Bereichen – auch hier tatsächlich falsch trainieren. Entscheidend ist deshalb nicht das Ob, sondern das Wie.

Meilenstein für die Karriere

Wie naiv muss man aber sein, zu glauben, alle Kandidaten würden brav dem Ratschlag folgen und unvorbereitet erscheinen. Sogar Personalverantwortliche aus Unternehmen, die diese Parole propagieren, bereiten sich gezielt vor, wenn sie selbst in diese Prüfungssituation geraten. An unseren Trainings nehmen immer wieder auch AC-Beobachter (Führungskräfte, Personalentwickler, Psychologen) teil, die zur Erreichung des nächsten Karrierelevels nun selbst in ein AC geschickt werden, auf das sie sich möglichst professionell vorbereiten möchten.

Selbst Beobachter bereiten sich heimlich vor

Dennoch ist die gezielte Vorbereitung auf ein Assessment-Center bei einigen Arbeitgebern immer noch ein Reizthema und wird nicht gerne gesehen. Gleichzeitig erwartet man jedoch von den Kandidaten, dass diese sich durchaus mit den Anforderungen für die Zielposition auseinandersetzen und ein möglichst klares Bild von ihrer künftigen

Reizthema bei einigen Arbeitgebern

(Führungs-)Rolle mitbringen. Also ist eine indirekte Vorbereitung schon erwünscht, aber eben nicht so, dass dabei Assessment-Center-Aufgaben geübt werden. Werden Sie im AC auf das Thema Vorbereitung angesprochen, dann bewegen Sie sich immer auf einem schmalen Grat: Wenn Sie einräumen, dass Sie sich sehr intensiv vorbereitet oder gar praktisch trainiert haben, könnte man schlussfolgern, Sie würden die Aufgaben nur mithilfe einstudierter Tricks und manipulativer Kniffe lösen. Denkbar wäre auch, dass die Erwartungshaltung an Sie steigt und unbewusst ein höherer Maßstab angelegt wird. Erklären Sie dagegen, vollkommen unvorbereitet zu sein, wirken Sie entweder unglaubwürdig oder man unterstellt Ihnen, das Auswahlverfahren nicht ernst zu nehmen. Sie können daher auf jeden Fall einräumen, dass Sie ein Buch zu dem Thema gelesen haben, denn das macht ohnehin so gut wie jeder. Stellen Sie außerdem dar, dass Sie sich mit dem Anforderungsprofil für die Position bzw. dem Kompetenzmodell des Unternehmens und Ihrem persönlichen Profil beschäftigt haben – dies wird sogar erwartet.

**Botschaft an die Personalverantwortlichen**

Personalverantwortliche, die das Thema Assessment-Center-Vorbereitung noch als absolutes Tabu betrachten, sollten bedenken, dass davon auch der Arbeitgeber profitieren kann. Die Kandidaten beschäftigen sich aus eigenem Antrieb mit ihrer persönlichen Weiterentwicklung, finanzieren diese aus eigener Tasche und investieren dafür viel Zeit. Die Inhalte einer professionellen AC-Vorbereitung, wie zum Beispiel Präsentations- und Gesprächsführungstechniken, sind sehr gut im Tagesgeschäft anwendbar und erhöhen damit die Qualifikation. Die Erfahrung zeigt, dass in Anbetracht des Prüfungs- und Leistungsdrucks viele Methoden und Techniken sogar schneller verinnerlicht werden, als dies im Rahmen regulärer Weiterbildungsmaßnahmen möglich wäre. Bei internen Kandidaten, die im Vorfeld eines Assessment-Centers gezielt gefördert werden, ist häufig zu beobachten, dass eine hohe intrinsische Motivation freigesetzt wird, die oft zu einem regelrechten Leistungsschub führt.

**Positivbeispiele**

Fairerweise müssen an dieser Stelle aber auch all jene Arbeitgeber und Personalverantwortlichen erwähnt werden, die eine andere Vorgehensweise praktizieren. Es gibt eine Reihe von Unternehmen, die mit dem Thema mittlerweile sehr offen umgehen und den Teilnehmern ihrer internen Assessment-Center eine gründliche Vorbereitung ermöglichen, anstatt sie ins kalte Wasser zu stoßen. Einige Personalabteilungen haben die AC-Vorbereitung ihrer Mitarbeiter institutionalisiert und bieten umfassende interne und externe Vorbereitungsmöglichkeiten an. In diesem Zusammenhang arbeite ich seit geraumer Zeit mit Personalentwicklern verschiedener Unternehmen zusammen – mit sehr guten Erfahrungen.

*Fallbeispiel 1*
*Alle Teamleiteranwärter eines mittelständischen Unternehmens erhalten die Möglichkeit, ein halbes Jahr vor ihrem realen AC ein mehrtägiges AC-Training im Sinne einer Lernpotenzialanalyse zu besuchen. Dieses Training, welches selbstverständlich inhaltlich andere Aufgaben beinhaltet, bietet den Kandidaten eine gute Standortanalyse und zeigt ihnen auf, woran sie noch arbeiten müssen, um die Anforderungen des Teamleiter-ACs zu erfüllen.*

**Beispiele**

*Fallbeispiel 2*
*Für ein Unternehmen im Dienstleistungssektor haben wir das bereits existierende AC für Nachwuchskräfte in einen Personalentwicklungsprozess integriert. Die Potenzialträger durchlaufen nun ein einjähriges Leadership-Programm, in dem sie systematisch auf die Übernahme von Führungsaufgaben vorbereitet werden. Das AC steht jetzt am Ende dieses Prozesses quasi als »Abschlussprüfung«.*

*Fazit zu beiden Unternehmen*
- *zu 1: Insgesamt bestehen seither deutlich mehr Anwärter das anspruchsvolle interne AC beim ersten Versuch, was dazu führt, dass offene Teamleiterstellen schneller nachbesetzt werden können.*
- *zu 2: Von den Kandidaten, die das AC nicht erfolgreich absolvierten, verließen im Anschluss signifikant weniger das Unternehmen als vor der Einführung des Leadership-Programms.*

## Aufbau von Methodenwissen

Legen Sie Ihre Assessment-Center-Vorbereitung so an, dass Sie Methoden verinnerlichen und nicht Inhalte. Angenommen, Sie würden durch gut informierte Kreise den konkreten Inhalt einer bestimmten Übung, zum Beispiel eines Mitarbeitergesprächs (= Rollenspiel), genau kennen, so hilft Ihnen das nur bedingt. Studieren Sie nun immer wieder Ihr Drehbuch für diese spezielle Situation ein, dann trainieren Sie damit womöglich sogar in eine falsche Richtung. Sie konditionieren sich dadurch nämlich auf einen bestimmten Inhalt und schränken Ihre Verhaltensflexibilität ein. Wird die Aufgabe in Ihrem AC nur geringfügig umgestellt, besteht die Gefahr, ins Leere zu laufen, weil Sie nun nicht mehr angemessen reagieren können.

**Die Verhaltens-flexibilität erhöhen**

Die Veranstalter verfügen in der Regel über ein umfangreiches Portfolio an Aufgaben und sind sich zudem bewusst, dass bei einem Assessment-Center immer wieder Informationen durchsickern. Insofern ist die Wahrscheinlichkeit hoch, dass die Aufgabe in der nächsten Veranstaltung mit einem anderen Thema belegt wird. Es nützt also überhaupt nichts, einen bestimmten Inhalt ähnlich wie ein Gedicht einzupauken. Was Sie stattdessen benötigen, ist Methodenwissen, mit dem Sie Ihre Verhaltensflexibilität erhöhen. Das heißt, Sie brauchen eine bestimmte Vorgehensweise, die übergreifend anwendbar ist. Ziel sollte es sein, damit auf eine große Bandbreite von Mitarbeitergesprächen reagieren zu können, unabhängig davon, ob es sich um das Thema x, y oder z handelt und ob sich der Mitarbeiter kooperativ oder renitent verhält. Darüber hinaus müssen Sie wissen, wie Sie prinzipiell auf bestimmte Vorfälle reagieren.

**Piloten verfügen über Handlungspläne**

Ein Pilot muss beispielsweise sofort die richtige Entscheidung treffen, wenn plötzlich ein Triebwerk ausfällt. Er hat sich für die unterschiedlichsten Vorfälle Handlungspläne mental eingeprägt, die er in kritischen Situationen schnell abrufen kann. Eine gute Assessment-Center-Vorbereitung sollte im Prinzip ähnlich angelegt sein. Sie müssen wissen, was in erfolgskritischen Situationen zu tun ist. Also wie gehen Sie vor, wenn der Mitarbeiter ein schwerwiegendes persönliches Problem hat, oder wie verhalten Sie sich, wenn plötzlich Ihre Kompetenz angezweifelt wird? Je größer Ihr Portfolio an Handlungsplänen für die unterschiedlichsten Szenarien ist, desto höher entwickelt sich Ihre Verhaltensflexibilität.

Haben Sie die entsprechenden Methoden einmal verinnerlicht, dann wird es Ihnen gut gelingen, eine Reihe kniffliger Gesprächssituationen souverän zu meistern – und das nicht nur im Assessment-Center. Insofern sollte sich eine professionelle Vorbereitung auf ein AC-Rollenspiel grundsätzlich nicht von einem »normalen« Gesprächsführungstraining unterscheiden. Natürlich ist es nützlich, darüber hinaus bestimmte Tipps und Tricks zu kennen, die die Bearbeitung in der Prüfungssituation erleichtern. Beispiel: Wie kann ich bei der Erfassung einer Rollenanweisung in knapper Zeit möglichst effizient vorgehen? Ziel dieses Buches ist es, beides zu vermitteln, das notwendige Methodenwissen, das auch außerhalb eines Assessment-Centers anwendbar ist, sowie alle wissenswerten Details zur Performance-Steigerung in der Assessment-Center-Situation.

## Authentizität und Handlungskompetenz

Fälschlicherweise wird oft der Eindruck vermittelt, schauspielerisches Talent und die Fähigkeit zur Selbstinszenierung seien die wichtigsten Voraussetzungen, um ein AC erfolgreich zu bestehen. Schauspielerei fliegt irgendwann auf, gerade dann, wenn die Inszenierung nicht dem natürlichen Verhaltensspektrum entspricht – Sie wirken dann nicht mehr authentisch. Kaum jemand schafft es, sich über einen ganzen Tag hinweg zu verstellen, ohne dass es den Beobachtern auffällt. Außerdem bindet das Aufrechterhalten einer Fassade ungeheuer viel Konzentration und Energie, die Ihnen bei der Bearbeitung wichtiger Aufgaben fehlen werden.

**Schauspielerei fliegt auf**

Es geht bei einem Assessment-Center eben nicht um Show, sondern darum, bei bestimmten Problemen geeignete Verhaltensstrategien und Handlungskompetenzen abzurufen und diese situativ anwenden zu können. Dies setzt natürlich voraus, dass Sie überhaupt über die entsprechenden Strategien und Kompetenzen verfügen. Falls nicht, hilft Ihnen schauspielerisches Talent zur Problemlösung auch nicht weiter. Werden Sie beispielsweise mit einem Mitarbeiterkritikgespräch konfrontiert, sollten Sie über einen bestimmten Handlungsplan verfügen, mit dem Sie solche Gesprächssituationen lösen können. Dieser resultiert möglicherweise aus Ihrem Erfahrungsschatz, da Sie vielleicht schon viele solcher Gespräche führen mussten, eventuell aus einem Training, das Sie besucht haben, oder aus diesem Buch. Ist diese Kom-

**Gefragt ist die Handlungskompetenz und nicht die Show**

petenz bei Ihnen noch nicht vorhanden, wird es schwierig und das Gespräch verläuft vermutlich sehr holprig. Es ist daher zunächst notwendig, sich im Rahmen der persönlichen Vorbereitung die notwendige Handlungskompetenz zur Lösung solcher Mitarbeitergespräche anzueignen.

**Die vier Stadien des Lernens** Hier setzt eine sinnvolle Assessment-Center-Vorbereitung an. Es sollte das Ziel sein, fehlende Handlungskompetenz aufzubauen oder bereits vorhandene Verhaltensstrategien mit dem Thema Assessment-Center so zu verknüpfen, dass sie in der Prüfungssituation abrufbar sind. Die Entwicklung von Handlungskompetenz lässt sich hervorragend nach dem von Gregory Bateson begründeten Modell der vier Stadien des Lernens erklären.

| Lernstadien / Kompetenzstufen | Beispiel Autofahren |
|---|---|
| **Stufe 1:** <br> Unbewusste Inkompetenz | Sie wissen nicht, dass Sie etwas nicht wissen. Angenommen, Sie wären abseits unserer Zivilisation aufgewachsen und hätten noch nie ein Auto gesehen, dann wüssten Sie auch nicht, dass es die Fähigkeit Autofahren gibt, über die Sie nicht verfügen. |
| **Stufe 2:** <br> Bewusste Inkompetenz | Sie wollen sich eine bestimmte Fähigkeit aneignen, aber Sie sind noch nicht kompetent. Stellen Sie sich vor, Sie haben eine Ihrer ersten Fahrstunden. Sie kuppeln und schalten bewusst, aber noch sehr holprig. Sie achten bewusst auf die Instrumente im Auto, auf die Verkehrszeichen und auf die anderen Verkehrsteilnehmer. Sie sind noch unsicher und überfordert und machen viele Fehler. |
| **Stufe 3:** <br> Bewusste Kompetenz | Sie verfügen bereits über eine Fähigkeit, aber sie ist noch nicht komplett entwickelt und mit viel Anstrengung verbunden. Das Autofahren gelingt Ihnen schon relativ sicher, aber es verlangt Ihnen noch sehr viel Konzentration und Energie ab. Die vielen Details beginnen langsam, sich zu einem ganzheitlichen Ablauf zu verfestigen. |
| **Stufe 4:** <br> Unbewusste Kompetenz | Die Fähigkeit ist zur Routine geworden. Autofahren ist für Sie zu einer der normalsten Tätigkeiten geworden. Die Abläufe sind automatisiert. Sie haben den Kopf frei für andere Details und können die Autofahrt genießen. |

Bezogen auf die unterschiedlichen Assessment-Center-Aufgaben werden Sie bei den allermeisten bereits jetzt mindestens von Stufe 2 starten, denn Sie kennen die Module zumindest vom Hörensagen. Vielleicht gibt es auch einzelne Übungen, bei denen Sie sich tatsächlich erst auf Stufe 1 befinden, zum Beispiel, weil Sie noch nie etwas von einer »Fact-Finding-Aufgabe« gehört haben. Nach dem Lesen des Buches werden Sie eventuell feststellen, dass Sie sich bei manchen Modulen ohnehin schon auf Stufe 3 bewegen. Nämlich dann, wenn Sie zumindest in der Theorie schon über geeignete Verhaltensstrategien für bestimmte Probleme verfügen, diese aber noch nicht vollends verinnerlicht haben. Möglicherweise gibt es auch Aufgaben, bei denen Sie bereits Stufe 4 erklommen haben, zum Beispiel beim Thema Präsentation, weil Sie vielleicht durch das Tagesgeschäft über viel Präsentationsroutine verfügen und die hier vorgestellten Strategien für Sie ohnehin Selbstverständlichkeiten sind.

Angenommen, Sie befinden sich mit Ihrer Handlungskompetenz bei vielen Aufgaben noch auf Stufe 2 und würden ohne jegliche Vorbereitung nun in ein Assessment-Center gehen, dann ist es so, als würden Sie ohne eine einzige Stunde Fahrunterricht sofort an der Führerscheinprüfung teilnehmen (es ist klar, dass Sie so nicht vorgehen werden, denn durch den Erwerb dieses Buches haben Sie sich ja bereits für eine Vorbereitung entschieden). Der Ausgang des Szenarios dürfte wohl ziemlich eindeutig vorhersehbar sein. Sie sind unsicher, machen noch viele Fehler, gleichzeitig auch sehr viele interessante Lernerfahrungen, aber mit hoher Wahrscheinlichkeit werden Sie das AC leider nicht bestehen.

Ein Klient, für den die Vorgehensweise bei einem Mitarbeitergespräch Neuland war, stellte mir nach der Durchführung der ersten praktischen Übung folgende Frage: »Ich finde es extrem schwierig, auf die vielen Punkte gleichzeitig zu achten und dabei noch mit meinem Gesprächspartner zu interagieren. Sollte ich mich nicht doch lieber authentisch verhalten und solche Gespräche einfach auf mich zukommen lassen?«

Neue Handlungsstrategien werden sich zunächst immer ungewohnt oder fremd anfühlen. Doch dieser Eindruck hat nichts mit mangelnder Authentizität zu tun, sondern vielmehr mit hoher Anspannung, Anstrengung und Unzufriedenheit mit der eigenen Leistung. Niemand würde von einem Fahranfänger ernsthaft behaupten, er sei nicht

**Wenn es aufwendig wird, passiert etwas im Kopf**

authentisch, nur weil das Einparken noch nicht perfekt funktioniert. Die Umsetzung und Verinnerlichung neuer Techniken kostet nun mal Energie. Dann, wenn es aufwendig wird, passiert etwas im Kopf, nämlich die notwendige Verarbeitung des neu angeeigneten Wissens. Dies ist eine wichtige Voraussetzung, um Handlungskompetenz aufzubauen und auf die nächsthöhere Lernstufe zu gelangen.

**Langfristige Vorbereitung so früh wie möglich starten**

Am meisten werden Sie davon profitieren, wenn Sie sich in möglichst vielen relevanten Kompetenzfeldern das Erreichen der Stufe 4 zum Ziel setzen und Ihre Assessment-Center-Vorbereitung als längerfristiges Projekt betreiben. Selbstverständlich setzt dies eine Vorlaufzeit von mehreren Monaten voraus. Doch wenn Sie sich tatsächlich in dieser optimalen Ausgangssituation befinden, dann nutzen Sie die Zeit gut, und zwar vom ersten Tag an. Ich erlebe immer wieder Kandidaten, die ihren AC-Termin bereits ein halbes Jahr im Voraus kennen, aber die Vorbereitung auf die lange Bank schieben. Die Begründung lautet oft: »Ich werde mich erst zwei Wochen vorher mit dem Thema beschäftigen, dann sind meine Eindrücke im Assessment-Center noch frisch.« Stimmt, aber manchmal eben zu frisch, um bestimmte Handlungsstrategien so zu festigen, dass sie souverän einsetzbar sind. Wenn Sie in sechs Monaten an einem Marathon-Lauf teilnehmen, werden Sie doch auch nicht erst 14 Tage vorher mit dem Training beginnen, oder? Starten Sie mit Ihrer Vorbereitung so früh wie möglich und sehen Sie dies nicht nur als ein Prüfungslernen. Betrachten Sie diesen Trainingsprozess darüber hinaus als eine sehr wirkungsvolle Möglichkeit zur Erweiterung Ihrer persönlichen Handlungskompetenz, die Sie in vielen beruflichen Situationen schlagkräftiger machen wird.

Erstellen Sie sich am besten einen persönlichen Trainingsplan, in dem Sie festlegen, wann Sie welche Aufgaben bearbeiten. Befassen Sie sich regelmäßig und in kurzen Abständen mit den Assessment-Center-Themen, zum Beispiel zweimal pro Woche jeweils zwei Stunden. Wichtig ist, dass Sie dabei auch möglichst viel praktisch üben und Ihre Vorbereitung nicht nur auf die Aneignung theoretischen Wissens beschränken. Handlungskompetenz entwickelt sich erst durch praktische Erfahrungen. Es kann hilfreich sein, sich einen Trainingspartner zu suchen oder eine Übungsgruppe zu initiieren. Versuchen Sie außerdem, möglichst viele der hier vorgestellten Strategien in Ihr Tagesgeschäft zu integrieren und dort praktisch umzusetzen. So gelingt es Ihnen, die Bearbeitungstechniken und Lösungsstrategien in Fleisch und Blut übergehen zu lassen und Stufe 4 zu erreichen.

Wenn Sie sich nicht in der komfortablen Situation befinden, langfristig planen zu können, sondern Ihnen womöglich nur noch wenige Tage zur Verfügung stehen, ist das zwar nicht optimal, aber dennoch kein Grund zur Panik. Bei der Fahrprüfung befindet sich der Fahrschüler in der Regel noch auf Stufe 3 – bewusste Kompetenz – und kann damit recht gut bestehen. Zur Lösung vieler Assessment-Center-Aufgaben ist dies ebenfalls ausreichend. Stufe 3 können Sie auch in wenigen Tagen erreichen, indem Sie sich mit den für Sie relevanten Aufgaben intensiv auseinandersetzen und dazu jeweils einige praktische Übungen durchführen. Wenn Sie sich allerdings nur mal beiläufig am Feierabend mit den AC-Themen beschäftigen, reicht das meist nicht aus. Sie sollten dafür auf jeden Fall ein komplettes Wochenende investieren oder sich zwei bis drei Tage frei nehmen. Planen Sie Ihre Vorgehensweise am besten so, dass Sie Ihre Vorbereitung idealerweise zwei Tage vor dem AC-Termin abschließen. Nutzen Sie den letzten Tag lieber dafür, sich etwas zu erholen und Kraft zu schöpfen, denn ein Assessment-Center kann Sie sowohl mental als auch physisch an die Leistungsgrenze führen.

**Tipps zur kurzfristigen Vorbereitung**

## Einstellungssache

Auch die persönliche Einstellung zum Thema Assessment-Center spielt eine wichtige Rolle. Sie sollten dieses Auswahlverfahren weder unter- noch überschätzen.

Kontraproduktiv sind Einstellungen wie

- ACs sind nur eine überflüssige Spinnerei, die sich Personaler ausgedacht haben.
- Das AC ist ein Auswahlverfahren für Schwätzer und Selbstdarsteller.
- Gefragt sind doch nur Schauspielerei und Selbstinszenierung.
- Es geht darum, die Konkurrenz auszustechen.

- Ich beweise täglich, dass ich gut bin, es ist Quatsch, mich ins AC zu schicken.
- Im AC bin ich der Willkür der Beobachter ausgesetzt.
- Mein Chef kennt mich seit Jahren und weiß, dass ich geeignet bin, jetzt entscheiden Fremde anhand einiger Momentaufnahmen über meine berufliche Zukunft.

**Selbsterfüllende Prophezeiung** Dies sind Meinungen, denen ich häufig begegne. Auch wenn das Zustandekommen dieser Einstellungen zum Teil gut nachvollziehbar ist, tun Sie sich damit keinen Gefallen. Selbstverständlich werden Sie Ihren Unmut nicht offen im Assessment-Center äußern, dennoch folgt die innere Einstellung gewissen Selbstverwirklichungstendenzen. Eine negative Haltung könnte unbewusst auf bestimmte Verhaltensweisen Einfluss nehmen, man spricht von einer »selbsterfüllenden Prophezeiung«. Zudem ist es kaum möglich, persönliche Bestleistung zu zeigen, wenn man das Verfahren als solches und dessen Jury grundsätzlich infrage stellt.

Mit einer negativen inneren Einstellung gegenüber dem Assessment-Center bremsen Sie sich in Ihrer Leistungsentfaltung also eher aus und schaden im Zweifel nur sich selbst. Zugegeben, es fällt nicht immer leicht, eine vorbehaltlos positive Einstellung zu entwickeln, gerade dann, wenn wenig Transparenz herrscht oder gewisse Schwachstellen bzw. Fehlerquellen sichtbar sind. Doch das absolut sichere und fehlerfreie Assessment-Center wird es nie geben und Beobachter sind auch nur Menschen. Wenn Sie sich an die letzte Fußball-WM zurückerinnern, sind Ihnen vielleicht noch einige wirklich gravierende Schiedsrichterfehler bewusst, über die heftig diskutiert wurde. Dennoch würde niemand auf die Idee kommen, deshalb prinzipiell die ganze Weltmeisterschaft infrage zu stellen. Keine Mannschaft könnte mit dem Willen zum Sieg und der notwendigen Motivation antreten und zugleich die Sinnhaftigkeit des Turniers anzweifeln. Genauso wird es Ihnen als Assessment-Center-Teilnehmer gehen. Betrachten Sie deshalb das AC als eine anspruchsvolle Wettkampf- bzw. Prüfungssituation, die es erfordert, dass Sie Ihre persönliche Bestleistung zeigen. Unterstellen Sie den Beteiligten grundsätzlich eine seriöse und faire Vorgehensweise.

Doch nicht nur hinsichtlich der Prüfungssituation, sondern auch in Bezug auf die persönliche Vorbereitung ist es wichtig, die eigene Einstellung zu hinterfragen. Mit dem Lesen dieses Buches setzen Sie sich bereits intensiv mit den Lösungs- und Bearbeitungsstrategien auseinander, lesen alleine reicht aber noch nicht aus. Erfolgsentscheidend ist, darüber hinaus auch praktisch zu üben. Dies erfordert selbstverständlich Zeit und ein gewisses Maß an Selbstdisziplin. Erst wenn Sie bei der Vorbereitung Ihre persönliche Komfortzone verlassen und selbst aktiv werden, können sich echte Trainingseffekte einstellen.

**Raus aus der Komfortzone**

Umgekehrt kann man es aber auch übertreiben, oder besser gesagt, die Vorbereitung in eine falsche Richtung betreiben. Sehr gewissenhafte und perfektionistisch veranlagte Menschen neigen dazu, jedes Detail im Voraus generalstabsmäßig planen zu wollen, um ja keine Überraschung zu erleben. Die Assessment-Center-Vorbereitung nimmt dann Züge an, die an das Auswendiglernen eines Drehbuchs für ein Theaterstück erinnern. Wie bereits erwähnt, schadet diese Form der Vorbereitung mehr als sie nutzt, da sie die notwendige Verhaltensflexibilität einschränkt. Ein AC-Teilnehmer, der zu perfektionistischem Verhalten neigte, ging sogar so weit, dass er bereits mehrere Wochen vor dem Termin zum Hotel reiste und sich dort unter einem fadenscheinigen Vorwand durch die Tagungsräume führen ließ. Für ihn war es ausgesprochen wichtig, schon vorher zu wissen, wie die Präsentationsmedien angeordnet sind, und sich genau vorstellen zu können, wo wohl das Beobachtergremium sitzen würde. Der Anspruch, lückenlos alles planen und kontrollieren zu wollen, erwies sich als Eigentor. Der Kandidat bestand nicht. Er erhielt das Feedback, dass man von einer Führungskraft ein hohes Maß an Flexibilität erwarte, was man bei ihm vermisst hätte. Unter anderem hätten seine Antworten auf die Interviewfragen und seine Präsentationen wie auswendig gelernt geklungen. Am Rande sei erwähnt, dass den Assessoren der vorherige Ausflug zum Hotel gar nicht bekannt war und sie sich nur auf die Beobachtungen im AC stützten. Fazit: Eine 150-prozentige Vorbereitung mit Netz und doppeltem Boden ist weder möglich noch sinnvoll. Es wird immer Situationen geben, in denen Sie überrascht werden und in der Lage sein müssen, zu improvisieren.

**Vorbereitungsfalle Perfektionismus**

Ebenso sollten Sie eine gewisse Anspannung und Nervosität vor einem Auswahlverfahren akzeptieren. So gut wie jeder Bühnenkünstler oder Spitzensportler erlebt dies vor jedem wichtigen Auftritt – das ist ganz normal. Schließlich geht es ja um etwas, da darf man ruhig etwas nervös sein. Bis zu einem bestimmten Grad erweist sich dieser Stresszustand nämlich sogar als positiv und leistungsfördernd, er schärft die Sinne und ermöglicht damit überhaupt erst Bestleistung. Zu große Gelassenheit kann dagegen zu einer sinkenden Aufmerksamkeit und damit zu Nachlässigkeiten und Fehlern führen.

## Inanspruchnahme professioneller Unterstützung

Wenn Sie sich dazu entschließen, für Ihre Assessment-Center-Vorbereitung externe Unterstützung in Anspruch zu nehmen, sollten Sie sich vorab ein Bild von der Assessment-Center-Kompetenz und dem Erfahrungsschatz des Anbieters machen. Der Hintergrund ist, dass die Trainings-, Beratungs- und Coachingsparte zu einer der unübersichtlichsten Branchen überhaupt zählt. So habe ich im Laufe meiner jahrzehntelangen Tätigkeit zahlreiche Berater, Trainer und Coaches kommen und gehen sehen, die ihr Dienstleistungsportfolio u. A. um das Thema Assessment-Center-Vorbereitung erweiterten, um sich damit ein »Zubrot« zu verdienen. Der fachliche Hintergrund beruhte in manchen Fällen lediglich auf dem Lesen einiger Bücher.

Genau hinschauen lohnt sich

Ein wesentlicher Indikator ist das Angebotsportfolio auf der Website. Wer neben Assessment-Center-Trainings beispielsweise Motivationsvorträge, Zeitmanagementseminare, Outdoortrainings, Teambuildingmaßnahmen und Konfliktmediation anbietet, zählt zu den Weiterbildungsgeneralisten. Der Helfer für viele Lebenslagen ist selten der kompetenteste Ansprechpartner zum Thema Assessment-Center. Selbst von den Karriereberatern und Karrierecoachs, die im Gegensatz zu den Generalisten schon deutlich spezifischer unterwegs sind, verfügen viele zum Thema Assessment-Center eher über rudimentäre Erfahrungen. Denn auch hier gilt, wer zehn verschiedene Karrierethemen – angefangen von der beruflichen Zielfindung über den Bewerbungsunterlagencheck und das Gehaltscoaching bis hin zur Worklife-Balance – abdeckt, wird mit hoher Wahrscheinlichkeit nicht den absoluten Tiefgang zu allen Themen mitbringen können. Wenn Sie viele unterschiedliche berufliche Baustellen auf einmal angehen möchten, ist es durchaus sinnvoll, einen Karrierecoach – quasi als den Allgemeinarzt für die Karriere – zu konsultieren. Wenn das Einzige, was Sie noch von Ihrem nächsten Karriereschritt trennt, ein Assessment-Center bzw. vergleichbares Auswahlverfahren ist, dann ist die Zusammenarbeit mit einem Assessment-Center-Coach deutlich effektiver, denn er ist quasi der hochspezialisierte Facharzt.

Einen Anhaltspunkt über die Erfahrung liefert auch die Anzahl der angebotenen Seminartermine. Ein Anbieter, der pro Jahr nur drei oder vier Gruppentrainings zum Thema Assessment-Center ausschreibt oder auf Gruppentrainings gänzlich verzichtet und ausschließlich Einzelvorbereitungen durchführt, hat meistens nicht genug Zulauf. Grundsätzlich stellt natürlich eine Einzelvorbereitung eine hervorragende Vorbereitungsmöglichkeit dar. Bei spärlicher Frequentierung ist jedoch fraglich, ob die notwendige Erfahrung in der Assessment-Center-Vorbereitung überhaupt gegeben ist.

**Erfahrung zählt**

Selbstverständlich können bei der Anbieterwahl auch terminliche und logistische Aspekte eine gewisse Rolle spielen, aber diese sollten nicht zu sehr im Vordergrund stehen. So kann eine Beratung, die Sie vermeintlich günstig direkt ums Eck wahrnehmen und bei der Sie Reisekosten sparen, sich schnell als Fehlinvestition erweisen. Nämlich dann, wenn Sie an einen semiprofessionellen Anbieter geraten, der Sie unzureichend oder im ungünstigsten Fall sogar falsch berät. Wohnortnähe ist sicherlich bei einem Englischkurs, den Sie zweimal wöchentlich besuchen, ein wichtiges Kriterium. Bei einer Assessment-Center-Vorbereitung, von der die Erreichung Ihres Karriereziels abhängt, sollten Sie diesen Punkt als nachrangig betrachten. Denn entscheidend für Ihren Erfolg sind der Erfahrungsschatz und die Kompetenz Ihres Assessment-Center-Coachs.

Folgende zwei grundsätzliche Varianten der professionellen Vorbereitung möchte ich für Sie näher beleuchten:

### Peer-Vergleich durch Gruppentraining

Bei einem Gruppentraining teilen Sie sich quasi den Trainer mit den anderen Teilnehmern und Sie absolvieren einen vordefinierten – eher

**Minimum 1 Tag**

breit angelegten – Aufgabenparcours. Der theoretische Input sollte zugunsten der praktischen Übungen auf ein Minimum begrenzt sein, denn mit der Theorie können Sie sich auch intensiv im Selbststudium – beispielsweise mithilfe dieses Buches – auseinandersetzen. Ein gutes Training sollte so konzipiert sein, dass wirklich jeder Teilnehmer die Gelegenheit hat, die enthaltenen Module unter Prüfungsbedingungen zu durchlaufen, dazu Feedback erhält und seine Leistung mit dem Trainer reflektieren kann. Halbtägige Workshops oder mehrstündige Abendveranstaltungen können dies eher nicht leisten. Durch hohen Zeitdruck, wenige Pausen und ständig wechselnde Aufgaben im oberen Schwierigkeitsgrad werden Kandidaten in so manchem realen Assessment-Center an ihr Limit geführt – und das oft über einen kompletten Tag oder gar mehrere Tage hinweg. Auch vor diesem Hintergrund sind Kurzworkshops weniger geeignet als Ganz- oder Mehrtagestrainings, da das typische »AC-Feeling« erst ab einem bestimmten Zeitrahmen erlebbar wird.

Der große Mehrwert eines Gruppentrainings entsteht vor allen Dingen dann, wenn ein guter Peer-Vergleich gegeben ist. Es ist ausgesprochen hilfreich, nicht nur sich selbst, sondern auch andere in vergleichbaren Situationen zu erleben. AC-Kandidaten empfinden es als wertvolle Erfahrung, zu sehen, wie andere Teilnehmer bei bestimmten Aufgaben vorgehen und abschneiden, um dadurch das eigene Leistungsniveau besser einschätzen zu können. Ein guter Peer-Vergleich setzt jedoch eine möglichst homogene Teilnehmergruppe voraus. Die 17-jährige Ausbildungsplatzsuchende und der 40-jährige Bereichsleiteranwärter haben zwar eines gemeinsam, nämlich das Ziel, ein bevorstehendes Assessment-Center zu bestehen, aber ansonsten wird es nur eine geringe Schnittmenge geben. Um sich mit Personen messen zu können, die auf einem ähnlichen beruflichen Level angesiedelt sind, ist es empfehlenswert, ein zielgruppenspezifisches Training zu besuchen – also beispielsweise für Führungskräfte. Assessment-Center-Trainings, die an ein breites Publikum adressiert sind, resultieren oft aus der Notwendigkeit, eine bestimmte Mindestteilnehmerzahl generieren zu müssen. Die Konsequenz ist, dass Sie als Führungskraft wahrscheinlich die mit Abstand dienstälteste und erfahrenste Person in so einer Teilnehmerrunde sein werden und dann keinen Vergleichsmaßstab haben.

Wenn Sie sich als Führungskraft oder angehende Führungskraft im Rahmen eines Gruppenseminars vorbereiten möchten, dann benötigen Sie ein Assessment-Center-Training, das ausschließlich an diesen Teilnehmerkreis adressiert ist. Nur dann sind ein adäquater Schwierigkeitsgrad und ein realistischer Peer-Vergleich zu anderen Teilnehmenden gewährleistet.

AC-Trainings mit breit gefächertem Publikum bieten für den Einzelnen meist keinen so großen Nutzen, wie dies zielgruppenspezifische Trainings liefern können.

### Individuelle Einzelvorbereitung

Bei dieser Variante bereitet Sie ein Assessment-Center-Trainer bzw. -Coach ganz gezielt auf Ihre spezifische Assessment-Center-Situation vor. Die Inhalte und Schwerpunkte sollten im Vorfeld mit Ihnen abgestimmt werden, sodass die Einzelvorbereitung passgenau auf Ihre Bedürfnisse abzielt und höchste Professionalität bieten sollte. Prüfen Sie vorab, ob sich das Institut auf diese Form der Vorbereitung beschränkt. Werden nur Einzelvorbereitungen durchgeführt und bietet ein Institut daneben ein relativ breites Themenspektrum an Beratungsleistungen an, kann dies ein Indikator für unzureichende praktische Erfahrung in der AC-Vorbereitung sein. Ist jedoch gewährleistet, dass der Anbieter den erforderlichen Hintergrund mitbringt, so stellt ein Einzeltraining – quasi als »Maßanzug« unter den Vorbereitungsmöglichkeiten – eine sehr hochwertige Form der Vorbereitung dar. Die Investition im Vergleich zu einem Gruppentraining ist dafür in der Regel höher. Neben der Individualität und der Intensität einer Einzelvorbereitung liegt ein weiterer – für manche Kandidaten ausschlaggebender – Vorteil natürlich in der absoluten Diskretion. Eine individuelle und professionelle Vorbereitung ist heutzutage nicht mehr auf einen Präsenztermin beschränkt. Die Vorbereitung kann genauso gut über eine Online-Meeting-Plattform via Webcam stattfinden. Als Anbieter von AC-Vorbereitungen praktizieren wir selbst seit vielen Jahren auch dieses Format und haben damit sehr gute Erfahrungen gemacht. Der Klient erspart sich Reisezeiten und -stress, ist dadurch beim Coaching aufnahmefähiger und kann solche Online-Sessions oft leichter in seinem eng getakteten Terminkalender unterbringen.

Bei der Entscheidung zwischen unterschiedlichen Vorbereitungsvarianten sind viele Kandidaten auf das Durchführungsformat ihres rea-

**Auch online möglich**

len Assessment-Centers fixiert. Das heißt, Personen, denen ein Gruppen-AC bevorsteht, erwarten den größten Mehrwert von einem Gruppentraining. Probanden eines Einzel-ACs sehen diesen Mehrwert in der Einzelvorbereitung. Doch die Annahme, dass das identische Vorbereitungsformat automatisch die Erfolgschancen erhöht, ist ein weitverbreiteter Trugschluss. Wie bereits in Kapitel 1 erwähnt, existieren heutzutage zwischen Einzel- und Gruppen-ACs in vielen Fällen kaum Unterschiede. Ich kenne eine Reihe von Gruppen-ACs, die auf Gruppenübungen gänzlich verzichten, d. h. jeder Kandidat durchläuft einzeln bestimmte Stationen und kommt mit anderen Teilnehmern überhaupt nicht in Berührung – faktisch handelt es sich bei diesen Veranstaltungen um Einzel-Assessments. Umgekehrt können auch in echten Einzelverfahren Gruppensituationen durch die Einbindung von Rollenspielern bzw. Beobachtern erzeugt werden. Gleiches gilt für die vermuteten inhaltlichen Unterschiede zwischen Online- vs. Offline-Assessments, die faktisch nicht existent sind. Welches Format für Ihre Vorbereitung am zielführendsten ist, ist vollkommen unabhängig davon, ob Ihr Assessment-Center online, offline in der Gruppe oder einzeln stattfindet. Viel entscheidender ist dagegen, welche Inhalte Sie in welcher Intensität trainieren möchten und wie viel Vorlaufzeit Ihnen noch zur Verfügung steht.

### Unterstützung durch den Autor

Selbstverständlich biete auch ich als Assessment-Center-Coach und -Trainer weiterführende Möglichkeiten für Ihre Assessment-Center-Vorbereitung an. Unter www.intertrainment.de erhalten Sie eine Übersicht über alle Gruppen- und Einzeltrainings, die ich und mein Trainerteam durchführen. Die von mir entwickelten Online-Video-Trainings zum Selbststudium finden Sie auf der Website www.assessment-center-kurse.de.

# 3. Präsentation

## Hintergründe zur Aufgabe

Präsentationen zählen zu den am häufigsten eingesetzten Assessment-Center-Aufgaben und kommen oft sogar mehrfach zum Einsatz. Für die Vorbereitung wird Ihnen eine bestimmte Bearbeitungszeit zur Verfügung gestellt, die in der Regel recht knapp bemessen sein wird. Ad-hoc-Präsentationen, bei denen Sie absolut unvorbereitet präsentieren müssen, sind dagegen eher selten. Für die Durchführung existiert ebenfalls eine Zeitvorgabe, die als Obergrenze zu verstehen ist. Diese kann sich je nach Arbeitsauftrag in einem Rahmen von wenigen Minuten bis hin zu einer halben Stunde bewegen.

## Präsentationsformen

In den allermeisten Fällen ist der Einsatz von Präsentationsmedien möglich und auch gewünscht. Doch auch wenn wir uns im Zeitalter von Beamer und PowerPoint befinden, gehört deren Nutzung im Assessment-Center eher zur Ausnahme. Hier gelten die traditionellen Medien wie Flipchart, Moderationswand und Whiteboard als Standard. Gelegentlich ist eine Dokumentenkamera – quasi als Nachfolgerin des Overheadprojektors – verfügbar. Dieses Medium ist zwar auf dem Vormarsch, hat sich aber noch nicht flächendeckend durchgesetzt. Der Verzicht auf PowerPoint ist meist organisatorischen und logistischen Aspekten geschuldet, da jedem Teilnehmer während des Assessment-Centers ein Bildschirmarbeitsplatz zur Verfügung gestellt werden müsste. Gelegentlich gibt es Aufgabenstellungen, bei denen der Teilnehmer bereits vorab einen Arbeitsauftrag erhält und eine ausgearbeitete Präsentation mit ins Assessment-Center bringen soll. In diesem speziellen Fall ist der Einsatz von PowerPoint und Beamer meist möglich – sollte im Zweifel aber vorher sicherheitshalber geklärt werden.

*Präsentation mit Medieneinsatz*

Reine Vorträge ohne Visualisierungsmöglichkeit bilden bei Assessment-Centern in der freien Wirtschaft die Ausnahme. Im öffentlichen Dienst – beispielsweise bei einigen Bundesbehörden – gibt es jedoch einige Auswahlverfahren, in denen tatsächlich keinerlei Medieneinsatz erlaubt ist. Das Präsentationsmedium sind in diesem Falle nur Sie als Vortragender.

*Präsentation ohne Medieneinsatz – Vortrag*

## Präsentationsthema und -anlass

**Kurz- / Ergebnis-präsentation**

Präsentationen werden im Assessment-Center gerne mit anderen Aufgaben verknüpft. Beispielsweise im Anschluss an Gruppendiskussionen bzw. Teamaufgaben wird häufig eine kurze Ergebnispräsentation eingefordert. Da sowohl für die Durchführung der Präsentation als auch für deren Vorbereitung meist nur wenige Minuten zur Verfügung gestellt werden, erwartet man hier keine tiefschürfenden Ausführungen, sondern eine kompakte Zusammenfassung der Arbeitsergebnisse.

**Fach- / Fall-präsentation**

Charakteristisch für diese Variante ist die deutlich großzügigere Zeitvorgabe. Die Vorbereitungszeit bewegt sich meist in einem Rahmen ab einer halben Stunde aufwärts, bis hin zu mehreren Stunden. Als maximale Präsentationszeit wird meist ein Zeitraum zwischen zehn und 30 Minuten angesetzt. Bei Arbeitsaufträgen in dieser Größenordnung ist die Grenze zwischen den Aufgaben »Präsentation« und »Fallstudie« fließend. Zur gezielten Vorbereitung auf solch umfangreiche Präsentationsaufgaben sollten Sie sich unbedingt zusätzlich mit dem Kapitel »Fallstudie / Case Study« befassen. Dort erhalten Sie nützliche Hinweise, wie Sie methodisch und inhaltlich zur Lösung gelangen. Der Schwerpunkt dieses Kapitels liegt dagegen auf der Darstellung bzw. Kommunikation Ihrer Arbeitsergebnisse.

**Selbstpräsentation**

Thema dieser Präsentation ist Ihre eigene Person. Dieser Arbeitsauftrag kommt hin und wieder als Assessment-Center-Auftakt zum Einsatz und findet dann eventuell vor allen Beteiligten – also Beobachtern und Teilnehmern – statt. Der Vorteil für den Veranstalter liegt darin, dass im Zusammenhang mit der ersten Aufgabe gleichzeitig die Vorstellungsrunde der Kandidaten abgedeckt wird. Ebenso ist die Durchführung aber auch zu einem späteren Zeitpunkt möglich. Gerne wird die Selbstpräsentation dann mit einem Interview verknüpft, das heißt der Kandidat stellt sich zunächst im Rahmen einer Präsentation vor und wird danach von Beobachtern befragt. Bei dieser Variante können Sie davon ausgehen, dass keine anderen Teilnehmer anwesend sein werden.

Die Entwicklung einer Selbstpräsentation fällt vielen Assessment-Center-Teilnehmern deutlich schwerer als die Erstellung einer fachlichen Präsentation. Im Abschnitt »Spezielle Strategien für besondere Formen der Präsentation« in diesem Kapitel werde ich Ihnen die Herangehensweise an dieses Thema ausführlich vorstellen.

## Beurteilungskriterien

Typische Kriterien für die Bewertung der Kandidaten bei Präsentationen sind:

- Souveränität und Auftreten
- Überzeugungs-/Begeisterungsfähigkeit
- sprachliches Ausdrucksvermögen
- strukturiertes Vorgehen
- Kreativität
- Sicherheit im Umgang mit Präsentationsmedien

In einem Auswahl-Assessment-Center zur Besetzung einer ganz bestimmten Stelle können bei Präsentationen auch Fachwissen und Branchenkenntnisse auf dem Prüfstand stehen.

> **Tipp**
>
> Verglichen mit den anderen Assessment-Center-Aufgaben lassen sich bei Präsentationen innerhalb kurzer Zeit die deutlichsten Trainingsfortschritte erzielen. Dieser Aufgabentyp ist in nahezu jedem Assessment-Center vertreten – schon deshalb ist es lohnenswert, sich gezielt darauf vorzubereiten. Präsentationen können Sie gegebenenfalls auch alleine trainieren und durch regelmäßiges Üben Ihre eigene Präsentationsperformance stetig verbessern.

## Allgemeine Lösungsstrategien

### Vorüberlegungen zur Präsentation

Wenn Sie den Arbeitsauftrag für eine Präsentation erhalten, sollten Sie sich in der Vorbereitungsphase mit folgenden Punkten auseinandersetzen:

- Präsentationsziel und Zielgruppe
- Kernbotschaft und roter Faden
- Visualisierung
- Gedächtnisstütze

**Präsentationsziel und Zielgruppe**

Vergegenwärtigen Sie sich vorab, welches Ziel die Präsentation verfolgt und welche Zielgruppe vor Ihnen sitzen wird. Ist es lediglich das Ziel, zu informieren, oder geht es darum, Überzeugungsarbeit zu leisten? Auf zwei Drittel der Präsentationen in einem Assessment-Center trifft Letzteres zu. In diesem Fall reicht es noch nicht aus, nur ein Konzept vorzustellen. Darüber hinaus ist es notwendig, die Vorteile und den Nutzen deutlich herauszuarbeiten und die Präsentation mit einem Appell bzw. einer Handlungsaufforderung abzuschließen.

**Adressatengerechte Botschaften**

Bei den Vorüberlegungen ist es ebenfalls wichtig, zu berücksichtigen, an welche Zielgruppe sich die Präsentation richtet – also beispielsweise an den Vorstand, an einen Investor, an Kunden oder an die eigenen Mitarbeiter. Davon hängt ab, welche Richtung die Nutzenargumentation Ihrer Präsentation einschlagen muss. Zielgruppen verfolgen eben bestimmte Ziele – die zum Teil sehr unterschiedlich sein können. Für den Mitarbeiter werden deshalb bestimmte Punkte relevanter sein als für den Investor, und umgekehrt.

Wer letztendlich der Adressat für Ihre Präsentation sein wird, muss aus dem Arbeitsauftrag hervorgehen. Wird dort keine Zielgruppe genannt, dann sollten Sie davon ausgehen, dass die Zuhörer keine gesonderte Rolle einnehmen und sich Ihre Präsentation an die Assessment-Center-Beobachter richtet.

**Kernbotschaft und roter Faden**

Präsentationen benötigen eine klare Ausrichtung mit stimmig aufeinander aufbauenden Inhalten. Für die Zuhörer muss der rote Faden in Ihren Ausführungen erkennbar sein. Um diesen zu entwickeln, ist es zuerst einmal erforderlich sich klarzumachen, was die Kernbotschaft Ihrer Präsentation sein soll. Also mit welchem Slogan ließe sich der Gedanke oder Ihr Motto auf den Punkt bringen?

Gerade wenn Sie sich an Werbe- und Wahlkampfkampagnen erinnern, stoßen Sie immer auf solche Slogans, zum Beispiel:

- »Bildung schafft Wohlstand«
- »Reichtum für alle«
- »Leistung muss sich lohnen«

Slogan Ihrer
Präsentation

Das Motto Ihrer Präsentation darf den Zuhörern aber keinesfalls plump eingehämmert werden – so wie dies manche Wahlkampfredner praktizieren. Vielmehr sollte die Kernbotschaft der Gedanke sein, auf den Ihre Präsentation ausgerichtet ist und der am Ende bei den Zuhörern haften bleibt. Hier drei Beispiele für mögliche Kernbotschaften aus unterschiedlichen Präsentationen:

**Beispiel**

- *»Mehr Umsatz durch neue Vertriebskanäle«*
- *»Höhere Effizienz durch flachere Hierarchien«*
- *»Schnellere Auftragsbearbeitung durch zusätzliche Mitarbeiter«*

Erst wenn Sie sich Ihrer Kernbotschaft bewusst sind, können Sie den roten Faden spinnen, indem Sie Ihre Argumentationslinie aufbauen, die Präsentation in verschiedene Phasen gliedern und den Ablauf zeitlich planen. Berücksichtigen Sie dabei unbedingt die Zeitvorgabe, denn im Assessment-Center haben Sie normalerweise nicht die Möglichkeit zu überziehen. Stellen Sie deshalb sicher, dass Sie Ihre Kernbotschaft auf jeden Fall innerhalb der vorgegebenen Zeit vermitteln können – weniger ist dabei oft mehr.

Visualisierung

Untersuchungen belegen, dass mithilfe visueller Medien bei den Zuhörern etwa doppelt so viele Informationen hängen bleiben als bei einem reinen Vortrag. Ihre Botschaften finden also nicht nur über den auditiven Kanal Gehör, sondern werden zusätzlich über den visuellen Kanal aufgenommen. Manche Teilnehmer verzichten im Assessment-Center aus Zeitmangel, wegen ihrer undeutlichen Schrift oder aufgrund mangelnder Erfahrung auf die Nutzung von Medien. Dabei habe ich bisher nur sehr selten Kandidaten erlebt, denen es tatsächlich gelang, durch einen brillanten Vortrag die fehlende Visualisierung zu kompensieren. Sofern der Medieneinsatz möglich ist, sollten Sie davon unbedingt Gebrauch machen. Auch wenn eine Visualisierung nicht verpflichtend, sondern nur optional ist, wird sie von den meisten Beobachtern erwartet. Im Abschnitt »Visualisierung und Medieneinsatz« in diesem Kapitel erfahren Sie, wie Sie dabei konkret vorgehen können.

Vollkommen frei und ohne jegliche Gedächtnisstütze vorzutragen, erfordert ein hohes Maß an Souveränität und zugleich viel Übung. Weniger routinierte Präsentatoren sollten sich deshalb die Messlatte selbst nicht zu hoch legen. Gerade bei der Präsentation eines fremden Themas ist der Einsatz einer kleinen Gedächtnisstütze ein sinnvolles und absolut legitimes Hilfsmittel. Hier kommt es weniger auf das Ob, sondern mehr auf das Wie an. Handelt es sich dagegen um vertraute Inhalte, zum Beispiel Ihre Selbstpräsentation oder Ihr spezielles Fachthema, wird allerdings erwartet, dass Sie in der Lage sind, darüber frei zu sprechen.

Als absolut ungeeignet erweisen sich mehrseitig beschriebene und detailliert ausformulierte Manuskripte, womöglich in A4-Format. Nützlicher sind dagegen Karten, wie Sie häufig von Fernsehmoderatoren eingesetzt werden. Solche Moderationskarten haben maximal A5-Format und sind aus etwas stärkerem Papier. Im Assessment-Center könnten Sie dafür Moderationskarten nutzen, die eigentlich zum Anbringen an eine Moderationswand vorgesehen sind. Weniger ist mehr, deshalb versuchen Sie möglichst nur mit einer oder wenigen Karten zu arbeiten und den Text auf ein Mindestmaß zu reduzieren. Fließtexte führen dazu, dass Sie als Redner zu sehr am Manuskript haften oder gar ablesen. Ihre Moderationskarten dürfen also keinesfalls ausformulierte Sätze enthalten, sondern lediglich Stichwörter, die Ihnen als Aufhänger dienen, um zum nächsten Punkt zu kommen. Manchen Rednern genügt als Hilfsmittel auch die Visualisierung an den Präsentationsmedien. Entscheiden Sie deshalb anhand Ihrer eigenen Präsentationserfahrung sowie nach Thema und Umfang, ob bzw. welche Gedächtnisstütze Sie nutzen.

## Strukturierung und Aufbau der Präsentation

Der typische Aufbau einer Präsentation folgt dem bekannten Schema Einleitung – Hauptteil – Schluss. Da es sich um die beiden wirklich erfolgskritischen Abschnitte einer Präsentation handelt, beschreibe ich zunächst die wesentlichen Ansätze für die Gestaltung von Einleitung und Schluss. Beim Hauptteil gibt es – natürlich abhängig von Thema und Zeit – vielfältige Möglichkeiten des Aufbaus. Zwei davon werde ich Ihnen näher vorstellen, die PAR-Technik und den 5-Satz.

**Einleitung und Schluss**

Gerade zu Beginn der Präsentation ist die Aufmerksamkeit der Beobachter am höchsten. Gleichzeitig ist in dieser Phase die Nervosität des Vortragenden am größten. Dies ist eine unglückliche Kombination, denn Pannen passieren häufiger am Anfang und fallen dann auch noch umso mehr auf. Der sogenannte Primacy-Recency-Effekt ist dafür verantwortlich, dass Eindrücke vom Anfang und Ende besser haften bleiben und eventuell überbewertet werden. Nachlässigkeiten oder Pannen speziell in diesen Phasen können die Wirkung einer ansonsten gelungenen Präsentation zunichtemachen. Es lohnt sich daher, den Schluss gut und die Einleitung sehr gut vorzubereiten. Veranschlagen Sie für die Einleitung maximal zehn Prozent der Präsentationszeit. Diese Phase dient dazu, Aufmerksamkeit für das Thema zu wecken und Orientierung zu schaffen. Natürlich gilt es dabei die üblichen Formalitäten zu beachten, wie die Begrüßung der Zuhörer und gegebenenfalls die namentliche Vorstellung. Bei einer Selbstpräsentation ist dies ohnehin obligatorisch. Handelt es sich um einen Präsentationsauftrag, den Sie explizit aus der Perspektive einer bestimmten Rolle bearbeiten mussten, sollten Sie dies unbedingt berücksichtigen. Hier ein Beispiel aus einem Arbeitsauftrag:

*Sie sind der neue Vertriebsleiter in unserem Unternehmen. Bitte entwickeln Sie ein Konzept zu …, das Sie anschließend vor der Geschäftsführung präsentieren.*

**Beispiel**

Formulieren Sie dann Ihre Begrüßung und Vorstellung rollenadäquat, zum Beispiel: »Sehr geehrte Damen und Herren der Geschäftsführung, mein Name ist …, als neuer Vertriebsleiter freue ich mich, Ihnen nun mein Konzept zu … vorstellen zu können« (nicht: *dürfen*).

Durch einen spannenden Einstieg erhöhen Sie die Aufmerksamkeit der Zuhörer. Folgende Möglichkeiten sind dazu gut geeignet:

**Spannungsbogen aufbauen**

• Bezug zu einem aktuellen Anlass / Thema
• rhetorische Frage
• provokante These
• paradox erscheinende Aussage
• Metapher
• Zitat

Entscheidend ist dabei, dass das gewählte Stilmittel auch tatsächlich zum Thema passt und der Anknüpfungspunkt erkennbar ist oder im Laufe der Präsentation hergestellt wird. Dann können Sie Ihrer Präsentation mit diesem Paukenschlag eine eindrucksvolle Eröffnung verleihen. Gerade bei längeren Präsentationen bietet es sich an, zu Beginn einen kurzen Überblick über die vorgesehenen Themen zu geben bzw. die Agenda vorzustellen. Sie erleichtern damit den Zuhörern die Orientierung und machen Ihre Vorgehensweise nachvollziehbarer. Bei sehr kurzen Präsentationen können Sie darauf jedoch meist verzichten.

Ein entscheidender Fehler – nicht nur im Assessment-Center – ist eine Präsentation mit einer Rechtfertigung zu beginnen, wie: »Bitte entschuldigen Sie meine Schrift ...« oder »Aufgrund der knappen Zeit konnte ich nur ein Chart vorbereiten« oder »Ich kann leider nicht so gut zeichnen ...«. Durch dieses Understatement-Verhalten versucht der Vortragende die Erwartungshaltung der Zuhörer möglichst gering zu halten. Doch damit entwertet er seine Präsentation von vorneherein und lenkt die Aufmerksamkeit der Beobachter zwangsläufig auf weitere Defizite. Verzichten Sie auf jegliche Rechtfertigungen und Entschuldigungen!

**Zu guter Letzt** Genauso wichtig wie eine gute Eröffnung ist ein gelungener Abschluss. Bringen Sie am Ende der Präsentation Ihr Fazit auf den Punkt. Fassen Sie die wesentlichen Kernaussagen noch einmal kurz zusammen – ohne dabei neue Punkte einzubringen. Wenn es Ihnen gelingt, eine Brücke zu Ihrer Einleitung zu schlagen, schließt sich für die Zuhörer der Kreis, und Sie verdeutlichen noch einmal den roten Faden Ihrer Präsentation.

Überlegen Sie sich gut, mit welchem letzten Satz Sie aussteigen werden. Verlegenheitsabschlüsse hören sich oft so an: »So, das war's« oder »Damit bin ich nun am Ende meiner Ausführungen« oder »Ich hoffe, ich konnte Ihnen das Thema damit näherbringen«. Als kritischer Zuhörer möchte man dann gerne erwidern »Nicht nur am Ende der Ausführungen« Oder »Die Hoffnung stirbt ja bekanntlich zuletzt«. Wenn Sie erklären, dass es sich um das Ende handelt, ist es so, als würden Sie bei einem Witz ausdrücklich darauf hinweisen, dass Sie gerade die Pointe erzählt haben. Diese kann dann wohl nicht so gut gewesen sein, wenn sie erst durch eine Erläuterung erkennbar wird. Genauso verhält es sich mit dem Abschluss einer Präsentation, der so inszeniert sein muss, dass ihn die Zuhörer selbsterklärend als solchen wahrnehmen.

Für einen gelungenen Ausstieg bietet es sich an, die Präsentation zu beenden mit

- einer klaren Empfehlung
- einem Appell
- einem positiven Ausblick
- einem passenden Zitat

Entscheidend ist, die Abschlussbotschaft stimmlich zu unterstreichen, indem Sie Ihrer Stimme mehr Kraft verleihen und die Tonlage verändern. So erkennt auch der Beobachter, der sich nun schon die fünfte Präsentation anhören musste, dass es sich jetzt gerade um eine wichtige Botschaft handelt.

Verlassen Sie nun keinesfalls fluchtartig die Bühne. Halten Sie noch einen Augenblick inne und bleiben Sie einige Sekunden vor Ihrem Publikum stehen. Erst dann kann Ihre Botschaft ihre volle Wirkung entfalten. Für den Fall, dass anschließend Fragen durch die Beobachter vorgesehen sind, müssen Sie dem Gremium ohnehin noch zur Verfügung stehen.

Bei der häufig verwendeten Formulierung »Vielen Dank für Ihre Aufmerksamkeit« gehen die Meinungen von Rhetorikexperten auseinander. Manche sehen dies als angemessene höfliche Verabschiedung. Andere wiederum interpretieren diese Floskel eher als unterwürfige – und damit überflüssige – Geste. Wenn Sie einen griffigeren Ausstieg parat haben (siehe oben), dann verzichten Sie lieber darauf. Sollte Ihnen partout nichts Besseres einfallen, dann verwenden Sie stattdessen lieber ein schlichtes »vielen Dank«.

Zeigen Sie sowohl in der Eröffnung als auch im Abschluss Präsenz. **Seien Sie präsent** Ihre ungeteilte Aufmerksamkeit muss den Zuhörern gelten – nicht Ihren Unterlagen, nicht den Präsentationsmedien und nicht dem Muster des Teppichbodens. Auch die Wirkung Ihrer Körpersprache spielt dabei eine entscheidende Rolle (siehe »Persönlichkeit und Auftreten«). Grundsätzlich rate ich davon ab, sich bei Präsentationen Formulierungen auswendig einzuprägen, allerdings mit zwei Ausnahmen: Einleitung und Schluss! Der Wortlaut dieser wenigen Sätze muss sitzen. Sie haben dann in diesen wichtigen Präsentationsphasen den Kopf frei, um sich voll auf Ihr Publikum zu konzentrieren.

### Hauptteil: Die PAR-Technik

Bei PAR handelt es sich um eine Technik, die sowohl bei Pressesprechern als auch bei Politikern weit verbreitet ist. Nach diesem simpel anwendbaren und leicht zu merkenden Prinzip können Sie den Hauptteil Ihrer Präsentation aufbauen.

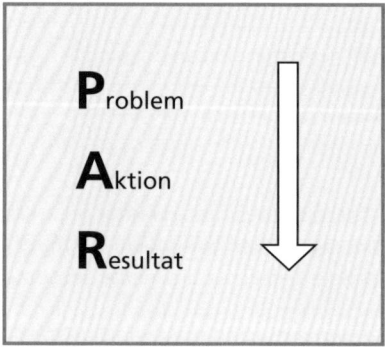

Nachdem Sie kurz auf das zugrundeliegende **P**roblem eingegangen sind, stellen Sie ausführlich Ihre **A**ktion, also Ihr Konzept zur Problemlösung, vor. Danach zeigen Sie das (erwünschte) **R**esultat Ihres Lösungsansatzes auf. Die drei Schritte Problem – Aktion – Resultat müssen Sie aber nicht bei jedem Präsentationsauftrag wörtlich nehmen. Wahlweise passt oft eine der in der folgenden Übersicht dargestellten Alternativen besser als Beschreibung für den jeweiligen Schritt.

| PAR-Schritte | Alternativbezeichnungen |
|---|---|
| **P**roblem | • künftiges Problem <br> • Schwachstelle <br> • Verbesserungspotenzial <br> • Ausgangslage <br> • Ist-Analyse <br> • Ziel |
| **A**ktion | • Maßnahmen <br> • Verbesserungsvorschläge <br> • Vorgehensweise <br> • Lösungsweg <br> • Prozessablauf |
| **R**esultat | • (zu erwartendes) Ergebnis <br> • Auswirkungen <br> • Konsequenz <br> • positiver Ausblick <br> • weitere Schritte |

Die PAR-Technik bietet sich bei Arbeitsaufträgen an, die zum Ziel haben, ein Verbesserungskonzept oder eine Lösung für ein bestimmtes Problem vorzustellen. Sie ist daher auch gut für die Umsetzung einer Kurz-/Ergebnispräsentation nach einer Gruppendiskussion geeignet. Innerhalb einer Selbstpräsentation kann damit sehr gut die Bewältigung herausfordernder Aufgaben beschrieben werden (siehe »Punkten mit PAR«).

**Hauptteil: 5-Satz-Technik**
Eine weitere Möglichkeit, den Hauptteil einer Präsentation aufzubauen, ist die 5-Satz-Technik. Dabei handelt es sich um eine rhetorische Argumentationsfigur mit dem Ziel, die Zuhörer in fünf Schritten von einer bestimmten Position zu überzeugen. Die 5-Satz-Technik bietet unterschiedliche Variationsmöglichkeiten, von denen ich Ihnen hier die drei am häufigsten verwendeten aufzeige.

### Der Aufsatzplan

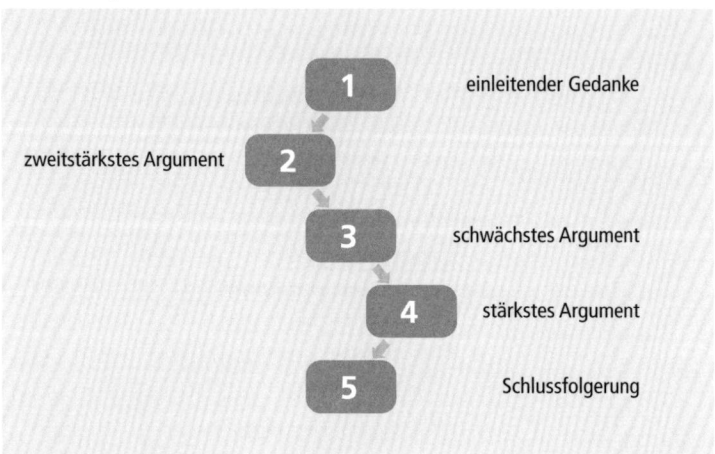

Beim Aufsatzplan werden die drei wesentlichen Argumente nacheinander dargestellt. Die Argumente müssen dabei nicht aufeinander aufbauen, sondern können unabhängig voneinander die eigene Position untermauern. Am effektivsten ist dieser Argumentationsablauf, wenn Sie mit dem zweitstärksten Argument beginnen, das schwächste in die Mitte packen und sich das stärkste bis zum Schluss aufheben.

### Die Kette

| zeitliche Abfolge | | logische Abfolge |
|---|---|---|
| Ziel/Ausgangssituation | **1** | Ausgangssituation |
| 1. Schritt | **2** | *Daraus resultiert …* |
| 2. Schritt | **3** | *Die Folge ist …* |
| 3. Schritt | **4** | *Daraus ergibt sich die Notwendigkeit nach …* |
| Ergebnis | **5** | Empfehlung/Appell |

Bei der Kette werden die Argumente nicht unabhängig voneinander dargestellt, sondern bauen aufeinander auf. Der nächste Schritt resultiert also immer aus dem vorhergehenden. Die Argumentationsfigur kann dabei sowohl eine zeitliche als auch eine logische Abfolge widerspiegeln.

### Die Gegenüberstellung

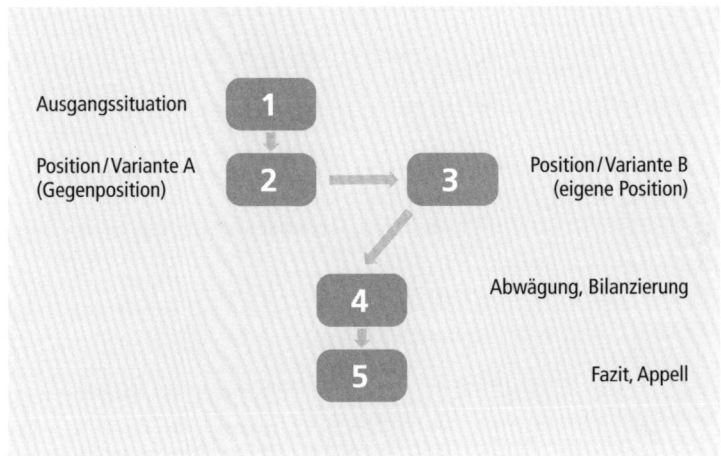

Die Gegenüberstellung bietet sich an, wenn zwei (oder mehr) Positionen bzw. Lösungsvorschläge im Raum stehen, von denen Sie sich für einen aussprechen sollen. Im Sinne eines abwägenden Entscheidungsfindungsprozesses sollten zunächst beide Varianten beleuchtet werden. Danach erfolgt eine Abwägung, die natürlich zugunsten des von Ihnen präferierten Vorschlags ausfällt und abschließend in ein Fazit mündet.

Die 5-Satz-Technik kann entweder als Argumentationsstrategie für einen Teilbereich innerhalb einer Präsentation herangezogen werden oder als Grundstruktur für den kompletten Vortrag dienen. Bei Bedarf können Sie diese Figur um zusätzliche Schritte erweitern, sollten aber berücksichtigen, dass die Nachvollziehbarkeit bei zu vielen Etappen leiden wird.

## Persönlichkeit und Auftreten

Eine Präsentation ist zweifelsohne die Assessment-Center-Aufgabe, bei der Ihr persönliches Auftreten am deutlichsten wahrgenommen wird. Für einen guten Redner ist es noch nicht ausreichend, durch gute Argumente und eine klare Struktur inhaltlich zu überzeugen. Mindestens genauso wichtig sind die Botschaften, die auf der nonverbalen Ebene gesendet werden.

### Position und Raumverhalten

**Zentrale Position** Nehmen Sie einen möglichst zentralen Standort ein, an dem Sie als der Mittelpunkt der Präsentation wahrgenommen werden. Stehen Sie frei im Raum, also nicht an einem Tisch oder Pult. Sollten Sie eine Ablagefläche für Material benötigen, dann richten Sie diese seitlich anstatt vor sich ein. Redner, die sich hinter einer Barriere platzieren, die Mitte des Raumes meiden oder sich am Präsentationsmedium festhalten, strahlen wenig Selbstbewusstsein aus.

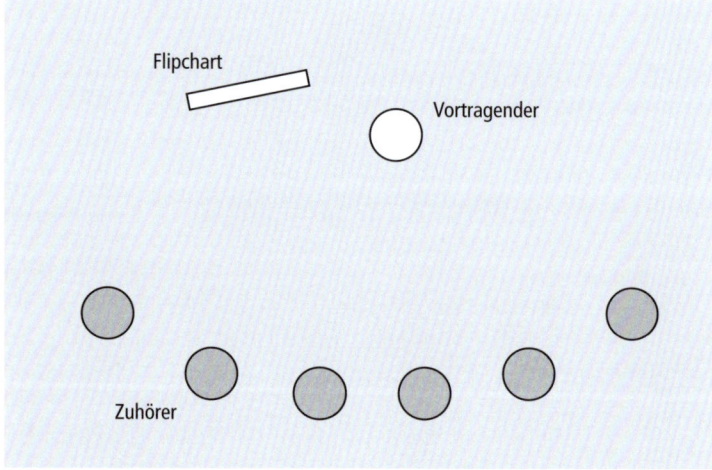

Wählen Sie Ihre Position so, dass Sie Blickkontakt zu allen Zuhörern herstellen können und diese wiederum möglichst freie Sicht auf Ihre Medien haben. Als günstig erweist sich ein Standort, an dem Sie seitlich versetzt vor dem Präsentationsmedium stehen. Für Rechtshänder ist es empfehlenswert, sich links davon zu platzieren; so kann die rechte Hand zum Andeuten eingesetzt werden, ohne dass man sich dabei von den Zuhörern abwenden muss.

Wie viel Bewegung im Raum verträgt eine Präsentation? Hohe An- Standpunkt beziehen
spannung äußert sich bei vielen Menschen in einem zunehmenden Bewegungsdrang. Vortragende, die viel umherlaufen, hinterlassen oft einen zerstreuten oder unsicheren Eindruck. Achten Sie deshalb auf einen ruhigen Stand – dieser strahlt gerade in der Eröffnungsphase Souveränität aus. Das bedeutet aber keinesfalls, dass Sie während der ganzen Präsentation wie angewurzelt an einer Stelle verharren müssen. Selbstverständlich können Sie gelegentlich Ihre Position verändern oder einmal auf die Zuhörer zugehen. Erfahrene Präsentatoren vollziehen oft sogar bewusst einen Standortwechsel, wenn sie in ein neues Thema eröffnen.

**Gestik und Haltung der Hände**
Wohin nur mit den Händen? Das ist eine Frage, die mir häufig in unseren Trainings gestellt wird und bei der viele Vortragende unsicher sind. Vor Beginn der Präsentation bieten sich zwei Ausgangshaltungen für Ihre Arme an. Bei der ersten Möglichkeit hängen Ihre Arme einfach locker seitlich herab. Um aber nicht militärisch zu wirken, sollten Sie diese Grundposition nur wenige Sekunden beibehalten. Integrieren Sie die Arme dann möglichst schnell in den Redefluss zum Beispiel mittels einer Willkommensgeste. Bei der anderen Ausgangshaltung befinden sich beide Arme leicht angewinkelt vor dem Oberkörper mit den Händen etwa auf Bauchnabelhöhe. Dabei können sich die Finger der beiden Hände locker berühren, ohne dass sich dabei die Hände festhalten.

Versuchen Sie nicht, die Bewegung Ihrer Hände zu unterdrücken, sondern binden Sie sie möglichst früh als natürliche Gesten in den Fluss Ihrer Ausführungen ein. Am leichtesten gelingt es Ihnen, wenn Sie damit beginnen, gelegentlich am Präsentationsmedium, zum Beispiel am Flipchart, kurz den Punkt anzudeuten, über den Sie gerade sprechen.

Der Einsatz angemessener Gesten wirkt sich nicht nur positiv auf die Informationsaufnahme aus, sondern vermittelt zudem Glaubwürdigkeit, Überzeugtheit und Engagement des Redners. Damit Ihre Gestik als grundsätzlich positiv wahrgenommen wird, sollten Sie folgende Punkte berücksichtigen:

- **Sichtbare, nach oben zeigende Handflächen:** Dadurch erhalten die Gesten einen einladenden Charakter. Offenheit und Vertrauen werden signalisiert. Denn wer die Handflächen offen zeigt, hat nichts zu verbergen.
- **Einsatz der ganzen Hand:** Das Gestikulieren mit dem ausgestreckten Zeigefinger wird als Drohgeste empfunden, wogegen die komplette Hand unverfänglicher wirkt. Verwenden Sie deshalb beim Deuten die ganze Hand.
- **Gesten auf Höhe des »neutralen« Oberkörpers:** Ihre Gesten sollten sich auf Höhe des Oberkörpers – also etwa zwischen Kehlkopf und Bauchnabel – abspielen. Bewegungen außerhalb dieses Bereichs können unpassend oder unbeholfen wirken. Zudem werden die Blicke Ihrer Zuhörer dorthin gezogen, wo sich Ihre Hände gerade befinden.

**Hände beschäftigen**  Manchen Rednern, die partout nichts mit den Händen anzufangen wissen, kann es helfen, vorübergehend etwas in die Hand zu nehmen, zum Beispiel eine Moderationskarte oder einen Flipchart-Marker. Es gibt einige Trainerkollegen, die bei Präsentationen den Stift in der Hand grundsätzlich verteufeln. Jedoch kommt es gar nicht darauf an, *ob* Sie etwas in der Hand halten oder nicht, sondern *wie*. Wenn Sie die ganze Zeit einen Flipchart-Marker in der Hand haben, den Sie überhaupt nicht benutzen, wirkt es tatsächlich komisch. Das Utensil sollte dann auch mal zum Einsatz kommen, sonst vermitteln Sie den Eindruck, dass Sie es nur brauchen, um sich daran festzuhalten. Wenn Sie etwas in die Hand nehmen, dann möglichst locker und ruhig. Klammern Sie sich weder krampfhaft an dem Utensil fest noch spielen Sie nervös daran herum. Ein A4-Manuskript mag wunderbar geeignet erscheinen, um beide Hände zu beschäftigen, aber es nimmt Ihnen die notwendige Bewegungsfreiheit bei der Gestikulation. Zudem wird bei großformatigen Zetteln schnell die Nervosität des Vortragenden sichtbar, da sich kleinste Bewegungen und leichtes Zittern auf das Papier übertragen. Eine stabile Moderationskarte maximal im Format A5, die Sie in einer Hand halten können, ist hier auf jeden Fall vorzuziehen. Grundsätzlich wirkt ein Redner, der sich nicht »festhalten« muss, souveräner. Ihr Ziel sollte es sein, sich mehr und mehr davon zu lösen, anstatt sich daran zu gewöhnen – so wie irgendwann von einer Krücke nach einer Knie-OP.

Bitte vermeiden Sie Folgendes, da Sie damit eine wirklich unvorteilhafte Wirkung erzielen:

**Don'ts**

- verschränkte Arme
- Hände hinter dem Rücken
- Hand in der Hosentasche
- in die Hüfte gestemmte Hände
- Festklammern an Gegenständen (z. B Flipchart, Rednerpult)
- Verlegenheitsgesten (zum Beispiel Berührung von Gesicht, Hals oder Frisur)

### Blickkontakt und Körperhaltung

Durch ausgeprägten Blickkontakt signalisieren Sie Präsenz und Selbstbewusstsein. Verteilen Sie Ihre Aufmerksamkeit gleichmäßig auf alle Zuhörer, indem Sie den Blickkontakt zu einer Person einige Sekunden halten und dann zur nächsten wechseln. In der Präsentationspraxis ist häufig beobachtbar, dass der Vortragende zu den Zuhörern in der Mitte einen guten Blickkontakt aufbaut, aber Personen, die am Rand sitzen, vergisst. Wenn Sie sich zu lange auf einzelne Personen fokussieren, fühlen sich diese eventuell unangenehm angestarrt, während bei anderen Zuhörern der Eindruck von Missachtung oder Ausgrenzung entstehen könnte.

**Präsenz und Aufmerksamkeit**

Dass Sie während einer Präsentation den Blickkontakt gelegentlich unterbrechen müssen, um in die Aufzeichnungen oder an das Präsentationsmedium zu schauen, ist normal. Wichtig ist jedoch dabei, diese Phasen möglichst kurz zu halten und dann wieder zügig den Blickkontakt zu den Zuhörern herzustellen. Wenn Sie sich komplett abwenden und mit dem Rücken zum Publikum stehen, zum Beispiel beim Schreiben am Flipchart oder Anpinnen von Karten, dann legen Sie unbedingt eine Sprechpause ein. Es gilt nicht nur als unhöflich, den Zuhörern den Rücken zu zeigen und dabei zu sprechen, gleichzeitig leiden auch die Verständlichkeit und Ihre Wirkung auf die Zuhörer darunter.

Die Körperhaltung eines Menschen wird oft unbewusst als Ausdruck seiner inneren Haltung interpretiert. Redner mit herabhängenden Schultern, nach vorne gebeugtem Oberkörper und eingefallener Brust wirken nicht besonders selbstbewusst und überzeugend. Achten Sie deshalb auf eine aufrechte, gerade Haltung mit weit geöffnetem Brustkorb. Dies signalisiert nicht nur Selbstsicherheit und Präsenz, sondern erleichtert Ihnen gleichzeitig eine – für Redner günstige – tiefe Atmung. Vergessen Sie bitte auch nicht, ab und zu mal zu lächeln. Gerade bei der Eröffnung einer Präsentation gelingt es mit einer freundlichen Mimik leichter, einen positiven Draht zu den Zuhörern aufzubauen.

**Stimme**
Vier wesentliche Faktoren beeinflussen die Wirkung Ihrer Stimme:

- Lautstärke
- Sprechtempo
- Modulation
- Betonung

Denken Sie daran, bei einer Präsentation grundsätzlich etwas lauter zu sprechen als in einem Vier-Augen-Gespräch. Passen Sie die Lautstärke an die Größe des Zuhörerkreises an. Als Faustregel gilt: Je größer der Raum und die Gruppe sind, desto lauter sollte Ihre Stimme sein. Wenn Sie zu leise sprechen, leidet nicht nur die Verständlichkeit, sondern Sie werden auch als weniger selbstbewusst wahrgenommen.

Bei Vorträgen neigen manche Sprecher zu einem sehr hohen Tempo. Im Assessment-Center können die Ursachen einerseits in der Anspannung, die mit der Prüfungssituation einhergeht, und andererseits im vorgegebenen Zeitlimit liegen. Mit dem Vorsatz, möglichst viele Inhalte innerhalb einer knappen Zeitvorgabe zu präsentieren und dies über hohes Sprechtempo zu erreichen, erweisen Sie sich keinerlei Gefallen. Sie überfordern damit die Aufnahmefähigkeit des Publikums und ein Großteil der Informationen geht verloren. Schnellsprecher erwecken zudem leichter den Eindruck von Unsicherheit, Nervosität und mangelnder Struktur.

In diesem Zusammenhang ist es auch hilfreich, angemessene Sprechpausen einzuhalten. Diese sind in mehrerlei Hinsicht wichtig. Sie ermöglichen den Zuhörern, das Gesagte besser aufzunehmen. Sie signalisieren das Ende eines Satzes bzw. den Beginn eines neuen Abschnitts
und lassen so die Struktur Ihres Vortrags erkennbar werden. Pausen
sind auch als rhetorisches Element sehr gut geeignet, um die Aufmerksamkeit zu erhöhen und bestimmte Punkte ganz besonders hervorzu-
heben. Sprechpausen sind innerhalb einer Präsentation an folgenden
Stellen sinnvoll:

- am Satzende
- vor besonders wichtigen Aussagen
- beim Übergang zu einem neuen inhaltlichen Abschnitt
- beim Wechsel des Präsentationsmediums
- während Sie vom Publikum abgewandt sind

Der Eindruck vom Engagement und der Begeisterung eines Vortragenden wird zum großen Teil durch dessen Stimmmodulation geprägt. Darunter versteht man die Variation der Lautstärke, der Ton-
höhe und des Sprechtempos. Bestimmt haben Sie selbst schon einen
Redner erlebt, der es schaffte, das Publikum bereits nach zwei Minuten einzuschläfern. Dies liegt dann an der fehlenden Modulation, die
zu einer monotonen Stimme führt. Speziell im Assessment-Center erlebe ich dieses Phänomen häufig bei Präsentationen, die sehr lange im
Vorfeld vorbereitet wurden. Also beispielsweise bei vorab zugesand-
ten Aufgaben sowie bei Selbstpräsentationen, für die viele Teilnehmer
präventiv ein Konzept einstudieren. Der Anspruch des Sprechers, die
sorgfältig erarbeitete Präsentation inhaltlich perfekt vortragen zu
wollen, führt oft dazu, dass die Lebendigkeit auf der Strecke bleibt.
Mit Vorträgen, die auswendig gelernt und heruntergeleiert wirken,
ernten Sie wenig Pluspunkte – auch wenn der Inhalt noch so gut ist.
Voraussetzung für eine motivierende Präsentation ist eine abwechs-
lungsreiche Stimmführung!

Für einen guten Redner ist eine gute Betonung ebenfalls wichtig. Diese
trägt nicht nur zu einer facettenreich modulierten Stimme bei, sondern verleiht darüber hinaus dem Gesagten eine bestimmte Bedeutung. Lesen Sie den folgenden Satz mehrmals laut vor, und betonen
Sie nacheinander jeweils das hervorgehobene Wort:

| Aussage | Bedeutung |
|---|---|
| **Wir** müssen jetzt die Produktionskosten senken. | nicht andere, sondern wir |
| Wir **müssen** jetzt die Produktionskosten senken. | es führt kein Weg daran vorbei |
| Wir müssen **jetzt** die Produktionskosten senken. | nicht irgendwann, sondern jetzt |
| Wir müssen jetzt **die Produktionskosten** senken. | nicht irgendwelche Kosten, sondern die Produktionskosten |
| Wir müssen jetzt die Produktionskosten **senken**. | nicht beibehalten, erst recht nicht erhöhen, sondern senken |

Wenn Sie innerhalb eines Satzes ein bestimmtes Wort betonen, gleicht dies einer verbalen Unterstreichung, mit der Sie es ganz besonders hervorheben. Sinnvoll ist Ihre Betonung dann, wenn Sie die von Ihnen beabsichtigte Botschaft der Aussage verdeutlicht.

**Tipp**

**Der wichtigste Tipp:**
Bei Präsentationen, die während des Assessment-Centers unter hohem Zeitdruck zu entwickeln sind, stellt sich bei vielen Kandidaten ein Gefühl der Unzulänglichkeit ein. Der Vortragende vermittelt dann – meist unbewusst – den Eindruck, dass es sich nur um ein halbfertiges Konzept handelt, von dem er selbst nicht wirklich überzeugt ist. Abgesehen von Präsentationsaufträgen, die Sie von zu Hause generalstabsmäßig vorbereiten können, wird ein Präsentationskonzept im AC aus Ihrer Sicht nie zu 100 % rund sein. Finden Sie sich damit ab! Selbst wenn Sie glauben, nur 20 % vorweisen zu können, dann fokussieren Sie auf das, was Sie erarbeitet haben, und kümmern Sie sich nicht darum, was Ihrer Meinung nach fehlt. Sofern Sie es sich nicht anmerken lassen, haben die Beobachter keine Ahnung von den fehlenden 80 %, die Sie vielleicht noch hätten behandeln können. Stehen Sie voller Überzeugung hinter Ihrem Konzept und hinter Ihren Ideen. Nur so werden Sie es begeistert und überzeugend vermitteln können. Seien Sie Fan Ihrer eigenen Präsentation!

## Visualisierung und Medieneinsatz

Abgesehen davon, dass die sinnvolle Visualisierung den Informationstransfer zu den Zuhörern verbessert, kommt ein weiterer Effekt hinzu, der für den Medieneinsatz im Assessment-Center spricht. Eine ansprechende Visualisierung wird von Beobachtern im Vergleich zum

Inhalt oft überproportional hoch bewertet, was tendenziell zu einer besseren Gesamtbeurteilung der Präsentation führen kann. Stellen Sie sich deshalb nicht die Frage, ob, sondern wie und was Sie visualisieren. Hüten Sie sich jedoch vor dem Umkehrschluss, dass es auf den Inhalt gar nicht ankäme. Vielmehr geht es darum, sich von der Masse positiv abzuheben. Angenommen, die Beobachter erleben mehrere inhaltlich gute Präsentationen hintereinander, bei denen sich selbst das Auftreten der Kandidaten auf gleich hohem Niveau bewegt, dann bleibt als letztes Unterscheidungsmerkmal nur noch der Medieneinsatz. Sowohl im Training als auch im realen AC stelle ich fest, dass dieser von vielen unterschätzt bzw. sträflich vernachlässigt wird, weswegen zwischen den von den Kandidaten dargebotenen Medien oft Welten liegen. Sich im Vorfeld mit den unterschiedlichen Visualisierungsmöglichkeiten und Präsentationsmedien vertraut zu machen, ist daher definitiv lohnenswert. Damit meine ich nicht PowerPoint, denn diese Präsentationssoftware ist von untergeordneter Assessment-Center-Relevanz, und die meisten sind darin ohnehin recht gut geübt.

Um gleich einem Missverständnis vorzubeugen: Die Visualisierung ist weder der Ersatz für das gesprochene Wort noch Ihr Vortrag zum Nachlesen. Dies wäre weder zielführend noch in der zur Verfügung stehenden Zeit leistbar. Vielmehr handelt es sich um Begleitinformationen, die Orientierung geben, Sachverhalte veranschaulichen und die wesentlichen Punkte einprägsam verdeutlichen sollen. Isoliert betrachtet brauchen die Informationen an den Medien noch nicht selbsterklärend zu sein, sondern sie bilden gemeinsam mit Ihrem gesprochenen Wort eine Einheit und liefern dadurch einen Mehrwert.

**Was visualisiere ich?**

> Erläutern Sie während der Präsentation alles, was Sie visualisiert haben, aber visualisieren Sie nicht alles, was Sie in der Präsentation erläutern möchten.

**Tipp**

Selbst wenn den Zuhörenden das Thema bekannt ist, bietet es sich an, Arbeitstitel bzw. Thema schriftlich zu fixieren, das könnte z. B. in Form eines Deckblatts geschehen. Bei Präsentationen, für die mehr als fünf Minuten vorgesehen sind und die verschiedene Teilaspekte beinhalten, ist es empfehlenswert, eine stichpunktartige Agenda vorzubereiten. Grundsätzlich sollte Ihre Visualisierung die wirklich relevanten

Schlüsselinformationen enthalten. Gibt es bestimmte Punkte, die für die Entscheidungsträger essenziell sind oder die die Basis für die von Ihnen vorgeschlagene Strategie bilden, dann gehen Sie darauf nicht nur mündlich ein, sondern halten Sie diese schriftlich fest. Abhängig vom Arbeitsauftrag können das Unternehmenskennzahlen, die Positionierung gegenüber den Wettbewerbern, das Ergebnis einer Mitarbeiterumfrage usw. sein. Oft beinhaltet der Präsentationsauftrag das Entwickeln von Vorschlägen, Maßnahmen oder einer Strategie. Bilden Sie die wesentlichen Eckpunkte dazu an den Medien ab. Wichtig ist zudem, die Kernaussage am Ende der Präsentation visualisiert zu haben, die Sie in den Köpfen der Zuhörer verankern möchten. Das kann das Fazit, eine Handlungsempfehlung oder ein Ausblick beim Abschluss der Präsentation sein.

**Visualisieren Sie also:**

- Thema / Arbeitstitel
- Agenda
- Schlüsselinformationen
- Vorschläge / Maßnahmen / Strategie
- Fazit / Handlungsempfehlung / Ausblick

**Praxistauglichkeit der unterschiedlichen Medien**

In diesem Abschnitt möchte ich Ihnen die Vor- und Nachteile sowie die Einsatzmöglichkeiten unterschiedlicher Medien aufzeigen. Dabei werde ich mich auf die im Assessment-Center am häufigsten anzutreffenden Medien wie Flipchart, Moderationswand, Whiteboard und Dokumentenkamera konzentrieren. Die Erfahrung zeigt, dass diese vielen Assessment-Center-Teilnehmern fremd sind, da speziell die drei erstgenannten Medien im Berufsalltag immer weniger zum Einsatz kommen.

Gängige Flipchart-Modelle

| | |
|---|---|
| **Beschreibung** | Es gibt eine Vielzahl von Modellen. Die Unterschiede liegen dabei meist in der Handhabung des Verschlussmechanismus für die Papieraufhängung und im Unterbau (auf Rollen, dreibeinige Konstruktionen ohne Rollen, Höhenverstellbarkeit usw.). Bei einigen besteht die Möglichkeit, Seitenarme auszufahren, um links und rechts ein Zusatzblatt aufzuhängen. Sofern verfügbar, sind diese an der Rückseite versteckt. Die Flipchart-Blocks haben i.d.R. ein genormtes Format von ca. 68 x 99 cm (B x H), sodass sie mit allen gängigen Flipchart-Modellen kompatibel sind. Das Papier ist entweder kariert oder blanko. |
| **Vorteile** | • nahezu überall vorhanden<br>• Medieneinsatz gut vorbereitbar<br>• Standort im Raum veränderbar<br>• universell geeignet sowohl für Texte als auch für Grafiken<br>• Erstellung mehrseitiger Präsentationen möglich |
| **Nachteile** | • begrenzter Platz pro Seite<br>• bei umfangreichen Präsentationen relativ hoher Zeitbedarf für die Beschriftung |
| **Tipps** | • Handhabung des Verschlussmechanismus für die Papieraufhängung in der Vorbereitungszeit prüfen<br>• nach Anbringung der Blätter sicherstellen, dass die Papieraufhängung geschlossen ist, damit beim Umblättern keine Charts herabfallen<br>• beim dreibeinigen Modell Stabilität prüfen (besonders dann, wenn die Höhe über die Befestigungsschrauben verändert wurde)<br>• beim Flipchart mit Rollen evtl. Bremsen fixieren |
| **Einsatzmöglichkeiten** | Das Flipchart ist relativ einfach in der Handhabung, lässt eine Vielzahl von Gestaltungsmöglichkeiten zu und ist daher universell für nahezu jede Präsentation geeignet. |

## MODERATIONSWAND (METAPLANWAND / PINNWAND)

Moderationswand

| | |
|---|---|
| **Beschreibung** | Gängige Moderationswände haben eine Arbeitsfläche von 120x150 cm. Es gibt sowohl Modelle mit als auch ohne Rollen. |
| **Vorteile** | • große Arbeitsfläche<br>• gut geeignet für Präsentationen, die Zug um Zug entwickelt werden<br>• Standort im Raum veränderbar<br>• Bespannung der Wand mit Papier möglich, dadurch zusätzliche Schreibfläche |
| **Nachteile** | • zusätzliches Kleinmaterial (Nadeln, Karten) erforderlich<br>• Vorbereitung des Medieneinsatzes nur zum Teil möglich |
| **Tipps** | • sicherstellen, dass genügend Nadeln bereitliegen<br>• Karten in der richtigen Reihenfolge sortiert bereithalten<br>• vorab testen, ob sich die Nadeln leicht oder schwer pinnen lassen (abhängig von der Härte der Wand)<br>• Nadeln dringen am besten ein, wenn sie möglichst schnell und schräg von oben gepinnt werden<br>• bei einer Wand mit Rollen unbedingt Bremsen feststellen, ansonsten ggf. beim Anpinnen das Untergestell mit dem eigenen Fuß fixieren |
| **Einsatzmöglichkeiten** | Die Moderationswand bietet sich speziell dann an, wenn der Präsentator den entwickelnden Charakter unterstreichen möchte. Für sehr kurze Präsentationen ist dieses Medium weniger geeignet. Bei einer Flipchart-Präsentation kann es zusätzlich zur Befestigung einzelner Seiten, z.B. einer Agenda oder eines Schaubildes, eingesetzt werden. Möchten Sie ein Flipchartblatt im Querformat anbringen, leistet eine Moderationswand dafür gute Dienste. |

## WHITEBOARD

Whiteboard

| | |
|---|---|
| **Beschreibung** | Whiteboards gibt es in vielen unterschiedlichen Größen, z. B. 60 x 90 oder 120 x 180 cm. Die meisten sind statisch an der Wand befestigt. Eher selten sind mobile Modelle, die frei im Raum stehen. Die Beschriftung erfolgt mit speziellen wasserlöslichen Whiteboardstiften, damit das Board wieder gelöscht werden kann. |
| **Vorteile** | • gut geeignet, um während der Präsentation schnell etwas zu skizzieren<br>• Text kann wieder gelöscht werden<br>• magnetische Oberfläche |
| **Nachteile** | • unflexibler Einsatz im Raum, sofern das Whiteboard fest an der Wand montiert ist<br>• kaum Möglichkeiten zur Vorbereitung des Medieneinsatzes, da direkt an das Board geschrieben wird |
| **Tipps** | • sicherstellen, dass es sich um geeignete Whiteboardstifte handelt, keinesfalls Flipchart-Marker verwenden (Kennzeichnung beachten) |
| **Einsatzmöglichkeiten** | Für Ultrakurz- oder Ad-hoc-Präsentationen kann ein Whiteboard sinnvoll genutzt werden. Es bietet sich als Ergänzung an, um kurz etwas zu skizzieren oder zusätzliche Charts magnetisch anzuheften. Als alleiniges Medium für längere Präsentationen erweist sich das Whiteboard als untauglich. |

# DOKUMENTENKAMERA

Dokumentenkamera

| | |
|---|---|
| **Beschreibung** | Die Dokumentenkamera ist quasi die Nachfolgerin des Overheadprojektors. Im Grunde genommen handelt es sich um eine Digitalkamera, die an einer verstellbaren Halterung befestigt ist. Man platziert ein Schriftstück oder einen Gegenstand unter der Linse und projiziert ihn an die Wand. Dies ist der entscheidende Vorteil gegenüber dem althergebrachten Overheadprojektor, für den Folien erforderlich sind. Die meisten Dokumentenkameras sind mit einem Beamer verbunden, über den das Bild an die Wand projiziert wird. Standalone-Geräte, die nach dem Prinzip »Overheadprojektor« beamerunabhängig arbeiten, sind heute eher die Ausnahme. In einigen Unternehmen gehört die Dokumentenkamera inzwischen zum Standardequipment. |
| **Vorteile** | • Medieneinsatz gut vorbereitbar<br>• Beschriftung der Unterlagen in der Vorbereitungszeit relativ schnell möglich<br>• sowohl für Texte als auch für Grafiken geeignet |
| **Nachteile** | • unflexible Raumaufteilung durch Abhängigkeit von der Projektionsfläche und der Position der Dokumentenkamera<br>• Lesbarkeit abhängig von den Lichtverhältnissen im Raum<br>• Aufmerksamkeit wird mehr auf den Lichtkegel an der Wand als auf den Redner gezogen |
| **Tipps** | • vor dem Einsatz Bedienung testen (z. B. stellt die Kamera das Bild automatisch scharf oder muss dies manuell vorgenommen werden) |
| **Einsatzmöglichkeiten** | Grundsätzlich ist die Dokumentenkamera universell einsetzbar. Ähnlich wie bei PowerPoint besteht bei längeren Präsentationen gepaart mit vielen Slides die Gefahr, dass die Aufmerksamkeit der Beobachter nachlässt. Es ist daher empfehlenswert, ein anderes Medium (z. B. Flipchart) ergänzend einzubinden, um Monotonie zu vermeiden. |

Da das Flipchart vielfältig einsetzbar ist, so gut wie immer zur Verfügung steht und selbst mit wenig Erfahrung sicher handhabbar ist, empfehle ich es im Assessment-Center als die erste Wahl. Das Arbeiten mit der Moderationswand hat bei manchen Themen einen gewissen Charme und kann einer Präsentation eine positive Dynamik verleihen. Wer damit präsentiert, sollte Erfahrung mitbringen. Gerade bei längeren Präsentationen bietet es sich für Präsentationserfahrene an, einen Medien-Mix zu nutzen, also sich für ein Hauptmedium zu entscheiden und phasenweise mit anderen Medien zu arbeiten.

**Fazit**

Meistens gibt der Präsentationsauftrag darüber Aufschluss, welche Präsentationsmedien genutzt werden können. Ist dies nicht der Fall, dann fragen Sie zu Beginn der Stillarbeit gezielt nach.

Zur Vorbereitung Ihrer Präsentation wird Ihnen das erforderliche Moderationsmaterial wie Flipchart-Papier, Moderationskarten und Stifte zur Verfügung gestellt. Gerade bei Letzteren kann man jedoch schnell eine böse Überraschung erleben. Nicht alle Flipchart-Marker funktionieren gleich gut. Es ist leider keine Seltenheit, auf ausgetrocknete oder schlecht schreibende Stifte zu treffen. Decken Sie sich deshalb gleich zu Beginn der Vorbereitungszeit mit den notwendigen Utensilien ein und testen Sie Ihre Stifte sofort. Auch wenn im Sinne der Fairness und Gleichbehandlung im Assessment-Center kein Engpass beim Moderationsmaterial entstehen dürfte, passiert es in der Praxis dennoch immer wieder.

**Vorbereitung des Medieneinsatzes**

Durchführung und Vorbereitung der Präsentation finden manchmal in getrennten Räumen statt. Anstatt des eigentlichen Präsentationsmediums stehen Ihnen im Vorbereitungsraum dann häufig nur Arbeitstische zur Anfertigung Ihrer Moderationsunterlagen zur Verfügung. Stellen Sie sich deshalb darauf ein, dass Sie vermutlich kurz vor Ihrem Auftritt mit Ihrem kompletten Material umziehen müssen. Sie haben dann oft nur noch wenige Augenblicke Zeit, um Ihr Präsentationsmaterial anzubringen und Ihre Bühne vorzubereiten.

Nur weil Sie die Medien beim Betreten des Raumes in einer bestimmten Anordnung vorfinden, sollte dies keinesfalls bedeuten, dass Sie diese so beibehalten müssen. Stellen Sie sicher, dass die Ausrichtung für Ihre Präsentation passt. Dabei muss gewährleistet sein, dass die

**Bühne frei für Ihren Auftritt**

Handhabung reibungslos funktioniert, Sie einen angemessenen Aktionsradius und die Zuhörer eine optimale Sicht haben. Scheuen Sie sich deshalb nicht, die Anordnung der Präsentationsmedien nach Ihren Anforderungen zu verändern. Damit Sie die ungeteilte Aufmerksamkeit erhalten, sollten Sie darauf achten, dass auf der Bühne keine Präsentationsmaterialien Ihrer Vorredner mehr sichtbar sind. Dies gilt auch dann, wenn es sich dabei um ein Medium handelt, mit dem Sie gar nicht arbeiten. Ihre Präsentation verliert an Wirkung, wenn im Hintergrund noch die Unterlagen anderer Teilnehmer hängen. Blättern Sie die nicht zu Ihrer Präsentation gehörenden Charts zunächst weg oder drehen Sie die Präsentationsmedien, die Sie nicht benötigen, um.

### Flipchart-Baukasten

**Grundregeln der Flipchart-Gestaltung**

Nachdem es sich beim Flipchart um das im Assessment-Center verbreitetste Medium handelt, zeige ich Ihnen in diesem Abschnitt auf, wie es Ihnen gelingt, Ihre Flipcharts möglichst ansprechend zu gestalten, und welche grafischen Elemente Sie integrieren können.

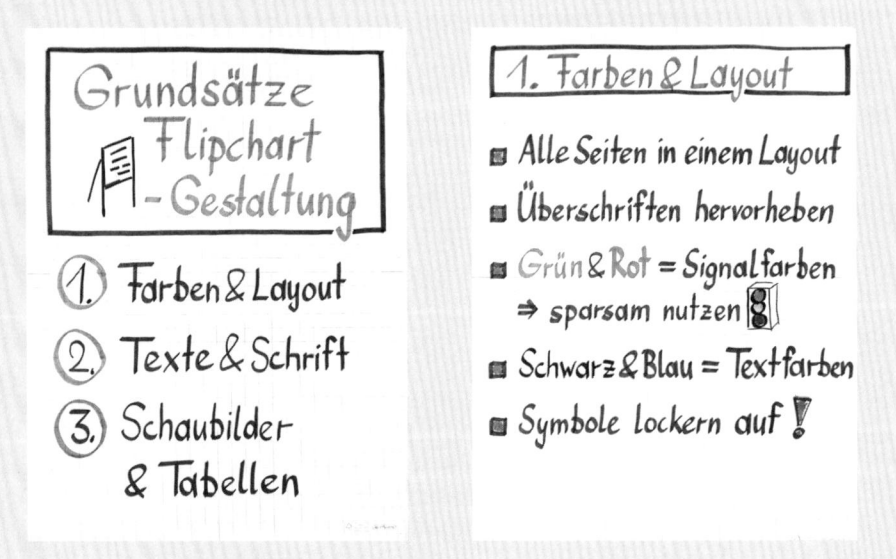

## 2. Texte & Schrift

- Stichpunkte
- Aufzählungszeichen
- Max. 7 Zeilen / Seite
- Groß- u. Kleinbuchstaben
- Großbuchstaben ↕ 5 cm
- Druckschrift

## 3. Schaubilder & Tabellen

- Gitternetzlinien schwarz
- Beschriftung farblich abheben
- Signalfarben für Positiv-/ Negativaussagen

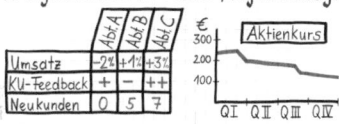

Die wichtigsten Grundsätze anhand einer Flipchart-Präsentation zur Gestaltung von Flipcharts, wie ich sie auch in meinen Trainings einsetze. Die dargestellten Empfehlungen sind ebenso auf die Erstellung von PowerPoint-Folien anwendbar.

Wie viele Folien oder Flipcharts sollten Sie einsetzen? Orientieren Sie sich an folgender Faustformel:

**Wie viele Flipchart-Blätter verwende ich?**

$$\frac{\text{Präsentationszeit}}{2} = \text{Anzahl der Seiten}$$

Stehen Ihnen beispielsweise für die Durchführung einer Präsentation zehn Minuten zur Verfügung, dann sind fünf Flipchart-Blätter bzw. Folien eine gute Anzahl. Betrachten Sie dies keinesfalls zwanghaft, sondern als ganz groben Richtwert, von dem Sie eher nach unten als nach oben abweichen sollten. Bei mehrseitigen Präsentationen laufen Sie Gefahr, Monotonie zu erzeugen, sofern Ihre Flipcharts identisch aufbereitet sind. Mit identischer Aufbereitung ist in diesem Fall nicht das einheitliche Layout gemeint, das Sie selbstverständlich beibehalten sollen, sondern die Form, in der Sie Informationen darbieten – also in Textform, bildhaft oder tabellarisch. Folgt bei einer Präsentation eine Textseite der nächsten, erschöpfen Sie damit die Aufnahmebereitschaft Ihrer Zuhörer. Spätestens nach drei bis vier ähnlich aufbereiteten Charts ist die Wahrscheinlichkeit hoch, dass selbst aufmerksame Zuhörer abschalten. Durchbrechen Sie dieses Muster, indem Sie im Wechsel unterschiedlich aufbereitete Informationen darbieten und zwischendurch Schaubilder oder Tabellen einbinden.

**Grafische Elemente**  Sicher kennen Sie das Sprichwort »Ein Bild sagt mehr als tausend Worte«. Viele Sachverhalte lassen sich in grafischer Form eingängiger und schneller vermitteln. Überlegen Sie einmal, wie vieler Worte oder Zeilen es bedürfte, um die Informationen, die die Tabelle und das Schaubild des letzten oben abgebildeten Flipcharts enthalten, in Textform darzustellen.

Zusätzlich lockern grafische Elemente auf und bieten die Möglichkeit, selbst trockenen Themen den notwendigen Esprit zu verleihen. Ich empfehle Ihnen daher, wohldosiert einige Symbole und Icons einzubinden. Auf den folgenden Seiten finden Sie eine Auswahl an grafischen Elementen, die auf diverse Businessthemen anwendbar sind. Die abgedruckten Grafiken sind mit dem Handwerkszeug erstellt, dass auch im AC zur Verfügung steht, nämlich mit Flipchart-Markern. Einige Icons sind sehr einfach nachzuzeichnen, andere erfordern etwas mehr Routine. Probieren Sie es aus und üben Sie zu Hause die Elemente, die Sie in Ihrer AC-Präsentation einsetzen möchten. Erstellen Sie die Grafik zunächst immer einfarbig in Schwarz und setzen Sie die zusätzlichen Farben erst später zum Nachkolorieren der schwarzen Striche ein. Das Erstellen solcher Icons setzt weniger zeichnerisches Talent als eher ein bisschen Übung voraus. Ihre Grafiken am Flipchart müssen keinesfalls perfekt sein. Das macht ja gerade den gewissen Charme aus, denn am Computer könnte jeder solche Icons einbauen.

Die auf den folgenden Seiten dargestellten grafischen Elemente finden Sie unter www.assessment-center-kurse.de/vip noch einmal in Farbe.

KATEGORIE: FORTBEWEGUNGSMITTEL

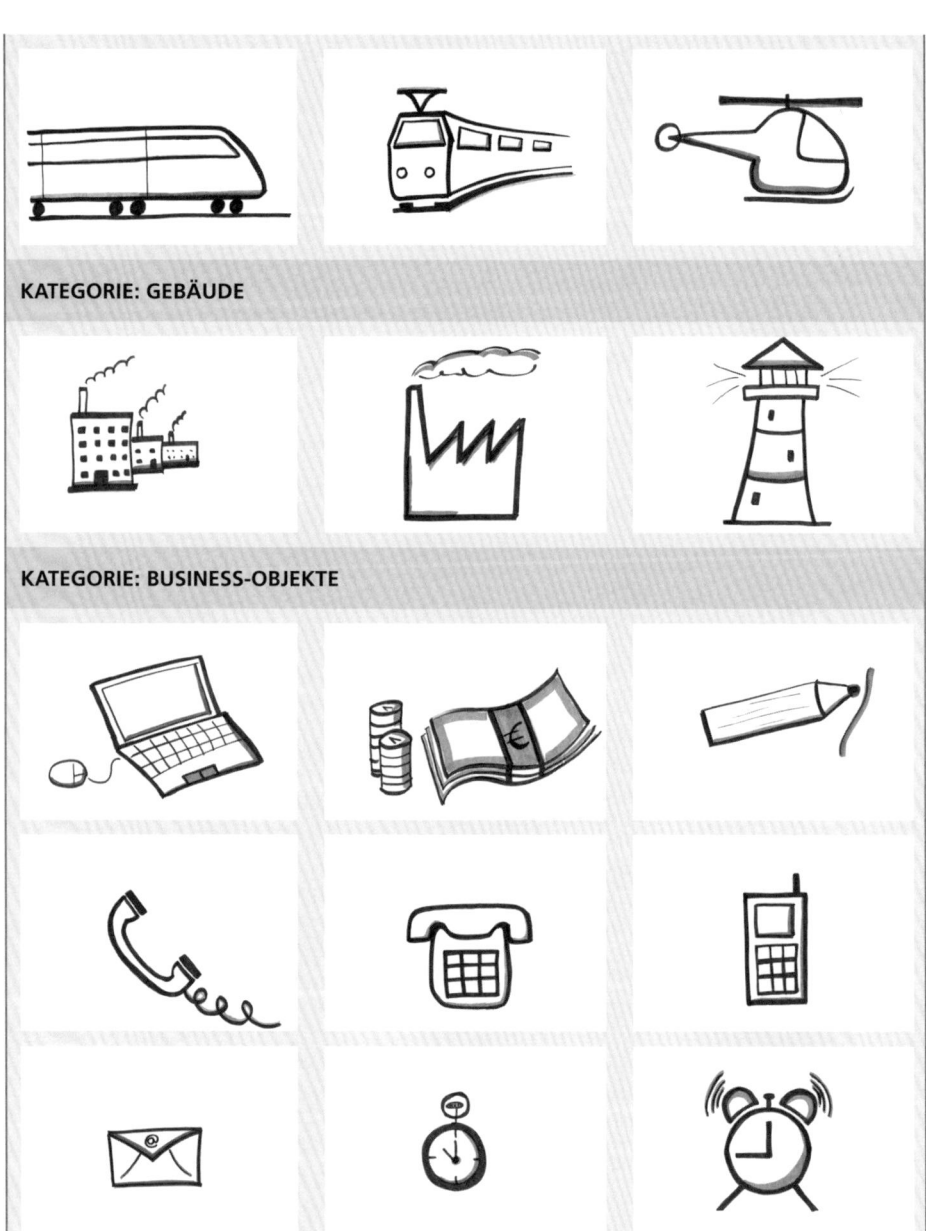

**KATEGORIE: GEBÄUDE**

**KATEGORIE: BUSINESS-OBJEKTE**

## KATEGORIE: ERFOLG, WERTSCHÄTZUNG

## KATEGORIE: ALLGEMEINE SYMBOLE

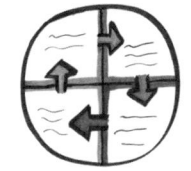

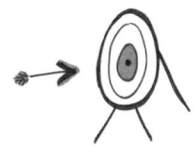

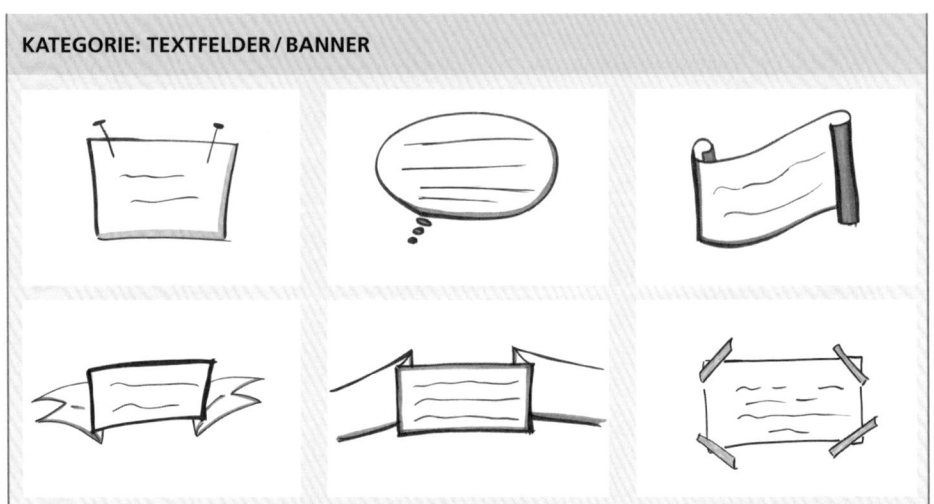

Selbstverständlich sollten Sie es beim Einsatz solcher Elemente nicht übertreiben. Ich habe auch schon Präsentationen gesehen, die aufgrund zu vieler bunter Bildchen zu verspielt gewirkt haben. Wichtig ist, dass die gewählten Symbole zu den Inhalten Ihrer Präsentation und zur Denke des Arbeitgebers passen und nicht nur eingesetzt werden, um irgendetwas Bildhaftes einzubringen. Bei einer Selbstpräsentation darf die Visualisierung insgesamt kreativer sein als bei einer thematischen Präsentation, sodass Sie Symbole und Icons hier auch großzügiger einsetzen können. Wie grafische Elemente auf einer kompletten Flipchart-Seite wirken, sehen Sie in der Rubrik »Selbstpräsentation«. Dort finden Sie 20 konkrete Gestaltungsbeispiele, wie Sie das Flipchart für Ihre Selbstpräsentation nutzen können.

**Tipp**

Eine ansprechende und zugleich zügige Gestaltung der Charts erfordert etwas Routine und Übung. Nutzen Sie deshalb im Vorfeld des Assessment-Centers jede Gelegenheit im Berufsalltag, um sich mit diesem Medium vertraut zu machen. Stellen Sie sich eventuell zu Hause ein Flipchart in Ihr Arbeitszimmer und üben Sie damit. Im Bürofachhandel erhält man das einfache Modell für ca. 50 Euro.

## Spezielle Strategien für besondere Formen der Präsentation

Als Königsdisziplin der Präsentationen gilt die Selbstpräsentation. Die folgenden Strategien und Gestaltungsvorschläge werden Ihnen dabei helfen, sich im Assessment-Center vorteilhaft und überzeugend zu präsentieren. Danach erfahren Sie, was es mit einer »Präsentation auf verlorenem Posten« auf sich hat und wie Sie diese erfolgreich meistern. Bevor Sie sich mit diesen beiden speziellen Formen der Präsentation auseinandersetzen, sollten Sie bereits den allgemeinen Präsentationsteil auf den vorhergehenden Seiten gelesen haben. Dort werden die Basics zum Thema Präsentation vermittelt, auf die die folgenden Abschnitte aufbauen.

### Selbstpräsentation

Bei diesem Aufgabentyp geht es um die Darstellung der eigenen Person. Dies fällt den meisten Assessment-Center-Teilnehmern deutlich schwerer als die Präsentation eines Sachthemas. Bei der Selbstdarstellung sofort den richtigen Ton zu treffen und dabei weder zu selbstherrlich noch zu bescheiden aufzutreten, erfordert eine gründliche Vorbereitung. Die eigenen Stärken und Qualifikationen angemessen zu vermitteln und das persönliche Profil dann auch noch zu visualisieren, stellt viele vor eine echte Herausforderung. In den meisten Assessment-Centern wird eine relativ knappe Präsentationszeit von zwei bis fünf Minuten angesetzt, für die längere Variante können auch bis zu zehn Minuten veranschlagt werden. Mammut-Selbstpräsentationen, die diesen Umfang überschreiten, kann man zwar nicht ausschließen, sie kommen aber schon rein aus Organisations- und Zeitgründen sehr selten zum Einsatz.

**Weder selbstherrlich noch zu bescheiden**

Der Arbeitsauftrag kann entweder sehr offen gestellt sein, zum Beispiel:

- »Bitte stellen Sie sich im Rahmen einer dreiminütigen Präsentation kurz vor.«

Oder er kann durch eine konkrete Fragestellung auf bestimmte Aspekte ausgerichtet sein, zum Beispiel:

- »Zeigen Sie in einer kurzen Präsentation die wesentlichen Meilensteine Ihrer bisherigen Entwicklung sowie Ihre Ziele auf.«
- »Gehen Sie im Rahmen einer kurzen Selbstpräsentation bitte auf Ihre persönlichen Werte sowie auf Ihre Stärken und Schwächen ein.«
- »Stellen Sie den Zuhörern bitte Ihre größten Erfolge und Ihre größten Herausforderungen dar.«

**Vorbereitung vorab**  Trotz des hohen Anspruchs handelt es sich bei der Selbstpräsentation um eine für den Teilnehmer recht kalkulierbare und damit gut vorbereitbare Aufgabe. Dass dafür oft die Dienste eines Beraters in Anspruch genommen werden, ist auch für die Veranstalter ein offenes Geheimnis. Dies dürfte wohl der Hauptgrund sein, weshalb die Aufgabe heute nicht mehr in jedem Assessment-Center als Standard-Element vertreten ist. Kommt sie dennoch dran, ist die Messlatte meist sehr hoch angesetzt. Können Sie nicht abschätzen, ob in Ihrem Auswahlverfahren eine Selbstpräsentation eingefordert wird, sollten Sie dafür auf jeden Fall präventiv ein Präsentationskonzept entwickeln. Selbst wenn diese Aufgabe nicht zum Einsatz kommt, ist deren Vorbereitung ein hilfreicher Standortbestimmungsprozess für jeden Teilnehmer eines Assessment-Centers. Zugleich decken Sie damit auch eine Reihe typischer Interviewthemen ab (siehe Kapitel »Strukturiertes Interview«).

**Analyse am Beispiel eines Kandidaten**

Anhand eines Praxisbeispiels werden wir nun zwei unterschiedliche Varianten der Selbstpräsentation eines Kandidaten analysieren. Es handelt sich dabei um einen externen Bewerber für die Position eines Geschäftsstellenleiters bei einem Kreditinstitut. Folgende Stellenausschreibung lag der Bewerbung zugrunde:

### Geschäftsstellenleiter / -in bei der Germania Bank

Für unsere Geschäftsstelle in Hamburg-Altona suchen wir einen/eine
Geschäftsstellenleiter / -in:

**Aufgaben:**
- langfristige Absicherung und Ausbau der Marktposition
- Umsetzung der Vertriebs- und Umsatzziele
- Gewährleistung reibungsloser Abläufe
- Führung, Motivation und Entwicklung der Mitarbeiter
- Kontaktpflege zu wichtigen Institutionen und Multiplikatoren

**Anforderungen:**
- mehrjährige Führungserfahrung in einer Bank
- Weiterbildung zum Bankfachwirt bzw. Bankbetriebswirt oder erfolgreich abgeschlossenes betriebswirtschaftliches Studium
- unternehmerisches Denken, Kundenorientierung und hohe Leistungsbereitschaft
- sicheres und überzeugendes Auftreten sowie zuverlässiges und systematisches Arbeiten

Der Bewerber wurde in ein Assessment-Center eingeladen und erhielt den Auftrag, sich im Rahmen einer maximal vierminütigen Selbstpräsentation den Beobachtern vorzustellen.

## Version 1

*Sehr geehrte Damen und Herren,*

*es freut mich, dass Sie mir heute die Gelegenheit geben, mich vorzustellen.*

*Mein Name ist Christian Reinhard, ich bin 35 Jahre alt, verheiratet und habe eine achtjährige Tochter. Nach meinem Fachabitur entschied ich mich für die Bankenbranche und trat meine Ausbildung zum Bankkaufmann bei der Hanse Kreditbank in Hamburg an. Während der Ausbildung durchlief ich fast alle Abteilungen in der Hauptgeschäftsstelle und war außerdem einige Monate in den Filia-*

*len Schenefeld und Fuhlsbüttel eingesetzt. Dadurch erhielt ich einen guten Einblick in alle Bereiche eines großen Kreditinstituts. Nach dem Abschluss der Ausbildung wurde ich von der Hanse Kreditbank in ein festes Arbeitsverhältnis übernommen. Nach zehn Monaten erfolgte meine Einberufung zur Bundeswehr. Meinen Wehrdienst leistete ich bei der Luftwaffengarnison in Germersheim/Rheinland-Pfalz ab.*

*Nach meiner Bundeswehrzeit wurde ich in der Filiale Ohlsdorf der Hanse Kreditbank eingesetzt und dort als Kundenberater eingearbeitet. In dieser Zeit durfte ich mehrere Verkaufsseminare besuchen und konnte meine Vertriebserfahrung im Tagesgeschäft Zug um Zug ausbauen. Da es sich nur um eine kleine Filiale handelte, wurde sie zwei Jahre später aus Rationalisierungsgründen leider geschlossen. Die Mitarbeiter wurden jedoch nicht entlassen, sondern konnten in anderen Geschäftsstellen eingesetzt werden.*

*Ich konnte dann als Kundenberater in unsere Hauptgeschäftsstelle wechseln. Da mein damaliger Chef aufgrund einer plötzlichen schweren Erkrankung arbeitsunfähig wurde, musste die Teamleiterstelle neu besetzt werden. Ich habe mich auf die interne Stellenausschreibung beworben und wurde für die Teamleiterposition ausgewählt. Während dieser Zeit begann ich außerdem mein berufsbegleitendes BWL-Studium.*

*Meine Vorgesetzten schätzten mein Engagement und boten mir nach drei Jahren die Position des stellvertretenden Geschäftsstellenleiters in der Filiale Wandsbek an, die ich gerne übernahm. In dieser Position bin ich nun bereits seit vier Jahren tätig und unterstütze den Geschäftsstellenleiter. Ich bin außerdem für die Personaleinsatzplanung unserer Filiale verantwortlich. Vor einem Jahr habe ich mein BWL-Studium erfolgreich abgeschlossen und bin nun Diplom-Betriebswirt (FH). Strukturiertes Arbeiten und hohe Leistungsbereitschaft zählen zu meinen Stärken.*

*Da mir Führungsaufgaben Spaß machen, würde ich gerne eine Position als Geschäftsstellenleiter in Ihrem Hause übernehmen. Vielleicht noch ein Satz zu meinen Hobbys: In meiner Freizeit gehe ich gerne segeln und spiele Volleyball.*

*Vielen Dank für Ihre Aufmerksamkeit.*

Sehr geehrte Damen und Herren,

mein Name ist Christian Reinhard, ich bin 35 Jahre jung und derzeit stellvertretender Geschäftsstellenleiter bei der Hanse Kreditbank. Da es mein Ziel ist, künftig die Gesamtverantwortung für eine Geschäftsstelle zu übernehmen, freue ich mich über die Einladung zu diesem Assessment-Center.

Vor 15 Jahren startete ich meine Ausbildung zum Bankkaufmann, danach hatte ich Gelegenheit, als Kundenberater mein Vertriebs-Know-how zu vertiefen, und konnte dann als Teamleiter meine erste Führungserfahrung sammeln. In meiner aktuellen Position als Stellvertreter unterstütze ich den Geschäftsstellenleiter bereits seit vier Jahren bei der Steuerung der gesamten Filiale. Dazu gehört zum Beispiel die Personaleinsatzplanung für unser 18-köpfiges Team, die in meiner Verantwortung liegt. Der Einfluss dieser Routineaufgabe auf den Erfolg einer Geschäftsstelle wird oft unterschätzt. Entstehen Personalengpässe, verärgern wir unsere Kunden. Durch eine systematische und vorausschauende Planung trage ich zu einer bedarfsgerechten Personalbesetzung bei. Dies erhöht sowohl die Zufriedenheit unserer Kunden als auch unserer Mitarbeiter.

Im Laufe der Zeit habe ich eine Reihe weiterer Führungsaufgaben übernommen. Dazu zählen die Monatsgespräche mit allen Kundenberatern sowie Mitarbeiterschulungen und Vertriebscoaching. Im letzten Jahr kam zum Beispiel ein junger Kundenberater neu in unsere Filiale. Ich hatte den Eindruck, dass sich sein Engagement so im Mittelfeld bewegte und er noch mehr erreichen könnte. Ich coachte den Mitarbeiter regelmäßig bei seinen Kundengesprächen und gab ihm Feedback. Wir vereinbarten anspruchsvolle und zugleich motivierende Ziele. Dem Mitarbeiter gelang es dadurch, seinen Verkaufserfolg Stück für Stück zu steigern.

Genauso wichtig wie die Weiterentwicklung der Mitarbeiter ist mir meine persönliche Entwicklung. Deshalb entschied ich mich für ein berufsbegleitendes BWL-Studium, das ich im vergangenen Jahr erfolgreich abschloss. Zu Beginn war es für mich schon eine Herausforderung, neben Beruf und Familienleben – ich habe eine mittlerweile achtjährige Tochter – noch einmal die Schulbank zu drücken. Doch gerade in Zeiten von Mehrfachbelastungen helfen mir auch meine Hobbys Segeln und Volleyball, mich fit zu halten.

*Vor allen Dingen verleiht mir jedoch mein Beruf Energie. Es macht mir Spaß, etwas voranzubringen und Verantwortung zu übernehmen. Deshalb ist für mich der nächste Schritt die Leitung einer Geschäftsstelle. Mit meiner Berufserfahrung, meiner Führungserfahrung und meinem Engagement würde ich gerne zum Erfolg der Germania Bank beitragen!*

**Eine Rede ist keine Schreibe**

Zunächst beantworte ich eine Frage, die an dieser Stelle häufig auftaucht: »Soll das wirklich eine vierminütige Präsentation sein?« Ja, denn eine Rede ist bekanntlich keine Schreibe. Sie müssen berücksichtigen, dass Ihre eigene Lesegeschwindigkeit erheblich schneller als Ihre normale Sprechgeschwindigkeit ist. Zudem sollte eine gute Selbstpräsentation niemals abgelesen werden oder so klingen. Dies setzt ein moduliertes Sprechen in einem angemessenen Tempo mit der Einhaltung von Sprechpausen voraus. Wenn Sie durch Einsatz Ihrer Gestik am Präsentationsmedium zudem aufzeigen, über welchen Punkt Sie gerade sprechen – was absolut sinnvoll ist –, tritt ein weiterer Entschleunigungseffekt ein. Darüber hinaus hat Herr Reinhard einen gewissen Puffer eingeplant, sodass er nicht bis zur allerletzten Sekunde spricht.

Folgende Unterschiede werden bei der Gegenüberstellung der beiden Selbstpräsentationen deutlich:

| | Version 1 | Version 2 |
|---|---|---|
| **Inhaltlicher Schwerpunkt** | Der bisherige Werdegang mit allen Stationen wird sehr ausführlich dargestellt. Die Vergangenheit beansprucht (zu) viel Raum. | Der Fokus liegt auf der aktuellen beruflichen Tätigkeit. Die vorausgegangene berufliche Entwicklung ist auf eine knappe prägnante Darstellung beschränkt. |
| **Darstellung der Stärken** | Stärken wie strukturiertes Arbeiten und hohe Leistungsbereitschaft werden zwar genannt, aber unzureichend mit konkreten Beispielen untermauert. | Der Bewerber nutzt die PAR-Technik, um seine Stärken sichtbar zu machen. Am Thema Personaleinsatzplanung und am Beispiel des jungen Kundenberaters verdeutlicht er seinen Beitrag zum Erfolg, ohne die Bezeichnung Stärken zu verwenden. |

| Einleitung | Die Eröffnung mit dem kurzen Abriss der persönlichen Daten erinnert an ein 08/15-Schema und wirkt wenig mitreißend. | Der Kandidat startet mit seinem Ziel und setzt bereits Akzente. Der Einstieg wirkt selbstbewusst. |
| --- | --- | --- |
| Schluss | Durch den Ausstieg mit den Hobbys belegt der Bewerber die »beste Sendezeit« mit einem unwichtigen Thema. Bei der Verabschiedung mit »Vielen Dank für Ihre Aufmerksamkeit« handelt es sich um eine nicht besonders originelle Standardfloskel. | Das Ende wird dazu genutzt, um die eigenen Vorzüge noch einmal in komprimierter Form zu platzieren. Der Abschluss hat Apellcharakter. |
| Sprachstil | Es werden viele passiv wirkende Formulierungen verwendet, zum Beispiel »war eingesetzt«, »wurde ich übernommen«, »wurde ich ausgewählt«. Aktive Sprachmuster kommen weniger zum Einsatz. Der Kandidat erweckt dadurch einen eher passiven Eindruck, der mehr auf Fremd- als auf Selbstbestimmung hindeutet. | Der Bewerber setzt fast durchgängig aktive Sprachmuster ein, zum Beispiel »unterstützte ich«, »trage ich bei«, »habe ich übernommen«, »entschied ich mich«. Die Person wirkt dadurch entschlossen und proaktiv. |

**Fazit**

Bei der ersten Version handelt es sich keineswegs um eine ausgesprochen schlechte Selbstpräsentation, sondern eher um eine mittelmäßige, wie ich sie in der Praxis häufig erlebe. Der Bewerber bleibt unter seinen Möglichkeiten und wirkt nicht besonders selbstbewusst. In der Version 2 – der optimierten Selbstpräsentation – gelingt es der gleichen Person, sich vorteilhaft zu präsentieren, ohne dabei überheblich zu sein. Der Kandidat vermittelt in dieser Präsentation das Bild einer dynamischen Führungskraft, die genau weiß, was sie will und was sie kann.

Bitte berücksichtigen Sie, dass sich diese Analyse ausschließlich auf die inhaltliche/sprachliche Ebene bezieht. Weitere Einflussfaktoren wie Körpersprache, Stimme und Medieneinsatz wurden bei diesem Beispiel ausgeklammert. Selbstverständlich entsteht ein positiver Gesamteindruck erst durch das optimale Zusammenwirken aller Informationskanäle.

Ziel Ihrer Selbstpräsentation muss es sein, den Entscheidungsträgern die Antwort zu liefern, warum gerade Sie bestens geeignet sind. Bei den Beobachtern muss die Kernbotschaft ankommen: Attraktiver Kandidat, der die Anforderungen optimal erfüllt! Eine gelungene Selbstpräsentation muss deshalb Ihre Stärken und Qualifikationen sowie Ihre Motivation für die Weiterentwicklung angemessen widerspiegeln. Verknüpfen Sie daher die Vorbereitung Ihrer Präsentation mit der Beantwortung der folgenden beiden Fragen:

1. Was bringe ich mit?
2. Warum will ich dorthin?

Damit bauen Sie zwei tragende Säulen für Ihre Argumentation auf.

**2-Säulen-Modell**

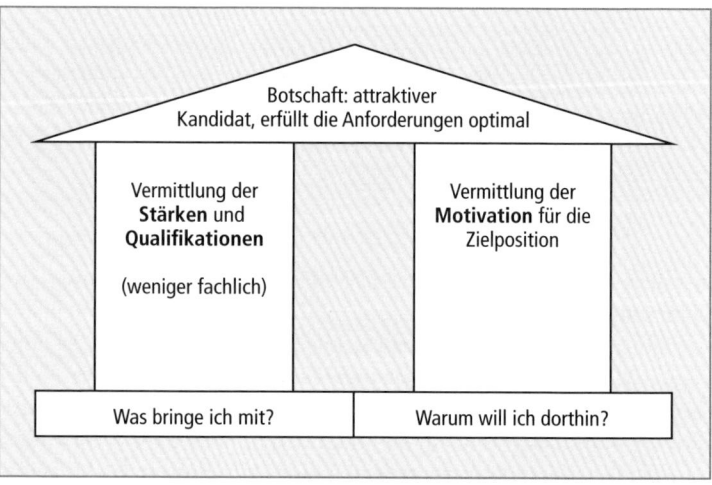

Die Entwicklung einer überzeugenden Selbstpräsentation setzt voraus, dass Sie beide Fragen eindeutig beantworten können. Notieren Sie deshalb Ihre Antworten zu diesen beiden Fragen und reflektieren Sie diese zusammen mit einer anderen Person.

1. Was bringe ich mit?

.................................................................................................

.........................................................................

.........................................................................

.........................................................................

.........................................................................

2. Warum will ich dorthin?

.........................................................................

.........................................................................

.........................................................................

.........................................................................

.........................................................................

Muss in der Selbstpräsentation der komplette Werdegang dargestellt werden? Nein, denn gerade Kandidaten mit längerer Berufserfahrung laufen dabei Gefahr, ihr Profil zu verwässern, und kämen zudem in gehörige Zeitnot. Eine Selbstpräsentation ist kein tabellarischer Lebenslauf mit lückenlosem Nachweis. Es ist deshalb nicht erforderlich, auf jede Etappe des Werdegangs einzugehen. Setzen Sie den Schwerpunkt stattdessen bei den Stationen, die besonders gut geeignet sind, um Ihre Qualifikation für die Zielposition zu belegen.

**Aufs Wesentliche konzentrieren**

Nutzen Sie die bereits weiter vorne vorgestellte PAR-Technik, um Ihre Stärken zu verdeutlichen. Wählen Sie dafür aktuelle Aufgaben oder Stationen Ihres bisherigen Werdegangs aus, an denen Sie aufzeigen können, wie Sie bestimmte Herausforderungen meistern. Die Vermittlung der eigenen Pluspunkte wird über diese beschreibende Vorgehensweise deutlich glaubhafter als über eine schlagwortartige plakative Aufzählung von Stärken.

**Punkten mit PAR**

| PAR-Schritte | Beispiel 1 | Beispiel 2 |
|---|---|---|
| **P**roblem | Der Einfluss dieser Routineaufgabe auf den Erfolg einer Geschäftsstelle wird oft unterschätzt. Entstehen Personalengpässe, verärgern wir unsere Kunden. | Im letzten Jahr kam zum Beispiel ein junger Kundenberater neu in unsere Filiale. Ich hatte den Eindruck, dass sich sein Engagement so im Mittelfeld bewegte und er noch mehr erreichen könnte. |
| **A**ktion | Durch eine systematische und vorausschauende Planung trage ich zu einer bedarfsgerechten Personalbesetzung bei. | Ich coachte den Mitarbeiter regelmäßig bei seinen Kundengesprächen und gab ihm Feedback. Wir vereinbarten anspruchsvolle und zugleich motivierende Ziele. |
| **R**esultat | Dies erhöht sowohl die Zufriedenheit unserer Kunden als auch unserer Mitarbeiter. | Dem Mitarbeiter gelang es dadurch, seinen Verkaufserfolg Stück für Stück zu steigern. |

**Persönliches** Wie viel Privates darf in eine Selbstpräsentation? Diese Frage lässt sich nicht eindeutig beantworten. In einigen Institutionen wird erwartet, dass sich der Kandidat ganzheitlich präsentiert, also sowohl Berufliches als auch ein wenig Privates. Bei anderen Unternehmen spielt der persönliche Aspekt dagegen überhaupt keine Rolle. Vergegenwärtigen Sie sich deshalb vorher, wie der Arbeitgeber »tickt« und welche Kultur dort herrscht. Wenn Sie sich nicht sicher sind, dann empfehle ich Ihnen, einige persönliche Informationen, wie Familie und Freizeitinteressen, einzustreuen. Diese sollten jedoch lediglich eine Abrundung bilden und wenig Präsentationszeit beanspruchen.

**Medien nutzen** Nutzen Sie unbedingt Präsentationsmedien, sofern deren Einsatz möglich ist. Eine professionelle Visualisierung bietet Ihnen die Chance, sich von anderen Kandidaten positiv abzuheben und Ihre Botschaften zudem nachhaltig zu verankern. Überlegen Sie sich deshalb bereits vor dem Assessment-Center, wie Sie Ihre Selbstpräsentation visuell aufbereiten können. Entsprechende Beispiele dazu finden Sie in den folgenden Abschnitten.

Berücksichtigen Sie folgende fünf Grundsätze einer vorteilhaften Selbstpräsentation:

- Aktuelles ist interessanter als Vergangenes.
- Berufliches ist wichtiger als Privates.
- Soft Skills sind mindestens genauso wichtig wie Hard Skills (fachliche Qualifikationen).
- Wichtige Botschaften bleiben am Anfang und am Schluss besonders gut haften.
- Eine gute Selbstpräsentation belegt die Eignung und nicht die Verweildauer in bisherigen Funktionen.

**Aufbau und Struktur der Selbstpräsentation**
Für den Aufbau einer Selbstpräsentation sind unterschiedliche Strukturen denkbar:

### 1. Chronologisch vorwärts

Bei diesem klassischen Aufbau beginnen Sie in der Vergangenheit und enden in der Gegenwart oder Zukunft. Planen Sie bei dieser Variante genügend Zeit für die gegenwärtige bzw. die zukünftige Position ein. Benötigen Sie zu lange für die Darstellung der Vergangenheit, dann fehlt Ihnen diese Zeit am Ende für die Darstellung Ihrer aktuellen beruflichen Station.

### 2. Chronologisch rückwärts

Diese Struktur orientiert sich am sogenannten amerikanischen Lebenslauf. Hier wird der Werdegang in umgekehrter Reihenfolge präsentiert. Ein Vorteil liegt darin, dass Sie mit einem aktuellen Thema einsteigen – dies ist für die Zuhörer meist spannender. Sollten Sie zum

Schluss in Zeitnot geraten, ermöglicht Ihnen diese Vorgehensweise, die Darstellung der vergangenen Stationen zu kürzen.

### 3. Thematisch

Bei dieser Variante ist die Selbstpräsentation in bestimmte Themenblöcke unterteilt – ähnlich wie bei einer fachlichen Präsentation. Hier erfolgt die Gliederung also nicht wie bei den chronologischen Varianten auf der Zeitachse, sondern thematisch.

Es ist bei allen drei Varianten gut möglich, den weiter oben dargestellten fünf Grundsätzen einer vorteilhaften Selbstpräsentation gerecht zu werden. Wählen Sie deshalb die Struktur aus, die Ihnen für die Darstellung Ihres individuellen Profils am geeignetsten erscheint. Die vorgestellten Möglichkeiten sollen Ihnen einen Anhaltspunkt liefern, in welcher Reihenfolge Sie vorgehen können, aber nicht müssen. Erinnern Sie sich noch an die optimierte Version der Selbstpräsentation von Christian Reinhard? Hier wurde keine der drei hier vorgestellten Strukturen in ihrer Reinform angewandt. Stattdessen kombinierte der Kandidat in seiner Präsentation die Vorteile der unterschiedlichen Schemata.

### 4. Individueller Aufbau (Beispiel Version 2):

Bei einem individuellen Aufbau ist natürlich – genauso wie bei den drei klassischen Strukturen – die Erkennbarkeit eines roten Fadens wichtig. Im Beispiel von Christian Reinhard wird dafür die Zielposition gewählt, mit der sich am Ende der Präsentation der Kreis wieder schließt.

**Beispiele für die Flipchart-Gestaltung Ihrer Selbstpräsentation**
Auf den folgenden Seiten finden Sie 20 Beispiele für die Visualisierung einer Selbstpräsentation mittels Flipchart. Damit Sie Anregungen erhalten, wie Sie Ihren Medieneinsatz gestalten können, wurden hier verschiedene Ansätze gewählt. Sie werden dabei feststellen, dass alle Varianten grafische Elemente enthalten – die eine mehr, die andere weniger. Natürlich ist es grundsätzlich auch möglich, mit einem reinen Textchart zu arbeiten. Allerdings schneidet dieses vom Wiedererkennungseffekt her deutlich schlechter ab. Beobachter, die in einem Assessment-Center eine Reihe von Präsentationen erleben, werden sich am Tagesende an nüchterne Standard-Text-Charts kaum noch erinnern. Eine pfiffige bildhafte Darstellung prägt sich dagegen fast automatisch im Gedächtnis ein und ist oft auch noch Tage später präsent. Zudem lassen sich bestimmte Botschaften viel einfacher über Bilder als über Text ausdrücken.

**Bilder prägen sich ein**

Nutzen Sie also wann immer möglich auch grafische Elemente. Wie viele und welche Sie einsetzen, ist letztendlich Geschmacksache und hängt natürlich auch von Aufbau und Umfang Ihrer Präsentation ab. Für eine kurze Selbstpräsentation, die sich im Zeitrahmen bis fünf Minuten bewegt, empfehle ich Ihnen, sich auf eine Seite Flipchart zu beschränken. Die ersten vier Flipchart-Beispiele beziehen sich auf die Ihnen bereits bekannte Selbstpräsentation von Christian Reinhard. Danach finden Sie als Anregung weitere Beispiele von Kandidaten mit unterschiedlichen beruflichen Profilen.

Die auf den folgenden Seiten dargestellten Flipcharts finden Sie unter www.assessment-center-kurse.de/vip noch einmal in Farbe.

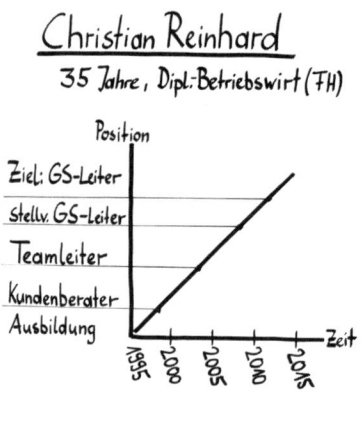

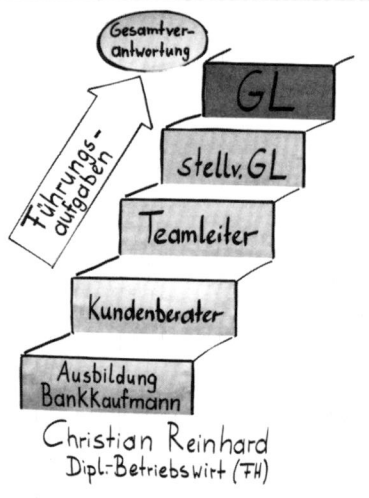

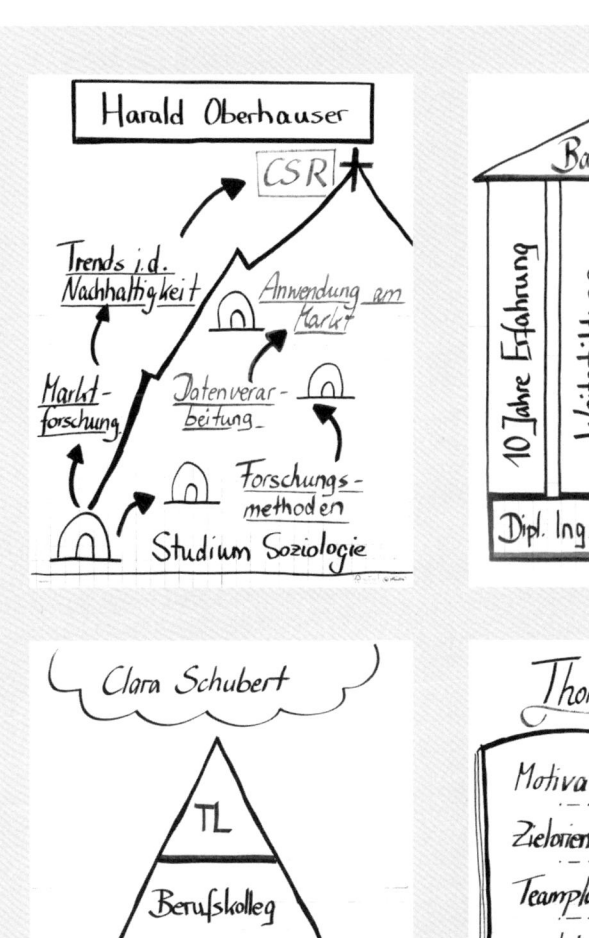

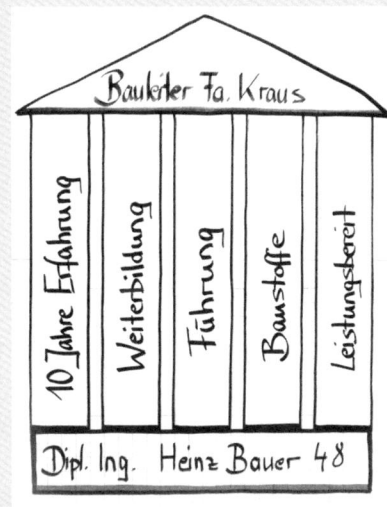

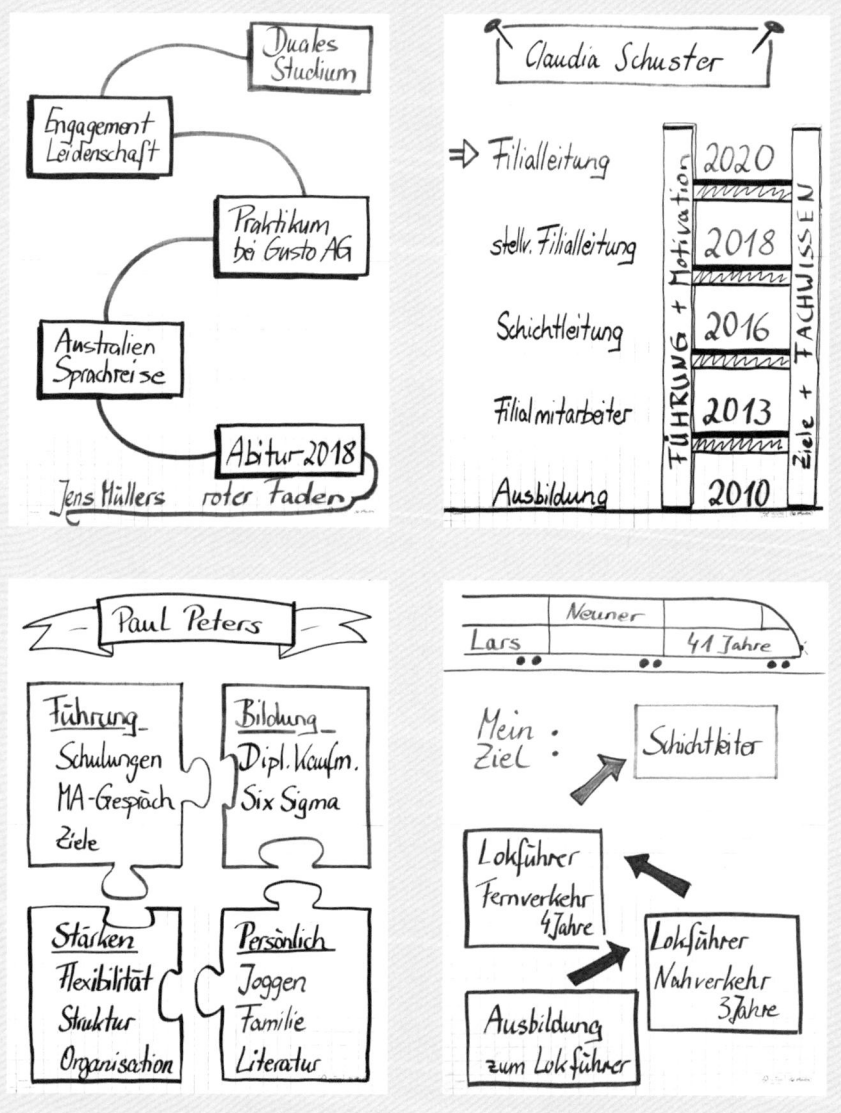

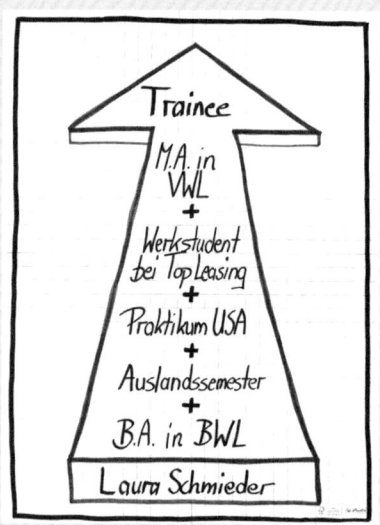

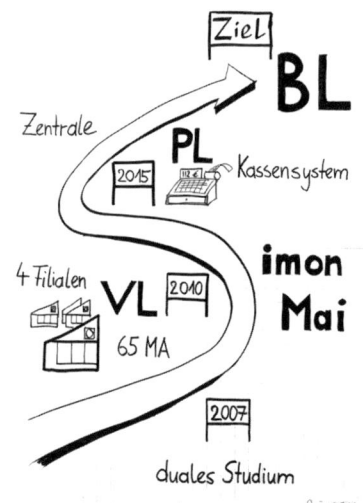

## Präsentation auf verlorenem Posten

Was sich dahinter verbirgt

Bei dieser Bezeichnung handelt es sich nicht um einen offiziellen Arbeitstitel, sondern um Beobachterjargon – man könnte die Aufgabe genauso »Stresspräsentation« nennen. Mit äußerst knappen Zeitvorgaben für die Vorbereitung von Präsentationen müssen Sie in fast jedem Assessment-Center rechnen – Zeitdruck macht deshalb noch keine Stresspräsentation aus. Dass im Anschluss Fragen gestellt werden, ist ebenfalls nicht ungewöhnlich. Von einer Präsentation auf verlorenem Posten spricht man dann, wenn die Beobachter durch ihr Verhalten gezielt massiven Druck aufbauen.

Hinweis

Auch wenn Ihr Assessment-Center keine Stresspräsentation enthält und Sie unter Normalbedingungen präsentieren, werden Sie in diesem Abschnitt viele nützliche Hinweise finden. Die hier vorgestellten Strategien zum Umgang mit Einwänden und Fragen sind auch auf alle anderen Präsentationen anwendbar.

### Aus einem Assessment-Center

Beispiel

*In einem internen Assessment-Center für Teamleiteranwärter eines Automobilkonzerns wurde der Auftrag erteilt, ein Konzept zur Lösung eines bestimmten Problems zu entwickeln. Jeder Teilnehmer musste sein Ergebnis anschließend einzeln vor dem Vorstandsvorsitzenden Herrn C. und dessen Assistenten präsentieren. Diese beiden im Unternehmen real existierenden Personen wurden natürlich von zwei Beobachtern gespielt. Als der Kandidat seine Ausführungen beendet hatte, griff ihn der Vorstand, der die Präsentation absolut regungslos verfolgt hatte, nun mit aggressivem Unterton an: »Verlassen Sie sofort den Raum! Das ist ja wohl der allergrößte Unsinn, den ich jemals gehört habe. Was erlauben Sie sich überhaupt, damit meine wertvolle Zeit zu verschwenden!« Der Kandidat war natürlich im ersten Moment perplex, behielt aber trotzdem die Fassung und blieb standhaft. Er versuchte, die angespannte Situation auf die Sachebene zurückzuführen und den Vorstand argumentativ zu überzeugen. Dies war letztendlich auch das Verhalten, das die Beobachter sehen wollten und als positiv werteten.*

Gelingt es dem Kandidaten, souverän seiner Linie treu zu bleiben, knickt er ein oder fällt er womöglich sogar aus dem Rahmen? Ziel einer Stresspräsentation ist es zu testen, ob ein Teilnehmer auch unter schwierigsten Bedingungen in der Lage ist, Führungsstärke, Souveränität und Überzeugungsfähigkeit aufrechtzuerhalten.

**Widerstände gegen ein Großprojekt** Gerne wird auch mit dem Szenario gearbeitet, in dem Sie als Unternehmensrepräsentant vor einer kritischen Zielgruppe ein Großprojekt präsentieren müssen. Dabei könnte es sich um ein Bauvorhaben, wie zum Beispiel die Errichtung einer Golfanlage, einer Produktionsstätte oder gar eines Kraftwerks handeln. Genauso beliebt ist die Information über eine geplante Großveranstaltung, wie zum Beispiel ein Open-Air-Konzert, ein Marathonlauf oder eine Auto-Rallye. Der Knackpunkt dabei ist, dass als Adressaten für Ihre Präsentation bestimmte Zielgruppen genannt sind, von denen wenig Unterstützung zu erwarten ist, wie

- Anwohner,
- Mitglieder einer Bürgerinitiative bzw. einer Naturschutzorganisation,
- politische Mandatsträger oder
- Pressevertreter.

Wenn Sie im Assessment-Center auf eine derartige Konstellation treffen, liegt die Vermutung nahe, dass sich hinter dem Arbeitsauftrag eine Präsentation auf verlorenem Posten verbirgt. Stellen Sie sich deshalb bei einer Diskussion im Anschluss an Ihre Präsentation auf entsprechende Widerstände ein.

**Strategien für die Stresspräsentation**
Sofern Sie anhand der Aufgabenstellung erkennen, dass es sich um diese Form der Präsentation handelt, empfiehlt es sich, bereits präventiv zu agieren. Überlegen Sie sich schon während der Vorbereitungszeit, welche typischen Gegenargumente von der angegebenen Zielgruppe zu erwarten sind und an welchen Stellen Ihr Projekt besonders große Angriffsfläche bietet. Lassen Sie typische Bedenken, die zweifelsfrei vorhersehbar sind, bereits in Ihre Präsentationsstrategie einfließen. Betreiben Sie die Vorwegnahme bestimmter Einwände, indem Sie diese schon während der Präsentation widerlegen, abschwächen oder erste Lösungsansätze anbieten. Aus taktischen Gründen sollten Sie für jeden Einwand, den Sie bereits in der Präsentation abarbeiten, jeweils

ein mittelschweres Argument als zusätzliches Ass für spätere Angriffe zurückhalten.

Ruhe bewahren

Durch vorausschauendes, präventives Vorgehen nehmen Sie Ihren Diskussionspartnern bereits ein wenig Wind aus den Segeln, aber natürlich nicht den ganzen. Wenn es das Ziel ist, einen Kandidaten unter Beschuss zu nehmen, werden sich bei jeder noch so gut ausgearbeiteten Präsentation Angriffsmöglichkeiten finden lassen. Seien Sie deshalb auf Attacken im Anschluss an Ihren Vortrag gefasst. Dabei können sich komplizierte Rückfragen, plumpe Pauschalangriffe, Provokationen und ernstzunehmende Bedenken abwechseln. Leider ist es keine Seltenheit, dass der Eindruck einer gelungenen Präsentation in dieser Phase durch unglückliches Kommunikationsverhalten wieder vollkommen abgetragen wird. Sie müssen deshalb in der Lage sein, auf Einwände und Angriffe kommunikativ geschickt zu reagieren.

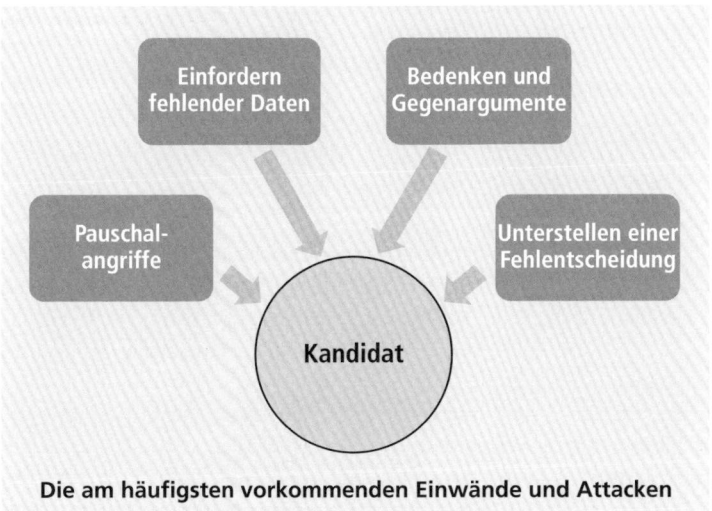

**Die am häufigsten vorkommenden Einwände und Attacken**

Das erste und wichtigste Gebot für den Umgang mit Angriffen lautet: Bewahren Sie Ruhe! Und das ist wirklich wörtlich gemeint. Anstatt wie aus der Pistole geschossen zu reagieren, ist es oft viel besser, einige Augenblicke innezuhalten und sich noch einmal den vorgetragenen Einwand zu vergegenwärtigen. Ganz wichtig dabei ist, auch über die Körpersprache die notwendige Ruhe und Souveränität auszustrahlen. Bleiben Sie deshalb ruhig und locker und weichen Sie dem Blickkontakt nicht aus. Lassen Sie sich von unfairen Angriffen keinesfalls provozieren, sondern reagieren Sie stets sachlich und freundlich. Die Herausforderung besteht darin, Stärke und Souveränität auszustrahlen, ohne dabei die Gesprächspartner vor den Kopf zu stoßen. Wer fragt, führt! Überlassen Sie diese Führung nicht ausschließlich der Gegenseite. Wie Sie im nächsten Abschnitt sehen werden, kann es bei bestimmten Attacken nützlich sein, den Ball zunächst mittels einer Frage zurückzuspielen.

## 1. Pauschalangriffe

*Beispiele*

**Beispiele**

- *Das ist ja wohl der allergrößte Unsinn, den ich jemals gehört habe.*
- *Ihr Konzept ist aber wirklich sehr oberflächlich.*
- *Was haben Sie sich denn dabei bloß gedacht?*
- *Das ist doch alles nur Schaumschlägerei, was Sie uns hier vorstellen.*
- *Lassen Sie uns doch mit diesem Unfug zufrieden.*
- *Was, das soll ein Konzept sein? Meine sechsjährige Tochter würde das besser hinbekommen.*

**Souverän und schlagfertig kontern**

Ziel solcher Aussagen ist es, Sie zu verunsichern oder zu provozieren und nebenbei Ihre komplette Präsentation infrage zu stellen. Gehen Sie weder auf die Provokation ein, noch verfallen Sie in eine Rechtfertigungshaltung. Der Angreifer stellt lediglich eine Behauptung auf, ohne sie an dieser Stelle zu belegen. Spielen Sie den Ball in Form einer offenen Frage zurück und fordern Sie den Gesprächspartner auf, seinen Einwand zu konkretisieren. In vielen Fällen stellt sich dann heraus, dass sich hinter dem Pauschalangriff nur heiße Luft verbirgt. Kann der Angreifer jedoch einen konkreten Punkt benennen, bietet dies für Sie wiederum die Möglichkeit, sich damit argumentativ auseinanderzusetzen.

*Empfohlene Reaktionen*

- *Offensichtlich ist es mir noch nicht gelungen, Ihnen die entscheidenden Aspekte zu verdeutlichen. Welcher Punkt ist Ihnen noch nicht klar?*

- *Was genau stört Sie daran?*
- *Ich kann Ihnen die wesentlichen Schritte gerne noch einmal erläutern. Auf welchen Teilbereich genau beziehen Sie sich?*
- *Was genau meinen Sie damit?*

**2. Einfordern fehlender Daten**

*Beispiele*
- *Welche Marge hat denn unser Produkt XY?*
- *Wie hoch sind denn derzeit die Personalkosten an unserer Betriebsstätte Budapest?*
- *Sie sind überhaupt nicht darauf eingegangen, wie viel Quadratmeter durch Ihr Bauvorhaben versiegelt werden. Wie hoch ist denn der Anteil der Bodenversiegelung?*
- *Welcher $CO_2$-Ausstoß wird denn genau entstehen?*

Der Fragesteller versucht bei Ihnen die Wissens- bzw. Informationslücke zu treffen. Er wählt Zahlen oder Daten, auf die Sie in der Präsentation nicht eingegangen sind und von denen er vermutet, dass Sie dazu nichts sagen können. Je komplexer die Aufgabenstellung, desto höher ist die Wahrscheinlichkeit, damit einen Treffer zu landen. Können Sie sich tatsächlich an die gefragte Information erinnern, dann beantworten Sie die Frage selbstverständlich – aber wirklich nur dann!

Wird nach Ist-Zahlen gefragt, so stammen diese meist aus dem Ausgangsmaterial. Ein Kardinalfehler besteht darin, nun irgendwelche Basisinformationen selbst zu erfinden. Solche Daten sind in der Regel sofort widerlegbar und Sie damit als Lügner entlarvt! Spätestens dann haben Sie ein echtes Problem. Geschickter ist es, wenn Sie darstellen, dass Ihnen diese Information für Ihre Präsentation weniger relevant erschien. Sie können nun versuchen, zu den Ihnen relevant erscheinenden Aspekten überzuleiten, bei denen Sie sattelfest sind.

Eine weitere Strategie wäre, ganz offen einzuräumen, dass Sie diese Frage momentan nicht beantworten können. Beharrt der Fragesteller weiterhin auf eine bestimmte Information, dann bieten Sie ihm an, diese zu einem späteren Zeitpunkt nachzureichen. Ein gewiefter Kandidat könnte auch vorschlagen, ihm sofort zwei Minuten einzuräumen, um die gefragte Zahl jetzt gleich aus dem vorliegenden Ausgangsmaterial herauszusuchen. Dieses Vorgehen erfordert aber wirklich ein hohes Maß an Souveränität und die Gewissheit, dass die Antwort auf die Frage tatsächlich in den Unterlagen enthalten ist.

*Empfohlene Reaktionen*
- *Dazu kann ich jetzt keine verlässlichen Angaben machen ... Wenn dieses Thema für Sie so wichtig ist, werde ich Ihnen diese Information natürlich gerne bis ... zur Verfügung stellen.*
- *Für mich hatte dieses Thema in der ersten Auswertung keine so hohe Priorität. Relevanter waren für mich die Informationen ... und ..., und zwar aus folgenden Gründen ...*
- *Diese Frage kann ich aus dem Stegreif nicht beantworten. Ich weiß aber, dass dazu eine Aufstellung enthalten ist. Wenn Sie mir kurz Zeit geben, kann ich gerne in den Unterlagen nachschauen und Ihre Frage beantworten.*

### 3. Bedenken und Gegenargumente

*Beispiele*

**Beispiele**

- *Die Kosten für die Umsetzung Ihres Vorschlags sind zu hoch, das können wir uns nicht leisten.*
- *So ein Golfplatz wäre eine ökologische Katastrophe für die Pflanzen- und Tierwelt in diesem schützenswerten Gebiet.*
- *Wir wollen Ihr stinkendes Heizkraftwerk nicht in unserem Ort!*

Bei den bisher behandelten Einwandkategorien bestand die Strategie darin, einen inhaltlichen Schlagabtausch weitestgehend zu vermeiden und den Angriff kommunikationstechnisch abzuwehren. Echte Bedenken und Gegenargumente erfordern darüber hinaus aber auch eine inhaltliche Intervention. Sie müssen also entweder die Argumente des Gegenübers widerlegen, die Schlussfolgerung, die er daraus zieht, als unzutreffend darstellen oder den Nutzen Ihres Vorhabens höher als mögliche Nachteile bewerten können. Vielleicht gelingt es Ihnen sogar, einzelne Vorlagen des Gesprächspartners zur Untermauerung der eigenen Position zu nutzen, indem Sie mit einem »Gerade-deshalb-Argument« anknüpfen.

Unabhängig davon, welcher Argumentationsstrategie Sie sich bedienen, sollten Sie dabei immer auf eine wertschätzende Art der Kommunikation auf der Beziehungsebene achten. Versetzen Sie sich einmal in die Lage Ihrer Zielgruppe – also je nach Arbeitsauftrag Vorstand, Naturschützer oder Anwohner. Betrachtet man den Sachverhalt aus deren Perspektive, so handelt es sich bei deren Bedenken um die Wahrung absolut legitimer Interessen oder um nachvollziehbare Sorgen. Es erweist sich deshalb als wenig konstruktiv, sofort zum Gegenschlag auszuholen und die Sichtweise des Gegenübers womöglich als falsch zu deklarieren. Zielführender ist es, zunächst Zustimmung zu signalisieren und damit deeskalierend zu agieren. Würdigen Sie deshalb das Anliegen bzw. den Einwand des Fragestellers, ohne ihm damit inhaltlich recht zu geben.

Deeskalieren auf der Beziehungsebene

*Empfohlene Reaktionen*
- *Ich kann verstehen, dass das für Sie ein wichtiges Anliegen ist ...*
- *Ich kann nachvollziehen, dass Ihnen dieses Thema am Herzen liegt ...*
- *Sie sprechen einen wichtigen Punkt an, ich kann mir vorstellen, dass Sie diese Frage bewegt ...*

*Unvorteilhafte Reaktionen*
- *Damit liegen Sie falsch!*
- *Das ist doch nicht so schlimm ...*
- *Sie haben recht, ...*

Wenn Sie jetzt noch nicht inhaltlich auf den Einwand reagieren können oder wollen, bietet es sich an, einen Zwischenschritt einzufügen. Greifen Sie die Äußerung oder Frage auf und fassen Sie diese mit eigenen Worten kurz zusammen – man nennt diese Technik Paraphrasieren. Spielen Sie nun den Ball zurück zum Gesprächspartner und lassen Sie sich bestätigen, dass Sie seine Ausführungen auch richtig verstanden haben.

Paraphrasieren

*Beispiel*
- *So ein Golfplatz wäre eine ökologische Katastrophe für die Pflanzen- und Tierwelt in diesem schützenswerten Gebiet.*

**Beispiel**

*Empfohlene Reaktionen*
- *Ich kann verstehen, dass Ihnen dieser Punkt am Herzen liegt. Sie haben also Bedenken, dass es durch den Golfplatz zu Beeinträchtigungen für die heimische Pflanzen- und Tierwelt in diesem Gebiet kommen wird. Ist das für Sie der wesentliche Punkt?*
- *Ich kann nachvollziehen, dass dies für Sie ein klärungsbedürftiges Thema ist. Wenn ich Sie richtig verstehe, ist Ihnen der Schutz dieses Gebiets ein wichtiges Anliegen. Welche Auswirkungen auf die dort beheimatete Pflanzen- und Tierwelt befürchten Sie denn konkret?*

Mit dieser Technik gewinnen Sie nicht nur Zeit, sondern Sie haben auch die Möglichkeit, sehr emotional vorgetragenen Äußerungen die Schärfe zu entziehen. Die vom Beschwerdeführer polemisch geäußerte »ökologische Katastrophe« wurde in »Beeinträchtigungen« oder »Auswirkungen« umformuliert und damit abgeschwächt gespiegelt. Es wird dadurch leichter gelingen, die Diskussion auf einer sachlichen Ebene weiterzuführen.

### 4. Unterstellen einer Fehlentscheidung

*Beispiele*

**Beispiele**

- *Bei Ihrer Analyse haben Sie ja den Aspekt ... gar nicht miteinbezogen, deshalb kann Ihre Lösung nur falsch sein und das Ergebnis müsste doch ... lauten.*
- *Ihre Empfehlung macht doch gar keinen Sinn, wenn man berücksichtigt, dass ...*
- *Gerade weil ..., ist das eine folgenschwere Fehlentscheidung.*
- *Sie glauben doch nicht wirklich, dass sich mit den von Ihnen vorgestellten Maßnahmen das Problem auch nur ansatzweise lösen lässt.*
- *... haben Sie ja außen vor gelassen, unter Berücksichtigung dieses Punktes müssten Sie doch jetzt zu einer vollkommen anderen Entscheidung kommen.*

Ähnlich wie bei einem Pauschalangriff geht es darum, Sie zu verunsichern. Im Unterschied dazu handelt es sich aber nicht um inhaltsleere Globalkritik. Der Beschwerdeführer begründet hier, warum er

Ihr Ergebnis für eine Fehlentscheidung hält. Dieser Angriff bietet sich besonders bei einer (Fall-)Präsentation an, bei der der Kandidat auf Basis des Ausgangsmaterials eine Entscheidung treffen oder eine Empfehlung aussprechen muss. Ziel ist es, Sie so zu beeinflussen, dass Sie Ihre eigene Lösung anzweifeln oder Ihre Entscheidung gar revidieren. Gerade wenn die Gegenseite ihre Einwände plausibel und bestimmend vorträgt, gerät so mancher weniger selbstbewusste Kandidat ins Wanken.

Eine logisch klingende Begründung ist noch kein Beweis dafür, dass Ihre Entscheidung falsch ist. Machen Sie sich bewusst, dass es sich bei einem Präsentationsauftrag nicht um eine mathematische Aufgabe handelt, die nur ein einzig richtiges Ergebnis zulässt. Insofern ist die Wahrscheinlichkeit, mit der eigenen Lösung total danebenzuliegen, äußerst gering. Lassen Sie sich keinesfalls verunsichern und bleiben Sie Ihrer Linie treu. Stehen Sie selbstbewusst zu Ihrer Entscheidung und zeigen Sie noch einmal Ihre wichtigsten Argumente auf.

*Empfohlene Reaktionen*
- *Das mag auf den ersten Blick vielleicht so aussehen, aber ...*
- *Auch unter Berücksichtigung des von Ihnen angeführten Punktes ... würde meine Empfehlung genauso ausfallen.*
- *Von der Wirksamkeit dieser Maßnahmen bin ich absolut überzeugt, weil ...*
- *Für mich liegt die Priorität bei ..., und deshalb komme ich zu diesem Entschluss.*


## Praxisaufgaben

Das Begleitmaterial unter www.assessment-center-kurse.de/vip enthält diverse Übungsaufgaben für Selbstpräsentationen und Präsentationen. Sie finden dort außerdem die in diesem Kapitel vorgestellten Visualisierungsbeispiele zur Flipchart-Gestaltung in Farbe.

### Bearbeitungshinweise

- Sie werden von der Bearbeitung der Präsentationsaufträge am meisten profitieren, wenn Sie sich bereits in das Kapitel »Präsentation« eingearbeitet haben.

- Um einschätzen zu können, was Sie in einer knapp bemessenen Bearbeitungszeit im Assessment-Center schaffen, sollten Sie den Präsentationsauftrag zunächst unter Prüfungsbedingungen bearbeiten. D. h., nutzen Sie Präsentationsmaterialien wie das Flipchart und halten Sie sich an die vorgegebene Zeit. Später macht es natürlich insbesondere zum Thema Selbstpräsentation Sinn, das Konzept ohne Zeitdruck weiterzuentwickeln.

- Idealerweise tragen Sie Ihre Präsentation einer oder mehreren Personen vor. Diese können Ihnen später Feedback geben sowie auf die Einhaltung der Zeitvorgabe achten. Bitten Sie Ihre Zuhörer, die Beobachterrolle einzunehmen und nach der Präsentation kritische Rückfragen zu stellen.

- Sofern möglich, zeichnen Sie Ihre Präsentation auf, sodass Sie diese nachher selbst aus der Beobachterperspektive analysieren können. Insbesondere dann, wenn Ihnen keine Feedbackgeber zur Verfügung stehen, sollten Sie eine Aufzeichnung anfertigen.

- Da die Präsentationsaufgaben unterschiedliche inhaltliche und strukturelle Ansätze zulassen, gibt es dafür auch keine Musterlösung. Lassen Sie sich Feedback zu Verständlichkeit und Plausibilität Ihrer Inhalte geben. Darüber hinaus zählen Persönlichkeit und Auftreten, Struktur, Aufbereitung und Medieneinsatz.

- Halten Sie für die Bearbeitung folgendes Material bereit:
  - Uhr bzw. Timer für die Zeitmessung
  - Schreibblock
  - Stift
  - Flipchart-Block
  - Flipchart-Marker (schwarz, blau, rot, grün)
  - Kamera für Videoaufzeichnung

Falls Ihnen zu Hause kein Flipchart zur Verfügung steht, können Sie die beschrifteten Flipchart-Blätter zum Präsentieren notfalls auch mit Kreppband an Wand, Tür oder Schrank befestigen. Ansonsten erhalten Sie das einfache Flipchart-Modell im Bürofachhandel für ca. 50 Euro.

## Präsentation auf den Punkt gebracht

| | |
|---|---|
| ✔ | Machen Sie sich bewusst, wer die Zielgruppe ist, die Sie überzeugen wollen. |
| ✔ | Verleihen Sie Ihrer Präsentation mittels des PAR-Prinzips (Problem – Aktion – Resultat) oder der 5-Satz-Technik einen roten Faden. |
| ✔ | Weniger ist mehr, beschränken Sie sich auf die wesentlichen Kernbotschaften. |
| ✔ | Bleiben Sie unterhalb des Zeitlimits, planen Sie Ihre Präsentation lieber ein wenig kürzer, als es die Zeitvorgabe vorsieht. |
| ✔ | Nutzen Sie Medien zur Visualisierung. |
| ✔ | Erläutern Sie während der Präsentation alles, was Sie visualisiert haben, aber visualisieren Sie nicht alles, was Sie in der Präsentation erläutern möchten. |
| ✔ | Bereiten Sie Einleitung und Schluss gut vor, und prägen Sie sich diese beiden Passagen Ihrer Präsentation ein. |
| ✔ | Seien Sie präsent und betrachten Sie alle Anwesenden als Ihre »Kunden«, denen Sie Ihre ungeteilte Aufmerksamkeit schenken. |
| ✔ | Stehen Sie hinter Ihrem Konzept, und werden Sie zum Fan Ihrer eigenen Präsentation. |

# 4. Rollenspiel

## Hintergründe zur Aufgabe

Unter einem Rollenspiel versteht man in einem Assessment-Center die Simulation einer bestimmten Gesprächssituation aus dem Berufsalltag. Die weitverbreitete Bezeichnung »Rollenspiel« könnte den Eindruck erwecken, es handle sich um eine spielerische, nicht ganz ernst zu nehmende Übung mit Improvisationstheatercharakter, die man mit einigen rhetorischen Kniffen schon irgendwie hinbekommen könne. In Wirklichkeit verbirgt sich dahinter jedoch eine höchst anspruchsvolle Kommunikationsaufgabe, bei der sich intensive Vorbereitung auszahlt. Um diesem Anspruch gerecht zu werden, verzichten manche Veranstalter tatsächlich auf diesen Namen und wählen stattdessen einen aussagekräftigeren Arbeitstitel wie »Mitarbeitergespräch« oder »Verkaufsgespräch«.

## Arten von Rollenspielen

Die am häufigsten eingesetzten Gesprächstypen:

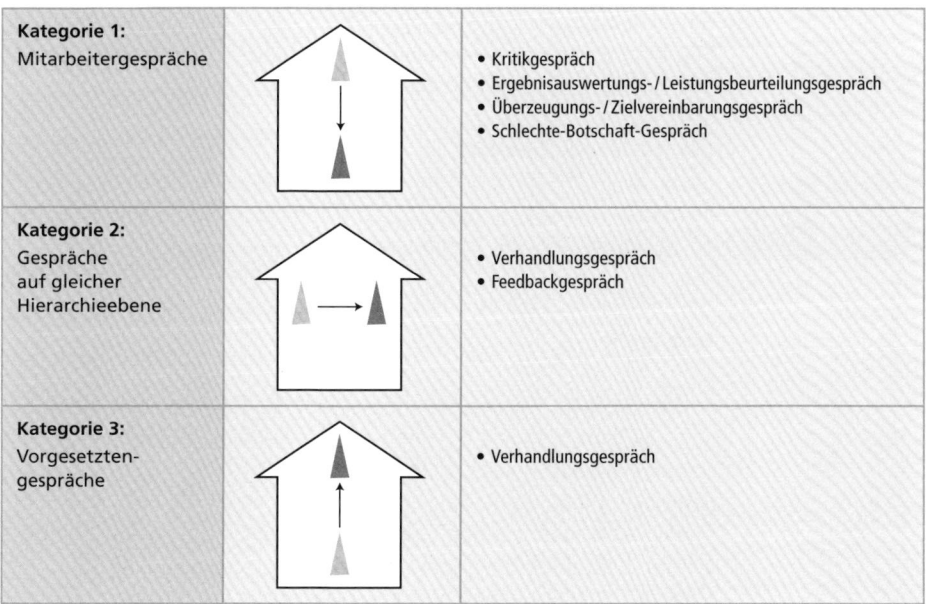

**Kategorie 1:**
Mitarbeitergespräche

- Kritikgespräch
- Ergebnisauswertungs- / Leistungsbeurteilungsgespräch
- Überzeugungs- / Zielvereinbarungsgespräch
- Schlechte-Botschaft-Gespräch

**Kategorie 2:**
Gespräche
auf gleicher
Hierarchieebene

- Verhandlungsgespräch
- Feedbackgespräch

**Kategorie 3:**
Vorgesetzten-
gespräche

- Verhandlungsgespräch

<table>
<tr>
<td>

**Kategorie 4:**
Gespräche mit einem externen Kommunikationspartner

</td>
<td>

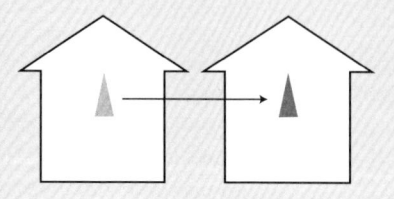

</td>
<td>

• Verkaufsgespräch
• Verhandlungsgespräch
• Reklamationsgespräch

</td>
</tr>
</table>

Welcher Gesprächstyp vorliegt, erkennen Sie an den Informationen der Ihnen vorgegebenen Rollenanweisung. Dabei handelt es sich um einen schriftlichen Arbeitsauftrag, in dem Anlass und Ziel des Gesprächs, die formelle Beziehung zu Ihrem Gesprächspartner und eventuell Hintergründe zum Sachverhalt dargestellt sind. Die vorgegebene maximale Gesprächsdauer bewegt sich, abhängig von der Komplexität und dem Schwierigkeitsgrad der Aufgabe, meist in einem Zeitfenster von zehn bis 30 Minuten. In einigen Fällen habe ich auch schon von Rollenspielen gehört, für die bis zu 45 Minuten veranschlagt werden – dieser Zeitumfang dürfte jedoch nicht alltäglich sein. Bei nahezu allen Rollenspielen gibt es eine bestimmte Vorlaufzeit für die Gesprächsvorbereitung – oft zwischen fünf und 30 Minuten. Sogenannte Ad-hoc-Gespräche ohne jegliche Vorbereitungsmöglichkeit sind nur vereinzelt anzutreffen.

### Ein Ad-Hoc-Rollenspiel

**Beispiel**

*Einer Ihrer Mitarbeiter kommt wegen einer dringenden Angelegenheit jetzt zu Ihnen ins Büro. Bis zu Ihrem nächsten Termin haben Sie 15 Minuten Zeit, um mit ihm über sein Anliegen zu sprechen.*

### Gegenrolle

Die Rolle Ihres Gesprächspartners wird in der Regel mit einer Person aus dem Veranstalterteam besetzt sein, also wahrscheinlich mit einem Beobachter oder vielleicht sogar mit einem eigens dafür engagierten Bühnenschauspieler. Dass die Gegenrolle von einem anderen Assessment-Center-Teilnehmer gespielt wird, ist aufgrund des schwer kalkulierbaren Schwierigkeitsgrades dagegen eher unüblich. Diese Konstellation wäre nur bei Rollenspielen der Kategorie 2, also zum Beispiel bei einem Verhandlungsgespräch zwischen hierarchisch Gleichgestellten, sinnvoll anwendbar und bildet somit die Ausnahme.

Für die Gegenrolle existiert ebenfalls eine Rollenanweisung, die ähnlich aufgebaut ist wie die des Assessment-Center-Teilnehmers. Darin sind die Sichtweise und die Hintergründe des Sachverhalts aus der Perspektive des Gesprächspartners dargestellt, ebenso ein Gesprächsziel, welches aus einer bestimmten Motivationslage resultiert. Darüber hinaus ist dem Gegenspieler eine bestimmte Charakterrolle zugewiesen, nach der er sich als Gesprächspartner eher verschlossen, redselig, impulsiv oder zurückhaltend verhält.

**Rollenanweisung**

Die weitverbreitete Befürchtung, der Rollenspieler hätte den Auftrag, dem Probanden mit allen nur erdenklichen Tricks das Leben schwer zu machen, ist normalerweise unbegründet. Ein professioneller Rollenspieler verfolgt vielmehr das ihm vorgegebene Gesprächsziel und agiert im Rahmen seiner Charakterrolle so wie ein Gesprächspartner im realen Leben. Verhält sich Ihr Gesprächspartner plötzlich unkooperativ, renitent oder beleidigt, so muss dies nicht zwangsläufig durch seine Rolle vorgegeben sein. Da Kommunikation nun mal ein wechselseitiger Prozess ist, könnte es sich dabei auch um eine Reaktion auf Ihr eigenes Verhalten handeln. Viele Angriffe verursachen Teilnehmer indirekt selbst – durch persönliche Kommunikationsfehler, die Rollenspieler als Steilvorlage aufgreifen können.

> Das typische Assessment-Center-Rollenspiel ist eine 1:1-Aufgabe, das heißt, Sie führen das Gespräch mit einer Person – davon wird in diesem Kapitel ausgegangen. Rollenspiele mit mehreren Beteiligten sind selten, aber nicht ganz ausgeschlossen. Diese Sonderform hat viele Parallelen zur Gruppendiskussion mit Rollenvorgabe bzw. zum Teammeeting. Nutzen Sie deshalb bei Bedarf auch die dort dargestellten Lösungsstrategien in diesem Kapitel.

**Hinweis**

**Beurteilungskriterien**

Allgemeine Beurteilungskriterien für ein Rollenspiel sind:

- Ergebnisorientierung
- kommunikatives Geschick
- Konfliktfähigkeit
- Überzeugungsfähigkeit
- Verbindlichkeit
- Einfühlungsvermögen

Allerdings können je nach Gesprächstyp weitere anforderungsrelevante Bewertungsmaßstäbe zugrunde gelegt werden.

Zusatzkriterien für die Bewertung eines Mitarbeitergesprächs:

- Führungskompetenz
- Motivationsfähigkeit
- Problemlösefähigkeit

Zusatzkriterien für die Bewertung eines Verkaufsgesprächs:

- Kundenorientierung
- Umgang mit Einwänden
- abschlussorientierte Gesprächsführung / abschlussorientiertes Verhalten

## Allgemeine Lösungsstrategien

### Gesprächssteuerung und -strukturierung

Viele beruflich veranlasste Gespräche – nicht nur im Assessment-Center – lassen sich nach folgendem Schema sinnvoll strukturieren:

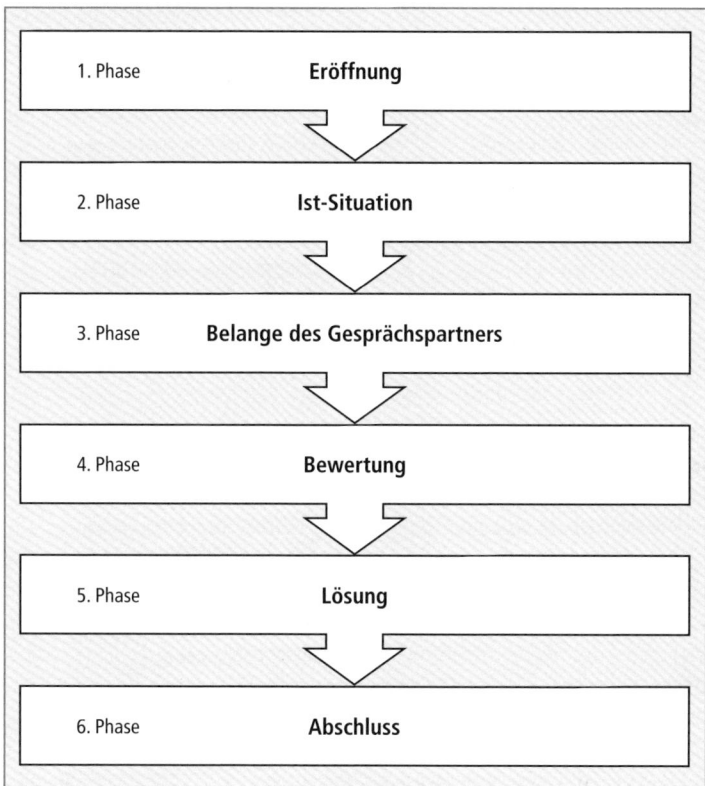

| 1. Phase | **Eröffnung** |
| 2. Phase | **Ist-Situation** |
| 3. Phase | **Belange des Gesprächspartners** |
| 4. Phase | **Bewertung** |
| 5. Phase | **Lösung** |
| 6. Phase | **Abschluss** |

## 1. Phase: Eröffnung

Zu Beginn eines Gesprächs ist es wichtig, die Basis für eine angenehme Atmosphäre zu schaffen. Wertschätzung gegenüber dem Gesprächspartner ist dafür eine elementare Voraussetzung. Eine freundliche namentliche Begrüßung Ihres Gegenübers per Handschlag sollte ebenso selbstverständlich sein wie das Anbieten eines Sitzplatzes, falls Sie in der Rolle des Ranghöheren bzw. des Gastgebers sind. In diesem Fall können Sie – sofern vorhanden – natürlich auch ein Getränk anbieten. Nutzen Sie die Gelegenheit, nach der Begrüßung mit einigen Sätzen Smalltalk Interesse an Ihrem Gegenüber zu signalisieren. Vielleicht bietet die Rollenanweisung Informationen, die Sie aufgreifen können, wie zum Beispiel der Hinweis, dass Ihr Gegenüber seit Kurzem aus dem Urlaub zurück ist. Smalltalk kann sich selbstverständlich auch auf ein berufliches Thema beziehen. Geht aus der Rollenanweisung hervor, dass der Mitarbeiter aktuell an einem bestimmten Thema arbeitet, können Sie sich auch danach erkundigen. Manche Kandidaten fühlen sich mit beruflich veranlasstem Smalltalk etwas sicherer, da er oft einen leichteren Übergang zum Hauptgesprächsthema erlaubt. Falls es in der Aufgabenstellung keinerlei Anknüpfungspunkte gibt, ist es besser, offen zu fragen, wie es dem Gesprächspartner gerade geht, statt Rahmenbedingungen hinzu zu interpretieren und sich nach der Familie zu erkundigen, obwohl es dazu keinerlei Hinweis in der Ausgangssituation gibt. Der Rollenspieler könnte Sie sonst eventuell auflaufen lassen und als Gesprächspartner verwundert entgegnen, er habe doch gar keine Familie.

**Smalltalk als Chance** Die weitverbreitete Befürchtung, Smalltalk führe im Assessment-Center dazu, die Gesprächsführung aus der Hand zu geben und das Hauptthema aus den Augen zu verlieren, ist in den meisten Rollenspielen wirklich absolut unbegründet. Sehen Sie darin vielmehr die Chance, echtes Interesse an der Person zu signalisieren und damit einen wichtigen Beitrag für eine positive Beziehungsebene zu leisten. Durch beiläufige Äußerungen Ihres Gesprächspartners erhalten Sie zwischen den Zeilen eventuell sogar wichtige Zusatzinformationen, die später nützlich sein könnten. In vielen Organisationen wird darauf ausdrücklich Wert gelegt, eine bestimmte – dem Mitarbeiter gegenüber wertschätzende – Unternehmenskultur umzusetzen. Dazu gehört neben vielen anderen Aspekten eben auch der Smalltalk zu Beginn eines Gesprächs, um Interesse am Gegenüber zu zeigen. Auch wenn die proklamierte Unternehmenskultur im Tagesgeschäft oft nur unzureichend gelebt wird, so wird sie gerade im Assessment-Center erwartet.

Sehen Sie Smalltalk also nicht also überflüssiges Beiwerk, sondern als Möglichkeit,

- Ihrem Gegenüber ehrliches Interesse zu signalisieren,
- eine angenehme Gesprächsatmosphäre zu schaffen,
- nebenbei eventuell zusätzliche Erkenntnisse zum Sachverhalt oder zu Problemen des Gesprächspartners zu gewinnen,
- geschickt zum Thema überzuleiten.

Ausnahmen bestätigen sicher die Regel, denn zweifellos gibt es auch Gesprächsanlässe, bei denen diese Art der Gesprächseröffnung eher kontraproduktiv wäre. Bei der detaillierten Darstellung der einzelnen Gesprächstypen werde ich von Fall zu Fall näher darauf eingehen.

## 2. Phase: Ist-Situation

Während es bei der Eröffnung überwiegend um Gesprächsatmosphäre und die Beziehungspflege geht, dient diese Phase dazu, das Sachthema zu platzieren. In einem Mitarbeitergespräch würden Sie als Führungskraft je nach Gesprächstyp nun kurz die Ausgangssituation, Ihren Kenntnisstand oder Ihre Beobachtung darstellen. Bei einem Verkaufs- oder Verhandlungsgespräch bietet es sich an, auf den Status quo einzugehen und damit die Sachfragen zu eröffnen bzw. zu einer Bedarfsanalyse überzuleiten.

Das wichtigste Gebot in dieser Phase lautet: Fassen Sie sich kurz! Ihr Gesprächspartner darf nicht das Gefühl bekommen, mit seinen Interessen nicht zum Zuge zu kommen, überredet oder mit Informationen überhäuft zu werden.

**Kurz und knapp**

## 3. Phase: Belange des Gegenübers

Um ein Problem zu lösen oder Ihr Gegenüber zu überzeugen, ist es erforderlich, die Sichtweise Ihres Gesprächspartners, seine Motive, Bedürfnisse, Ziele bzw. die Hintergründe eines Sachverhalts kennenzulernen. Halten Sie in dieser Phase Ihren eigenen Redeanteil möglichst gering und arbeiten Sie stattdessen mit möglichst vielen Fragen. Zum Einstieg sind offene Fragen, sogenannte W-Fragen, am geeignetsten, da sie Ihren Kommunikationspartner dazu veranlassen, möglichst ausführlich zu antworten.

| Beispiele für gelungene W-Fragen | Beispiele für ungünstig formulierte W-Fragen |
|---|---|
| Worin sehen Sie die Ursache? | Wie kam es zu diesem Fehler? |
| Wie stellt sich der Sachverhalt aus Ihrer Sicht dar? | Warum haben Sie nichts dagegen unternommen? |
| Was führte dazu, dass …? | Warum haben Sie sich so verhalten? |
| Wie zufrieden sind Sie mit …? | Was haben Sie sich dabei gedacht? |
| Welches Ziel verfolgen Sie mit …? | |
| Wie beurteilen Sie die aktuelle Situation? | |

Mit welchen (offenen) Fragen Sie arbeiten, hängt in erster Linie vom Gesprächstyp ab. So erfordert ein Verkaufsgespräch natürlich andere Fragestellungen als ein Kritikgespräch. Unabhängig davon erweisen sich bestimmte Formulierungen als nachteilig für den Kommunikationsprozess und sollten deshalb vermieden werden. Nämlich dann, wenn die Frage indirekt eine Anklage oder negative Bewertung in sich trägt, wie zum Beispiel: »Was haben Sie sich dabei gedacht?« Kontraproduktiv sind meist auch Fragen, die mit »warum« beginnen. Dominiert dieses Fragewort, kann sich der Gesprächspartner in die Ecke gedrängt fühlen und ist stärker damit beschäftigt, sein Verhalten zu rechtfertigen, als zur Klärung eines Sachverhalts beizutragen. Eine ähnliche Wirkung erzielen die Fragewörter »wieso« und »weshalb«.

**Tipp**

**Sesamstraße-Fragen vermeiden**
Vermeiden Sie in kritischen Gesprächssituationen die sogenannten Sesamstraße-Fragen »wieso«, »weshalb«, »warum«, da sie eine Abwehrhaltung des Gesprächspartners begünstigen, anstatt zu einer konstruktiven Problemlösung beizutragen.

**Wer fragt, führt**  Geben Sie sich nicht mit ein oder zwei Fragen und den daraus resultierenden Aussagen Ihres Gegenübers zufrieden. Diese sind oft noch zu oberflächlich, um das Problem wirklich zu durchdringen. Speziell in einem Assessment-Center sind Rollenspieler oft so instruiert, Informationen nur bruchstückhaft preiszugeben und auch nur Antworten zu geben, nach denen explizit gefragt wurde. Um die relevanten Hintergründe zu erfassen, ist es für Sie als Kandidat notwendig, viele Fragen zu stellen und sehr gut zuzuhören. Vielleicht kennen Sie das Sprichwort »Wer fragt, führt«?

Am Anfang dieser Gesprächsphase sind in den meisten Gesprächen die sogenannten offenen Fragen am ergiebigsten. Selbstverständlich können Sie auch Fragetechniken wie geschlossene Fragen, die mit Ja oder Nein beantwortet werden können, und Alternativfragen, bei denen Sie zwei oder mehrere Ansätze vorgeben, einsetzen. Diese sind zwar zu Beginn weniger geeignet, stellen im fortgeschrittenen Verlauf aber eine gute Möglichkeit dar, einen Sachverhalt weiter einzugrenzen oder eine Entscheidung zu forcieren.

Planen Sie für diese Gesprächsphase genügend Zeit ein. In vielen Gesprächen lässt sich gerade hier der Schlüssel zur Lösung des Problems finden. Schließen Sie diese Gesprächsphase erst dann ab, wenn Sie das Gefühl haben, die Hintergründe wirklich verstanden zu haben, und Ihnen alle erörterten Zusammenhänge plausibel erscheinen.

### 4. Phase: Bewertung

Erst jetzt ist es möglich, auf Basis der vorher gewonnenen Informationen die Lage konkret zu beurteilen. In dieser Gesprächsphase geht es darum, ein gemeinsames Verständnis vom Sachverhalt herzustellen, um auf dieser Grundlage im weiteren Verlauf Lösungen zu entwickeln. Greifen Sie die im Gespräch gewonnenen Informationen (Phase 3) auf und bringen Sie sie in Bezug zur Ist-Situation (Phase 2) bzw. zu den in Ihrer Rollenanweisung geschilderten Ausgangsinformationen. Ziehen Sie deshalb an dieser Stelle eine Zwischenbilanz, fassen Sie die bisher gewonnenen Erkenntnisse kurz zusammen und lassen Sie sich diese von Ihrem Gesprächspartner bestätigen. Stellen Sie nun Ihre persönliche Bewertung der Situation dar und fordern Sie Ihren Gesprächspartner auf, den Sachverhalt ebenfalls zu bewerten. Ziel sollte es sein, einen Konsens über die Beurteilung der Situation zu erreichen. Je nach Gespräch kann dies entweder ein gemeinsames Verständnis des Problems, eines bestimmten Bedarfs oder der Notwendigkeit nach Veränderung sein. Abhängig vom Schwierigkeitsgrad des Gesprächs kann die Konsensbildung mehr oder weniger Anstrengungen und Überzeugungsarbeit erfordern.

### 5. Phase: Lösung

Sobald ein gemeinsames Verständnis des Problems bzw. des notwendigen Bewusstseins hergestellt ist, müssen konkrete Schritte zur Problemlösung verfolgt werden. Aus taktischen Gründen kann es sich in bestimmten Situationen (zum Beispiel bei Mitarbeitergesprächen) als vorteilhaft erweisen, erst Vorschläge vom Gesprächspartner einzufordern. Diese Ansätze dienen dann als Diskussionsgrundlage, die Sie bei Bedarf korrigieren und mit eigenen Vorstellungen ergänzen können. In anderen Fällen (zum Beispiel bei Kundengesprächen) ist es dagegen meist zielführender, selbst in Vorlage zu gehen und bereits konkrete Lösungsvorschläge zu präsentieren. Arbeiten Sie so lange an den Lösungsansätzen, bis diese für beide Seiten geeignet erscheinen, um das zugrunde liegende Problem zu beheben.

*Vorschläge einholen oder präsentieren*

Eine qualitativ hochwertige Lösung sollte

- die Belange aller Beteiligten berücksichtigen,
- möglichst pragmatisch und kurzfristig umsetzbar sein,
- daran gemessen werden, ob sie geeignet ist, das Ausgangsproblem zu beseitigen und
- verhältnismäßig sein.

### 6. Phase: Abschluss

**Ergebnisse zusammenfassen**

Fassen Sie am Ende des Gesprächs die wichtigsten Ergebnisse zusammen und treffen Sie konkrete Vereinbarungen. Im Idealfall könnten das, abhängig vom Gesprächstyp, entweder ein Verkaufsabschluss, die nächsten Schritte zur Umsetzung eines bestimmten Ziels oder eine Verhaltensänderung sein. Auch wenn das Gespräch für Sie unbefriedigend verlaufen ist und der Gesprächspartner Ihrem Anliegen selbst am Ende noch ablehnend gegenübersteht, sollten Sie dennoch mit einer verbindlichen Vereinbarung aussteigen. Allerdings müssen Sie dann von dem hochgesteckten Ziel abrücken, mit Ablauf des Gesprächs das Problem gelöst zu haben. Stellen Sie stattdessen noch einmal dar, in welchen Punkten bereits Einvernehmen besteht und in welchen Teilbereichen Sie noch nicht übereinstimmen. Vereinbaren Sie die weiteren Schritte, die erforderlich sind, um auch hier zu einem zufriedenstellenden Ergebnis zu gelangen, also beispielsweise einen konkreten Folgetermin.

**Ergebnisse bestätigen lassen**

Lassen Sie sich die getroffenen Vereinbarungen von Ihrem Gegenüber auf jeden Fall bestätigen, erst dann können Sie davon ausgehen, dass dieser das Gesprächsergebnis als verbindlich ansieht und seinen Teil zur Umsetzung beitragen wird. Die mündliche Zusage ist hier in den allermeisten Fällen ausreichend. Wenn es sich um eine Situation handelt, in der auch in Ihrem Berufsalltag die Unterschrift der Beteiligten üblich ist, können Sie dies natürlich auch in einem AC-Rollenspiel so handhaben. Ansonsten geht es hier weniger darum, die Bürokratie zu bedienen, als vielmehr die eigene Kommunikationsfähigkeit unter Beweis zu stellen. Berücksichtigen Sie in dieser Phase auch die Beziehungspflege, selbst dann, wenn vorher in der Sache hart diskutiert wurde. Schaffen Sie, sofern möglich, einen positiven Ausblick und bringen Sie Ihrem Gesprächspartner Wertschätzung entgegen.

Wenn Sie der Meinung sind, dass wirklich alles Wesentliche besprochen wurde und sich die Beteiligten über die getroffenen Vereinbarungen im Klaren sind, dann kommen Sie zum Ausstieg. Dieser Part obliegt dem Initiator des Gesprächs, und der dürften – abgesehen von wenigen Ausnahmen – in der Rollenspielsituation Sie sein. Anstatt darauf zu warten, dass Ihr Gegenüber das Gespräch von sich aus beendet, und nun die Zeit damit zu überbrücken, inhaltliche Schleifen zu drehen oder gar neue Themen anzusprechen, ist es besser, das Gespräch selbst proaktiv abzuschließen. Indem Sie sich von Ihrem Platz erheben, signalisieren Sie Ihrem Gesprächspartner, dass das Gespräch für Sie am Ende angelangt ist. Verabschieden Sie Ihren Gesprächspartner freundlich per Handschlag und begleiten Sie ihn als Gastgeber bis zur Tür.

Ausstieg

- Bei der dargestellten Gesprächsstruktur handelt es sich um einen allgemeinen Ansatz.
- Im Abschnitt »Spezielle Strategien für unterschiedliche Gesprächstypen« erhalten Sie differenzierte Lösungsstrategien für die am häufigsten anzutreffenden Gesprächssituationen.
- Beachten Sie bitte, dass der Verlauf eines Gespräches niemals exakt vorhersehbar und planbar ist. Betrachten Sie alle hier vorgestellten Lösungsansätze daher als Vorschläge, von denen Sie bei Bedarf selbstverständlich abweichen können.

## Gesprächsvorbereitung

### Lesen und Erfassen der Aufgabenstellung

Wenn Sie die Rollenanweisung ausgehändigt bekommen, müssen Sie sich diese natürlich zunächst vollständig durchlesen, damit Sie anschließend Ihre Gesprächsstrategie entwickeln können. Um die zur Verfügung stehende Vorbereitungszeit möglichst effektiv zu nutzen, empfehle ich Ihnen, beim ersten Durchlesen bereits Papier und Stift zu verwenden und wichtige Angaben nicht nur im Text zu markieren, sondern sich sofort auf einem separaten Blatt zu notieren. Relevante Informationen sind vor allem solche, die Sie in »Phase 2: Ist-Situation« benötigen, um Ihre Beobachtung oder Ausgangssituation korrekt darstellen zu können. Dies können sowohl Zahlen, Daten und Fakten zum Sachverhalt als auch geschilderte Verhaltensbeobachtun-

Relevante Informationen rausfiltern

gen sein. Da Rollenanweisungen in einem Assessment-Center nicht immer leserfreundlich gestaltet sind und sich manchmal über mehrere Seiten erstrecken, müssen Sie damit rechnen, dass relevante Informationen über den gesamten Text verstreut sind. Gerade wenn Sie später im Gespräch auf bestimmte Punkte Bezug nehmen wollen, ist es wichtig, diese schnell griffbereit zu haben – dies gelingt in der Regel mithilfe eigener stichpunktartiger Aufzeichnungen besser als anhand eines wenig strukturierten langen Fließtextes. Es sollte Ihr Ziel sein, möglichst nach einmaligem Durchlesen die Aufgabenstellung verstanden und die relevanten Informationen sowohl markiert als auch gleichzeitig separat vermerkt zu haben. Aufmerksames Lesen kostet natürlich eine gewisse Zeit und vor allem Konzentration, ist aber bei Rollenspielen deutlich effektiver als Aufgabentexte schnell, dafür jedoch zwei- oder mehrfach zu lesen.

**Fallstrick Übertragung bekannter Muster**

Sicher kennen Sie dieses Phänomen, Sie hören von einem bestimmten Problem und haben sofort die Lösung parat, weil Sie so etwas Ähnliches schon einmal erlebt haben. Das Gleiche passiert oft beim Durchlesen der Rollenanweisung im Assessment-Center. Man identifiziert bewusst oder unbewusst Parallelen zu Verhaltensmustern real existierender Personen – z. B. echter Kollegen oder Mitarbeiter. Und da man so einen ähnlichen Sachverhalt schon mal im Arbeitsalltag erlebt hat, glaubt man Ursache und Lösung des Problems bereits zu kennen. Das führt in der Regel dazu, dass man mit Vorurteilen und Spekulationen ins Gespräch geht und es versäumt, die richtigen Fragen zu stellen, da man ja glaubt bereits alles zu wissen. Der Fall im Assessment-Center-Rollenspiel kann zwar die gleiche Symptomatik aufweisen wie ein realer Fall aus Ihrem beruflichen Umfeld, vergegenwärtigen Sie sich jedoch, dass sich die beteiligten Charaktere vollkommen anders verhalten können und der dahinterliegende Sachverhalt ein ganz anderer sein kann. Viele AC-Rollenanweisungen enthalten bewusst Informationslücken, die Sie entweder mit eigenen Spekulationen und Annahmen füllen können – wovon ich Ihnen dringend abrate – oder die Sie durch Informationen Ihres Gesprächspartners schließen können.

**Suche nach den fehlenden Puzzleteilen**

Betrachten Sie die in der Rollenanweisung beschriebene Ausgangssituation als ein unvollständiges Puzzle. Die fehlenden Puzzleteile müssen Sie im Gespräch finden, erst, wenn Sie diese hinzufügen, ergibt sich ein klares Bild – unter Umständen ein etwas anderes Bild als vorher vermutet.

Ertappen Sie sich dabei, während der Gesprächsvorbereitung aufgrund einer bestimmten Symptomatik viel hineinzuinterpretieren, dann ist das ein Indikator dafür, dass Sie sich womöglich zu sehr auf ein bekanntes Muster verlassen. Es besteht die Gefahr, dass Sie dann im Gespräch mit Scheuklappen in die falsche Richtung laufen und dabei wichtige Dinge übersehen.

### Eingrenzen des Gesprächsziels

Die meisten Rollenanweisungen enthalten ein bestimmtes Gesprächsziel, an dem letztendlich auch Ihr tatsächliches Gesprächsergebnis gemessen werden kann. Dies kann in Form eines Minimal-, eines Maximal- oder eines unspezifischen Ziels vorgegeben sein.

**Drei Arten von Zielen**

*Minimalziele aus unterschiedlichen Rollenanweisungen:*
- *… stellen Sie sicher, dass Ihr Mitarbeiter Herr Töpfer künftig nicht mehr gegen die Unfallverhütungsvorschrift XY verstößt …*
- *… sorgen Sie dafür, dass von Frau Schneider die gesetzlichen Datenschutzbestimmungen in Zukunft eingehalten werden …*
- *… setzen Sie Ihre Gruppenleiterin Frau Stürmer davon in Kenntnis, dass bis Ende des Jahres zwei Stellen in ihrem Team ersatzlos gestrichen werden müssen …*

**Beispiele**

Bei Minimalzielen handelt es sich um Mindeststandards, die nicht verhandelbar sind und die Sie mit eigenem Ermessensspielraum nicht nach unten korrigieren können. Darunter fallen gesetzliche Rahmenbedingungen, Unfallverhütungsvorschriften, verbindliche betriebliche Regelungen ebenso wie unternehmenspolitische Entscheidungen, deren Umsetzung keine Ausnahmen gestatten. Solche Mindestziele sind deshalb auch nur in der Gesprächskonstellation Führungskraft – Mitarbeiter (Kategorie 1) sinnvoll anwendbar. Die Voraussetzung dafür ist, dass Sie kraft hierarchischen Gefälles notfalls Anordnungen treffen können.

**Anspruchsvolle Ziele setzen**

Überlegen Sie sich vor dem Gespräch, welche Ziele Sie zusätzlich zum Pflichtprogramm noch erreichen möchten, also Ihr persönliches Maximalziel. Im Beispiel von Herrn Töpfer könnten Sie sich vornehmen, im Gespräch auf seine Einsicht hinzuwirken, sodass er künftig aus eigenem Antrieb auf die Einhaltung der Unfallverhütungsvorschriften achten wird. Natürlich ist dies anspruchsvoller, als lediglich autoritär die entsprechende Anweisung zu erteilen. Unter dem Gesichtspunkt der Nachhaltigkeit wird sich dieser Ansatz jedoch als effektiver erweisen, da sich Herr Töpfer aufgrund seiner eigenen Überzeugung und nicht (nur) wegen angekündigter Kontrollen zur Einhaltung selbstverpflichtet. Sollten Sie während des Gesprächs feststellen, dass Sie das höher gesteckte Ziel doch nicht umsetzen können, haben Sie immer noch die Möglichkeit, die Vorgabe unmissverständlich direktiv anzuweisen, Kontrollen anzukündigen – und damit wenigstens das Mindestziel umzusetzen.

*Maximalziele aus unterschiedlichen Rollenanweisungen:*

**Beispiele**

- *… Als Außendienstleiter sind Sie für den Vertrieb von Leergutautomaten zuständig. Sie möchten Herrn Herrmann, den kaufmännischen Leiter der Supermarktkette, davon überzeugen, alle seiner elf Filialen auf Ihr Automatensystem umzustellen. …*
- *… vereinbaren Sie mit dem Mitarbeiter geeignete Maßnahmen, um sicherzustellen, dass er das monatliche Umsatzziel von 85 000 Euro künftig erreicht …*

**Untergrenze ziehen**

Häufiger als Minimalziele tauchen in Rollenanweisungen Maximalziele auf. Diese sind manchmal auf den ersten Blick gar nicht als solche erkennbar, insbesondere dann nicht, wenn wie in den dargestellten Beispielen konkrete Zahlen vorgegeben sind. Doch letztendlich können Sie Ihren Gesprächspartner zur Umsetzung solcher Vorgaben nicht zwingen. Was machen Sie, wenn Herr Herrmann partout kein neues Automatensystem für alle elf Filialen anschaffen möchte? Oder wie gehen Sie vor, wenn es plausible Gründe dafür gibt, dass sich das Umsatzziel des Mitarbeiters in diesem Monat auch mit größten Anstrengungen nicht zu 100 Prozent realisieren lässt? Gehen Sie davon aus, dass Ihr Gegenüber ebenfalls ein bestimmtes Gesprächsziel verfolgt. Dieses wird mit Ihrer Vorgabe vermutlich nicht deckungsgleich sein, aber dennoch eine gewisse Schnittmenge aufweisen. Die Erreichung des vorgegebenen Maximalziels erweist sich meist als äußerst anspruchsvoll und in einigen Situationen wahrscheinlich sogar als unrealistisch. Definieren Sie deshalb Ihr persönliches Minimalziel – also das Ergebnis, das Sie selbst bei einem sehr ungünstigen Gesprächsverlauf auf jeden Fall erreichen möchten. Es ist wichtig, diesen Ermessenspielraum bereits vor Gesprächsbeginn festzulegen, damit Sie im Gespräch nicht erst mit sich selbst verhandeln müssen.

Im Beispiel von Herrn Herrmann könnten Sie sich als Mindestziel vornehmen, mit ihm auf jeden Fall die Umrüstung einer Filiale auf Ihr System zu vereinbaren. Dies hört sich im Vergleich zur Vorgabe von elf Niederlassungen erst einmal sehr bescheiden an. Bei Ihrem Minimalziel handelt es sich um die für Sie gerade noch vertretbare Untergrenze. Wenn es Ihnen gelingt, mit Ihrem Geschäftspartner eine Vereinbarung zur Umrüstung von fünf Verkaufsstellen abzuschließen, umso besser!

Die Festlegung eines Mindestziels soll keinesfalls bedeuten, dass Sie sich von Ihrem Maximalziel verabschieden – es sollte selbstverständlich Ihr Bestreben sein, sich diesem so weit wie möglich anzunähern. Doch machen Sie sich auch bewusst, dass dies in einem einzigen Gespräch oft nicht realisierbar ist. Falls es also nur möglich ist, das Geschäft für eine Filiale abzuschließen, dann sollten Sie Herrn Herrmann dies als Möglichkeit verkaufen, sich damit von der Qualität und Leistungsfähigkeit Ihres Automatensystems überzeugen zu können. Versuchen Sie ihm die Zusage abzuringen, bei Zufriedenheit mit weiteren Filialen nachzuziehen, und bemühen Sie sich um die Vereinbarung eines Folgetermins. Damit zeigen Sie, dass Sie das Maximalziel nicht aufgeben, sondern lediglich zeitlich verschieben.

*Unspezifische Ziele aus unterschiedlichen Rollenanweisungen:*
- *… vereinbaren Sie mit dem Mitarbeiter Maßnahmen, um die Produktivität zu steigern …*
- *… sorgen Sie dafür, dass Herr Müller seine Aufgaben wieder ordnungsgemäß ausführt …*
- *… versuchen Sie, dieses Problem möglichst rasch zu lösen …*

**Beispiele**

Da diese Vorgaben nicht konkret sind, ist es hilfreich, vor Gesprächsbeginn eigene Maßstäbe zu setzen – in beide Richtungen. Überlegen Sie sich einerseits, was Ihr ideales Ergebnis (Maximalziel) beinhalten würde, und legen Sie zugleich fest, wo sich bei ungünstigem Gesprächsverlauf Ihre Schmerzgrenze befindet. Also wodurch Ihr Ziel gerade noch erfüllt wäre (Minimalziel).

Es gibt gelegentlich auch Aufgabenstellungen, die keinerlei Zielvorgabe enthalten und die es dem Assessment-Center-Teilnehmer überlassen, in welche Richtung er das Gespräch steuern möchte. Im Abschnitt »Komplexes Mitarbeitergespräch« weiter hinten finden Sie nähere Hinweise zur Bearbeitung dieser besonderen Rollenspiele.

### Gesprächseinstieg

**Weichenstellung für das Gespräch** Wie bereits erwähnt, wird es niemals möglich sein, den Verlauf eines Gesprächs exakt vorauszuplanen und jede Reaktion des Gegenübers zu prognostizieren. Eine Gesprächspassage, die Sie dennoch sehr sorgfältig vorbereiten sollten, ist der Gesprächseinstieg – also gerade die Phasen 1 und 2 sowie deren Überleitung. Die Beschreibung dieser beiden Phasen im Abschnitt »Gesprächssteuerung und -strukturierung« enthält Punkte, die vielen Lesern selbstverständlich erscheinen mögen. Doch bedenken Sie bitte, dass Sie sich zu Beginn eines Rollenspiels in einer Stresssituation befinden, die höchste Aufmerksamkeit erfordert. Sie treffen auf einen fremden Gesprächspartner, den Sie nur von der Beschreibung her kennen und kaum einschätzen können und mit dem Sie nun ein anspruchsvolles oder gar kritisches Thema bearbeiten müssen. Sie stehen unter Beobachtung und befinden sich damit in einer Laborsituation. Die Anspannung und der Erfolgsdruck werden für Sie also noch deutlich höher als in einer realen Gesprächssituation sein. Gleichzeitig findet gerade zu Beginn eines Gesprächs die Weichenstellung für eine angenehme Gesprächsatmosphäre und für einen produktiven Verlauf statt. Diese Konstellation macht den Gesprächseinstieg besonders erfolgskritisch.

**Beispiel**

*Ein weniger gelungener Gesprächseinstieg:*
*Führungskraft: Guten Tag, Herr Koch*
*Mitarbeiter: Guten Tag Herr / Frau …*
*F: Schönes Wetter momentan …*
*M: Ja, finde ich auch, da kann man sich wirklich nicht beschweren.*
*F: Haben Sie denn auch das sonnige Wochenende genießen können*
*und etwas unternommen?*
*M: Nein, ich bin gar nicht rausgekommen. Leider habe ich dafür*
*momentan überhaupt keine Zeit.*
*F: Also ich gehe bei dem schönen Wetter immer raus ins Grüne,*
*man muss die paar schönen Tage im Jahr schließlich ausnutzen …*

*Aber nehmen Sie doch bitte Platz Herr Koch! ...*
*Sie wissen ja sicher, warum ich Sie zu mir gebeten habe. Es*
*handelt sich um ein unerfreuliches Thema ... Mir ist aufgefallen,*
*Sie kommen häufiger mal zu spät. Jetzt würde mich mal*
*interessieren, warum.*

### Ein gelungener Gesprächseinstieg:

*Führungskraft: Guten Tag Herr Koch, vielen Dank, dass Sie*
*meiner Einladung gefolgt sind.*
*Mitarbeiter: Guten Tag Herr / Frau ...*
*F: Herr Koch, bitte nehmen Sie doch Platz. Darf ich Ihnen ein*
*Getränk anbieten?*
*M: Nein danke, ich hatte erst einen Kaffee.*
*F: Wir haben uns ja schon seit einiger Zeit nicht mehr gesehen, wie*
*geht es Ihnen denn?*
*M: Naja, geht so, zurzeit ist es ziemlich stressig.*
*F: »Geht so« hört sich für mich nicht so erfreulich an, was*
*beschäftigt Sie denn gerade?*
*M: Ich habe momentan zu Hause vieles um die Ohren, und meine*
*Tochter hält mich dabei auch ganz schön auf Trab.*
*F: Wie alt ist denn Ihre Tochter?*
*M: Vier.*
*F: Mein Sohn ist schon 15, aber ich kann mich noch gut daran*
*erinnern, als er in diesem Alter war, da war ich auch ganz schön*
*gefordert.*
*Vielleicht hat ja das Thema, weswegen ich Sie zum Gespräch*
*eingeladen habe, auch damit zu tun. Ich möchte heute mit*
*Ihnen über Ihre Arbeitszeit sprechen, mir ist nämlich aufgefal-*
*len, dass Sie in den letzten zwei Wochen dreimal verspätet an*
*Ihrem Arbeitsplatz erschienen sind. In der Vergangenheit habe*
*ich Sie bisher immer als sehr pünktlich erlebt, deshalb würde*
*mich natürlich interessieren, was dahintersteckt. Herr Koch,*
*was waren denn die Gründe für diese Verspätungen?*

**Beispiel**

Im ersten Beispiel sind folgende Punkte nicht optimal:

**Bewertung der Beispiele**

• Die Führungskraft geht im Smalltalk nicht auf die Antworten des
  Mitarbeiters ein. Der Dialog wirkt daher eher aufgesetzt, anstatt
  wirkliches Interesse am Gegenüber zu signalisieren. Die Möglich-

keit, weitere Hinweise zwischen den Zeilen aufzugreifen, wird nicht genutzt.

- Der Smalltalk findet zunächst im Stehen statt. Die Aufforderung Platz zu nehmen kommt zeitgleich mit dem Übergang zum unerfreulichen Gesprächsthema und trägt damit nicht zum Aufbau einer angenehmen Gesprächsatmosphäre bei, sondern fördert eher einen Bruch in der Kommunikation.
- Die Unterstellung, der Mitarbeiter wisse sicher, warum er zum Gespräch gebeten wurde, in Kombination mit der Formulierung »unerfreuliches Thema« begünstigt eine negative Erwartungshaltung des Mitarbeiters, anstatt ein offenes Gesprächsklima zu fördern.
- Mit der Beschreibung der Ist-Situation »Sie kommen häufiger mal zu spät« formuliert die Führungskraft sehr unpräzise und pauschaliert das Problem. Ein renitenter Gesprächspartner könnte diesen Pauschalbefund dankbar als Steilvorlage aufgreifen, sich angegriffen fühlen und nun lebhaft über sein Verständnis von »häufig« diskutieren wollen.
- Die Überleitung zur Ursachenforschung mit dem Fragewort »Warum« begünstigt eher eine Rechtfertigungshaltung des Gesprächspartners als einen konstruktiven Problemlösungsprozess

**Wertschätzung zeigen**

Der Gesprächseinstieg im ersten Beispiel kann keinesfalls als vollkommen verunglückt bewertet werden. Vielmehr handelt es sich dabei um ausreichendes Mittelmaß, wie es in vielen AC-Rollenspielsituationen beobachtbar ist. Aufgrund der dargestellten Schwachstellen wird das Gespräch höchstwahrscheinlich viel »holpriger« verlaufen und mehr Angriffsfläche bieten als im zweiten Beispiel. Hier zeigt die Führungskraft im Smalltalk ehrliches Interesse am Befinden des Mitarbeiters und bringt ihm insgesamt mehr Wertschätzung entgegen. Der Hinweis, den Mitarbeiter bisher als sehr pünktlich erlebt zu haben, ist natürlich nur dann angebracht, wenn die Rollenanweisung keine gegensätzlichen Informationen enthält und diesen Rückschluss auch tatsächlich zulässt.

Überlegen Sie sich schon vor dem Gespräch,

- wie Sie den Smalltalk eröffnen (Phase 1),
- womit Sie nach kurzem Smalltalk zum Thema überleiten,

- welche Formulierung die Ist-Situation am treffendsten beschreibt (Phase 2),
- mit welcher einleitenden Frage Sie die Belange des Gesprächspartners ergründen. (Eröffnung Phase 3).

### Fragefelder

Je nach Gesprächstyp kann sich Phase 3 (Belange des Gesprächspartners) als mehr oder weniger herausfordernd entpuppen. Es ist deshalb hilfreich, bereits vorab Punkte zu notieren, die Sie im Gespräch ergründen möchten. Wenn der Gesprächsverlauf in dieser Phase ins Stocken gerät, können Sie darauf zurückgreifen und überprüfen, welche Fragefelder Sie noch nicht berücksichtigt haben. Wie weiter vorne im Abschnitt »Lesen und Erfassen der Aufgabenstellung« dargestellt, kann die Aufgabenstellung Informationslücken enthalten. Gibt es ein Thema, zu dem Sie von Ihrem Gesprächspartner unbedingt weiterführende Informationen benötigen, dann vermerken Sie sich dies stichpunktartig als relevantes Fragefeld.

*Wichtige Punkte notieren*

Im Fallbeispiel der Verspätung von Herrn Koch würde es sich anbieten, bei Bedarf folgende Themen zu hinterfragen:

- Besondere terminliche Verpflichtungen am Morgen?
- Welches Verkehrsmittel?
- Änderungen im privaten Umfeld?

In diesem Beispiel dürfte das Herausarbeiten der Ursache, die dem Gesprächspartner ja bekannt sein muss, durch gezieltes Nachfragen relativ einfach lösbar sein. Dennoch verleiht es Ihnen Sicherheit, notfalls eine stichpunktartige Auflistung relevanter Fragen griffbereit zu haben. Im Fallbeispiel der Leergutautomaten für Herrn Herrmanns Supermarktkette könnte sich das Ergründen der Belange schon als schwieriger erweisen. Mit der vorherigen Sammlung möglicher Fragefelder werden Sie sich hier die Gesprächsführung deutlich erleichtern.

Interessant wären beispielsweise Informationen zu den folgenden Themen:

*Mögliche Themen Fallbeispiel*

- Tägliches Leergutvolumen?
- Anteile Mehrweg- und Einwegflaschen?

- Art und Anzahl der Leergutautomaten?
- Personalintensität der Betreuung?
- Besonderheiten / Unterschiede in den einzelnen Filialen?
- Verarbeitungsgeschwindigkeit der Automaten
  (Flaschen pro Minute)?
- Unzufriedenheit mit dem bisherigen System?
- Zentrale Anforderungen an eine optimale Lösung?

Das Vorbereiten von Fragefeldern soll keinesfalls bedeuten, dass Sie diese im Gespräch stur alle nacheinander abfragen müssen. Betrachten Sie diese Vorarbeit mehr als die Schaffung eines Repertoires an möglichen Fragestellungen, auf die Sie bei Bedarf zurückgreifen können, um ein Problem leichter zu durchdringen.

## Körpersprache und Kommunikation zwischen den Zeilen

### Raumaufteilung und Platzwahl

Wenn Sie im Rollenspiel als der Einladende (zum Beispiel Führungskraft) fungieren, sind Sie auch für die richtige Anordnung der Plätze am Besprechungstisch verantwortlich.

**Barrieren meiden**  Als vorteilhafte Konstellation für Zweiergespräche gilt eine Sitzposition, bei der die Beteiligten im rechten Winkel am Tisch Platz nehmen. Diese begünstigt eine angenehme Gesprächsatmosphäre. Sitzen Sie Ihrem Gesprächspartner dagegen direkt gegenüber, so drückt dies körpersprachlich eher eine konfrontative Haltung aus, die durch den Tisch, der hier wie eine Barriere wirkt, noch verstärkt wird. Es gibt Ratgeber, die für kritische Gespräche im Assessment-Center genau diese Frontalkonstellation empfehlen, weil dadurch dem Kommunikationspartner besser sichtbar gemacht werde, dass es sich um ein konfrontatives Gespräch handle. Von dieser Herangehensweise rate ich Ihnen dringend ab. Nur in ausgesprochen wenigen beruflichen Situationen, die zudem kaum AC-relevant sind, könnte sich dieser Ansatz ausnahmsweise als günstiger erweisen. Gerade bei vermeintlich unangenehmen Gesprächsanlässen – die gerne in Assessment-Centern eingesetzt werden – ist es wichtig, auf der nonverbalen Ebene deeskalierend zu wirken und die dazu passende Platzkonstellation zu berücksichtigen. Achten Sie deshalb darauf, dass Sie Ihrem Gesprächspartner möglichst nicht frontal gegenübersitzen. Dies gilt für alle in diesem Buch beschriebenen Gesprächssituationen – einschließlich der kritischen. Eine Sitzposition im 45- bis 90-Grad-Winkel wird nicht nur von den Beteiligten als angenehmer empfunden, sondern meist auch von den Beobachtern positiver bewertet.

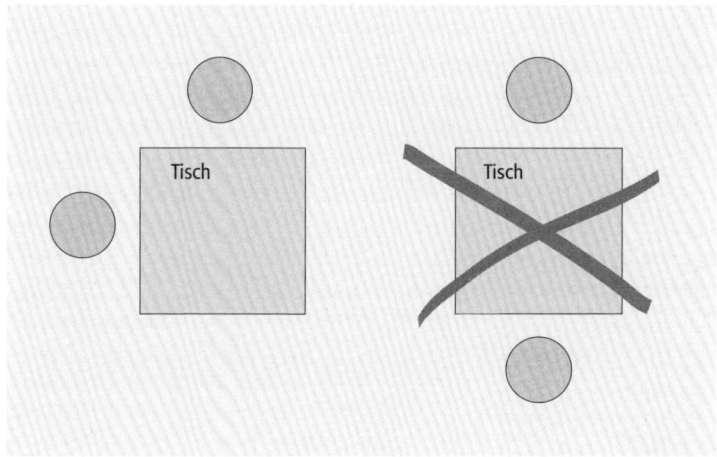

In der Rolle der Führungskraft liegt die Verantwortung für eine vorteilhafte Anordnung der Plätze auf jeden Fall bei Ihnen. Manchmal erhalten Sie vor Gesprächsbeginn noch kurz die Gelegenheit, sich mit den räumlichen Gegebenheiten vertraut zu machen, bevor Ihr Gesprächspartner den Raum betritt. Nutzen Sie diese Gelegenheit, um bei Bedarf die Ausrichtung der Sitzmöbel zu korrigieren. Manche Teilnehmer trauen sich im Assessment-Center nicht, die vorgegebene Anordnung zu verändern und beispielsweise den Stuhl an einer anderen Seite des Tisches zu platzieren. Hier sollten Sie keine Bedenken haben, denn es kann sogar Absicht sein, dass die Sitzplätze gegenüberliegend vorbereitet sind, um zu testen, ob Sie dies erkennen und korrigieren. Natürlich kann es auch vorkommen, dass Sie keine Möglichkeit haben, den Besprechungsraum vorab zu prüfen, und Ihr Gesprächspartner ausgerechnet dort Platz nimmt, wo Sie ihn gerade nicht hingesetzt hätten. In diesem Fall sollten Sie davon absehen, ihn um einen Platzwechsel zu bitten, sondern stattdessen den eigenen Sitzplatz flexibel danach ausrichten.

**Stühle umplatzieren**

Haben Sie die Rolle des Gastes inne, dann ist klar, dass Sie nur bedingt auf die Sitzplatzkonstellation Einfluss nehmen können – und dies von Ihnen wahrscheinlich auch nicht erwartet wird. Würden Sie den Ihnen angebotenen Platz ablehnen und sich stattdessen an das andere Ende des Tisches setzen, könnten Sie damit Irritationen auslösen, die dem Aufbau einer angenehmen Atmosphäre sicher mehr schaden als nutzen.

### Begrüßung und Verabschiedung

**Rituale nicht vernachlässigen** Bestimmte Formen der Begrüßung und Verabschiedung sind Rituale, die bei einem beruflichen Gespräch erwartet werden. Doch vielleicht gerade weil diese Punkte so selbstverständlich sind, werden sie in Assessment-Center-Situationen immer wieder vernachlässigt. Die laborhafte Rollenspielsituation, Prüfungsstress, die Fixierung auf eine knappe Zeitvorgabe sowie die mögliche Unsicherheit, ob das Rollenspielsetting bereits begonnen hat bzw. schon beendet ist, können dazu führen, dass eine vernünftige Begrüßung und Verabschiedung manchmal zu kurz kommen. Gehen Sie davon aus, dass das Setting auf jeden Fall beginnt, sobald der Rollenspieler den Raum betritt, und verhalten Sie sich dementsprechend.

Wenn Sie am Tisch sitzen und Ihr Gesprächspartner eintritt oder anklopft, dann stehen Sie auf und gehen Sie auf ihn zu. Dies ist offener, als am Tisch stehen zu bleiben, der sonst womöglich wie eine Barriere zwischen Ihnen und Ihrem Gegenüber wirkt. Sind Sie im Rollenspiel der Gastgeber bzw. der Ranghöhere, dann reichen Sie Ihrem Gesprächspartner die Hand und begrüßen Sie ihn namentlich per Handschlag. Achten Sie dabei auf Blickkontakt und einen freundlichen Gesichtsausdruck. Begleiten Sie Ihren Gesprächspartner zum Tisch und bieten Sie ihm möglichst früh einen Sitzplatz an. Startet das Gespräch bereits im Stehen und verpassen die Beteiligten den richtigen Zeitpunkt, um Platz zu nehmen, dann kann ein runder Gesprächseinstieg unter Umständen dadurch beeinträchtigt werden (siehe »Gesprächseinstieg«).

**Zum Abschluss kommen** Ähnlich verhält es sich mit der Verabschiedung. Ich erlebe immer wieder, dass der Assessment-Center-Teilnehmer keinen Gesprächsausstieg findet und darauf vertraut, dass sein Gegenüber entweder von sich aus geht oder ein Beobachter das Rollenspiel für offiziell beendet erklärt. Als Gastgeber bzw. Gesprächsinitiator obliegt es immer Ihnen, das Gespräch abzuschließen und das Verabschiedungsritual – auch durch Ihr nonverbales Verhalten – proaktiv einzuleiten. Wenn Sie inhaltlich zum Abschluss gekommen sind und es nichts mehr zu besprechen gibt, dann erheben Sie sich von Ihrem Platz. Damit signalisieren Sie, dass das Gespräch beendet ist. Verabschieden Sie sich per Handschlag und begleiten Sie Ihren Gesprächspartner als Gastgeber bis zur Tür. Falls Sie das Gespräch in der vorgegebenen Zeit nicht komplett zu Ende bekommen und die Rollenspielsituation von den Beobachtern abgebrochen wird, dann sollten Sie trotzdem versuchen, mit einem abschließenden Satz und einer kurzen Verabschiedung dem Gespräch noch einen offiziellen Abschluss zu geben.

## Sitzhaltung

Da im Rollenspiel ja eine offizielle geschäftliche Gesprächssituation simuliert wird, sollte Ihre Sitzhaltung zu diesem Anlass passen und Souveränität, Offenheit und Präsenz ausstrahlen. Eine ausgeglichene Sitzhaltung beginnt immer ganz unten, im Idealfall haben Sie gute Bodenhaftung mit beiden Füßen, die in hüftbreitem Abstand stehen. Wenig Bodenkontakt, nach hinten angewinkelte oder um die Stuhlbeine gewundene Füße können, je nach Ausprägung, auf ein gewisses Unwohlsein in der Situation hindeuten. Achten Sie auf einen aufrechten Oberkörper, der ganz leicht nach vorne orientiert und in sich stabil ist. Stellen Sie die Stabilität der Sitzhaltung nicht dadurch her, dass Sie Ihr Gewicht nach hinten in die Rückenlehne pressen oder womöglich durch Abstützen der Ellenbogen auf dem Tisch nach vorne verlagern. Legen Sie stattdessen Ihre Hände in lockerer Haltung auf den Tisch – wichtig ist dabei, dass sie immer sichtbar bleiben. Hände unterhalb der Tischplatte oder in der Hosentasche gelten dagegen als Tabu. Die hier beschriebene Körperhaltung stellt eine Grundposition dar, in der Sie natürlich nicht während des ganzen Gesprächs statisch fixiert sein sollten. Betrachten Sie sie vielmehr als Orientierung für eine ausgewogene Körperhaltung, die Sie zu Gesprächsbeginn bewusst einnehmen und zu der Sie im weiteren Verlauf immer wieder zurückkehren können. Lassen Sie den Fluss Ihrer natürlichen Bewegungen und Gesten sowie die dynamische Änderung Ihrer Sitzhaltung zu. Natürlich spielt immer auch Bequemlichkeit eine Rolle und es kann vorkommen, dass Sie unbewusst beispielsweise eine Haltung mit zurückgelehntem Oberkörper, weit nach vorne gestreckten oder

**Souveräne Grundposition**

übergeschlagenen Beinen einnehmen. Wenn Sie sich im Gespräch bei einer sehr legeren Körperhaltung ertappen, ist das kein Beinbruch, versuchen Sie aber dann wieder langsam in die oben beschriebene Grundposition zurückzukehren.

Halten Sie zu Ihrem Gegenüber eine angemessene Distanz ein. Eine Armlänge (circa 60 Zentimeter) gilt als grober Anhaltspunkt für einen ausreichenden Abstand. Wenn Sie diesen deutlich unterschreiten oder die Person gar berühren, wirkt dies aufdringlich und Sie begehen eine Territorialverletzung. Sitzen Sie dagegen weiter als einen Meter von Ihrem Gesprächspartner entfernt, kann dies zu distanziert oder reserviert wirken. Die Größe des Besprechungstisches spielt in diesem Zusammenhang natürlich auch eine Rolle. An einem sehr kleinen Tisch können Sie etwas näher zusammenrücken, wogegen der Abstand an einer ausladenden Tafel auch etwas größer sein kann.

### Präsenz durch Blickkontakt

**Unterlagen nur selten konsultieren**
Präsenz – also Aufmerksamkeit und Wahrnehmbarkeit – entsteht vor allen Dingen durch einen gut dosierten Blickkontakt. Der Anspruch, eine perfekt vorbereitete Gesprächsstrategie umsetzen zu wollen, führt jedoch manchmal dazu, dass sich Teilnehmer mehr den eigenen Unterlagen als dem Gesprächspartner zuwenden. Wenn Sie sich zu stark auf Ihre Aufzeichnungen fixieren, ist es so, also würden Sie während des Autofahrens mehr auf den Stadtplan blicken, als auf den Straßenverkehr zu achten. Einen Spickzettel vor sich liegen zu haben und im Gespräch damit zu arbeiten, ist keineswegs verpönt, sondern kann sogar sehr hilfreich sein. Es kommt dabei aber immer auf das Wie an. Schauen Sie nur bei Bedarf und dann möglichst kurz in Ihre Unterlagen. Damit dies gelingt, sollten Ihre eigenen Notizen stichpunktartig angelegt, deutlich lesbar und gut strukturiert sein. Beschränken Sie sich dabei auf maximal eine Seite. Ausführliche Fließtexte binden Ihren Blick lange ans Papier. Aus diesem Grund sollten Sie während des Gesprächs auch möglichst wenig mit dem vorgegebenen (meist nicht leserfreundlichen) Aufgabentext der Rollenanweisung arbeiten.

**Führungsstärke zeigen**
Gerade bei erfolgsentscheidenden Gesprächspassagen können Sie durch einen ausgeprägten Blickkontakt dem gesprochenen Wort mehr Nachdruck verleihen. Er erweist sich als besonders wirkungsvoll,

wenn Sie wichtige Fragen stellen, den Gesprächspartner mit einer kritischen Position bzw. schlechten Nachricht konfrontieren oder von ihm eine Bestätigung einfordern. Wenig Blickkontakt oder eine ausweichende Blickrichtung werden gerade in diesen Situationen häufig als mangelnde Führungsstärke oder fehlende Konfliktfähigkeit interpretiert.

> Vermeiden Sie beim Rollenspiel jeglichen Blickkontakt zu den Beobachtern. Blenden Sie diese aus und schenken Sie Ihre Aufmerksamkeit ausschließlich Ihrem Gesprächspartner. Blickkontakt zu den Beobachtern kann hilfesuchend oder gar manipulativ wirken, nämlich dann, wenn er signalisieren soll: »Schaut her, ich habe gerade einen entscheidenden Impuls gegeben.«

**Tipp**

## Situative und empathische Gesprächsführung

Eine systematische Herangehensweise und gute Vorbereitung auf das Gespräch sind wichtig. Dazu zählen alle bisher beschriebenen Methoden und Vorgehensweisen, wie die Definition des Gesprächsziels, die Vorbereitung des Gesprächseinstiegs und möglicher Fragefelder sowie die Ausgestaltung der sechs Gesprächsphasen. Damit haben Sie schon einmal die halbe Miete. Aber eben nur die halbe, denn diese Punkte alleine sind noch nicht ausreichend, um eine anspruchsvolle Gesprächssituation zum gewünschten Erfolg zu führen. Was in der Vorbereitungsphase absolut nützlich ist – nämlich analysieren, planen und strukturieren –, erweist sich als Verhaltensweise während des Gesprächs oft als hinderlich. Wenn Sie sich bei der Durchführung des Rollenspiels zu sehr auf Ihren Plan und den Prozess fokussieren, kann es schnell passieren, dass Sie den Draht zum Gesprächspartner verlieren oder es Ihnen erst gar nicht gelingt, eine positive Beziehung aufzubauen.

Stellen Sie sich vor, Sie haben seit Kurzem den Führerschein und planen Ihre erste größere Tour. Sie haben sich vorgenommen, mit dem Auto von Ort A an den mehrere Hundert Kilometer entfernten Ort B zu reisen. Sie kennen die Strecke nicht und haben weder Navi noch Internet zur Verfügung, aber dafür die gute alte Straßenkarte. In diesem Fall sind eine gute Planung und Vorbereitung unerlässlich. Das heißt, Sie schauen sich Ihr Reiseziel und Ihren Ausgangspunkt an, entscheiden sich für eine Route und legen bestimmte Etappen fest. Sie sind sehr gewissenhaft und notieren sich jede Abzweigung, an der Sie abbiegen müssen. Nun geht's los, und Sie starten Ihre Tour. Da Sie möglichst schnell und ohne Umwege von A nach B kommen möchten, haben Sie während der Fahrt Ihre Straßenkarte auf den Knien und Ihre anderen Reiseunterlagen auf dem Beifahrersitz ausgebreitet und schauen alle 20 Sekunden kurz auf Ihren Plan, um zu überprüfen, ob Sie noch auf dem richtigen Weg sind. Parallel rechnen Sie im Kopf immer wieder aus, in wie vielen Kilometern Sie abbiegen müssen, ob Sie noch im Zeitplan sind und wann Sie am Zielort eintreffen werden. Mist, da Sie nicht mehr ganz im Plan sind, geben Sie noch einmal kräftig Gas. Wann werden Sie am Zielort eintreffen?

**Auf den »fließenden Verkehr« achten**

Mit dieser Fahrweise vielleicht überhaupt nicht, denn Sie haben die Rechnung ohne die anderen Verkehrsteilnehmer gemacht. Die Wahrscheinlichkeit ist hoch, dass Sie ein Stauende, einen Geisterfahrer oder den Lkw, der Ihnen die Vorfahrt nimmt, übersehen haben und nicht mehr reagieren können. Das sind Unwägbarkeiten, die Sie zwar nicht zu verantworten haben, aber die Sie hätten erkennen können, wenn Sie aufmerksam unterwegs gewesen wären. Mit etwas Glück kommen Sie verspätet und mit unschönen Erfahrungen an, nämlich dann, wenn Sie die Geschwindigkeitsbegrenzung übersehen haben und deswegen in der Polizeikontrolle ausharren mussten. Das sind alles Situationen, die Sie mit noch genauerer Routenplanung und Vorbereitung auch nicht hätten verhindern können. Sicher zum Ziel führen stattdessen hohe Aufmerksamkeit, Umsicht und angemessene Reaktionen auf kritische Situationen.

Diese Metapher setze ich im Training bei Klienten ein, die im Rollenspiel ihren perfekt vorbereiteten Plan durchziehen, der am Ende aber nicht aufgehen will, obwohl sich der Kandidat nach seinem Dafürhalten absolut lehrbuchartig verhalten hat. Er hat jedoch vergessen, wie unser Autofahrer auf den fließenden Verkehr zu achten und darauf situativ angemessen zu reagieren. Der Kandidat agiert stattdessen weiterhin in einem Modus, der in der Vorbereitungsphase nützlich ist, nämlich analysieren, planen und strukturieren, der sich aber für die Interaktion innerhalb des Gesprächs nur bedingt eignet. In vielen Gesprächssituationen ist es erforderlich, vom geplanten Kurs abzuweichen, um auf unvorhergesehene Ereignisse flexibel zu reagieren, und zu einem späteren Zeitpunkt wieder auf den ursprünglichen Kurs zurückzukommen.

Im Gespräch können es neue Erkenntnisse, verdeckte Motive oder emotionale Befindlichkeiten des Gegenübers sein, die Kursabweichungen erforderlich machen. Oft werden diese Punkte von Ihrem Gesprächspartner nicht explizit ausgesprochen, sondern fließen subtil zwischen den Zeilen ein oder werden über die Körpersprache zum Ausdruck gebracht. Solche Zwischentöne werden Sie nur erkennen, wenn Sie nicht nur auf der Sachebene, sondern auch auf Beziehungsebene und Metaebene präsent sind.

Situative Gesprächsführung wird manchmal missverstanden und als fantasievolle Gesprächsführung ausgelegt. Gelegentlich versuchen Probanden, eine Gesprächssituation dadurch zu einem für sie vorteilhaften Ergebnis zu führen, dass sie einfach neue Fakten kreieren oder sich die Rahmenbedingungen passend zurechtbiegen. Beispielsweise sagen sie: »Herr Koch, in unserem letzten Gespräch hatten wir doch vereinbart, dass …«, obwohl die Rollenanweisung keinerlei Hinweis auf so ein Vorgespräch oder eine entsprechende Vereinbarung enthält. Solche Abkürzungen nach dem Prinzip »Ich mache mir die Welt, so wie sie mir gefällt« erlauben allenfalls Rückschlüsse auf Ihre Kreativität, aber nicht auf Ihre Gesprächsführungskompetenz, und sind natürlich nicht zulässig.

**Unerlaubte Abkürzungen**

Die drei Ebenen der situativen Gesprächsführung:

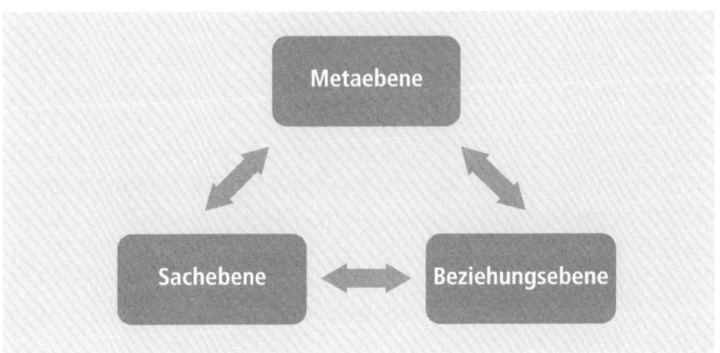

| Sachebene | Inhaltliche Gesprächsführung – Es geht um: |
|---|---|
| | • Erreichung von Sachzielen |
| | • Zahlen, Daten, Fakten, Sachverhalte |
| | • Ursachenforschung |
| | • Problemanalyse |
| | • Sachargumente |
| | • Lösungsansätze |
| | • konkrete Vereinbarungen |
| **Beziehungs-ebene** | Empathische Gesprächsführung – Es geht um: |
| | • den richtigen Ton |
| | • die nonverbale Kommunikation |
| | • eine gemeinsame Wellenlänge |
| | • Botschaften zwischen den Zeilen |
| | • Sorgen, Bedürfnisse und Motive des Gegenübers |
| | • Emotionen |
| | • Mitfühlen und Verstehen |
| **Metaebene** | Perspektive eines neutralen Dritten – Reflexion der folgenden Aspekte: |
| | • Wie läuft das Gespräch gerade? |
| | • Wie beurteile ich die Gesprächsatmosphäre? |
| | • Ist der eingeschlagene Weg noch der richtige? |
| | • Falls der Prozess ins Stocken gerät, woran liegt es und was ist notwendig, um einen Fortschritt zu erzielen? |

**Agieren auf drei Ebenen**

In der Vorbereitungsphase befinden Sie sich überwiegend auf der Sachebene, indem Sie beispielsweise Ihr Gesprächsziel definieren und sich auf Fragefelder vorbereiten. Teilweise tangieren Sie auch die Metaebene, nämlich dann, wenn Sie sich auf der Prozessebene auf die unterschiedlichen Gesprächsphasen einstellen. Agieren auf der Meta-ebene bedeutet, während des Gesprächs zu reflektieren, wie das Ge-spräch gerade läuft und wie sich die eigene Gesprächsführung gestal-tet. Erkennen Sie beispielsweise, weshalb das Gespräch gerade stockt, und können Sie daraus die richtigen Schlüsse ziehen? Die Beziehungs-ebene ist der zwischenmenschliche Kitt Ihres Gesprächs. Haben Sie es geschafft eine tragfähige, vertrauensvolle Atmosphäre aufzubauen und den Gesprächspartner emotional abzuholen? Im Gespräch können Sie natürlich nie parallel auf allen drei Ebene agieren, aber Sie müssen in der Lage sein, abhängig von der Situation zwischen diesen drei Ebenen zu wechseln. Ist das Gespräch inhaltlich festgefahren, blockiert Ihr Gegenüber aus nicht nachvollziehbaren Gründen oder ist Ihnen selbst ein Fehler unterlaufen, kann es hilfreich sein, zwischendurch auf die Metaebene zu gehen. Sie drücken damit quasi kurz auf »Pause«. Aus einer gewissen Distanz machen Sie eine Aussage zum Gespräch selbst und versuchen die Blockade aufzulösen oder einen Fehler zu korrigieren, indem Sie den Gesprächsfokus neu ausrichten. Das könnte sich beispielsweise so anhören:

- *»Ich habe den Eindruck, es fällt Ihnen nicht leicht, über diesen Sachverhalt zu sprechen. Aus welchem Grund ist dieses Thema für Sie so belastend?«*
- *»Ich glaube, ich bin mit meinem Vorschlag gerade über das Ziel hinausgeschossen und habe Sie damit vielleicht überfahren. Es ist mir zunächst noch einmal wichtig, Ihre Sichtweise zum Thema ... kennenzulernen.«*
- *»Ich habe das Gefühl, Sie sind noch ein wenig skeptisch, was genau sind Ihre Bedenken?«*
- *»Ich habe gerade den Eindruck, diese Detaildiskussion bringt uns nicht weiter, lassen Sie uns noch einmal auf den Kern des Problems zurückkommen.«*

**Beispiele**

Ebenfalls wichtig ist die aktive Einflussnahme auf die Beziehungsebene. Eine gute Gelegenheit dafür bietet der Gesprächseinstieg. Unter diesem Gesichtspunkt empfehle ich Ihnen, sich noch einmal mit dem Abschnitt »Gesprächseinstieg« auseinanderzusetzen.

Ist es Ihnen gelungen, eine vertrauensvolle Atmosphäre zu schaffen, gilt es, diese im Gesprächsverlauf zu pflegen. Selbst wenn es inhaltlich hart zur Sache geht und es notwendig ist, Kritik deutlich zu äußern, sollte dies immer in einer wertschätzenden Art und Weise der Person gegenüber erfolgen. Beziehungskiller, die Sie unbedingt vermeiden sollten, sind Unterstellungen, Beschuldigungen, Sarkasmus und Ironie. Agieren auf der Beziehungsebene beinhaltet auch, bei einem schwerwiegenden (persönlichen) Problem des Gegenübers Betroffenheit zu zeigen und sich mitfühlend zu äußern. Empathiefähigkeit und Sensitivität sind wichtige Voraussetzungen, um Emotionen und

Befindlichkeiten des Gesprächspartners wahrzunehmen und damit angemessen umzugehen. Personen, bei denen diese Fähigkeiten aus dem Bereich der sozialen Kompetenz nicht so stark ausgeprägt sind und deren Stärken mehr im Bereich der methodischen Kompetenz liegen, tendieren häufig dazu, dies über Methodik kompensieren zu wollen. Das heißt, bei auftretenden Störungen konzentrieren sie sich noch stärker auf das, was sie wirklich gut können, nämlich zu planen, inhaltlich zu analysieren und zu strukturieren. Sie ziehen sich weitgehend auf die Sachebene zurück und vernachlässigen umso mehr die notwendige zwischenmenschliche Komponente, was dann letztendlich ausschlaggebend für das Kippen eines Gesprächs sein kann.

**Merke** | Ohne eine vernünftige Beziehungsebene ist eine Lösung auf der Sachebene kaum möglich.

Gerade im Zusammenhang mit kniffligen AC-Gesprächssituationen stellen mir Klienten, die sich wenig empathisch verhalten, immer wieder die Frage: »Ist so etwas wie Empathiefähigkeit überhaupt trainierbar?«

Empathie ist die Fähigkeit, sich in die Gefühle und das Erleben anderer hineinzuversetzen. Das heißt, man versteht ein Problem des Gesprächspartners nicht nur sachlich, sondern kann darüber hinaus nachempfinden, was ihn dabei bewegt. Die wichtigsten Voraussetzungen sind ehrliches Interesse am Gegenüber und hohe Präsenz während des Gesprächs. Empathie ist daher weniger Trainingssache, sondern mehr Einstellungssache. Mit dem Anspruch, die Welt und die Erfahrungen des Gesprächspartners tatsächlich kennenlernen zu wollen, schaffen Sie bereits eine wesentliche Grundlage für eine empathische Gesprächsführung. Diese wird durch die Prüfungsbedingungen eines Assessment-Centers ohnehin etwas erschwert, nehmen Sie sich diese Grundhaltung daher bewusst vor. Kandidaten sind oft zu sehr mit sich selbst beschäftigt oder auf ihre »Straßenkarte« fixiert. Es ist nicht untypisch, dass man gedanklich schon den nächsten Schritt vorbereitet, während der Gesprächspartner auf eine Frage antwortet. Wichtige Informationen zwischen den Zeilen oder Befindlichkeiten des Gegenübers werden so nicht mehr wahrgenommen.

Folgende Punkte werden Ihnen helfen, Ihre Bewusstheit für Empathie vor einem wichtigen Gespräch zu schärfen:

- **Ehrliches Interesse:** Entwickeln Sie Neugier für die Welt Ihres Gegenübers, seine Bedürfnisse, Motive und Erfahrungen, und sehen Sie diese als Bereicherung.
- **Präsent sein:** Nehmen Sie sich vor, von der ersten Sekunde an mit allen Sinnen hellwach zu sein. Das Wichtigste im Gespräch ist Ihr Gesprächspartner. Schenken Sie ihm Ihre volle Aufmerksamkeit.
- **Positives Menschenbild:** Begegnen Sie Ihrem Gegenüber mit einer positiven Grundeinstellung und vorurteilsfrei, gerade dann, wenn das Verhalten eines Mitarbeiters in der Rollenanweisung als kritisch beschrieben wird. Bedenken Sie, niemand tut etwas ohne Grund.
- **Trennung von Verhalten und Person:** Auch wenn Sie in der Sache hart sein müssen, bleiben Sie der Person gegenüber stets wertschätzend. Falls Sie Kritik üben, dann kritisieren Sie nicht die Person, sondern deren Verhalten.
- **»Was Du nicht willst, das man Dir tu ...«:** Verhalten Sie sich im Gespräch fair und respektvoll, so wie Sie sich auch wünschen, dass man mit Ihnen umgehen würde.
- **In die Gegenposition versetzen:** Versuchen Sie kurz vor dem Gespräch die Emotionen Ihres Gegenübers nachzuempfinden. Stellen Sie sich vor, Sie wären beispielsweise der Mitarbeiter, der wegen eines kritischen Themas in wenigen Minuten beim Chef auf der Matte stehen muss. Versetzen Sie sich einige Augenblicke in diese Position. Wie fühlen Sie sich?

Vielleicht beherzigen Sie diese Punkte ohnehin schon, dann umso besser. Wenn Sie jedoch zu sehr sachorientiert sind und wissen, dass Empathie eines Ihrer Lernfelder ist, werden Ihnen diese Punkte helfen, sich darin zu verbessern. Probieren Sie dies nicht erst im Assessment-Center aus, sondern bereits in Ihrer realen Alltagskommunikation.

> Empathische Gesprächsführung und eine gute Beziehungsebene haben nichts mit Harmoniestreben, Konfliktvermeidung oder Schönfärberei zu tun. Seien Sie beharrlich in der Sache, aber wertschätzend dem Menschen gegenüber.

**Merke**

## Spezielle Strategien für unterschiedliche Gesprächstypen

Betrachten Sie die bisher in diesem Kapitel vorgestellten Tipps als allgemeine Basisempfehlungen zur Bearbeitung von Rollenspielsituationen. Gerade diese Assessment-Center-Aufgabe bietet eine sehr große Bandbreite hinsichtlich der möglichen Gesprächskonstellationen und -themen. Im Abschnitt »Arten von Rollenspielen« erhielten Sie bereits einen Überblick über die unterschiedlichen Rollenspieltypen – »Mitarbeitergespräche«, »Gespräche auf gleicher Hierarchieebene«, »Vorgesetztengespräche« und »Gespräche mit einem externen Kommunikationspartner«. Anhand dieser Kategorien werde ich Ihnen auf den folgenden Seiten am Beispiel konkreter Aufgaben differenzierte Lösungsstrategien für die am häufigsten eingesetzten Gesprächssituationen vorstellen.

Bitte beachten Sie, dass es sich bei den hier dargestellten Arbeitsaufträgen lediglich um Auszüge aus Aufgabentexten handelt. Umfangreichere Rollenanweisungen zum Üben finden Sie im Begleitmaterial.

### Mitarbeitergespräche

**Selbst bei Absolventen nicht ungewöhnlich**

Mitarbeitergespräche kommen längst nicht mehr nur bei der Auswahl von Führungskräften zum Einsatz. Auch Absolventen, die sich für eine anspruchsvolle Erstposition bewerben, werden immer häufiger mit diesem Rollenspieltyp konfrontiert. Die Messlatte wird dabei sicher nicht so hoch angesetzt sein wie bei erfahrenen Führungskräften. Diese sollten wiederum darauf vorbereitet sein, dass in ihrem Assessment-Center auch zwei bis drei solcher Gespräche – natürlich mit unterschiedlicher Zielsetzung – stattfinden können. Die Bearbeitungsstrategien für die am weitesten verbreiteten Führungskraft-Mitarbeiter-Konstellationen werden in diesem Abschnitt ausführlich behandelt.

Vergegenwärtigen Sie sich immer, dass von Mitarbeitergesprächen ein immenser Einfluss auf den Fortgang der gesamten Arbeitsbeziehung ausgehen kann. Seien Sie deshalb sehr vorsichtig mit dem Androhen arbeitsrechtlicher Konsequenzen. Diese sind nur in ganz wenigen Fällen angebracht und können das Klima zwischen Mitarbeiter und Führungskraft nachhaltig schädigen. Die meisten Probleme in Assessment-Center-Rollenspielen lassen sich durch konsequente Gesprächsführung und ein gutes Maß an Überzeugungsfähigkeit sowie Beharrlichkeit lösen. Nur wenige Auswahlverfahren haben das Ziel zu testen, ob die Führungskraft in der Lage ist, mit arbeitsrechtlichen Maßnahmen hart durchzugreifen – wie eventuell spezielle Assessment-Center für Personalleiter oder -referenten.

Wenn Sie als Führungskraft über das Ziel hinausschießen, unverhältnismäßig hart reagieren oder dem Mitarbeiter drohen, können Sie damit unter Umständen kurzfristige Vorteile erlangen und als vermeintlicher Sieger aus dem Ring steigen. Mittel- bis langfristig betrachtet erweisen Sie sich und Ihrem Unternehmen jedoch keinen Gefallen. Möglicherweise treiben Sie den Mitarbeiter damit in die innere Kündigung, die zu Demotivation, hohen Fehlzeiten, Dienst nach Vorschrift oder zur Abwanderung zu einem anderen Arbeitgeber führen kann. Umgekehrt dürfen Sie Konflikten aber auch nicht aus dem Weg gehen, nur um partout einen harmonischen Gesprächsverlauf zu wahren. Auch wenn ein Assessment-Center nur eine Momentaufnahme ist, sollten Sie sich nicht dazu verleiten lassen, nachhaltige Ziele zugunsten kurzfristiger Siege zu opfern. Betrachten Sie den Rollenspielkontext vielmehr als Ausschnitt bzw. Beginn einer langfristig ausgerichteten Führungsaufgabe. Handeln Sie deshalb so, als müssten Sie mit dem jeweiligen Mitarbeiter über einen längeren Zeitraum zusammenarbeiten.

Es sollte Ihr Ziel sein, zu einer Lösung zu gelangen, die in hohem **Verhaltensmodell** Maße sowohl der Unternehmens- und Ergebnisorientierung als auch der Mitarbeiterorientierung Rechnung trägt. Das folgende Verhaltensmodell verdeutlicht, welche unterschiedlichen Ausprägungen in diesen Bereichen entstehen können. Erstrebenswert ist es, sich mit dem eigenen Führungsverhalten dem Bereich rechts oben möglichst weit anzunähern.

**VERHALTENSMODELL:**
Unterschiedliche Verhaltensweisen einer Führungskraft zur Problemlösung
(in Anlehnung an das Grid-Modell nach Blake und Mouton).

| | | |
|---|---|---|
| **hoch** Eine gute Beziehung zu den Mitarbeitern steht an erster Stelle. Die Führungskraft versucht daher, auf alle Mitarbeiterbelange einzugehen und eine harmonische Arbeitsbeziehung zu erhalten. Konflikten geht die Führungskraft aus dem Weg. | | Mitarbeiter- und Ergebnisorientierung werden auf hohem Niveau nachhaltig miteinander verknüpft. Die Führungskraft fordert und fördert ihre Mitarbeiter und spornt zu Höchstleistungen an. Dabei schafft die Führungskraft ein Klima, in dem sich jeder für die Erreichung der gemeinsamen Ziele verantwortlich fühlt. |
| | Die Führungskraft versucht Balance zwischen ausreichenden Arbeitsleistungen und dem notwendigen Eingehen auf bestimmte Mitarbeiterbelange zu halten. Eventuell werden dabei einige »faule Kompromisse« in Kauf genommen. | |
| Die Führungskraft lässt den Dingen ihren Lauf. Dabei verhält sie sich neutral und übernimmt kaum Verantwortung. Entscheidungen werden verschleppt oder ausgesessen. Die Führungskraft bleibt in Deckung und bemüht sich darum, ihr Nichtstun gut zu tarnen. | | Im Mittelpunkt der Führungstätigkeit steht die kompromisslose Erreichung aller Sachziele. Die Mitarbeiter sind dabei nur Mittel zum Zweck, die funktionieren müssen. Die Mitarbeiterzufriedenheit wird vernachlässigt. |

*Mitarbeiterorientierung*

**gering**        Ergebnisorientierung        **hoch**

**Kritikgespräch**

Das Mitarbeiterkritikgespräch gilt als Klassiker unter den Rollenspielen. In der Aufgabenstellung wird eine Verhaltensweise des Mitarbeiters beschrieben, bei der es Veränderungsbedarf gibt oder die nicht tolerierbar ist. Die am häufigsten eingesetzten Szenarien sind dabei Verspätungen, Nichteinhaltung von Vereinbarungen, Verstöße gegen Sicherheitsvorschriften oder Beschwerden von Kunden.

*Rollenanweisung:*
*Sie leiten als Vorgesetzter ein 20-köpfiges Team der telefonischen Kundenbetreuung, das in unterschiedlichen Schichten arbeitet. Ihren Mitarbeiter Herrn Koch haben Sie bisher als sehr verlässlich und kundenorientiert erlebt. Ihnen ist aufgefallen, dass sich Herr Koch in den letzten zwei Wochen an drei Tagen verspätete. Seine Arbeitszeit hätte um 8:00 Uhr begonnen, Herr Koch erschien jedoch jeweils 10 bis 15 Minuten später. Außerdem hat sich bereits ein anderer Mitarbeiter Ihres Teams – Herr Burger – über die Verspätungen von Herrn Koch bei Ihnen beklagt. Um das Verspätungsproblem zu lösen, haben Sie Herrn Koch zu einem persönlichen Gespräch eingeladen, für das Sie ca. 15 Minuten Zeit haben.*

**Beispiel**

Anhand der 6 Gesprächsphasen könnten Sie wie folgt vorgehen:

| Gesprächsphase: | Vorgehensweise: |
|---|---|
| **1. Phase:** <br> **Eröffnung** | – Begrüßung und Smalltalk – |
| **2. Phase:** <br> **Ist-Situation** <br> Darstellung der Beobachtung | Stellen Sie kurz und präzise Ihre Beobachtung dar, zum Beispiel: »Herr Koch, mir ist aufgefallen, dass Sie sich in den vergangenen zwei Wochen an drei Tagen um ca. 10 Minuten verspätet haben.« |
| **3. Phase:** <br> **Belange des Gesprächspartners** <br> Ursachenforschung | Beginnen Sie die Ursachenforschung mit einer offenen Frage, zum Beispiel: »Was waren denn die Gründe für die Verspätungen?« Greifen Sie die Antworten auf und hinterfragen Sie diese, bis Ihnen die Ursachen plausibel erscheinen. Nehmen Sie sich für diese Gesprächsphase Zeit und stellen Sie genügend Fragen! |
| **4. Phase:** <br> **Bewertung** | Liegt die Ursache in schwerwiegenden Problemen des Mitarbeiters, ist es empfehlenswert, Ursache und Fehlverhalten getrennt zu bewerten. Also sollten Sie ggf. zunächst Verständnis für die schwierige Situation zeigen, ohne damit das Fehlverhalten zu legitimieren. Zeigen Sie das Problem auf, das Sie in der Ist-Situation sehen, und machen Sie deutlich, dass Handlungsbedarf besteht. Erst wenn ein gemeinsames Verständnis darüber besteht, dass es sich um ein Problem handelt, kann die Lösungssuche eingeleitet werden. Ist dieses Bewusstsein noch nicht vorhanden, dann erzeugen Sie es, indem Sie verdeutlichen, welche negativen Auswirkungen das Verhalten auf die Arbeitsprozesse, die Kundenzufriedenheit und die Zusammenarbeit im Team haben kann. |
| **5. Phase:** <br> **Lösung** | Fordern Sie Lösungsvorschläge ein. Bei Lösungen, die vom Mitarbeiter kommen, ist die Selbstverpflichtung zur Umsetzung höher. Greifen Sie den Ansatz auf und entwickeln Sie ihn ggf. weiter, bis er für Sie umsetzbar erscheint. Rechnen Sie damit, dass der erste Vorschlag des Gesprächspartners evtl. noch zu wenig die Unternehmensinteressen (siehe Verhaltensmodell weiter vorne) berücksichtigt. Hat der Mitarbeiter keine eigenen Ideen zur Problemlösung, dann stellen Sie Lösungsmöglichkeiten zur Diskussion. |
| **6. Phase:** <br> **Abschluss** <br> Vereinbarung | Fassen Sie die vereinbarte Lösung zusammen. Stellen Sie dar, welche Schritte bis wann erfolgt sein müssen, wer ggf. in die Umsetzung eingebunden wird und bis wann Sie welche Rückmeldung vom Mitarbeiter erwarten. Lassen Sie sich diese Vereinbarung vom Mitarbeiter bestätigen. Zeigen Sie sich zuversichtlich, dass Sie an die erfolgreiche Umsetzung der getroffenen Vereinbarung glauben, und schaffen Sie einen positiven Ausblick. – Verabschiedung – |

| Typische Fehlerquellen seitens des AC-Teilnehmers: Die Führungskraft … |
|---|
| • vernachlässigt den Smalltalk. |
| • pauschaliert den Sachverhalt und greift den Mitarbeiter dadurch indirekt an.<br>• redet zu lange und verzettelt sich dabei.<br>• interpretiert bereits den Sachverhalt und löst damit Widerstände aus.<br>• möchte mit flapsigen Bemerkungen witzig wirken, zum Beispiel:<br>  »… Sie werden doch nicht etwa verschlafen haben …«<br>• führt die Beschwerde des Kollegen als Anlass für das Gespräch an. |
| • stellt zu wenig Fragen und kommt schnell zur Bewertung, ohne die Ursachen wirklich zu kennen.<br>• beantwortet die Fragen selbst mit eigenen Vorannahmen.<br>• stellt mehrere aneinandergekettete Fragen, anstatt erst die Antwort auf eine Frage abzuwarten.<br>• traut sich nicht, nach möglichen im Privatleben liegenden Ursachen zu fragen.<br>• wendet einen verhörenden Fragestil mit vielen geschlossenen Fragen und / oder einem scharfen Unterton an. |
| • überreagiert und droht mit unangemessenen disziplinarischen Maßnahmen.<br>• spielt den Sachverhalt herunter und legitimiert das Fehlverhalten. |
| • schlägt sofort Lösungen vor, ohne vom Mitarbeiter eigene Vorschläge einzufordern.<br>• übernimmt die Vorschläge des Mitarbeiters ungeprüft, um eine schnelle Lösung herbeizuführen. |
| • beendet das Gespräch ohne konkrete Vereinbarung.<br>• findet kein Ende und erzeugt Kommunikationsschleifen. |

**Nicht die Person, sondern das Verhalten kritisieren**

Bei diesem Gesprächstyp ist es wichtig, trotz eines kritischen Themas eine positive Grundbeziehung zum Gesprächspartner aufrechtzuerhalten. Lösen Sie sich deshalb vor Gesprächsbeginn von (negativen) Vorurteilen über den Mitarbeiter, die sich bei Ihnen möglicherweise während der Bearbeitung der Rollenanweisung eingeschlichen haben. Kritisieren Sie nie die Person, sondern ausschließlich das veränderungsbedürftige Verhalten. Ein Fehler, der in solchen Gesprächen häufig auftritt, besteht darin, dass die Führungskraft auf eine dritte Instanz verweist, um sich dadurch selbst aus der Rolle des »Anklägers« zu nehmen. Es würde sich hier als kontraproduktiv erweisen, die Beschwerde von Herrn Burger zu thematisieren. Sie würden damit einen Dritten, einen nicht anwesenden Mitarbeiter, denunzieren und dadurch einen Folgekonflikt provozieren. Zudem öffnen Sie dem Gesprächspartner Tür und Tor zur Schaffung eines Nebenkriegsschauplatzes – nämlich über die Arbeitsbeziehung zu Herrn Burger zu diskutieren, anstatt die Verspätungen aufzuklären. Genauso kritisch verhält es sich mit der wohlgemeinten Anonymisierung, Kollegen hätten sich beschwert. Dies könnte dem Mitarbeiter suggerieren, dass gegen ihn bereits eine Verschwörung im Gange sei, gegen die er sich mit aller Kraft verteidigen wird. Wenn Sie Dritte vorschieben, vermitteln Sie dadurch die Botschaft, Sie selbst hätten ja eigentlich kein Problem mit dem Verhalten, sondern andere. Damit sprechen Sie sich selbst die notwendige Führungsstärke und Konfliktfähigkeit ab.

Fühlen Sie sich deshalb nicht verpflichtet, jede Information aus der Aufgabenstellung in das Gespräch einzubauen, sondern betrachten Sie den Hinweis auf die Kollegenbeschwerde lediglich als Hintergrundinformation. Anders verhält es sich dagegen, wenn die Rollenanweisung beschreibt, dass sich ein Kunde bei Ihnen über einen Mitarbeiter beschwert hat und dies der Anlass Ihres Gesprächs ist. Hier müssen Sie selbstverständlich Ross und Reiter nennen, damit Ihr Gesprächspartner die Möglichkeit hat, zu diesem konkreten Vorfall seine Sichtweise des Sachverhalts darzustellen.

In Kritikgesprächen – speziell im Assessment-Center – sollten Sie auch mit Ablenkungsmanövern seitens des Gesprächspartners rechnen. Ziel ist es, das eigene kritische Verhalten zu relativieren, als tolerierbar erscheinen zu lassen oder das Gespräch auf ein völlig anderes Thema zu lenken. Lassen Sie sich nicht auf die Diskussion ein, dass

andere Kollegen auch mal zu spät kämen. Beenden Sie solche Nebenkriegsschauplätze freundlich aber bestimmt mit dem Hinweis, dass es
jetzt um den konkreten Fall geht und nicht um das Verhalten anderer.

### Ergebnisauswertungs-/Leistungsbeurteilungsgespräch

Bei diesem Gesprächstyp enthält die Aufgabenstellung kaum Informationen zur Verhaltensweise des Mitarbeiters, sondern geht stattdessen auf die erreichten Ergebnisse und Leistungen in Form von
Kennzahlen ein. Die Ausgangssituation ist meist so gestaltet, dass ein
bestimmtes Ziel oder eine Leistungserwartung vom Mitarbeiter nicht
erfüllt wurde. Das Gespräch wird häufig als turnusmäßig stattfindendes Procedere deklariert, also zum Beispiel Monats- oder Quartals-
gespräch.

**Leistungserwartung nicht erfüllt**

*Rollenanweisung:*
*Sie sind seit zwei Monaten als Vertriebsleiter(in) neu im Unterneh-
men und verantwortlich für zwölf Vertriebsmitarbeiter im Außendienst. Ihre Vorgängerin Frau Hinrichs hat das Unternehmen vor
vier Monaten verlassen, sodass Sie sie nicht mehr persönlich kennen-
lernten. Eine Ihrer Führungsaufgaben besteht darin, einmal pro
Quartal mit jedem Mitarbeiter ein Gespräch zu führen, um dessen
individuelle Ergebnisse zu besprechen und gegebenenfalls Maßnahmen zu vereinbaren, um die Zielerreichung sicherzustellen. Sie führen deshalb heute ein Gespräch mit Ihrer Außendienstmitarbeiterin
Frau Kunzmann, die seit sechs Jahren für das Unternehmen arbeitet.
Folgende Kennzahlen liegen zum abgelaufenen Quartal vor:*

**Beispiel**

| Quartals-auswertung | Verkaufsbezirk Frau Kunzmann | | | Ø Alle Verkaufs-bezirke |
|---|---|---|---|---|
| | Plan | Ist | Abweichung | |
| Umsatz | 122000 | 111752 | – 8,4 % | + 0,3 % |
| Gewonnene Neukunden | 5 | 6 | + 20 % | + 15 % |

Anhand der 6 Gesprächsphasen könnten Sie wie folgt vorgehen:

| Gesprächsphase: | Vorgehensweise: |
|---|---|
| **1. Phase:** **Eröffnung** | – Begrüßung und Smalltalk – Bringen Sie zum Ausdruck, dass Sie sich freuen, als neuer Vorgesetzter mit der Mitarbeiterin das erste gemeinsame Ergebnisauswertungsgespräch zu führen. Fragen Sie nach, ob Frau Hinrichs dieses Gespräch auch einmal pro Quartal geführt hat und wie diese Gespräche abgelaufen sind. |
| **2. Phase:** **Ist-Situation** Darstellung der erzielten Ergebnisse | Überprüfen Sie, ob der Mitarbeiterin die Quartalsauswertung schon bekannt ist. Falls nicht, dann legen Sie ihr die schriftliche Auswertung vor und erläutern ihr diese, ohne (negative) Abweichungen bereits zu bewerten. Erklären Sie kurz die Bedeutung der beiden Kennzahlen für das Unternehmen. Greifen Sie nun zuerst das positive Ergebnis (gewonnene Neukunden) auf und loben Sie die Mitarbeiterin dafür ausdrücklich. Zeigen Sie ihr, dass Sie sich darüber freuen, und ermutigen sie, in diesem Bereich so weiterzumachen. Gehen Sie nun auf die negative Abweichung (Umsatz) ein und stellen Sie dar, dass Sie aufgrund der Wichtigkeit dieser Kennzahl nun gemeinsam mit der Mitarbeiterin die Hintergründe analysieren möchten. |
| **3. Phase:** **Belange des Gesprächspartners** Ursachenforschung | Beginnen Sie die Ursachenforschung mit einer offenen Frage, zum Beispiel: »Was sind denn aus Ihrer Sicht die Gründe für diese Umsatzabweichung im Vergleich zum Plan?« Greifen Sie die Antworten auf und hinterfragen Sie diese, bis Ihnen die Ursachen plausibel werden. Streuen Sie Fragen ein, die es Ihnen ermöglichen, das Tagesgeschäft der Mitarbeiterin zu verstehen und die einen Bezug zur Ursache haben könnten, zum Beispiel: »Wie viele Kunden besuchen Sie pro Tag?« oder »Welche sind die häufigsten Einwände, die Sie im Verkaufsgespräch hören?« Nehmen Sie sich für diese Gesprächsphase genügend Zeit! |
| **4. Phase:** **Bewertung** | Wenn Sie die Ursache herausgearbeitet haben, dann überprüfen Sie, ob der Mitarbeiterin der Handlungsbedarf bewusst ist und sie selbst daran interessiert ist, die Ziele künftig zu erreichen. Sollte dies noch nicht der Fall sein, dann sollten Sie noch einmal die Wichtigkeit der Zielerreichung aus unternehmerischer Sicht darstellen. Sie können dabei aufzeigen, welche betriebswirtschaftlichen Folgen es hätte, wenn alle Vertriebsmitarbeiter einen Umsatzrückgang von acht Prozent zu verzeichnen hätten. Falls erforderlich, können Sie dies bis auf die Ebene einzelner Arbeitsplätze herunterbrechen, nach dem Motto »durch den Umsatz werden unsere Gehälter bezahlt«, ohne der Mitarbeiterin dabei zu drohen. Liegt die Ursache in schwerwiegenden Problemen der Mitarbeiterin, dann können Sie bei der Bewertung ähnlich vorgehen wie im Kritikgespräch (4. Phase Bewertung) beschrieben. |
| **5. Phase:** **Lösung** Entwicklung von Maßnahmen | Fordern Sie Lösungsvorschläge ein. Bei Lösungen, die von der Mitarbeiterin selbst kommen, ist die Selbstverpflichtung zur Umsetzung höher. Greifen Sie den Ansatz auf und entwickeln Sie ihn ggf. weiter, bis er für Sie umsetzbar erscheint. Bringt die Mitarbeiterin keine eigenen Ideen zur Problemlösung ein, dann stellen Sie Lösungsmöglichkeiten zur Diskussion. Gestalten Sie die Maßnahmen möglichst pragmatisch und kurzfristig umsetzbar, sodass die Mitarbeiterin im Idealfall damit im nächsten Quartal das Umsatzziel erreicht. Sollte dies unrealistisch sein, dann entwickeln Sie einen Maßnahmenplan, der eine stufenweise Umsetzung des Ziels vorsieht. |
| **6. Phase:** **Abschluss** Vereinbarung | Fassen Sie die erarbeiteten Maßnahmen und den dazugehörigen Zeitplan zusammen. Stellen Sie dar, wer ggf. in die Umsetzung eingebunden wird und bis wann Sie welche Rückmeldung von der Mitarbeiterin erwarten. Lassen Sie sich von der Mitarbeiterin bestätigen, dass sie mit der Umsetzung dieser Maßnahmen das gesteckte Ziel erreichen wird. Bestärken Sie sie darin, dass sie das vereinbarte Ziel erreichen wird, und schaffen Sie einen positiven Ausblick. – Verabschiedung – |

| **Typische Fehlerquellen seitens des AC-Teilnehmers: Die Führungskraft …** |
|---|
| • vernachlässigt den Smalltalk. |
| • steigt zu schnell in die Auswertung ein, ohne sich über den Kenntnisstand der Mitarbeiterin vergewissert zu haben.<br>• übergeht die positive Leistung oder steigt mit dem negativen Ergebnis ein.<br>• spekuliert über die Ursachen für die negative Abweichung und liegt damit falsch. |
| • stellt zu wenig Fragen und kommt schnell zur Bewertung, ohne die Ursachen wirklich zu kennen.<br>• beantwortet die Fragen selbst mit eigenen Vorannahmen.<br>• stellt mehrere aneinandergekettete Fragen, anstatt erst die Antwort auf eine Frage abzuwarten.<br>• traut sich nicht, nach möglichen im Privatleben liegenden Ursachen zu fragen.<br>• wendet einen verhörenden Fragestil mit vielen geschlossenen Fragen und/oder einem scharfen Unterton an. |
| • überreagiert und droht mit unangemessenen disziplinarischen Maßnahmen. |
| • schlägt sofort Lösungen vor, ohne von der Mitarbeiterin eigene Vorschläge einzufordern.<br>• übernimmt die Vorschläge der Mitarbeiterin vorbehaltlos, ohne zu hinterfragen, inwiefern diese zur Zielerreichung beitragen.<br>• lässt sich auf Lösungen ein, die außerhalb des Gestaltungsspielraums der beiden Beteiligten liegen, zum Beispiel Änderung der Marketingstrategie des Unternehmens.<br>• überschüttet die Mitarbeiterin nach dem »Gießkannenprinzip« mit einer Fülle von Maßnahmen, die nicht gezielt und nach Kosten-Nutzen-Aspekten unangemessen sind. |
| • beendet das Gespräch ohne konkrete Vereinbarung.<br>• vereinbart lediglich die Maßnahmen, ohne den Bezug zur Zielerreichung herzustellen.<br>• findet kein Ende und erzeugt Kommunikationsschleifen. |

Wie Sie sicher festgestellt haben, weist dieses Gespräch vom Aufbau her gewisse Parallelen zum Kritikgespräch auf. Im Unterschied zum typischen Mitarbeiterkritikgespräch geht es hier jedoch stärker um den Output (das Ergebnis) und weniger um den Input (das Verhalten) des Mitarbeiters. Die Rollenanweisung liefert hier in der Regel deutlich mehr harte Fakten zu den konkreten Arbeitsergebnissen (zum Beispiel Kennzahlen).

**Der neue Vorgesetzte** In dieser Aufgabenstellung wurde ausdrücklich darauf hingewiesen, dass Sie in Ihrer Position und im Unternehmen noch recht neu sind. Dieser Kontext ist nicht nur bei Ergebnisauswertungs-/Leistungsbeurteilungsgesprächen beliebt, sondern wird vielen Assessment-Center-Rollenspielen zugrunde gelegt. In einer solchen Gesprächssituation stehen Sie somit erst am Beginn einer Arbeitsbeziehung zu Ihren Mitarbeitern. Handelt es sich um das erste offizielle Gespräch mit dem Mitarbeiter, dann geht davon auch immer eine große Signalwirkung aus. Tragen Sie diesem Sachverhalt deshalb im Gesprächseinstieg Rechnung und gestalten Sie ihn entsprechend ausführlich. Gehen Sie bei der Besprechung der Ist-Situation sehr gründlich vor und binden Sie Ihren Mitarbeiter ein, anstatt zu unterstellen, er hätte den gleichen Kenntnisstand. Fragen Sie nach, wie diese Gespräche in der Vergangenheit abgelaufen sind. Äußert sich der Mitarbeiter sehr kritisch zur Arbeitsweise Ihres Vorgängers, dann lassen Sie sich keinesfalls zu einer negativen Bewertung hinreißen, sondern verhalten Sie sich neutral. Wird der ehemalige Vorgesetzte vom Mitarbeiter dagegen hoch gelobt, dann würdigen Sie ebenfalls die Leistungen des Vorgängers. Zeigen Sie aber gleichzeitig auf, worauf Sie Wert legen und dass Sie in manchen Situationen möglicherweise anders vorgehen werden. Erwecken Sie nicht den Eindruck, dass Sie in der neuen Position sofort alles umkrempeln werden, sondern dass Sie erst umfassende Kenntnisse über Ihren Verantwortungsbereich erlangen möchten. Lassen Sie aber keinen Zweifel daran, dass Sie hohe Erwartungen und Ziele haben und Ihnen deren Umsetzung sehr wichtig ist.

### Überzeugungs-/Zielvereinbarungsgespräch

Dieses Gespräch hat das Ziel, den Mitarbeiter für eine bestimmte Sache zu gewinnen, beispielsweise die Übernahme von Zusatzaufgaben, die Verschiebung seines Urlaubs, vorübergehende Mehrarbeit, seine Versetzung in eine andere Abteilung oder gar an einen anderen

Standort. In der Rollenanweisung werden gute Gründe genannt, warum es gerade aus betrieblicher Sicht notwendig ist, diesen Schritt umzusetzen. Gleichzeitig wird die Aufgabe so gestellt sein, dass die Realisierung nur mit dem Einverständnis des Mitarbeiters möglich ist und dieser nicht gegen seine Pflichten als Arbeitnehmer verstößt, sofern er sich weigert. Möglicherweise ist es auch Ihre Aufgabe, den Mitarbeiter von einer neuen Vorgehensweise zu überzeugen, die eine Verhaltensänderung erfordert, zum Beispiel: »Alle E-Mails von Kunden sollen am Tag des Eingangs beantwortet werden.« Liegt diesem Änderungswunsch kein Kritikimpuls zugrunde – also in der Aufgabe ist nicht beschrieben, der Mitarbeiter habe die E-Mails bisher zu langsam beantwortet –, dann ist ein Überzeugungs-/Zielvereinbarungsgespräch dem sonst bei Verhaltensänderungen üblichen Kritikgespräch vorzuziehen.

*Rollenanweisung:*
*Als Abteilungsleiter sind Sie verantwortlich für fünf Teams, die jeweils von einem Teamleiter geführt werden. In drei der Teams gibt es jeweils noch einen Stellvertreter, der den Teamleiter unterstützt. Demnächst baut Ihr Unternehmen einen neuen Produktionsstandort in Ungarn auf. In der Anlaufphase sollen deshalb Mitarbeiter und Führungskräfte des deutschen Hauptstandorts gewonnen werden, die geeignet sind, um in Ungarn in den ersten Monaten Starthilfe zu leisten und die Einarbeitung der einheimischen Kräfte zu übernehmen. Einer Ihrer stellvertretenden Teamleiter, Herr Berger (34 Jahre), zeichnet sich dadurch aus, dass er neben seiner hohen Einsatzbereitschaft zwei Fremdsprachen beherrscht. Er hat gute Englischkenntnisse und beherrscht Ungarisch fließend in Wort und Schrift, da seine Mutter ursprünglich aus Ungarn stammt. Sie haben Herrn Berger zum Gespräch eingeladen, um ihn davon zu überzeugen, sich neun Monate am Standort Budapest in der Funktion eines kommissarischen Teamleiters einsetzen zu lassen. Der Wechsel des Einsatzortes von Herrn Berger bedarf dessen Einwilligung.*

**Beispiel**

Anhand der 6 Gesprächsphasen könnten Sie wie folgt vorgehen:

| Gesprächsphase: | Vorgehensweise: |
|---|---|
| **1. Phase:** Eröffnung | – Begrüßung und Smalltalk – |
| **2. Phase:** Ist-Situation | Umreißen Sie kurz die Pläne Ihres Unternehmens, einen neuen Produktionsstandort aufzubauen. Würdigen Sie die bisher gezeigte Einsatzbereitschaft von Herrn Berger. Zeigen Sie auf, dass es für engagierte Führungskräfte und Mitarbeiter die Chance gibt, an diesem Neuaufbau in Ungarn mitzuwirken. Stellen Sie die damit verbundenen Aufgaben als verantwortungsvoll und als wichtigen Beitrag zur Erreichung der Unternehmensziele dar. Erklären Sie Herrn Berger, dass Sie aufgrund seiner bisher gezeigten Leistungen und seiner guten Sprachkenntnisse dabei auch an ihn gedacht hätten und dass es sich um einen begrenzten Zeitraum handeln würde. Zeigen Sie auf, dass Sie das Gespräch mit ihm führen möchten, um herauszufinden, inwiefern das Angebot für eine Position als kommissarischer Teamleiter am neuen Standort für ihn geeignet wäre. |
| **3. Phase:** Belange des Gesprächspartners | Fragen Sie den Mitarbeiter, wie er zu dieser Möglichkeit steht. Aus Mitarbeitersicht wird es vermutlich Bedenken geben, deshalb sollten Sie auch mit einer ablehnenden Antwort rechnen. Hinterfragen Sie, welche Gründe genau gegen den Auslandseinsatz sprechen, und zeigen Sie, dass Sie diese Einwände ernst nehmen. Stellen Sie auch Fragen zur familiären Situation bzw. zum privaten Umfeld – evtl. liegen hier die Gründe für die ablehnende Haltung. Versuchen Sie herauszufinden, ob es einen Aspekt gibt, der für den Mitarbeiter besonders hohe Bedeutung hat, oder ein K.-o.-Kriterium sein könnte. Fragen Sie den Mitarbeiter nach seiner Zufriedenheit in der aktuellen Position und nach seinen Vorstellungen hinsichtlich seiner beruflichen Zukunft. |
| **4. Phase:** Bewertung | Stellen Sie eine Pro-Contra-Betrachtung auf. Beginnen Sie damit, zunächst die Argumente des Gesprächspartners (Contra) zusammenzufassen und sich von ihm bestätigen zu lassen. Zählen Sie nun die Aspekte auf, die für den Auslandseinsatz sprechen, und leiten Sie daraus eine nutzenbezogene Argumentation ab. Dies bedeutet, die Vorteile mit den zuvor gewonnenen Erkenntnissen (Zufriedenheit, Vorstellung zur beruflichen Zukunft) so zu verknüpfen, dass daraus für den Mitarbeiter ein persönlicher Nutzen erkennbar wird. Fragen Sie den Mitarbeiter, wie er unter Abwägung dieser Punkte nun das Angebot betrachtet. Es ist eher unwahrscheinlich, dass der Mitarbeiter seine Meinung nun vollkommen ändert und vorbehaltlos zustimmt. Achten Sie deshalb sehr genau auf die Reaktion. Welche vorher erwähnten Bedenken hat er fallen gelassen, und gibt es bestimmte Einwände, die er weiterhin aufrechterhält? Letztere stellen aus Sicht des Gegenübers oft ein K.-o.-Kriterium dar, das es ihm nicht ermöglicht zuzustimmen. |
| **5. Phase:** Lösung Entwicklung von Maßnahmen | Hinterfragen Sie, unter welchen Voraussetzungen der Auslandseinsatz für den Mitarbeiter realisierbar wäre. Reflektieren Sie seine Antwort und entwerfen Sie gemeinsam unterschiedliche Lösungsszenarien. Sofern es sich dabei um Lösungen handelt, die in Ihrem Ermessensspielraum liegen und unter dem Kosten-Nutzen-Aspekt vertretbar sind, sollten Sie diese weiterverfolgen. Bedürfen die Lösungsvorschläge noch interner Abstimmung bzw. überschreiten Sie Ihre Entscheidungskompetenz, dann halten Sie sie auf jeden Fall als Diskussionsgrundlage für weitere Verhandlungen fest und vertagen Sie das Thema. |
| **6. Phase:** Abschluss Vereinbarung | Hat der Mitarbeiter seine Bereitschaft signalisiert und konnten alle Einwände gelöst werden, dann vereinbaren Sie mit ihm den Auslandseinsatz. Stehen noch ungelöste Punkte im Raum oder benötigt der Mitarbeiter Bedenkzeit – was wahrscheinlich ist –, dann vereinbaren Sie mit ihm konkret ein zeitnahes Folgegespräch. Fassen Sie an dieser Stelle noch einmal kurz zusammen, in welchen Punkten bereits jetzt Übereinstimmung besteht und was im nächsten Gespräch noch geklärt werden muss. Auch für den Fall, dass der Mitarbeiter bis zum Schluss durchgängig ablehnend auf das Angebot reagiert, sollten Sie versuchen, zumindest einen weiteren Gesprächstermin zu diesem Thema mit ihm zu vereinbaren. – Verabschiedung – |

**Typische Fehlerquellen seitens des AC-Teilnehmers: Die Führungskraft ...**

- vernachlässigt den Smalltalk.

- redet zu lange und versucht den Mitarbeiter von den Vorzügen zu überzeugen, ohne seine Sichtweise zu kennen.
- übertreibt bei der Darstellung der Ausgangssituation und wirkt dadurch unglaubwürdig.

- lässt sich von der ersten Zurückweisung entmutigen und beendet das Gespräch vorzeitig.
- stellt keine oder zu wenig Fragen.
- spielt die Belange und Einwände des Mitarbeiters herunter.
- nimmt Einwände nicht auf, sondern versucht, den Mitarbeiter stattdessen zu überreden.
- setzt sich mit den Zielen und Vorstellungen des Mitarbeiters nicht auseinander.

- befasst sich einseitig nur mit den Vorteilen.
- vernachlässigt die nutzenbezogene Argumentation.

- setzt den Mitarbeiter unter Druck.
- bietet von sich aus unangemessene, hohe Anreize an, um die Zustimmung zu »erkaufen«.
- will eine schnelle Lösung herbeiführen und überschreitet die eigene Kompetenz oder geht einen »faulen Kompromiss« ein.

- beendet das Gespräch ohne konkrete Vereinbarung.
- findet kein Ende und erzeugt Kommunikationsschleifen.

### Schlechte-Botschaft-Gespräch

Fingerspitzengefühl ist gefragt Während es im Überzeugungsgespräch darum geht, eine Einwilligung des Mitarbeiters herbeizuführen, ist diese im Schlechte-Botschaft-Gespräch nicht erforderlich. Die Aufgabe besteht darin, dem Mitarbeiter eine bereits getroffene und für ihn unerfreuliche Entscheidung, die nicht mehr verhandelbar ist, mitzuteilen. Typische Szenarien sind die Ablehnung eines Gesuchs bzw. einer Bewerbung, der Wegfall freiwilliger Vergütungsbestandteile, die Kürzung eines Budgets, Personalabbau im Verantwortungsbereich des Gesprächspartners oder im Extremfall sogar seine betriebsbedingte Kündigung. Abgesehen vom letztgenannten Beispiel besteht in solchen Gesprächen eine weitere Herausforderung darin, dem Mitarbeiter nicht nur die Nachricht zu verkünden, sondern trotz schlechter Neuigkeiten die richtige Weichenstellung für eine weiterhin fruchtbare Arbeitsbeziehung zu berücksichtigen. Schlechte-Botschaft-Gespräche erfordern daher ein hohes Maß an Fingerspitzengefühl und auch an Durchsetzungsfähigkeit.

*Rollenanweisung:*

*Einer der wichtigsten Kunden Ihres Unternehmens – die Ratioplex GmbH – ist vor einem halben Jahr in die Insolvenz gegangen. Neben Forderungsausfällen in sechsstelliger Höhe bedeutet dies für Ihr Unternehmen zudem einen Umsatzrückgang von über zehn Prozent, der auch mittelfristig kaum kompensierbar ist. Aufgrund der Überkapazitäten und der kritischen betriebswirtschaftlichen Situation sind Stellenstreichungen in Verbindung mit betriebsbedingten Kündigungen unumgänglich. Der Betriebsrat hat dem Personalabbauplan der Unternehmensleitung bereits zugestimmt. Es ist nun Ihre Aufgabe als Abteilungsleiter, Ihre Gruppenleiterin Frau Stürmer davon in Kenntnis zu setzen, dass bis Ende des Jahres zwei Mitarbeiter ihres Teams betriebsbedingt gekündigt und die beiden Stellen ersatzlos gestrichen werden. Im Team von Frau Stürmer arbeiten derzeit neun Mitarbeiter.*

**Beispiel**

Anhand der 6 Gesprächsphasen könnten Sie wie folgt vorgehen:

| Gesprächsphase: | Vorgehensweise: |
|---|---|
| **1. Phase:** **Eröffnung** | – Begrüßung – Halten Sie die Einstiegsphase sehr kompakt. Kommen Sie zügig aber freundlich zum Thema. Verzichten Sie möglichst auf Smalltalk und weisen Sie darauf hin, dass es sich um ein ernstes/ unerfreuliches Thema handelt. |
| **2. Phase:** **Ist-Situation** Übermittlung der schlechten Botschaft | Erläutern Sie kurz und knapp die kritische Lage des Unternehmens, also den Wegfall des Großkunden, die damit verbundenen Umsatzeinbußen, den Forderungsausfall und die daraus resultierende betriebswirtschaftliche Schieflage. Stellen Sie dar, dass aufgrund der ernsten Situation Stellenstreichungen und betriebsbedingte Kündigungen erfolgen und deshalb aus dem Team von Frau Stürmer zwei Mitarbeiter gekündigt werden müssen. Wichtig: Führen Sie Ihre Gesprächspartnerin möglichst schnell zu diesem Punkt! |
| **3. Phase:** **Belange des Gesprächspartners** Raum geben für die Bedürfnisse und Gefühle des Gesprächspartners | Lassen Sie nun Raum für die Reaktion der Gruppenleiterin. Diese könnte recht emotional gefärbt sein und entweder als eine Art Schockstarre, in Äußerungen der Enttäuschung und Frustration oder evtl. sogar als Angriff zutage treten. Wenn sich die Gesprächspartnerin wieder beruhigt hat, dann bringen Sie zum Ausdruck, dass Sie ihre Reaktion nachvollziehen können. Möglicherweise taucht auch die Frage nach dem Warum auf. Zeigen Sie dann die Umstände, die zu dieser Entwicklung geführt haben, noch einmal deutlich auf. Falls die Gruppenleiterin versucht zu taktieren und mit Ihnen die Diskussion über eine Ausnahmeregelung für ihr Team beginnen möchte, dann brechen Sie diese freundlich aber unmissverständlich ab. |
| **4. Phase:** **Bewertung** Beleuchtung der Auswirkungen | Stellen Sie dar, dass dieser Schritt auch für Sie unerfreulich, aber aufgrund der kritischen Situation erforderlich ist. Zeigen Sie ggf. auf, welche Konsequenzen für den Fortbestand des Unternehmens und damit für alle Arbeitsplätze drohen könnten. Lassen Sie keinen Zweifel an der Richtigkeit der Entscheidung. |
| **5. Phase:** **Lösung** Weitere Schritte, Kompensations- maßnahmen | Fordern Sie die Gruppenleiterin auf, sich Gedanken darüber zu machen, welche Maßnah- men erforderlich sind, um die Personalreduzierung in ihrem Team zu kompensieren. Ist die Gesprächspartnerin bereits in der Lage, sich mit diesem Thema auseinanderzusetzen, dann können Sie erste Lösungsvorschläge aufnehmen. Grundsätzlich ist es sinnvoll, zu diesem Thema einen separaten Gesprächstermin anzusetzen. Zeigen Sie sich zuversichtlich, dass Sie gemeinsam Lösungen finden werden, um auf diese Herausforderung zu reagieren, und dass Ihr Unternehmen die Talsohle bald durchschritten hat. Teilen Sie Ihrer Gruppenleiterin mit, wie sie sich in der Kommunikation dieses Themas gegenüber Mitarbeitern und Kollegen verhalten soll. |
| **6. Phase:** **Abschluss** Vereinbarung | Fassen Sie noch einmal die vereinbarten Schritte (zum Beispiel nächster Gesprächstermin, Kommunikation) zusammen und lassen Sie sich diese von der Gruppenleiterin bestätigen. Zeigen Sie sich zuversichtlich, dass Sie diese Herausforderung gemeinsam meistern werden. Signalisieren Sie Gesprächsbereitschaft, falls kurzfristig Fragen zum Thema auftreten sollten. – Verabschiedung – |

**Typische Fehlerquellen seitens des AC-Teilnehmers: Die Führungskraft ...**

- zieht die Gesprächseröffnung und Begrüßung in die Länge, um Zeit zu gewinnen.
- greift unpassendes Smalltalk-Thema (zum Beispiel Urlaub) auf, das nicht zur ernsten Lage passt.

---

- redet zu lange um den heißen Brei herum.
- vermeidet es, die konkreten Auswirkungen für die Gruppenleiterin zu benennen.
- suggeriert, der Entscheidungsprozess könne noch beeinflusst werden.
- bringt indirekt zum Ausdruck, dass sie selbst nicht zu 100 % hinter der Entscheidung steht.

---

- weist alle Verantwortung von sich.
- solidarisiert sich mit der Gesprächspartnerin.

---

- solidarisiert sich mit der Gesprächspartnerin.
- äußert sich missfällig über die Entscheidung der Unternehmensleitung.

Platzieren Sie die schlechte Botschaft so früh wie möglich im Gespräch. Die Strategie, dem Gesprächspartner eine unerfreuliche Neuigkeit möglichst langsam, behutsam und in kleinen Dosen wohlportioniert zu offenbaren, geht meistens schief. Ein Rollenspieler wird diese Vorgehensweise dankbar aufgreifen, um mit Ihnen über Gott und die Welt zu philosophieren, und Sie damit von Ihrem eigentlichen Gesprächsziel immer weiter abbringen. Je länger Sie um den heißen Brei herumreden, desto schwieriger wird es, die schlechte Botschaft konkret auszusprechen. Sie vergeuden zudem wertvolle Gesprächszeit, die Sie benötigen, um den Mitarbeiter nach dem ersten Schock Schritt für Schritt wieder aufzubauen und das Gespräch in einen konstruktiven Problemlösungsprozess zu lenken.

Häufig beobachte ich in solchen Gesprächen, dass die Führungskraft durch ihre Wortwahl versucht, sich von der schlechten Botschaft zu distanzieren. Durch Formulierungen wie »Ich wurde beauftragt, Ihnen diese Entscheidung mitzuteilen …«, »Die Unternehmensleitung hat beschlossen …« oder womöglich »Die da oben haben entschieden …« dissoziieren Sie sich von den Entscheidungsträgern. Mit dieser Taktik, die Rolle des Buhmanns Nichtanwesenden zuzuschieben, um dadurch mehr Verständnis seitens des Mitarbeiters zu erhalten, erweisen Sie sich jedoch keinen Gefallen. Sie bringen damit nicht nur zum Ausdruck, dass Sie keine Verantwortung tragen, sondern könnten indirekt sogar damit die Botschaft vermitteln, mit der Entscheidung nicht einverstanden zu sein. Damit machen Sie es dem Gesprächspartner leichter, Sie auf seine Seite zu ziehen. Weniger Angriffsfläche bieten Sie deshalb, wenn Sie sich sprachlich mit den Entscheidungsträgern assoziieren. Wählen Sie deshalb bewusst »Wir«-Formulierungen und bekennen Sie sich dadurch ganz klar zur Entscheidung der Unternehmensleitung, zum Beispiel »Aufgrund der negativen Geschäftsentwicklung müssen wir uns von zwei Mitarbeitern aus Ihrem Team trennen«. Sie wirken dadurch entschlossener und verbindlicher und machen es dem Gesprächspartner schwerer, Sie in Ihrer Haltung aufzuweichen. Handelt es sich bei der schlechten Botschaft um eine Entscheidung, die Sie getroffen haben und nun vermitteln müssen, dann verwenden Sie »Ich«- statt »Wir«-Formulierungen.

## Komplexes Mitarbeitergespräch

Bei den vorher beschriebenen Beispielen ging es um einen bestimmten – wenn auch nicht immer besonders erfreulichen – Sachverhalt. Noch anspruchsvoller sind dagegen komplexe Mitarbeitergespräche, die nicht nur ein, sondern gleich mehrere lösungsbedürftige Themen enthalten.

Mehrere Probleme ansprechen

*Rollenanweisung:*
*Ihnen stehen jetzt 20 Minuten zur Verfügung, um sich auf folgendes Gespräch vorzubereiten:*

**Beispiel**

*Sie haben vor zwei Monaten die Position des Abteilungsleiters übernommen. In Ihrem Verantwortungsbereich arbeiten derzeit zehn Personen. Einer der Mitarbeiter, Herr König, ist neu und erst seit einer Woche in Ihrem Unternehmen beschäftigt. Obwohl Sie ursprünglich aus einem anderen Bereich kommen, haben Sie sich bereits gut eingearbeitet und die ersten beiden Monate in Ihrer neuen Position verliefen gut. Ihr Vorgänger ist aus dem Unternehmen ausgeschieden und hat eine Führungsposition bei einem Mitbewerber angetreten. Im letzten Quartal haben zudem zwei Mitarbeiter die Abteilung verlassen, einer davon aus Altersgründen, der andere Mitarbeiter kündigte. Wegen der angespannten Kostensituation konnte nur eine der freigewordenen Stellen nachbesetzt werden. Aufgrund dieser neuen personellen Konstellation müssen mittelfristig die Aufgabengebiete neu zugeordnet werden.*

*Sie möchten mit jedem Mitarbeiter ein persönliches Gespräch führen, um anstehende individuelle Themen zu besprechen, und haben bereits diese Woche damit begonnen. Für heute haben Sie mit Herrn Georg Rademann einen Gesprächstermin vereinbart. Der 39-jährige Diplomkaufmann ist seit sieben Jahren für das Unternehmen tätig und der dienstälteste Mitarbeiter Ihres Teams. Derzeit wirkt Herr Rademann unter anderem in der Leitung eines bereichsübergreifenden Projekts mit, das bereits seit vier Monaten erfolgreich läuft. Er wurde von Ihrem Vorgänger dafür vorgeschlagen und nahm diese Zusatzaufgabe gerne an. Ihnen ist aufgefallen, dass Herr Rademann die letzten beiden Male zu Ihrem Abteilungs-Jour-fixe, das jeden Montag um 10:00 Uhr stattfindet, ca. 15 Minuten verspätet erschien. Außerdem haben Sie kürzlich von einem Gruppenleiter aus dem Nachbarbereich gehört, dass sich Ihr Mitarbeiter vor einigen*

*Monaten bei einem Mitbewerber vorgestellt haben soll. Hinter vorgehaltener Hand werde darüber gesprochen, dass Rademann nach Höherem strebe. Ihre Mitarbeiterin Frau Gottlob, mit der Sie bereits ein umfassendes persönliches Gespräch führten, monierte die etwas starren Arbeitszeiten von Herrn Rademann. Wogegen sie bereits um 7:00 Uhr käme, sei Herr Rademann immer erst um 9:00 Uhr an seinem Arbeitsplatz, was für sie die Kommunikation mit ihm erschwere. Bei einem Blick in die Arbeitszeitkonten der Mitarbeiter ist Ihnen aufgefallen, dass Herr Rademann tatsächlich täglich um 9:00 Uhr beginnt, wogegen fast alle anderen Teammitglieder eine Stunde früher starten. Ein echtes Problem konnten Sie nicht erkennen, zumal sich Herr Rademann damit im gültigen Gleitzeitrahmen bewegt. Dennoch glauben Sie, dass sich vor dem Hintergrund der knapper gewordenen Personaldecke ein etwas früherer Arbeitsbeginn von Herrn Rademann positiv auf die Zusammenarbeit im Team auswirken könnte.*

*Bei der Einarbeitung des neuen Mitarbeiters, Herrn König, erwarten Sie von Herrn Rademann einen noch größeren Beitrag. Nicht nur, weil es sich bei Herrn Rademann um den dienstältesten und erfahrensten Mitarbeiter Ihres Teams handelt, sondern vor allem aufgrund seines großen Fachwissens möchten Sie Herrn Rademann die Federführung bei der Einarbeitung des neuen Mitarbeiters übertragen.*

*Aus den letzten Beurteilungsprotokollen geht hervor, dass Herr Rademann insgesamt gut bewertet wurde und für verantwortungsvollere Aufgabengebiete empfohlen wird. Die Teamfähigkeit und die soziale Kompetenz von Herrn Rademann hielt Ihr Vorgänger für noch steigerungsfähig. Sie selbst haben Herrn Rademann bisher als sehr versierten, erfahrenen und leistungsstarken Mitarbeiter kennengelernt, der sich seiner Stärken bewusst ist.*

*Da Sie das große Fachwissen von Herrn Rademann schätzen, möchten Sie ihn als wichtigen Know-how-Träger in Ihrer Abteilung halten.*

*Ihr Terminplan ist ziemlich eng getaktet, deshalb stehen Ihnen für das Mitarbeitergespräch heute nur 20 Minuten zur Verfügung. Bitte entscheiden Sie sich deshalb für die aus Ihrer Sicht wesentlichen Punkte, die Sie heute mit Herrn Rademann besprechen möchten.*

Diese Aufgabe enthält gleich mehrere mögliche Gesprächsthemen auf einmal, deshalb sollten Sie diese zunächst aus der Rollenanweisung herausfiltern und dazu Ihre persönlichen Gesprächsziele definieren. Unter dem Aspekt der knappen Besprechungszeit ist es empfehlenswert, sowohl Relevanz, als auch Komplexität der Themen zu bewerten und basierend darauf die Reihenfolge festzulegen. Dies könnte zum Beispiel wie in der hier dargestellten tabellarischen Übersicht erfolgen.

| Thema | Gesprächstyp | Minimalziel | Maximalziel | Relevanz | Komplexität / Zeitaufwand | Reihenfolge im Gespräch |
|---|---|---|---|---|---|---|
| Projektstatus | Standortbestimmung / Information | Informationen über den aktuellen Stand und Hinweis auf eventuelle Probleme | Schaffung eines positiven Gesprächsauftakts, Erzeugung einer motivierenden Atmosphäre, Kennenlernen von Mitarbeiterbedürfnissen | → | → | 1 |
| Verspätungen | Kritikgespräch | Erkennen der Gründe, notfalls Vertagung der Lösungsfindung | Herstellen eines Problembewusstseins, Pünktlichkeit ab dem nächsten Abteilungs-Jour-fixe | ↑ | ↘ | 2 |
| Einarbeitung von Herrn König | Überzeugungs- / Zielvereinbarungsgespräch | Erfassung des Status quo der Einarbeitung im Aufgabenbereich von Herrn Rademann | Selbstverpflichtung, sich stark bei der Einarbeitung einzubringen, Schaffung von Motivation für das Thema | ↗ | ↗ | 3 |
| Perspektiven und Ziele von Herrn Rademann | Entwicklungsgespräch | Signalisieren, dass ich den Mitarbeiter und seine Fähigkeiten schätze | Kennenlernen der Ziele, Motive und Bedürfnisse von Herrn Rademann, Bindung ans Unternehmen | ↗ | ↗ | 4 |
| Früherer Arbeitsbeginn / Zusammenarbeit in der Abteilung | Überzeugungs- / Zielvereinbarungsgespräch | Anreißen des Themas Arbeitszeit | Bereitschaft zu flexibleren Arbeitszeiten bzw. einem früheren Arbeitsbeginn | ↘ | ↗ | 5 |

Bei der Einschätzung der Relevanz der einzelnen Gesprächsthemen können Sie selbstverständlich zu einer abweichenden Bewertung gelangen, da diese auch in Abhängigkeit von der Unternehmens- und Führungskultur zu sehen ist. Wichtig ist an dieser Stelle jedoch, dass Sie Ihre persönliche Reihenfolge vor Gesprächsbeginn festlegen. Eine Gesprächsdauer von 20 Minuten ist in Anbetracht der Themenvielfalt ziemlich knapp bemessen, aber durchaus Assessment-Center-typisch. Es kann daher vorkommen, dass Sie am Ende der zur Verfügung stehenden Zeit noch nicht alle Themen abgearbeitet haben. Die Möglichkeiten, die Ihnen im Berufsalltag hier zur Verfügung stehen würden, nämlich das Gespräch länger als geplant zu führen und eventuelle Anschlusstermine zu verschieben, haben Sie im Assessment-Center nicht. Aus Beobachtersicht ist es bei solch komplexen Rollenspielen oft auch gar nicht erforderlich, innerhalb eines Gesprächs bereits alle Themen final gelöst zu haben.

**Themen separat behandeln**

In vielen Fällen können die Anforderungen bereits erfüllt sein, wenn Sie nur einen bestimmten Teil der möglichen Themen behandelt und zu diesen konkrete Vereinbarungen getroffen haben. Deshalb ist es nützlich, die Gesprächsthemen unter Berücksichtigung Ihrer vorab definierten Reihenfolge nacheinander abzuarbeiten. Paralleles Besprechen unterschiedlicher Themen kann zu Verwirrung und Missverständnissen führen. Wenn Sie mehrere Baustellen gleichzeitig aufreißen, laufen Sie Gefahr, dass Sie bis zum Gesprächsende keine einzige abschließen können. Bei komplexen Rollenspielen sind die aus der Aufgabenstellung hervorgehenden Themen und Zielsetzungen oft zu vielschichtig, um sie innerhalb einer einzigen Gesprächsstruktur (zum Beispiel Kritikgespräch) sinnvoll bearbeiten zu können. Es ist deshalb besser, den Gesprächstermin mit dem Mitarbeiter gedanklich als die Abfolge mehrerer aneinander anknüpfender Einzelgespräche mit unterschiedlichen Gesprächsthemen und -zielsetzungen anzugehen.

Zur Festlegung einer Reihenfolge helfen die Bewertung von Relevanz und Komplexität der einzelnen Gesprächsthemen. Zur besseren Nachvollziehbarkeit möchte ich Ihnen anhand zweier Themen – nämlich den Verspätungen und des Arbeitsbeginns um 9:00 Uhr – beispielhaft darstellen, wie ich zu meiner Einschätzung gelange.

Bei Herrn Rademanns verspätetem Erscheinen zum Abteilungs-Jour-fixe liegt ein konkret beobachtetes Fehlverhalten vor, bei dem Sie im Sinne eines Kritikgesprächs verfahren können. Da es sich ja »nur« um zwei Verspätungen und »nur« um ein internes Meeting handelt, vertreten manche AC-Probanden die Auffassung, dass man darüber als Führungskraft großzügig hinwegsehen sollte, und betrachten dies als bedeutungslos. Wenngleich es sich um ein recht harmloses Vergehen handelt, messe ich dem Thema eine hohe Relevanz bei. Eine Abteilung wird dauerhaft nur gut funktionieren, wenn von allen bestimmte Spielregeln eingehalten werden. Dazu zählt eben auch die pünktliche Teilnahme am regelmäßig stattfindenden Jour-fixe. Als Führungskraft beraumen Sie so einen Termin ja nicht zum Spaß an, sondern um wichtige Themen zu besprechen oder Informationen weiterzugeben. Müssen Sie Herrn Rademann gesondert informieren, haben Sie doppelte Arbeit.

**Zuspätkommen zum Jour-fixe**

Kommt und geht bei dieser Veranstaltung künftig jeder Mitarbeiter, wie er möchte, dann könnten Sie auf das Abteilungs-Jour-fixe genauso gut verzichten. Von Herrn Rademann als dienstältestem Mitarbeiter kann eine gewisse Signalwirkung ausgehen, d. h. sein Verhalten färbt eventuell auf andere ab. Ich möchte Ihnen mit diesen Gedanken nur aufzeigen, welche Tragweite ein zunächst banal erscheinendes Thema dann doch erreichen könnte. Die Erwartung an die Führungskraft im Assessment-Center ist auf jeden Fall, dass sie in der Lage ist, innerhalb dieses Mitarbeitergesprächs solch ein Fehlverhalten abzustellen. Regelverstöße sollten deshalb grundsätzlich mit einer hohen Relevanz eingestuft werden. Es bedeutet aber nicht, dass man deshalb »ein großes Fass aufmachen« muss und dieses Thema viel Raum einnimmt, sondern dass es innerhalb des Gesprächs angemessen gelöst wird. Dies kann auch relativ kurz und unspektakulär erfolgen, ohne ein großes Zeitbudget zu investieren.

Dieses Gesprächsthema wird nicht viel Zeit erfordern, da es nicht allzu komplex ist. Wahrscheinlich wird das Problem mit relativ geringem Zeitaufwand durchleuchtet und gelöst werden können. Die Ursache für das verspätete Erscheinen zum Jour-fixe dürfte im Gespräch schnell zu ermitteln sein. Ein privates Problem kann als Ursache mit hoher Wahrscheinlichkeit ausgeschlossen werden, da das Meeting um 10:00 Uhr stattfindet und Herrn Rademanns Arbeitszeitbeginn um

9:00 Uhr nicht tangiert. Darauf beruht die Einstufung mit einer geringen Komplexität.

**Früherer Arbeitsbeginn** Bei der Betrachtung des Themas Arbeitsbeginn verhält es sich dagegen etwas anders. Sie wissen nicht, weshalb Herr Rademann um 9:00 Uhr beginnt und welche privaten Verpflichtungen ggf. mit einem früheren Arbeitsbeginn in Konflikt stehen könnten. Muss Herr Rademann seine Kinder zur Schule bringen oder benötigt seine Frau frühmorgens das Auto? Ist er eventuell auf eine Fahrgemeinschaft angewiesen oder kommt er mit öffentlichen Verkehrsmitteln? Möchte Herr Rademann morgens einfach nicht so früh aufstehen oder findet er seine Kollegin Frau Gottlob, die schon früher da ist, unsympathisch? Das alles sind Punkte, die dabei eine Rolle spielen könnten und unter Umständen längere Diskussionen erfordern. Insofern sind die Komplexität und der damit einhergehende Zeitaufwand bei so einem Thema erfahrungsgemäß hoch.

Auch wenn sich ein früherer Arbeitsbeginn positiv auf das Zusammenspiel der einzelnen Teammitglieder auswirken könnte, so ist ein echtes Problem zunächst nicht erkennbar. Herr Rademann verhält sich regelkonform und bewegt sich innerhalb des Gleitzeitrahmens. Die angeblich erschwerte Kommunikation beruht lediglich auf der subjektiven Meinung von Frau Gottlob, deren sehr früher Arbeitsbeginn genauso ursächlich sein könnte. Daher bewerte ich das Thema mit untergeordneter Relevanz. Eine andere Bewertung wäre für mich nur gerechtfertigt, wenn wichtige betriebliche Gründe vorlägen – z. B. ein neues Großprojekt für einen Kunden –, die flexiblere Arbeitszeiten erfordern würden.

**Tipp**

Planen Sie Themen mit hoher Relevanz und geringer Komplexität im Gesprächsverlauf möglichst früh ein und stellen Sie Themen mit geringer Relevanz und hoher Komplexität hinten an. Geraten Sie im Gespräch in Zeitnot, geht dies zu Lasten weniger relevanter Themen. Deren Lösung können Sie bei Bedarf auch auf einen Folgetermin vertagen.

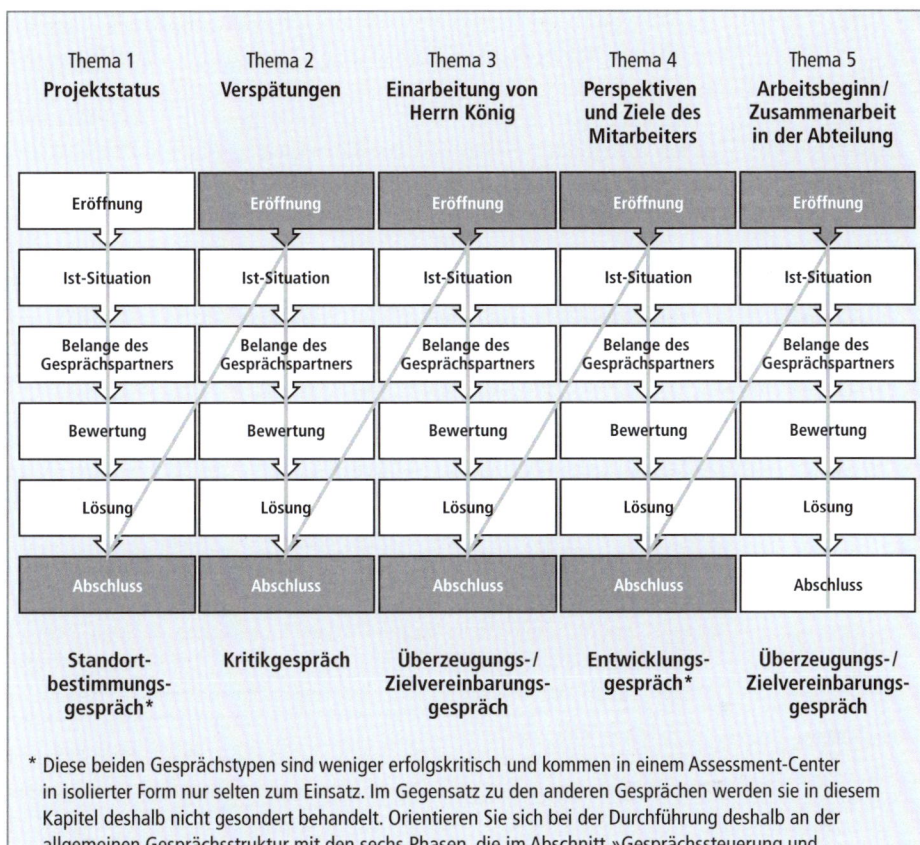

| Thema 1<br>Projektstatus | Thema 2<br>Verspätungen | Thema 3<br>Einarbeitung von<br>Herrn König | Thema 4<br>Perspektiven<br>und Ziele des<br>Mitarbeiters | Thema 5<br>Arbeitsbeginn/<br>Zusammenarbeit<br>in der Abteilung |
|---|---|---|---|---|
| Eröffnung | Eröffnung | Eröffnung | Eröffnung | Eröffnung |
| Ist-Situation | Ist-Situation | Ist-Situation | Ist-Situation | Ist-Situation |
| Belange des<br>Gesprächspartners | Belange des<br>Gesprächspartners | Belange des<br>Gesprächspartners | Belange des<br>Gesprächspartners | Belange des<br>Gesprächspartners |
| Bewertung | Bewertung | Bewertung | Bewertung | Bewertung |
| Lösung | Lösung | Lösung | Lösung | Lösung |
| Abschluss | Abschluss | Abschluss | Abschluss | Abschluss |
| Standort-<br>bestimmungs-<br>gespräch* | Kritikgespräch | Überzeugungs-/<br>Zielvereinbarungs-<br>gespräch | Entwicklungs-<br>gespräch* | Überzeugungs-/<br>Zielvereinbarungs-<br>gespräch |

\* Diese beiden Gesprächstypen sind weniger erfolgskritisch und kommen in einem Assessment-Center in isolierter Form nur selten zum Einsatz. Im Gegensatz zu den anderen Gesprächen werden sie in diesem Kapitel deshalb nicht gesondert behandelt. Orientieren Sie sich bei der Durchführung deshalb an der allgemeinen Gesprächsstruktur mit den sechs Phasen, die im Abschnitt »Gesprächssteuerung und -strukturierung« vorgestellt wurde.

Da es sich in diesem Fallbeispiel vermutlich um eines der ersten Gespräche – wenn nicht sogar um das allererste offizielle Gespräch – mit dem Mitarbeiter handelt, sollten Sie es nicht aus einer Defizithaltung heraus führen. Denn betreiben Sie die Gesprächsführung ausgehend von den vermeintlichen Fehlern und Schwächen des Mitarbeiters, würde sich dieser vermutlich immer mehr in die Ecke gedrängt fühlen und eine Verteidigungs- oder Abwehrhaltung einnehmen. Sehen Sie das Gespräch vielmehr als willkommene Möglichkeit, die Grundlage für eine positive Arbeitsbeziehung zu Ihrem Mitarbeiter aufzubauen

**Typische Fehler-<br>quellen im Gespräch**

und eine motivierende Grundstimmung zu erzeugen. Dies könnte Ihr übergreifendes Leitbild sein, das Sie sich zusätzlich zu den themenbezogenen Einzelzielen vornehmen sollten. Zu diesem übergeordneten Ziel tragen Sie bei, wenn Sie ehrliches Interesse an den aktuellen Aufgaben, den Bedürfnissen und der Entwicklung des Mitarbeiters zeigen. Ebenso wichtig ist es an dieser Stelle, Wertschätzung für seine Arbeit und Lob für gute Leistungen auszudrücken.

**Keine faulen Kompromisse**

Scheuen Sie sich andererseits aber nicht davor, kritische Punkte, die Ihnen aufgefallen sind, auch direkt anzusprechen. Diese sollten nur nicht als die einzigen Gesprächsimpulse zu stark im Mittelpunkt stehen. Der zuvor geschilderte Bearbeitungsvorschlag sieht die Klärung der Verspätungen als zweites Thema vor. Aufgrund der im Ausgangstext dargestellten Indizien für die Abwanderungsgedanken und in Anbetracht der Zielsetzung, Herrn Rademann für die Einarbeitung des neuen Mitarbeiters zu gewinnen, lassen manche Führungskräfte aus taktischen Gründen die Verspätungen außen vor. Durch den bewussten Verzicht auf kontroverse Themen wird versucht, jeglichen Anlass für eine mögliche Unzufriedenheit zu vermeiden, um die Erreichung anderer Ziele nicht zu gefährden. Übertragen auf das Verhaltensmodell (siehe vorne) bedeutet das, Sach- bzw. Unternehmensinteressen durch die indirekte Duldung einer Ausnahme zu wenig zu berücksichtigen. Sowohl im Assessment-Center als auch im Führungsalltag erweisen Sie sich damit keinen Gefallen. Durch einen »faulen Kompromiss«, mit dem Sie sich die Gunst des Mitarbeiters erkaufen, legen Sie den Grundstein für eine langfristige Abhängigkeit, die Sie in Ihrem Handlungsspielraum einschränkt. In einem Assessment-Center wird dieses taktische Vorgehen i.d.R. sehr kritisch bewertet.

**Fallstrick Gerüchteküche**

Ein anderer Fehler, der in diesem Fallbeispiel gelegentlich auftritt, besteht darin, dass die Führungskraft den Mitarbeiter mit Behauptungen konfrontiert, die nicht belegbar sind, wie z.B. die angeblichen Abwanderungsgedanken oder das Streben nach »Höherem«. Das hört sich dann manchmal so an: »Herr Rademann ich habe gehört, Sie hätten sich in einem anderen Unternehmen beworben. Fühlen Sie sich denn bei uns nicht mehr wohl?« Formulierungen wie »ich habe gehört« oder »mir ist zu Ohren gekommen« sollten in Mitarbeitergesprächen grundsätzlich vermieden werden, denn sie implizieren, dass der Führungskraft keine belastbaren Informationen oder eigene Beobachtungen vorliegen. Der Mitarbeiter wird nun zu Recht herausfinden wollen, wer dieses Gerücht verbreitet. Selbst wenn die Behauptung zutreffen würde, ist die Wahrscheinlichkeit gering, dass der Mitarbeiter dies offen zugibt. Die Folge sind meist langwierige und destruktive Diskussionen, die zu keinem brauchbaren Ergebnis führen, sondern stattdessen die Beziehungsebene schädigen. Das Gespräch wieder aus dieser Sackgasse herauszumanövrieren und zu einem konstruktiven Verlauf zurückzukehren, wird dann zu einer wahren Herausforderung.

Vor dem Hintergrund, dass Sie Herrn Rademann als wichtigen Knowhow-Träger halten möchten, ist eine Einschätzung seiner Verbundenheit zu Ihrem Unternehmen natürlich schon von Interesse. Anstatt ihn jedoch mit Gerüchten zu konfrontieren, ist der bessere Weg, mit ihm über seine Vorstellungen zu Weiterentwicklung, Perspektiven und Zielen zu sprechen. Arbeiten Sie im Sinne einer Bedarfsanalyse heraus, was Herrn Rademann wichtig ist. Sie erhalten dadurch nicht nur einen Eindruck hinsichtlich seiner momentanen Zufriedenheit, sondern vermitteln ihm gleichzeitig Wertschätzung und signalisieren Interesse an seiner Weiterentwicklung. Da im Rahmen des aktuellen Gesprächstermins aus Zeitgründen eine umfängliche Behandlung kaum möglich sein wird, bietet es sich an, mit Herrn Rademann einen Folgetermin für ein weiterführendes Entwicklungsgespräch anzuberaumen.

## Gespräche auf gleicher Hierarchieebene & Vorgesetztengespräche

Bei einem Gespräch auf gleicher Hierarchieebene handelt es sich um ein Kollegengespräch. In einigen wenigen Assessment-Centern wird auch mit Vorgesetztengesprächen gearbeitet. Dabei befinden Sie sich in der Rolle der rangniedrigeren Führungskraft und führen ein Gespräch mit Ihrem Chef. Da es bei diesen beiden Gesprächskonstellationen keine nennenswerten Unterschiede in der Gesprächsführung gibt, werden sie in diesem Abschnitt gemeinsam behandelt.

## Verhandlungsgespräch

Gegenüber ist Entscheidungsträger

Die Umsetzung einer neuen Verfahrensweise, personelle Unterstützung für ein Projekt oder die Aufteilung eines knappen Budgets sind typische Themen für ein Verhandlungsgespräch. Ziel des Gesprächs ist es, einen Ansprechpartner für ein bestimmtes Vorhaben zu gewinnen. Es existieren daher gewisse Parallelen zu dem unter der Rubrik »Mitarbeitergespräche« behandelten »Überzeugungs-/Zielvereinbarungsgespräch«. Der große Unterschied besteht allerdings darin, dass es sich hier um einen Gesprächspartner auf der gleichen oder eventuell sogar auf einer höheren Hierarchieebene handelt. Ihr Gegenüber ist also ein Entscheidungsträger, der einen bestimmten Verantwortungsbereich repräsentiert. Da es bei solchen Verhandlungsgesprächen »Hintermänner«, wie zum Beispiel Vorgesetzte oder Mitarbeiter, gibt, denen gegenüber Ihr Ansprechpartner seine Entscheidung gegebenenfalls rechtfertigen muss, ist die Interessenslage oft deutlich komplexer.

*Rollenanweisung:*

*Als Abteilungsleiter sind Sie verantwortlich für das Verkaufsgebiet Norddeutschland mit 19 Außendienstmitarbeitern, die dort vor Ort tätig sind. Ihr Kollege Herr Heinz leitet das Verkaufsgebiet Süddeutschland mit 15 Mitarbeitern. Für Besprechungen und Schulungen laden Sie Ihre Außendienstmitarbeiter regelmäßig in die Firmenzentrale nach Erfurt ein. Da damit aus Ihrer Sicht zu hohe Reisekosten und -zeiten verbunden sind, möchten Sie verstärkt Online-Meetings durchführen. Anstatt sich in Erfurt zu treffen, würden sich dann Ihre Mitarbeiter mit ihrem Laptop in einen virtuellen Raum einwählen und die Veranstaltung fände online statt. Diese Technologie ist mittlerweile so ausgereift, dass der überwiegende Teil aller Schulungsinhalte und Besprechungsthemen in dieser Form bearbeitet werden könnte. Da für die Anschaffung und Implementierung dieses Onlinetools jedoch einmalige Kosten in Höhe von 18 000 Euro anfallen würden, möchten Sie Herrn Heinz dazu bewegen, seinen Verkaufsbezirk ebenfalls auf Online-Meetings umzustellen. Sie könnten sich dann die Einrichtungskosten teilen und Ihr Kollege würde ebenfalls von den Vorteilen dieser Veranstaltungsform profitieren.*

**Beispiel**

Anhand der 6 Gesprächsphasen könnten Sie wie folgt vorgehen:

| Gesprächsphase: | Vorgehensweise: |
|---|---|
| **1. Phase:**<br>**Eröffnung** | – Begrüßung –<br>Bedanken Sie sich dafür, dass Ihnen Ihr Gegenüber den Gesprächstermin ermöglicht hat. Halten Sie Einstieg und Smalltalk knapp, um nicht den Eindruck zu erwecken, wertvolle Zeit zu vergeuden. |
| **2. Phase:**<br>**Ist-Situation**<br>eigener Vorschlag/<br>eigene Position | Zeigen Sie auf, dass Sie mit den hohen Reisekosten und -zeiten in Ihrem Verantwortungsbereich bedingt durch Meetings und Schulungen sehr unzufrieden sind und deshalb nach einer Lösung suchen. Stellen Sie als Möglichkeit zur Kostenreduktion und Effizienzsteigerung die Einführung von Online-Meetings vor. Umreißen Sie knapp, was darunter zu verstehen ist, und zeigen Sie die wesentlichen Vorteile auf. Fassen Sie sich bei der Vorstellung Ihrer Idee möglichst kurz. |
| **3. Phase:**<br>**Belange des**<br>**Gesprächspartners**<br>Sichtweise/<br>Position des<br>Gegenübers | Fragen Sie Ihren Kollegen nach seiner Sichtweise zu diesem Thema. Vermutlich wird es Vorbehalte gegenüber Ihrem Vorschlag geben, rechnen Sie deshalb zunächst mit einer ablehnenden Haltung. Hinterfragen Sie, worauf es Ihrem Gesprächspartner bei der Durchführung seiner Außendienstmeetings ankommt und in welchen Punkten er möglicherweise mit der momentanen Situation nicht ganz zufrieden ist. Verschaffen Sie sich einen Eindruck davon, wie Ihr Kollege die Reisekosten und -zeiten in seinem Verantwortungsbereich bewertet. Finden Sie heraus, ob die Nutzung von Online-Meetings für Ihren Gesprächspartner grundsätzlich vorstellbar wäre und welche Punkte für ihn dabei kritisch sind. Richten Sie Ihre Fragestellung auf die Ermittlung eines gemeinsamen Ziels aus (zum Beispiel Reisekostenreduzierung und Effizienzsteigerung bei Außendienstmeetings und -schulungen). Seien Sie offen für Alternativvorschläge Ihres Kollegen. |
| **4. Phase:**<br>**Bewertung** | Stellen Sie das gemeinsame Ziel dar und fassen Sie den bisherigen Gesprächsverlauf kurz zusammen. Gehen Sie in diesem Zusammenhang auf die im Raum stehenden Lösungsvorschläge ein und machen Sie jeweils eine kurze Pro-Contra-Betrachtung. Beginnen Sie idealerweise mit dem Vorschlag Ihres Kollegen. Gehen Sie dann auf den Nutzen ein, der aus Ihrem Lösungsansatz sowohl für den Gesprächspartner als auch für das Unternehmen resultieren könnte. Beziehen Sie dabei die in der vorherigen Gesprächsphase gewonnenen Erkenntnisse zu den Belangen Ihres Kollegen ein. Zeigen Sie auf, dass Sie die Bedenken Ihres Gesprächspartners ernst nehmen und es Ihnen wichtig ist, eine für alle Beteiligten zufriedenstellende Lösung zu finden. |
| **5. Phase:**<br>**Lösung**<br>Entwicklung von<br>Maßnahmen | Hinterfragen Sie, unter welchen Voraussetzungen die Durchführung von Online-Meetings für Ihren Kollegen realisierbar wäre. Suchen Sie gemeinsam nach praktikablen Lösungen, die es Ihrem Gesprächspartner ermöglichen, sich Ihrem Vorschlag anzuschließen.<br>Kann die Realisierbarkeit der entworfenen Lösungsszenarien nicht unmittelbar überprüft werden oder benötigt Ihr Gesprächspartner noch Bedenkzeit, dann halten Sie das bisher Erreichte als Zwischenergebnis fest und vertagen Sie das Thema auf eine weitere Gesprächsrunde. |
| **6. Phase:**<br>**Abschluss**<br>Vereinbarung | Hat Ihr Kollege seine Bereitschaft signalisiert und konnten alle Einwände aufgelöst werden, dann vereinbaren Sie mit ihm die Umsetzung. Stehen noch ungelöste Punkte im Raum, dann setzen Sie dafür einen konkreten Termin für ein zeitnahes Folgegespräch an. Fassen Sie an dieser Stelle noch einmal kurz zusammen, in welchen Punkten bereits jetzt Übereinstimmung besteht und was im nächsten Gespräch noch geklärt werden muss. Auch für den Fall, dass Ihr Kollege bis zum Schluss durchgängig ablehnend auf Ihren Vorschlag reagiert, sollten Sie versuchen, zumindest einen weiteren Gesprächstermin zu diesem Thema mit ihm zu vereinbaren.<br>– Verabschiedung – |

**Typische Fehlerquellen seitens des AC-Teilnehmers: Der Teilnehmer ...**

• zieht die Gesprächseröffnung und Begrüßung in die Länge.

• redet zu lange und stellt das Konzept ausschweifend dar, ohne die Sichtweise und Interessen des Gegenübers zu kennen.
• nennt bereits in dieser Gesprächsphase die Kosten und löst damit einen Abwehrmechanismus aus.

• lässt sich von der ersten Zurückweisung entmutigen und beendet das Gespräch vorzeitig.
• stellt keine oder zu wenig Fragen.
• nimmt Einwände nicht auf, sondern versucht den Gesprächspartner stattdessen zu überreden.
• setzt sich mit den Zielen und Interessen des Gegenübers nicht auseinander.

• befasst sich einseitig nur mit den Vorteilen des eigenen Konzepts.
• stellt die eigenen Interessen und Ziele über die des Gesprächspartners.
• vernachlässigt die nutzenbezogene Argumentation.

• setzt den Gesprächspartner unter Druck.
• bietet keine Lösungsvorschläge und Kompromisse an.
• vernachlässigt den »Win-win-Gedanken«.

• beendet das Gespräch ohne konkrete Vereinbarung.
• findet kein Ende und erzeugt Kommunikationsschleifen.

## Feedbackgespräch

**Funktion eines Coachs**

Bei diesem Gespräch besteht Ihr Auftrag darin, einer anderen Person Rückmeldung (Feedback) zu ihrem Verhalten zu geben. Ziel ist es, Veränderungsimpulse anzustoßen, die es dem Gesprächspartner ermöglichen, sein persönliches Verhalten in einem bestimmten Bereich selbstgesteuert zu optimieren. Im Gegensatz zu einem Kritikgespräch hat ein typisches Feedbackgespräch einen empfehlenden Charakter. Ihr Gegenüber entscheidet also selbst, welche Verhaltensänderungen er wie umsetzt. Als Feedbackgeber haben Sie lediglich die Funktion eines wohlwollenden Wegbegleiters – also eines Coachs –, der bei Bedarf unterstützt, aber weder entscheidet noch verordnet. Bevorzugt wird mit diesem Gesprächstyp in einem kollegialen Kontext gearbeitet, in dem Ihnen der Gesprächspartner hierarchisch ebenbürtig ist. Aus diesem Grund wird er auch in dieser Rubrik behandelt.

Dieses Feedbackgespräch innerhalb eines Assessment-Centers kann in mehrerlei Hinsicht aus der Reihe der bisher beschriebenen Rollenspielkonstellationen ausscheren. Häufig gibt es keine schriftliche Rollenanweisung; es werden stattdessen reale Verhaltensbeobachtungen herangezogen. Als Gesprächspartner bzw. Feedbackempfänger werden – je nach Gesprächskontext – statt Rollenspielern häufig die Assessment-Center-Teilnehmer selbst eingesetzt. Die Aufgabe »Feedbackgespräch« ist dann meist an eine andere Assessment-Center-Aufgabe gekoppelt, in der sich ein Kandidat in einer exponierten Position befindet, wie zum Beispiel als Leiter einer Teambesprechung (siehe »Geführte Gruppendiskussionen / Teammeetings (Typ IV)«. Die Besprechungsteilnehmer erhalten in diesem Fall den Zusatzauftrag, das Verhalten des Besprechungsleiters zu beobachten, mit dem Ziel, daraus ein Feedbackgespräch zu entwickeln.

Gelegentlich kommt das Feedbackgespräch im Assessment-Center auch in der Konstellation Führungskraft – Mitarbeiter zum Einsatz. Als Arbeitstitel trägt es dann oft eine Bezeichnung wie »Coaching«, »Vertriebscoaching« oder »Mitarbeitercoaching«. Beliebt ist hier die Vorgehensweise, die Ausgangssituation als Filmaufzeichnung vorzuführen. Sie sehen dabei den Mitarbeiter beispielsweise in einem Verkaufsgespräch, wobei man unterstellt, Sie würden die Situation als Vorgesetzter gerade live beobachten. Nach einer kurzen Vorbereitungszeit sollen Sie dann ein Feedback- bzw. Coachinggespräch mit dem Mitarbeiter führen. Ihr Gesprächspartner wird in diesem Fall ein Rollenspieler sein.

*Rollenanweisung:*
*Sie hatten Gelegenheit, ein Verkaufsgespräch Ihres Mitarbeiters Herr Bergmann zu verfolgen. Dabei ist Ihnen aufgefallen, dass Herr Bergmann bei den Ausführungen seines Kunden kaum Blickkontakt hatte, sondern überwiegend in seine Verkaufsunterlagen schaute, die vor ihm auf dem Tisch lagen. Ein Verkaufsabschluss kam nicht zustande.*

**Beispiel**

# Anhand der 6 Gesprächsphasen könnten Sie wie folgt vorgehen:

| Gesprächsphase: | Vorgehensweise: |
|---|---|
| **1. Phase:**<br>**Eröffnung** | – Begrüßung –<br>Vermitteln Sie Ihrem Gesprächspartner den Nutzen des Feedbacks, nämlich ihn dabei zu unterstützen, seine Verkaufsgespräche künftig noch erfolgreicher zu gestalten. Verdeutlichen Sie ihm, dass es nicht darum geht, ihn zu kritisieren, und dass er sich deshalb auch nicht für sein Verhalten zu rechtfertigen braucht. Zeigen Sie auf, dass es sich bei dem Feedback um Ihre persönlichen Eindrücke handelt – also nicht um objektive Wahrheiten, sondern die Wirkung, die das Verkaufsgespräch auf Sie und vielleicht auch auf seinen Kunden hinterlassen hat. |
| **2. Phase:**<br>**Ist-Situation**<br>Darstellung<br>der Beobachtung | Stellen Sie kurz und präzise Ihre konkrete Beobachtung dar, zum Beispiel: »Herr Bergmann, mir ist aufgefallen, dass Sie während der Ausführungen des Kunden überwiegend in Ihre Aufzeichnungen schauten und dadurch in diesen Phasen wenig Blickkontakt zum Kunden hatten.« |
| **3. Phase:**<br>**Belange des**<br>**Gesprächspartners**<br>(Sichtweise<br>des Feedback-<br>empfängers) | Da es im Feedbackgespräch nicht darum geht, Ursachen bzw. Motive zu ergründen, können Sie diese Gesprächsphase vernachlässigen und direkt zur Bewertung übergehen.<br>Wenn Sie als routinierter Feedbackgeber den Eindruck haben, dass es sich um einen Gesprächspartner handelt, der in der Lage ist, sein eigenes Verhalten selbst gut zu reflektieren, können Sie ihn zu einer Selbsteinschätzung auffordern. Ansonsten sollten Sie darauf verzichten. |
| **4. Phase:**<br>**Bewertung** | Formulieren Sie Ihre Interpretation der Wahrnehmung als Ich-Botschaft:<br>»Auf mich hat es so gewirkt, als würde Sie etwas anderes gerade mehr beschäftigen als die Belange des Kunden. Ich könnte mir vorstellen, dass Ihr Gesprächspartner dadurch das Gefühl hatte, seine Informationen seien Ihnen nicht so wichtig. Möglicherweise hat dieser Eindruck des Kunden dazu beigetragen, dass der Verkaufsabschluss nicht zustande kam, deshalb sehe ich hier noch Verbesserungspotenzial.« |
| **5. Phase:**<br>**Lösung** | Zeigen Sie Ihrem Gesprächspartner konkrete Verbesserungsvorschläge auf, die es ihm ermöglichen, diesen Punkt zu verändern: »Ich kann mir vorstellen, dass Sie positivere Ergebnisse erzielen werden, wenn Ihr Gesprächspartner den Eindruck hat, dass Sie ihm Ihre ungeteilte Aufmerksamkeit schenken. Ich empfehle Ihnen, bei den nächsten Gesprächen einmal bewusst auf stärkeren Blickkontakt zu achten und dadurch dem Kunden Ihr Interesse an seinen Ausführungen zu signalisieren.« |
| **6. Phase:**<br>**Abschluss** | Fragen Sie eventuell nach, ob das Feedback für den Gesprächspartner nachvollziehbar ist. Bieten Sie Unterstützung an, indem Sie sich als Feedbackgeber für weitere Kundengespräche zur Verfügung stellen. Vermitteln Sie Ihrem Gesprächspartner einen positiven Ausblick und zeigen Sie sich zuversichtlich, was den Erfolg seiner künftigen Verkaufsgespräche betrifft.<br>– Verabschiedung – |

| Typische Fehlerquellen seitens des AC-Teilnehmers: Der Feedbackgeber … |
|---|
| • versäumt es, die Zielsetzung und den Nutzen von Feedback zu erläutern. |
| • startet direkt mit der Bewertung, ohne seine Beobachtung geschildert zu haben.<br>• stellt seine Wahrnehmung sehr pauschal ohne konkretes Beispiel dar. |
| |
| • verwendet überwiegend »Du- bzw. Sie-Botschaften«, zum Beispiel: »Die Belange des Kunden haben Sie nicht interessiert.«<br>• formuliert allgemein anstatt ich-bezogen, zum Beispiel: »Man hat gemerkt, dass Sie …«<br>• traut sich nicht, kritische Punkte als verbesserungsfähig zu bewerten, sondern vermittelt den Eindruck, als sei alles in Ordnung. |
| • zeigt keinerlei Handlungsempfehlungen bzw. Lösungsvorschläge auf. |
| • beendet das Gespräch, ohne zu einem positiven Thema zurückgeführt zu haben. |

**Sandwichtechnik**  Im dargestellten Beispiel war die Verhaltensbeobachtung der Einfachheit halber lediglich auf einen Punkt – nämlich den Blickkontakt – reduziert. Bei der Beobachtung einer realen Situation oder einer Aufzeichnung wird es eine ganze Reihe von Punkten geben, die Ihnen auffallen. Damit Sie diese im Feedbackgespräch auch möglichst präzise wiedergeben können, ist es hilfreich, sich die Beobachtungen sofort stichpunktartig zu notieren. Konzentrieren Sie sich dabei nicht nur auf kritisches, sondern ebenso auf vorteilhaftes Verhalten. Ein ausgewogenes Feedback, das auch Anerkennung für gute Teilbereiche enthält, ist für den Empfänger leichter annehmbar und erhöht dadurch die Akzeptanz der kritischen Anmerkungen. Platzieren Sie die aus Ihrer Sicht verbesserungswürdigen Punkte im Mittelteil des Gesprächs, damit Sie sowohl mit etwas Positivem ein- als auch aussteigen – man nennt dies Sandwichtechnik.

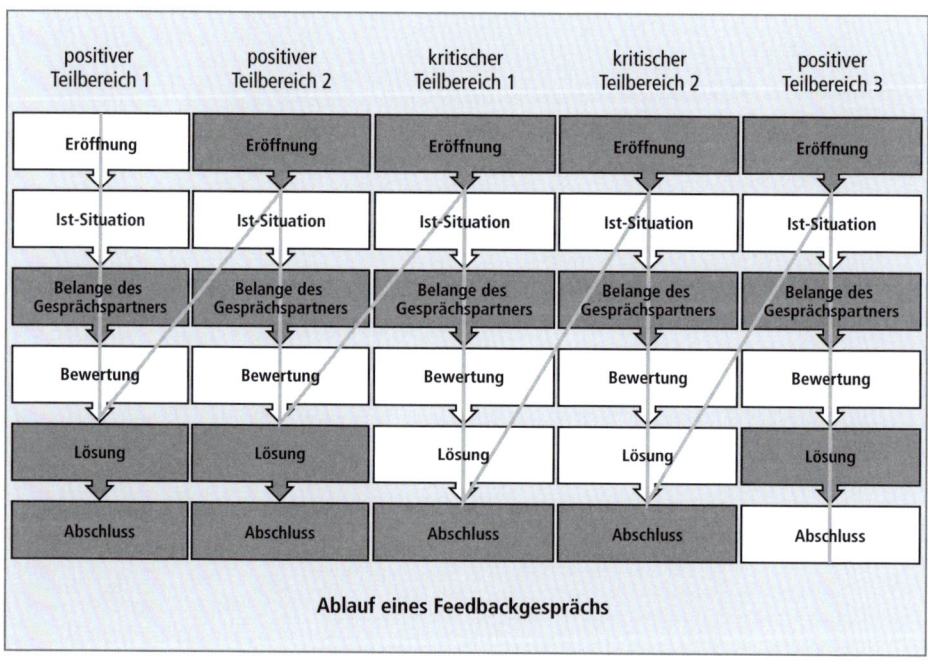

Ablauf eines Feedbackgesprächs

## Gespräche mit einem externen Kommunikationspartner

Rollenspiele, die eine Gesprächssituation mit einem externen Kommunikationspartner simulieren, kommen bevorzugt in Assessment-Centern für Positionen mit starkem Außenkontakt zum Einsatz. Handelt es sich bei Ihrer Zielposition also um eine Funktion in der Kundenberatung, im Vertrieb, Service oder Einkauf, dann werden Sie höchstwahrscheinlich mit einem der hier dargestellten Gespräche konfrontiert werden. Im Dienstleistungssektor müssen bereits Ausbildungsplatzsuchende mit solchen Rollenspielen rechnen.

### Verkaufsgespräch

Ihre Aufgabe besteht darin, Ihrem Gesprächspartner ein bestimmtes Produkt bzw. eine Dienstleistung Ihres Unternehmens zu verkaufen. Die erforderlichen Produktinformationen werden Ihnen in Ihrer Rollenanweisung mitgeliefert. Bei Vertriebsführungskräften und -mitarbeitern gilt dieses Gespräch im Assessment-Center als obligatorisch.

*Rollenanweisung:*

*Als Außendienstleiter der Cycle-Tech GmbH sind Sie für den Vertrieb von Leergutautomaten zuständig. Sie haben heute einen Termin mit Herrn Herrmann, dem kaufmännischen Leiter einer kleinen Supermarktkette mit elf Filialen. Sie möchten Herrn Herrmann davon überzeugen, seine Filialen auf Ihr qualitativ hochwertiges Automatensystem umzustellen. An Ihren Leergutautomaten ist sowohl die Rückgabe von Mehrweg- als auch von bepfandeten Einwegflaschen möglich. Das Zyklusintervall liegt bei 40 Einheiten, das heißt pro Minute können ca. 40 Flaschen eingezogen werden. (Hinweis: Es gibt viele Automatensysteme, die lediglich mit einem Intervall von 20 Einheiten arbeiten.) Die Fehlerquote beim Betrieb beläuft sich auf unter 0,3 Prozent, also nur in diesen Fällen ist ein manuelles Eingreifen durch das Personal erforderlich. Der Listenpreis pro Automat liegt bei 4400 Euro.*

**Beispiel**

Anhand der 6 Gesprächsphasen könnten Sie wie folgt vorgehen:

| Gesprächsphase: | Vorgehensweise: |
| --- | --- |
| **1. Phase:** <br> **Eröffnung** | – Begrüßung – <br> Stellen Sie sich und Ihr Unternehmen namentlich vor. Fragen Sie ggf. Ihren Gesprächspartner, ob er Ihr Unternehmen kennt, falls die Aufgabe dazu keine Informationen enthält. Versuchen Sie zu Beginn, Interesse bzw. eine erste Nutzenerwartung zu wecken, ohne dabei auszuschweifen; zum Beispiel: »Wir beschäftigen uns mit innovativen Leergutlösungen, die dem Handel dabei helfen, Aufwand und Kosten zu minimieren.« |
| **2. Phase:** <br> **Ist-Situation** | Beschreiben Sie den Status quo bzw. das Ausgangsproblem so, dass Ihnen Ihr Gesprächspartner zustimmen kann und Sie damit zum Dialog der Bedarfsermittlung überleiten können. Beispiel: »Die Leergutrücknahme ist für den Einzelhandel ja ein undankbares Thema, das mit Arbeit und Kosten verbunden ist. ... Möglicherweise ließen sich mit neuen technischen Lösungen auch in Ihren Märkten noch erhebliche Einsparungspotenziale realisieren.« |
| **3. Phase:** <br> **Belange des Gesprächspartners** <br> Bedarfsermittlung | Treten Sie mit Ihrem Gesprächspartner in den Dialog und stellen Sie ihm Fragen, um seine Bedürfnisse zu ergründen. Decken Sie auf, welche Schwachstellen den Kunden am derzeit eingesetzten System stören und welche Anforderungen er an ein gut funktionierendes Leergutsystem stellt. Nehmen Sie sich für diese Gesprächsphase genügend Zeit! |
| **4. Phase:** <br> **Bewertung** | Fassen Sie die Situation und die damit gewonnenen Erkenntnisse zu Problemen oder Schwachstellen aus Sicht des Kunden kurz zusammen. Lassen Sie sich von Ihrem Gesprächspartner diese Zwischenbilanz bestätigen. Zeigen Sie auf, welche Optimierungsansätze Sie sehen. |
| **5. Phase:** <br> **Lösung** <br> Nutzenbezogene Argumentation & Einwandbehandlung | Stellen Sie nun dem Gesprächspartner Ihr Automatensystem als die passende Lösung für seine Situation vor. Stützen Sie sich dabei auf die in der Bedarfsermittlung (Phase 3) gewonnenen Erkenntnisse. Argumentieren Sie mit den für den Kunden relevanten Produktvorteilen und leiten Sie daraus seinen individuellen Nutzen ab. Beispiel: »Da die Verarbeitungsgeschwindigkeit fast doppelt so hoch ist wie bei Ihren bisherigen Automaten, wird es selbst bei hoher Kundenfrequenz kaum Wartezeiten geben. Dadurch erhöhen Sie die Kundenzufriedenheit. In Ihren größeren Märkten, in denen momentan mehrere Automaten stehen, ließe sich die Anzahl dann sogar reduzieren und Sie sparen Platz und Wartungskosten.« Seien Sie darauf gefasst, dass es seitens Ihres Gesprächspartners noch Gegenargumente oder Vorbehalte geben wird. Nehmen Sie diese Einwände ernst und hinterfragen Sie diese. Oft fördern Einwände ein bisher von Ihnen vernachlässigtes Kundenbedürfnis zutage. Wenn Sie das Gefühl haben, dass alle Bedenken ausgeräumt sind und der Kunde von Ihrem Produkt grundsätzlich überzeugt ist, dann forcieren Sie den Abschluss. Ihr Gesprächspartner wird wahrscheinlich nun über die Konditionen verhandeln wollen. Anstatt über den Preis zu feilschen, sollten Sie noch einmal auf die Leistungen und den für ihn einhergehenden Nutzen verweisen. Stellen Sie dar, dass Ihre Leistung den Preis rechtfertigt. Machen Sie hinsichtlich des Preises keine vorschnellen und zu großen Zugeständnisse. Orientieren Sie sich an den realen branchen- und unternehmensüblichen Konditionen. |
| **6. Phase:** <br> **Abschluss** | Haben Sie sich mit dem Gesprächspartner in allen Punkten geeinigt, dann schließen Sie mit ihm den Kaufvertrag ab. Wenn Sie Ihr Maximalziel nicht erreichen können und der Kunde nur zu Teillösungen bereit ist, dann vereinbaren Sie diese verbindlich. Halten Sie aber gleichzeitig fest, unter welchen Umständen und innerhalb welches Zeithorizonts Ihr Gesprächspartner bereit ist, mit Ihnen weitere Geschäfte zu tätigen. Sollte Ihnen gar kein Verkaufsabschluss gelingen, dann fassen Sie noch einmal zusammen, in welchen Punkten Sie bereits übereinstimmen, und versuchen Sie auf jeden Fall einen weiteren, konkreten Gesprächstermin zu vereinbaren. <br> – Verabschiedung – |

| Typische Fehlerquellen seitens des AC-Teilnehmers: Der Verkäufer ... |
|---|
| • tritt als Bittsteller auf. |
| • steigt mit langen ausschweifenden Erklärungen zu seinem Produkt ins Thema ein und langweilt den Gesprächspartner.<br>• erweckt den Eindruck, um jeden Preis etwas verkaufen zu wollen / müssen. |
| • stellt zu wenig Fragen und erkennt die Kundenbedürfnisse nicht.<br>• zeigt an den Ausführungen des Kunden wenig Interesse und will ihm sofort die Lösung präsentieren.<br>• hört nicht aufmerksam genug zu und / oder fragt zu wenig nach, um relevante Zusammenhänge richtig zu erkennen. |
| • macht Konkurrenten und deren Produkte schlecht.<br>• kritisiert Vorgehensweisen oder Entscheidungen des Kunden.<br>• bringt die wesentlichen Schwachstellen bzw. den Veränderungsbedarf nicht auf den Punkt. |
| • überschüttet den Kunden mit irrelevanten Details.<br>• geht nicht auf die zuvor ermittelten Bedürfnisse ein.<br>• zeigt dem Kunden keinen konkreten Nutzen auf.<br>• versucht den Kunden zu überreden statt argumentativ zu überzeugen.<br>• lässt sich von Einwänden und Gegenargumenten verunsichern und beendet das Gespräch.<br>• geht auf Einwände des Gegenübers nicht ein oder verharmlost diese.<br>• bietet von sich aus einen Preisnachlass an, ohne dass der Kunde danach fragt.<br>• macht unangemessene Zugeständnisse, nur um das Geschäft schnell abzuschließen.<br>• verhält sich passiv und wartet darauf, dass der Gesprächspartner von sich aus den Kaufabschluss einleitet. |
| • beendet das Gespräch ohne jegliche Vereinbarung. |

Bitte beachten Sie, dass Verkaufsgespräche auch immer mit einer Reklamationssituation einhergehen können (siehe Abschnitt »Komplexes Kundengespräch«).

### Verhandlungsgespräch

**Vorteilhafte Einigung erzielen**

Bei diesem Rollenspiel gibt es gewisse Parallelen zum Verkaufsgespräch, wobei die Situation meist nicht im typischen Vertriebskontext Verkäufer – Kunde spielt. Bei Ihrem Gesprächspartner könnte es sich stattdessen um den Vertreter einer Behörde, eines Verbands oder eines anderen Unternehmens handeln. Ihr Auftrag besteht darin, sich für ein bestimmtes Anliegen einzusetzen und eine für Ihren Arbeitgeber vorteilhafte Einigung zu erzielen.

Für Ihre Vorbereitung können Sie die in der Rubrik »Gespräche auf gleicher Hierarchieebene & Vorgesetztengespräche« vorgestellte Lösungsstrategie für Verhandlungsgespräche heranziehen. Zugleich bietet die auf der vorherigen Seite aufgezeigte Herangehensweise an Verkaufsgespräche nützliche Anhaltspunkte.

### Reklamationsgespräch

**Mit Beschwerden richtig umgehen**

Im Reklamationsgespräch haben Sie die Aufgabe, sich mit der Beschwerde eines Kunden bzw. Geschäftspartners auseinanderzusetzen und dafür eine angemessene Lösung zu erarbeiten. Da dieses Gespräch vom Überraschungsmoment lebt, geht aus der Aufgabenstellung meist gar nicht explizit hervor, dass Sie gleich auf einen reklamierenden Kunden treffen werden. Der Arbeitsauftrag ist üblicherweise anders deklariert, zum Beispiel als Beratungs- oder Informationsgespräch.

*Rollenanweisung:*
*Als Mitarbeiter(in) unseres Warenhauses haben Sie heute – am Montagmorgen – Dienst am Serviceschalter. Dieser dient als zentrale Anlaufstelle für Kunden, die Auskünfte benötigen, die Probleme mit gekauften Artikeln haben bzw. diese umtauschen wollen und die Geschenkgutscheine erwerben möchten. In wenigen Minuten öffnet unser Haus und ein Kunde, der bereits vor dem Eingang wartet, wird nun gleich auf Sie zu kommen. Bitte bearbeiten Sie sein Anliegen und gehen Sie auf seine Fragen ein.*

*Die Ereignisse bei Gesprächsbeginn (Verhalten des Rollenspielers):*
*Der Kunde steuert zielstrebig auf Ihren Serviceschalter zu. Er ist sehr aufgebracht und beschwert sich bei Ihnen darüber, dass ihm Ihre unfähigen Kollegen die Geburtstagsüberraschung für seinen sechsjährigen Sohn gründlich verdorben hätten. Als er vor wenigen Tagen in der Spielwarenabteilung Ihres Hauses das ferngesteuerte Auto als Geschenk gekauft habe, wurde er nicht darauf hingewiesen, dass gar keine Batterien enthalten seien. Die gestrige Geburtstagsfeier sei deshalb ein Reinfall geworden. Sein Sohn sei total enttäuscht gewesen, da er das Auto nicht sofort ausprobieren konnte. Um die Situation noch zu retten, sei der Kunde dann am Sonntag zur neun Kilometer entfernten Tankstelle gefahren, um die erforderlichen Batterien zu kaufen. Diese waren vollkommen überteuert und deshalb habe er sich noch mehr geärgert …*

Anhand der 6 Gesprächsphasen könnten Sie wie folgt vorgehen:

| Gesprächsphase: | Vorgehensweise: |
| --- | --- |
| **1. Phase:** <br> **Eröffnung** | Da beim Reklamationsgespräch die Eröffnung normalerweise vom Kunden ausgeht, der sein Anliegen möglichst schnell vorbringen möchte, sollten Sie sich auf eine kurze freundliche Begrüßung beschränken. |
| **2. Phase:** <br> **Ist-Situation** | Diese Gesprächsphase ist nicht notwendig, da die Gesprächsinitiative vom Kunden ausgeht. |
| **3. Phase:** <br> **Belange des Gesprächspartners** <br> Aufnehmen der Reklamation | Fragen Sie Ihren Gesprächspartner, wie Sie ihm weiterhelfen können, sofern dieser noch nicht von sich aus das Wort ergriffen hat. In vielen Fällen wird der Kunde jedoch seine Beschwerde proaktiv vortragen und dabei seinem Ärger Luft machen. Unterbrechen Sie den Gesprächspartner nicht und halten Sie sich so lange zurück, bis dieser alle Punkte vorgetragen hat. Seien Sie präsent und geben Sie dem Kunden das Gefühl, aufmerksam zuzuhören (Blickkontakt und Bestätigungssignale zum Beispiel durch Kopfnicken). Nehmen Sie sich für diese Gesprächsphase genügend Zeit! |
| **4. Phase:** <br> **Bewertung** | Bringen Sie Ihr Bedauern zum Ausdruck und zeigen Sie Verständnis dafür, dass die Situation den Kunden verärgert hat. Machen Sie deutlich, dass es Ihnen wichtig ist, eine Lösung für das Problem zu finden. Bleiben Sie stets freundlich und sachlich. |
| **5. Phase:** <br> **Lösung** | Bieten Sie dem Gesprächspartner eine Lösung an, die den Richtlinien Ihres Unternehmens entspricht und in Ihrem Ermessensspielraum liegt. Denkbar wäre im oben dargestellten Fall beispielsweise, die Auslagen für die Batterien zu ersetzen, den Kunden zu Kaffee und Kuchen ins hauseigene Restaurant einzuladen oder ein kleines Geschenk für das Kind zu überreichen. Verhalten Sie sich grundsätzlich kulant, statt sich mit dem Kunden um Kleinigkeiten zu streiten – Kundenzufriedenheit ist wichtig. Beharrt der Gesprächspartner allerdings auf einer unverhältnismäßig hohen Forderung, die Sie nicht mehr verantworten können, dann erklären Sie, dass Sie diesbezüglich erst Rücksprache halten müssen. Teilen Sie dem Kunden in diesem Fall mit, bis wann Sie sich mit ihm in Verbindung setzen werden. |
| **6. Phase:** <br> **Abschluss** | Fassen Sie die vorher vereinbarte Lösung noch einmal zusammen und lassen Sie sich vom Gesprächspartner bestätigen, dass er damit einverstanden ist. Bedanken Sie sich ggf. beim Kunden dafür, dass er Sie auf eine Schwachstelle bzw. einen Fehler hingewiesen hat und sich offen an Sie gewandt hat. Drücken Sie dem Kunden gegenüber Ihre Wertschätzung aus und machen Sie deutlich, dass Ihrem Unternehmen seine Zufriedenheit wichtig ist. <br> – Verabschiedung – |

| Typische Fehlerquellen seitens des AC-Teilnehmers: Der Servicemitarbeiter ... |
|---|
| |
| |
| • unterbricht den Gesprächspartner in seinen Ausführungen.<br>• gibt vorschnelle Erklärungen bzw. Rechtfertigungen ab.<br>• geht auf unsachliche Äußerungen ein und lässt sich provozieren. |
| • spielt das Problem herunter.<br>• zeigt keine Anteilnahme.<br>• weist die Schuld von sich oder schiebt sie auf andere.<br>• passt sich dem unfreundlichen Tonfall des reklamierenden Kunden an. |
| • fühlt sich für die Problemlösung nicht zuständig.<br>• hat ausschließlich die Kosten im Blick und vernachlässigt die Kundenbindung. |
| |

### Komplexes Kundengespräch

Die beiden Geschäftsvorfälle »Verkaufsgespräch« und »Kundenreklamation« werden in vielen Assessment-Centern nicht in Form zweier unabhängiger Gespräche behandelt, sondern gerne im Rahmen eines einzigen Rollenspiels miteinander verknüpft. Dabei ist die Aufgabenstellung in der Regel so aufgebaut, dass Sie lediglich den Auftrag erhalten, Ihrem Gesprächspartner ein bestimmtes Produkt oder eine Dienstleistung zu verkaufen. Für ein Reklamationsgespräch gibt es in der Rollenanweisung keine Anhaltspunkte. Vorbereitet auf ein Verkaufsgespräch, sind die meisten Assessment-Center-Kandidaten erst einmal überrascht und nicht selten überfordert, wenn das Gespräch nun damit beginnt, dass der Kunde emotional aufgebracht eine Beschwerde vorbringt. Wird Ihr Gesprächspartner in der Rollenanweisung als Stamm- bzw. Bestandskunde beschrieben, dann ist die Wahrscheinlichkeit hoch, dass Sie auf eine Reklamationssituation treffen. Gerne wird dann mit dem Szenario gearbeitet, dass bei der Auslieferung des letzten Auftrags etwas nicht geklappt hat oder einem anderen Ansprechpartner Ihres Unternehmens ein Fehler unterlaufen ist.

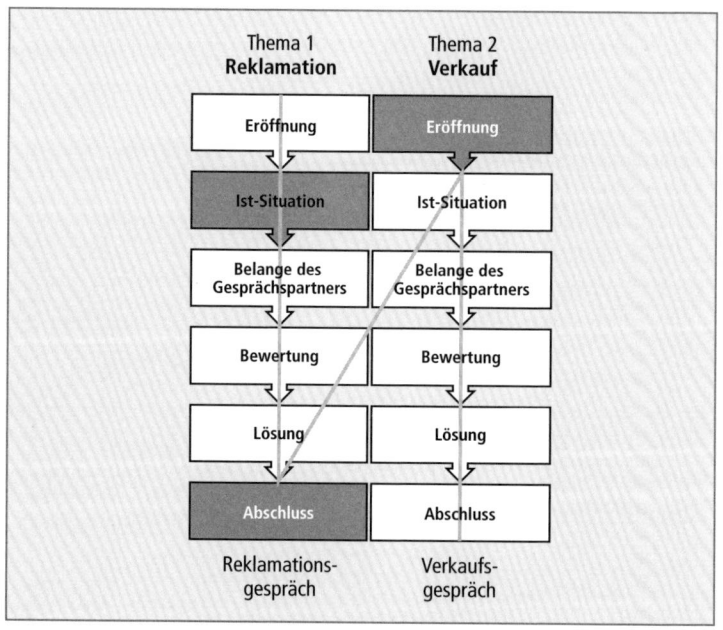

Behandeln Sie immer zuerst die Reklamation des Gesprächspartners. Jegliche Verkaufsbemühungen Ihrerseits werden scheitern, wenn nicht vorab dieses aus Kundensicht wichtige Anliegen abgearbeitet wurde.

Ein typischer Fehler, der in dieser Assessment-Center-Situation wirklich oft auftritt, besteht darin, dass der Kandidat die Reklamation übergehen möchte und mit Gewalt versucht, etwas zu verkaufen. Diese Vorgehensweise muss zum Scheitern verurteilt sein. Genauso wenig, wie ein realer Kunde in diesem Fall kaufbereit wäre, wird auch der Rollenspieler nicht kaufen, sondern sein Anliegen so lange und so massiv wie nötig einbringen, bis es endlich Gehör findet. Bei einer Reklamationssituation handelt es sich nicht nur um ein Sachproblem, sondern zugleich um eine Störung auf der Beziehungsebene. Die Lösung des Problems und die Beseitigung der Störung sind deshalb Voraussetzung, um mit dem Gesprächspartner weitere Geschäfte tätigen zu können. Fazit: Behandeln Sie Reklamationen immer vorrangig.

**Beziehungsebene muss stimmen**

## Praxisaufgaben

Das Begleitmaterial unter www.assessment-center-kurse.de/vip enthält verschiedene Mitarbeiter-, Kollegen- und Kundengespräche mit jeweils einer ausformulierten Gegenrolle für Ihren Gesprächspartner.

### Bearbeitungshinweise

- Sie werden von der Durchführung der Rollenspiele am meisten profitieren, wenn Sie sich bereits in das Kapitel »Rollenspiel« eingearbeitet haben.

**Hinweise**

- Am Anfang des Übungsmaterials finden Sie eine kurze Inhaltsübersicht, damit Sie die für Sie geeigneten Rollenspiele auswählen können.

- Die Person, die Ihre Gegenrolle übernimmt, sollte über Berufserfahrung – und bei Mitarbeitergesprächen idealerweise über gewisse Führungserfahrung – verfügen. Grundsätzlich gut geeignet wäre eine Führungskraft Ihres Unternehmens, die Ihnen in puncto Assessment-Center-Vorbereitung wohlwollend gegenübersteht.

- Handelt es sich bei Ihrem Rollenspieler um einen Kollegen auf gleicher Ebene oder eine Person aus Ihrem privaten Umfeld, ist es empfehlenswert, dass sich dieser zunächst in das Kapitel »Rollenspiel« einliest. Sie haben so den gleichen theoretischen Kenntnisstand und können nach der Übung die Herangehensweise diskutieren und gemeinsam reflektieren.

- Idealerweise steht Ihnen noch eine dritte Person als Beobachter bzw. Feedbackgeber zur Verfügung. Erfahrungsgemäß ist der Rollenspieler selbst oft so stark mit den Informationen aus seiner Rollenanweisung beschäftigt, dass es ihm schwerfällt, Ihre Verhaltensweisen im Detail zu registrieren.

- Sofern möglich, zeichnen Sie das Gespräch auf, sodass Sie es nachher selbst aus der Beobachterperspektive analysieren können. Insbesondere dann, wenn Ihnen keine dritte Person als Feedbackgeber zur Verfügung steht, sollten Sie eine Aufzeichnung anfertigen.

- Da es sich bei einem Rollenspiel um eine Kommunikations- und Interaktionsaufgabe handelt, die unterschiedliche Möglichkeiten zulässt, gibt es dafür auch keine Musterlösung. Im Fokus stehen Ihr Verhalten und Ihre Kommunikationsfähigkeit. Lassen Sie sich dazu nach dem Gespräch die Eindrücke Ihrer Kommunikationspartner schildern.

- Bitte berücksichtigen Sie, dass der Rollenspieler deutlich mehr Vorbereitungszeit benötigt als Sie selbst. Stellen Sie ihm deshalb die kompletten Unterlagen rechtzeitig zur Verfügung. Die bei der jeweiligen Gesprächssituation vorgegebene Vorbereitungszeit ist ausschließlich für Sie als AC-Kandidat bestimmt.

- Schauen Sie sich vor dem Gespräch *keinesfalls* die Gegenrolle Ihres Gesprächspartners an, da sonst der gewünschte Übungseffekt nicht mehr gegeben ist. Ihr Rollenspielpartner soll dagegen beide Seiten kennen, d. h. sowohl seine als auch Ihre Rolle.

- Während des Gesprächs dürfen sowohl Ihr Rollenspielpartner als auch Sie die entsprechende Rollenanweisung sowie eigene Notizen vor sich ausliegen haben.

- Welche Informationen der Rollenspieler in welcher Situation preisgeben darf, ist aus seiner Rolle ersichtlich. Instruieren Sie Ihren Rollenspieler dahingehend, dass er es Ihnen zu Beginn des Gesprächs nicht zu leicht macht, indem er beispielsweise ungefragt lösungsrelevante Informationen von sich gibt, anstatt auf die entsprechenden Fragen Ihrerseits zu warten.

- Insgesamt sollte sich Ihr Rollenspieler wie ein etwas schwerer zu überzeugender Zeitgenosse verhalten, der nicht sofort beim ersten Versuch einlenkt. Der Rollenspieler sollte seine Kooperationsbereitschaft im weiteren Verlauf sehr stark von Ihrem Verhalten abhängig machen. D. h. fühlt er sich bei Ihnen gut aufgehoben und Sie führen professionell durch das Gespräch, dann lässt er sich auch von Ihnen überzeugen. Ist das Gegenteil der Fall, verhält er sich so wie ein sehr schwieriger Gesprächspartner in einem realen Gespräch.

- Bearbeiten Sie die Rollenspiele unter Prüfungsbedingungen, d. h. halten Sie sich an die vorgegebene Vorbereitungs- und Gesprächszeit. Lassen Sie von Ihrem Übungspartner das Gespräch mit einem Timer stoppen, sodass Sie nach Ablauf der vorgegebenen Gesprächsdauer abbrechen müssen.

- Halten Sie für die Bearbeitung folgendes Material bereit:
  - Entsprechende Rollenanweisung ausgedruckt auf A4-Papier
  - Uhr bzw. Timer für die Zeitmessung
  - Schreibblock und Stift für ggf. eigene Notizen
  - Kamera für Videoaufzeichnung

Möchten Sie erleben, wie Mitarbeitergespräche unter Assessment-Center-Bedingungen ablaufen und was die entscheidenden Unterschiede zwischen erfolgreichen und weniger erfolgreichen Mitarbeitergesprächen sind, dann empfehle ich Ihnen unsere weiterführenden Online-Trainings unter www.assessment-center-kurse.de. Diese enthalten zahlreiche Mitarbeitergespräche in guten und weniger guten Varianten, die von mir analysiert und bewertet werden.

## Rollenspiel auf den Punkt gebracht

| | |
|---|---|
| ✔ | Legen Sie vorab Ihre Gesprächsziele im Sinne von Minimal- und Maximalziel fest, damit machen Sie sich Ihren Ermessens- und Verhandlungsspielraum bewusst. |
| ✔ | Beinhaltet die Aufgabenstellung mehrere Gesprächsthemen, dann behandeln Sie Themen von hoher Relevanz und geringer Komplexität vorrangig. |
| ✔ | Versetzen sich vor dem Gespräch in die Position Ihres Gegenübers, versuchen Sie dessen Lage nachzuempfinden. |
| ✔ | Gehen Sie mit dem Anspruch ins Gespräch, die Sichtweise, Bedürfnisse und Ziele Ihres Gegenübers wirklich verstehen zu wollen. Darin liegt häufig der Schlüssel zum Erfolg. |
| ✔ | Achten Sie auf ausgewogene Redeanteile. Für die meisten Gespräche ist 50:50 ein guter Anhaltspunkt. |
| ✔ | Wer fragt, führt! Nutzen Sie Fragetechniken und hören Sie bei den Antworten sehr aufmerksam zu. |
| ✔ | Seien Sie verhaltensflexibel, halten Sie nicht stur an einem vorbereiteten Schema fest, sondern passen Sie Ihren Gesprächsverlauf den aktuellen Anforderungen an. |
| ✔ | Begeben Sie sich auf die Metaebene, falls Sie das Gefühl haben, sich in einer Sackgasse zu befinden. |
| ✔ | Versuchen Sie das Gespräch mit einer konkreten Vereinbarung oder zumindest mit einem Zwischenergebnis abzuschließen. |

# 5. Strukturiertes Interview

## Hintergründe zur Aufgabe

Im Gegensatz zu vielen anderen Assessment-Center-Modulen können sich Teilnehmer unter einem Interview am meisten vorstellen. Hier gibt es viele Parallelen zu einem Vorstellungsgespräch, das so gut wie jeder ja schon einmal erlebt hat. Strenggenommen handelt es sich dabei gar nicht um eine klassische AC-Aufgabe – diese basiert nämlich auf dem Simulationsprinzip –, sondern um ein eigenständiges Auswahlverfahren.

**Keine klassische AC-Aufgabe**

In der Praxis wird jedoch beides gerne miteinander verknüpft. Statistisch betrachtet kommt ein strukturiertes Interview in jedem zweiten Assessment-Center zum Einsatz. In vielen Personalauswahlprozessen – gerade bei externen Bewerbern – findet es jedoch bereits im Vorfeld statt und ist somit auf einer anderen Auswahlstufe angesiedelt.

Im Assessment-Center sitzen Ihnen bei einem Interview normalerweise zwei oder mehrere Beobachter gegenüber, die Ihnen Fragen stellen. Um eine systematische Auswertung und einen einheitlichen Schwierigkeitsgrad sicherzustellen, arbeiten die Interviewer dabei mit einem vorgegebenen Fragenkatalog – deshalb auch die Bezeichnung »strukturiertes Interview«.

Auf die typischen Gepflogenheiten eines Vorstellungsgesprächs – wie Smalltalk zu Beginn – wird im Assessment-Center-Interview üblicherweise verzichtet. Rechnen Sie damit, dass es sofort mit anspruchsvollen Fragen losgeht. Manchmal werden Sie eingangs aufgefordert, sich kurz vorzustellen.

## Typische Interviewthemen und -fragen

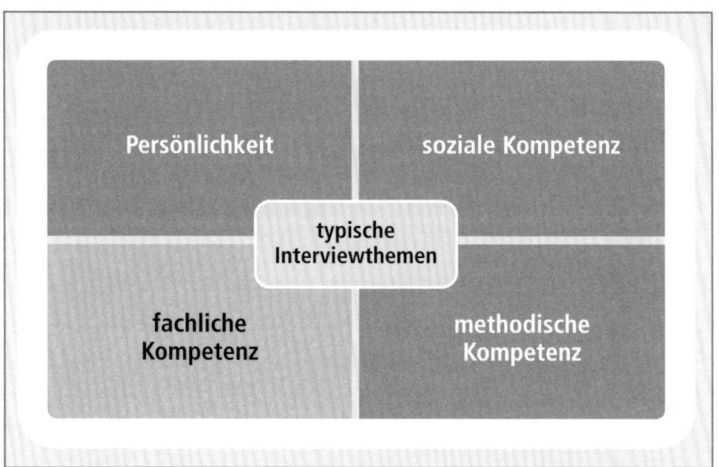

Im strukturierten Interview werden bevorzugt die Bereiche Persönlichkeit sowie soziale und methodische Kompetenz hinterfragt. Bei einem internen bereichsübergreifenden Assessment-Center bleibt Fachliches üblicherweise außen vor. Handelt es sich dagegen um ein Auswahlverfahren für externe Bewerber, bei dem die fachliche Kompetenz noch nicht im Rahmen eines vorgelagerten Interviews überprüft wurde, kann dieses Thema natürlich hier ebenfalls eine Rolle spielen.

Häufig eingesetzte Frageformen:

- Direkte offene Fragen
- Projektive Fragen
- Situative Fragen
- Hypothetische Fragen
- Alternativfragen
- Skalenfragen
- Zahlenfragen
- Kettenfragen

| | Direkte offene Fragen | Projektive Fragen | Situative Fragen | Hypothetische Fragen | Alternativfragen | Skalenfragen | Zahlenfragen | Kettenfragen |
|---|---|---|---|---|---|---|---|---|
| **Persönlichkeit** | | | | | | | | |
| Stärken | Bsp. 1 | Bsp. 4 | | | | | | |
| Schwächen | Bsp. 1 | Bsp. 4 Bsp. 5 | | | | | Bsp. 14 | |
| Motivation | | | | | | | | |
| Ziele | | | | | | | | |
| Erfahrungen | Bsp. 2 | | | | | | | |
| Werte | | Bsp. 6 | | | | | | |
| **Soziale Kompetenz** | | | | | | | | |
| Mitarbeiterführung | Bsp. 3 | | | Bsp. 9 | Bsp. 11 | | | Bsp. 15 |
| Zusammenarbeit | | | Bsp. 7 | | | | | |
| Kommunikationsvermögen | | | | | Bsp. 12 | | | |
| Interkulturelle Kompetenz | | | Bsp. 10 | | | | | |
| **Methodische Kompetenz** | | | | | | | | |
| Strategische Kompetenz | | | | | | | | |
| Analytische Fähigkeiten | | | | | | Bsp. 13 | | |
| Veränderungskompetenz | | | Bsp. 8 | | | | | Bsp. 15 |
| Organisation | | | | | | | | |

| | Direkte offene Fragen |
|---|---|
| Bsp. 1 | • Worin sehen Sie Ihre Stärken und Ihre Schwächen? |
| Bsp. 2 | • Auf welche Erfolge sind Sie besonders stolz? |
| Bsp. 3 | • Was macht eine gute Führungskraft aus? |

| | Projektive Fragen |
|---|---|
| Bsp. 4 | • Wie würden Ihre Kollegen Sie uns beschreiben? |
| Bsp. 5 | • Welche Empfehlung würde Ihnen Ihr Chef geben, woran Sie noch an sich arbeiten sollten? |
| Bsp. 6 | • Was stört Sie an Ihren Mitmenschen? |

| | Situative Fragen |
|---|---|
| Bsp. 7 | • An welche Konflikte mit Kollegen erinnern Sie sich?. ... Wie haben Sie sich verhalten? |
| Bsp. 8 | • Wann haben Sie zum letzten Mal einen Veränderungsprozess aktiv mitgestaltet? ... Beschreiben Sie, wie Sie dabei vorgegangen sind. |

| | Hypothetische Fragen |
|---|---|
| Bsp. 9 | • Stellen Sie sich vor, Sie hätten als Führungskraft den Verdacht, dass einer Ihrer Mitarbeiter ein Alkoholproblem hat. Wie verhalten Sie sich? |
| Bsp. 10 | • Wenn Sie mit einem chinesischen Geschäftspartner verhandeln müssten, worauf würden Sie als Verhandlungsführer besonders achten? |

| | Alternativfragen |
|---|---|
| Bsp. 11 Bsp. 12 | • Was ist für Sie als Führungskraft wichtiger, Ergebnis- oder Mitarbeiterorientierung?<br>• Sind Sie eher ein guter Zuhörer oder ein guter Redner? |

| | Skalenfragen |
|---|---|
| Bsp. 13 | • Wie hoch würden Sie auf einer Skala von 1 bis 10 Ihre analytischen Fähigkeiten bewerten? |

| | Zahlenfragen |
|---|---|
| Bsp. 14 | • Bitte nennen Sie uns 10 Schwächen. |

| | Kettenfragen |
|---|---|
| Bsp. 15 | • Was macht eine gute Führungskraft aus, was ist für Sie als Führungskraft wichtiger, Ergebnis- oder Mitarbeiterorientierung, und wann haben Sie zum letzten Mal einen Veränderungsprozess aktiv mitgestaltet? |

## Beurteilungskriterien

Bei einem Interview werden folgende Kriterien zur Beurteilung herangezogen:

- anforderungsspezifische Kriterien (abhängig von der jeweiligen Zielposition)
- Fähigkeit zur Selbstreflexion

Im Interview stehen natürlich in erster Linie Ihre inhaltlichen Aussagen auf dem Prüfstand, die mit den anforderungsrelevanten Kriterien abgeglichen werden. Je nach Zielposition handelt es sich dabei um einen bestimmten Mix erwünschter Eigenschaften und Fähigkeiten aus den unterschiedlichen Kompetenzfeldern (siehe Übersicht am Anfang dieses Kapitels).

Darüber hinaus lässt sich im Interview sehr gut die Fähigkeit zur Selbstreflexion beurteilen. Es geht also darum, wie differenziert und realistisch Sie Ihre Fähigkeiten, Ihr Verhalten und Ihre Leistungen einschätzen können und welches Bild Sie von sich selbst in sich tragen. Insbesondere von Führungskräften wird heute erwartet, dass sie in der Lage sind, ihr eigenes Verhalten gut zu reflektieren und sich mit der persönlichen Entwicklung intensiv auseinanderzusetzen.

**Sehr wichtig: Selbstreflexion**

Bei einem Stressinterview können zusätzliche Kriterien im Fokus der Beobachter stehen:

- Souveränität
- emotionale Stabilität

## Inhaltliche Interviewvorbereitung

Um in einem Interview angemessen reagieren zu können, ist es empfehlenswert, sich vorab intensiv mit den Themen Persönlichkeit, soziale Kompetenz und methodische Kompetenz auseinanderzusetzen. Am wirkungsvollsten wird Ihre Vorbereitung sein, wenn Sie die beigefügten Impulsfragen schriftlich beantworten. Betrachten Sie dies nicht nur als eine Vorbereitung auf ein bevorstehendes Assessment-Center, sondern gleichzeitig als eine umfassende berufliche Standortanalyse. Sie finden die Interviewfragen auch im Begleitmaterial und können diese ausdrucken oder mit der vorbereiteten Worddatei auf Ihrem Rechner bearbeiten. Neben der Vorbereitung auf konkrete Interviewfragen ist es wichtig, dass Sie sich ein möglichst großes Portfolio an beruflichen Begebenheiten zusammenstellen, die Sie mit Ihren Antworten verknüpfen können. Was damit konkret gemeint ist, erfahren Sie im nächsten Abschnitt. Im Vergleich zu anderen AC-Modulen – bei denen das Erfolgsrezept mehrfaches Üben lautet –, ist die Vorbereitung auf ein Interview in erster Linie eine inhaltliche Fleißarbeit. Die Antworten auf bestimmte Fragen können nur Sie selbst sich erarbeiten.

## PAR – Überzeugen durch Beispiele

**Behauptungen untermauern**

Um im Interview zu überzeugen, benötigen Sie ein vielfältiges Repertoire an konkreten Beispielen – also real erlebten Situationen –, die dazu geeignet sind, bestimmte Fähigkeiten und Kompetenzen zu untermauern. Die Behauptung, unternehmerisch zu denken und zu handeln, wirkt erst dann glaubwürdig, wenn Sie dazu mindestens eine konkrete Begebenheit schildern können, die verdeutlicht, wann, wie und wo Sie genau unternehmerisch gehandelt haben. Professionelle Interviewer achten genau auf das Vorhandensein und die Stimmigkeit solcher Beispiele, denn aus eignungsdiagnostischer Sicht lässt sich aus bereits gezeigtem Verhalten sehr gut auf künftiges Verhalten schließen. Sofern es passt, sollten Sie daher nicht erst auf Rückfragen zu Beispielen warten, sondern diese bereits proaktiv in Ihre Antworten einfließen lassen. Die PAR-Technik, die Sie bereits im Kapitel »Präsentation« kennengelernt haben, ist ein sehr gutes Hilfsmittel, Beispiele klar zu strukturieren und den eigenen Beitrag sichtbar zu machen.

Unvorbereiteten Kandidaten gelingt es nur selten, mit adäquaten Beispielen zu überzeugen. Daher ist es wichtig, diese bereits vorher zu durchdenken und zusammenzutragen, sodass sie im Interview nur noch abgerufen werden müssen.

| Beispiel zum Thema »unternehmerisches Denken und Handeln« | |
|---|---|
| **P**roblem | Bei der Überprüfung eines externen Dienstleisters fiel mir auf, dass wir mit ihm einen sehr unflexiblen, nicht mehr zeitgemäßen Rahmenvertrag abgeschlossen hatten. Dadurch sind wir verpflichtet, ein bestimmtes Mindestkontingent zu vergüten, das wir aber schon seit Monaten nicht mehr ausgeschöpft haben. Da der Dienstleister für mehrere Auftraggeber unseres Hauses arbeitet und der Betrag im Budget ohnehin fest eingeplant ist, ist das bisher niemandem aufgefallen. |
| **A**ktion | Auf meine Initiative hin haben wir eine neue, flexiblere Vereinbarung getroffen, mit der wir nicht mehr an ein Mindestkontingent gebunden sind. Darüber hinaus habe ich einen Prozess entwickelt, bei dem Rahmenvereinbarungen mit externen Dienstleistern einmal jährlich daraufhin überprüft werden, ob sie noch mit unseren Anforderungen übereinstimmen. |
| **R**esultat | Allein in meiner Abteilung konnten wir durch die neue Vereinbarung mit dem Dienstleister im letzten Quartal 3000 Euro einsparen. Abteilungsübergreifend werden wir künftig alle Verträge mit externen Partnern überprüfen, wodurch sich ein bedeutend größeres Einsparpotenzial erschließen lässt. |

Zur Vorbereitung auf ein Interview empfehle ich Ihnen, zwei bis drei PARs für jedes der folgenden Themen zu entwickeln:

**PAR-Portfolio anlegen**

• Konflikt im Team (als hierarchisch Gleichgestellter)
• Organisation und Planung
• Kundenorientierung
• Aneignung neuer Fähigkeiten
• Gestaltung von Veränderungen
• fachliche oder technische Problemlösung

Als Führungskraft oder Nachwuchsführungskraft sollten Sie zusätzlich zwei bis drei PARs zu den folgenden Themen vorbereiten:

• Konflikt im Team (Perspektive der Führungskraft)
• Mitarbeitermotivation

- Delegation von Aufgaben
- Leistungsdefizite bei Mitarbeitern
- schwierige Führungsentscheidung
- unpopuläre Maßnahmen

**Aktuelle Beispiele nutzen** Bedienen Sie sich dabei in erster Linie aktueller Erlebnisse aus Ihrer derzeitigen oder ggf. vorherigen Position, die höchstens eineinhalb Jahre zurückliegen. Dies gilt als Grundsatzempfehlung, denn zeitnahe Beispiele belegen, dass Sie jetzt Verantwortung tragen, aktuelle Erfolge vorzuweisen haben und sich beruflich auf der Höhe der Zeit befinden. Dies schließt nicht aus, einzelne PARs zu entwickeln, die sich auf länger zurückliegende Ereignisse beziehen, wenn Ihnen diese wirklich wichtig erscheinen. Greifen Sie auf Beispiele aus dem privaten Umfeld nur in Ausnahmefällen zurück. Nämlich dann, wenn Sie zu einem bestimmten Thema partout nichts geeignetes Berufliches finden und/oder wenn Sie ein wirklich starkes privates Beispiel haben. In diesem Zusammenhang erinnere ich mich an einen Kandidaten, der ehrenamtlich eine Leitungsfunktion bei einer Hilfsorganisation innehatte. Es gelang ihm sehr gut, anhand verschiedener Einsätze seine damit verbundene Führungsverantwortung zu verdeutlichen und dadurch zu überzeugen. Solche Beispiele eigenen sich jedoch am ehesten für Kandidaten mit geringer beruflicher Führungserfahrung. Gestandenen Führungskräften empfehle ich, sich ganz klar auf das berufliche Erfahrungsspektrum zu fokussieren.

Wenn Sie die PARs zu den oben dargestellten Punkten für sich erarbeitet haben, decken Sie schon einmal ein breitgefächertes Themenspektrum mit konkreten Beispielen ab. Sie schaffen damit quasi einen Baukasten, der es Ihnen ermöglicht, im Interview überzeugend zu agieren und Ihre Antworten situationsgerecht zu kombinieren.

Grundsätzlich wäre es möglich, ein bestimmtes PAR-Beispiel bei der Beantwortung unterschiedlicher Fragen zu platzieren. Ich rate Ihnen jedoch, ein PAR-Beispiel im Interview nicht mehr als zweimal zu bemühen, damit es nicht abgedroschen wirkt.

## Standortbestimmung und Fragen zum Thema Persönlichkeit

Die Beantwortung der Fragen zum Thema Persönlichkeit fällt den meisten Kandidaten erfahrungsgemäß am schwersten. In diesem Abschnitt erfahren Sie, welche Intention sich hinter bestimmten Fragestellungen verbirgt. Die Tipps werden Ihnen bei Ihrer persönlichen Standortbestimmung und der Entwicklung Ihrer Argumentationsstrategie helfen.

### Stärken

Impulsfrage:
* *Worin liegen Ihre Stärken?*

Alternativfragen:
* *Wie würden Sie sich selbst charakterisieren?*
* *Wie würden Sie sich mit vier Adjektiven beschreiben?*

Bei der Frage nach den Stärken geht es darum herauszufinden, welche Vorzüge Sie auszeichnen, was Sie besonders gut können und ob Sie sich dessen auch bewusst sind. Sie sollten in der Lage sein, drei bis fünf positive Eigenschaften darzustellen. Bei einem Positivthema dürfen Sie selbstverständlich die Chance nutzen, im Sinne der Eigenwerbung möglichst viel Gutes über sich zu berichten, doch wenn Sie es übertreiben, laufen Sie Gefahr, Ihr Profil zu verwässern oder sogar unglaubwürdig zu wirken. Wählen Sie Ihre Stärken aus den Bereichen soziale und methodische Kompetenz. Die fachliche Kompetenz wird – abgesehen von einem Assessment-Center für eine bestimmte Fachposition – normalerweise vorausgesetzt. Bei der Vorbereitung auf dieses Thema ist es besser, die persönlichen Pluspunkte deutlich herauszuarbeiten, anstatt ein Idealprofil kopieren zu wollen. Wer versucht, nur unter taktischen Gesichtspunkten eine bestimmte Erwartungshaltung zu bedienen, dem fällt es schwer, seine individuellen Stärken sichtbar zu machen.

**Authentische Stärken statt Idealbild**

Manche Kandidaten bereiten sich oberflächlich vor und zählen dann im Interview einige Attribute auf, die sie gerne für sich proklamieren möchten. Hinterfragen dann die Interviewer diese Eigenschaften, stellt sich oft heraus, dass es damit nicht weit her ist und lediglich einige wohlklingenden Schlagworte gewählt wurden. Sie müssen daher in der Lage sein, die Frage nach Ihren Stärken glaubhaft und differenziert zu beantworten, ohne dabei auszuschweifen. Es ist deshalb hilfreich, wenn Sie sich mit folgendem Argumentationsraster auf jede Ihrer Stärken vorbereiten:

| | Beispiel | Kommentar |
|---|---|---|
| **Schlagwort** | Motivationsfähigkeit | Wählen Sie einen passenden Arbeitstitel bzw. ein Schlagwort. |
| **Erläuterung** | Es gelingt mir gut, Mitarbeiter auch unter schwierigen Rahmenbedingungen für Aufgaben zu begeistern und zu Höchstleistung anzuspornen. | Erklären Sie in einem Satz, was Sie unter dieser Stärke verstehen. |
| **Beispiel (PAR)** | Letzten Monat erhielten wir von der Bereichsleitung einen Sonderauftrag zum Thema Kundenzufriedenheit. Einige meiner Mitarbeiter hatten Vorbehalte, da wir schon an der Kapazitätsgrenze arbeiteten. Ich habe aufgezeigt, wie wichtig diese Aufgabe gerade jetzt für unser Unternehmen ist, und selbst mit angepackt, um den Termin einzuhalten. Wir haben danach ein großes Lob vom Bereichsleiter erhalten, das ich direkt an meine Mitarbeiter weitergegeben habe. | Wählen Sie ein konkretes Beispiel aus der jüngeren Vergangenheit aus, das für eine kurze und knappe Darstellung geeignet ist. |
| **Nutzen** | Das führt dazu, dass die Mitarbeiter gerne in unserem Team arbeiten. Sie identifizieren sich mit unserem Unternehmen und zeigen auch in Spitzenzeiten hohe Einsatzbereitschaft. | Stellen Sie dar, wie Sie durch diese Stärke einen Mehrwert schaffen. |

Auch wenn diese tiefgründige Darstellung für alle Ihrer drei bis fünf Stärken im Interviewgespräch vielleicht aus zeitlichen Gründen nicht möglich sein wird, sollten Sie dieses Argumentationsraster dennoch für jede Eigenschaft vorbereitet haben. Es ermöglicht Ihnen, auf die jeweilige Stärke differenziert und ausführlich einzugehen und auf Rückfragen angemessen zu reagieren. Wenn es Ihnen wichtig ist, eine oder zwei Hauptstärken auf jeden Fall nachdrücklich zu platzieren, können Sie diese ausführlich anhand dieses Argumentationsrasters vermitteln. Wogegen Sie weitere Stärken – die für Sie nicht mehr ganz so zentral sind – dann lediglich auf der Schlagwortebene nennen können.

## Schwächen

Impulsfrage:
- *Was sind Ihre Schwächen?*

Alternativfragen:
- *In welchen Ihrer Verhaltensweisen sehen Sie noch Veränderungs- bzw. Verbesserungsbedarf?*
- *Welche Tipps würde Ihnen ein wohlwollender Kollege geben, woran Sie noch an sich arbeiten sollten?*

Dieses Thema bereitet vielen Assessment-Center-Teilnehmern Unbehagen, denn wer berichtet schon gerne über eigene Unzulänglichkeiten und Macken. Da mit dem Begriff Schwächen negative Assoziationen einhergehen, wird stattdessen oft nach Verbesserungspotenzialen, Entwicklungs- oder Handlungsfeldern gefragt. Die Intention der Fragen nach Schwächen besteht nicht darin – wie manche vermuten –, tiefenpsychologische Erkenntnisse zu den menschlichen Abgründen der Kandidaten zu gewinnen. Die Interviewer möchten vielmehr herausfinden, inwieweit bei ihrem Gegenüber die Fähigkeit zur Selbstreflexion bzw. zur Selbstkritik ausgeprägt ist. Ist sich der Teilnehmer seiner Schwachstellen und Handlungsfelder bewusst, kann er deren Auswirkungen einschätzen und weiß damit umzugehen. Gerade an Führungskräfte ist dies eine entscheidende Anforderung. Nur wer dazu fähig ist, seine eigenen Schwächen zu identifizieren und daran zu arbeiten, dem traut man auch zu, andere Menschen verantwortungsvoll zu fördern und zu fordern. Aber auch auf der Teamebene ist diese Eigenschaft wichtig, denn wer möchte schon gerne mit jemandem zusammenarbeiten, der der Meinung ist, er sei perfekt und habe nur Stärken. Kommt bei der Frage nach den Schwächen also die Antwort »Ich habe keine«, versetzt sich ein Assessment-Center-Teilnehmer damit in der Regel selbst den K.-o.-Schlag. Doch welcher Umgang mit diesem Thema ist im Interview angemessen?

**Fähigkeit zur Selbstreflexion**

Ich empfehle Ihnen, möglichst offen und ehrlich mit diesem Thema umzugehen. Wählen Sie dafür Verhaltensweisen oder Eigenschaften aus, mit denen Sie selbst unzufrieden sind und für die Sie einen Veränderungs- bzw. Verbesserungsbedarf sehen. Auf unliebsame Gewohnheiten, wie zum Beispiel sich zu ungesund zu ernähren oder zu wenig Sport zu treiben, mag dies zwar zutreffen, doch hier fehlt der berufliche Bezug. Mit Schwächen aus dieser Kategorie werden sich Interviewer nicht zufriedengeben. So wie Ihre Stärken sollten auch Ihre Schwächen vorzugweise aus den Bereichen soziale und/oder methodische Kompetenz stammen.

Am folgenden Fallbeispiel wird aufgezeigt, wie sich eine Führungskraft mit einer ihrer Schwächen auseinandersetzt und wie sie diese im Interview darstellt:

|  | Beispiel | Kommentar |
|---|---|---|
| **Schlagwort** | Zu dominant in Abteilungsbesprechungen | Wählen Sie einen passenden Arbeitstitel bzw. ein Schlagwort. |
| **Erläuterung** | Bei Besprechungen falle ich meinen Mitarbeitern gerne ins Wort. | Erläutern Sie in einem Satz, wie sich diese Schwäche äußert. |
| **Beispiel** | Im letzten Abteilungsmeeting habe ich einem Mitarbeiter bei der Vorstellung seiner Verbesserungsvorschläge mehrmals das Wort abgeschnitten. Ich habe gemerkt, dass sich der Mitarbeiter im Laufe der Besprechung kaum mehr eingebracht hat und vermutlich ziemlich frustriert war. | Wählen Sie ein konkretes Beispiel aus der jüngeren Vergangenheit aus, das für eine kurze und knappe Darstellung geeignet ist. |
| **negative Konsequenz** | Dadurch kann es passieren, dass ich in Meetings manchmal sensible Mitarbeiter vor den Kopf stoße und sie sich dann mit ihren guten Ideen zurückhalten. | Stellen Sie dar, was Sie daran stört bzw. welche Nachteile daraus resultieren. |
| **Maßnahmen** | Ich habe mir vorgenommen, darauf zu achten, die Mitarbeiter künftig ausreden zu lassen. Meinen Stellvertreter habe ich deshalb beauftragt, mir Feedback zu geben, wenn ich wieder einmal zu dominant war. | Zeigen Sie auf, mit welchen konkreten Maßnahmen Sie an dieser Schwäche arbeiten. |

Es mag zunächst unlogisch erscheinen, eine Schwäche so offen und dann auch noch detailliert anhand eines Beispiels zu schildern. Grundsätzlich brauchen Sie bei den Schwächen natürlich nicht so viele Inhalte in die Waagschale zu werfen wie bei den Stärken. Die Nennung von maximal zwei bis drei Eigenschaften ist in einem Interview auf jeden Fall ausreichend. Diese sollten Sie jedoch bei Bedarf wirklich plausibel erklären können. Um den Wahrheitsgehalt einer Schwäche zu überprüfen, fragen Interviewer gerne nach aktuellen Begebenheiten und Alltagssituationen. Erscheinen diese authentisch und schlüssig, wird man Ihnen die Schwäche abnehmen.

Einige Bewerbungsratgeber vermitteln den Eindruck, es müsse das Ziel sein, Schwächen möglichst zu verschleiern oder sogar in Stärken umzukehren. Die Argumentation wird dann oft so aufgebaut, dass die negative Konsequenz beschönigt und stattdessen ein positives Resümee aus der vermeintlichen Schwäche gezogen wird. Mit dieser Taktik, durch die Blume weitere Stärken verkaufen zu wollen, tun Sie sich in einem Assessment-Center jedoch keinen Gefallen. Für einen geübten Interviewer sind solche Ablenkmanöver leicht durchschaubar. Das Gespräch über die Schwächen entwickelt sich dann meist für beide Seiten zu einem zähen Unterfangen, das einen unangenehmen Beigeschmack hinterlässt.

**Durchschaubare Ablenkungsmanöver**

Eine weitere weitverbreitete Taktik besteht darin, Schwächen als irrelevant erscheinen zu lassen, indem sie bereits als abgehakt dargestellt werden: »Früher war ich zu pedantisch und habe zu viel Zeit in Details investiert. Ich habe mir daraufhin angewöhnt, die 80/20-Regel konsequent anzuwenden. Heute gelingt es mir gut, die Details mit dem richtigen Augenmaß zu bearbeiten.« Auch diese Aussage wird ein erfahrener Interviewer als »netten Versuch« verbuchen, denn erledigte Schwächen sind eben aktuell keine Schwächen mehr. Wenn Sie Ihre persönliche Entwicklung als kontinuierlichen Verbesserungsprozess (KVP) betrachten, wird deutlich, dass Sie bisher eine Vielzahl von Schwächen erfolgreich abgearbeitet haben müssen. Punkte, die Sie als erledigt darstellen, sind für Interviewer weniger interessant. Spannender ist, womit Sie sich aktuell auseinandersetzen und woran Sie in der nahen Zukunft noch arbeiten möchten.

Die Befürchtung vieler Bewerber, sich mit der Darstellung ehrlicher Schwächen im Auswahlprozess selbst zu Fall zu bringen, ist in den meisten Fällen wirklich unbegründet. Andererseits brauchen Sie natürlich keine Dinge zu nennen, die Ihnen tatsächlich schaden oder mit denen Sie sich die Eignung für die Position absprechen würden. Beispielsweise wenn es Ihnen als Vertriebsmitarbeiter schwerfiele, auf andere Menschen zuzugehen, oder Sie als Führungskraft Schwierigkeiten hätten, Aufgaben zu delegieren. Wogegen ein zu dominantes Verhalten in Besprechungen (siehe Beispiel oben) zwar als nachteilig, aber dennoch nicht als erfolgskritisch gelten muss.

**Motivation**

Impulsfrage:
• *Was interessiert Sie an der Position als ...?*

Alternativfrage:
• *Warum möchten Sie ... werden?*

**Argumentation über zwei Säulen** Bei einem Assessment-Center zur Bewerberauswahl oder zur Überprüfung der Qualifikation für eine bestimmte Hierarchieebene taucht üblicherweise die Frage nach der Motivation für die Position bzw. den hierarchischen Aufstieg auf. Es bietet sich an, diese Argumentation über zwei Säulen aufzubauen – die Ist-Situation sowie Ihre Erwartungshaltung (vgl. im Kapitel »Präsentation« unter »Selbstpräsentation« das »2-Säulen-Modell«).

Stellen Sie die Übernahme der Zielposition – wegen der Sie am Assessment-Center teilnehmen – als den nächsten logischen Schritt Ihrer beruflichen Entwicklung dar. Zeigen Sie kurz auf, dass Ihre bisherigen Erfahrungen, Ihre Qualifikationen und Ihre Stärken Sie dafür befähigen. Allerdings ist die alleinige Darstellung der Ist-Situation – mit der Sie quasi Ihren Anspruch begründen – für eine glaubhafte Vermittlung der Motivation noch nicht ausreichend.

Es muss gleichzeitig deutlich erkennbar werden, welche Erwartungen Sie an die Zielposition haben und welche Aspekte für Sie dabei besonders attraktiv sind. Der Anreiz sollte dabei in erster Linie in der für Sie interessanten Tätigkeit begründet sein. Sie müssen also vermitteln können, was Ihnen an den Aufgaben Spaß macht. Darüber hinaus ist es aber durchaus legitim, zusätzliche Aspekte zu nennen wie

- ein interessantes Marktumfeld bzw. die Branche,
- die Identifikation mit den Produkten bzw. Dienstleistungen des Arbeitgebers,
- den Erfolg des Unternehmens,
- Karriereperspektiven und Weiterbildungsmöglichkeiten.

Diese Punkte sollten nur nicht an erster Stelle, vor der Identifikation mit der Tätigkeit, stehen.

Bei Führungspositionen sollte anstatt des fachlichen Aufgabenspektrums der persönliche Anreiz anhand der Führungstätigkeit vermittelt werden, zum Beispiel:

- der Zuwachs an Verantwortung und Gestaltungsspielräumen,
- komplexere, herausfordernendere Aufgaben,
- der höhere Wirkungsgrad und damit der größere Beitrag zum Unternehmenserfolg,
- die Möglichkeit mehr Veränderungen / Verbesserungen zu initiieren,
- die Interaktion mit den Mitarbeitern zur Umsetzung anspruchsvoller Ziele,
- die Weiterentwicklung und Förderung von Mitarbeitern.

**Keine falsche Bescheidenheit**

Da eine finanzielle Verbesserung bekanntlich nur ein kurzfristiger Motivator ist, sollte die Vergütung als Anreiz von Ihrer Seite aus, wenn überhaupt, dann nur beiläufig erwähnt werden. Fragt man Sie jedoch direkt nach der Bedeutung des (künftigen) Gehalts, brauchen Sie keinesfalls zu altruistisch zu reagieren. Selbstverständlich können Sie einräumen, dass der finanzielle Aspekt und eventuelle andere Annehmlichkeiten für Sie attraktiv sind und natürlich auch eine Rolle spielen – nur eben nicht die einzige. Stellen Sie die Vergütung als angemessenen Gegenwert für Ihren Einsatz und Ihren Beitrag zum Unternehmenserfolg dar.

**Ziele**

Impulsfrage:
- *Was ist Ihr berufliches Ziel?*

Alternativfragen:
- *Welche Ziele möchten Sie kurz-, mittel- und langfristig erreichen?*
- *Wie würde Ihre berufliche Entwicklung im Idealfall verlaufen?*
- *Wo möchten Sie in zehn Jahren stehen?*

**Kurzfristige Perspektive**

Hier sollten Sie aufzeigen können, wie Sie sich Ihre berufliche Zukunft vorstellen. Beantworten Sie die Frage am besten differenziert, beschreiben Sie also, was Sie kurzfristig erreichen möchten, welche Perspektive Sie langfristig sehen und welchen Weg Sie einschlagen müssen, um dort anzukommen. Erläutern Sie Ihr kurzfristiges Ziel möglichst konkret. Mit dem Bestehen des Assessment-Centers qualifizieren Sie sich ja für eine bestimmte Stelle bzw. Hierarchieebene. Die Übernahme dieser Zielposition ließe sich deshalb gut als die nächste Etappe darstellen.

**Mittelfristige Perspektive**

Mittelfristig könnten Sie darauf eingehen, wie Sie Ihren Verantwortungsbereich weiterentwickeln möchten, zum Beispiel durch das Steigern des Umsatzes oder die Entwicklung des Produktes XY. Denkbar ist auch, die Vorstellung von der eigenen Weiterentwicklung aufzuzeigen. Also in welchen Bereichen Sie noch mehr Erfahrung sammeln möchten, welche Fähigkeiten oder Qualifikationen Sie noch ausbauen wollen.

**Langfristige Perspektive**

Was die langfristige Perspektive betrifft, so erwarten Interviewer hier sicher keine so konkreten Aussagen wie für die nähere Zukunft. In den meisten Fällen ist es ja auch unrealistisch, zum heutigen Zeitpunkt genau zu planen, welche Position man in zehn Jahren innehaben wird. Dennoch sollten Sie eine etwaige Vorstellung davon haben, welche Entwicklung für Sie im Bereich des Möglichen und zugleich Erstrebenswerten liegt. Widerspricht ein ambitioniertes Karriereziel Ihrer persönlichen Lebensplanung, dann verzichten Sie an dieser Stelle lieber darauf, anstatt ein vollkommen falsches Bild zu entwerfen.

**Erfahrungen**

Impulsfragen:
- *Was waren für Sie die wichtigsten Meilensteine Ihres bisherigen Werdegangs?*
- *Auf welche Erfolge sind Sie stolz?*
- *Mit welchen Misserfolgen haben Sie sich auseinandergesetzt?*
- *Wenn Sie die Zeit noch einmal zurückdrehen könnten, was würden Sie dann anders machen?*

Dieser Fragenkomplex zielt darauf ab, herauszufinden, wie Sie vergangene Ereignisse bewerten, welche Stationen Sie geprägt und inwieweit Sie Ihre berufliche Entwicklung selbst initiiert haben.

Als persönlichen Erfolg können Sie ein bestimmtes Ziel darstellen, auf dessen Erreichen Sie stolz sind. Zeigen Sie auf, mit welchen Herausforderungen oder Anstrengungen die Umsetzung verbunden war und wie Sie dabei vorgegangen sind. Vorzugsweise sollten Sie hier mit Beispielen aus Ihrem Berufsleben arbeiten. Stehen Sie am Beginn der beruflichen Laufbahn, dann wählen Sie Ereignisse aus Ihrem Studium bzw. der Ausbildung. Erfolge müssen keinesfalls dem Anspruch der Superlative gerecht werden. Viel wichtiger ist es, den eigenen Beitrag zur Bewältigung einer anspruchsvollen Aufgabe sichtbar zu machen.

Ähnlich verhält es sich mit der Frage nach sogenannten Misserfolgen. Hier möchten die Interviewer etwas über Ihren Umgang mit weniger guten Ergebnissen – also über Ihre persönliche Fehlerkultur – herausfinden. Können Sie nachvollziehen, woran Sie bei einer bestimmten Aufgabe gescheitert sind? Sind Sie bereit, die Verantwortung auch für unerfreuliche Ereignisse zu übernehmen? Was haben Sie daraus gelernt und was würden Sie beim nächsten Mal besser machen? Eigene Fehler und Pannen einzugestehen ist keinesfalls eine Schwäche, sondern vielmehr eine Stärke. Wählen Sie deshalb ein Beispiel aus, in dem Sie das gesteckte Ziel nicht erreicht haben oder einen Rückschlag hinnehmen mussten. Wichtig ist, die Verantwortung für das unbefriedigende Ergebnis sich selbst – und nicht einer höheren Gewalt oder gar anderen Beteiligten – zuzuschreiben. Zeigen Sie auf, was Sie aus der Situation gelernt haben und wie Sie beim nächsten Mal vorgehen würden.

**Verantwortung übernehmen**

Wenn Sie nach Meilensteinen in Ihrem Werdegang gefragt werden, sollten Sie davon absehen, nun Ihren ganzen Lebenslauf zu erzählen. Stellen Sie vielmehr kurz die Ereignisse oder Stationen heraus, die prägend für Ihre (berufliche) Entwicklung waren. An welchen Aufgaben sind Sie gewachsen? Für welche Erfahrungen sind Sie dankbar? Welche entscheidenden Weichenstellungen haben letztendlich dazu geführt, dass Sie sich jetzt genau an dieser Stelle befinden? Um den Eindruck einer selbstbestimmten Persönlichkeit zu vermitteln, bietet es sich an, Erfahrungen aufzuzeigen, in denen Sie proaktiv gehandelt oder eine Veränderung selbst initiiert haben. Zwei bis vier Meilensteine sind recht gut darstellbar, wenn Sie hier zu viele prägende Ereignisse anführen, könnte dies inflationär wirken und Ihr Profil verwässern.

Fragt man Sie danach, was Sie rückblickend in Ihrem Leben anders machen würden, können Sie kleine Kurskorrekturen einräumen, ohne dabei den grundsätzlichen Kurs infrage zu stellen. Keinen Gefallen tun Sie sich damit, wenn Sie zum Ausdruck bringen, dass Sie an bestimmten Punkten nun einen ganz anderen Weg einschlagen würden. Daraus ließe sich entweder eine hohe Unzufriedenheit oder eine wenig zielgerichtete Lebensplanung schlussfolgern.

**Werte**

Impulsfrage:
- *Was sind Ihre Werte?*

Alternativfragen:
- *Wonach richten Sie Ihr Handeln aus?*
- *Was erwarten Sie von Ihren Mitmenschen?*

**Leitbild des Unternehmens**

Die Frage nach Werten erlebt derzeit in Personalauswahlverfahren eine Renaissance. Nahezu jedes große Unternehmen verfügt heute über ein klar definiertes Leitbild, nach dem Führungskräfte und Mitarbeiter ihr Handeln ausrichten sollen. Sofern Sie mit dem Leitbild bzw. den Werten Ihres Unternehmens noch nicht vertraut sind, ist es hilfreich, sich im Zuge der Assessment-Center-Vorbereitung noch einmal damit auseinanderzusetzen.

Doch wie ist es um Ihr eigenes Leitbild bestellt? Bei der Beantwortung der Frage kommt es nicht darauf an, Deckungsgleichheit mit allen Unternehmenswerten aufzuzeigen. Interessanter ist vielmehr, ob Sie sich Ihrer eigenen Werte und Handlungsmaßstäbe bewusst sind. Also wonach richten Sie Ihr Handeln und Ihre Entscheidungen aus? Da dieses Interviewthema in vielen Personalauswahlverfahren noch nicht so etabliert ist, erlebe ich immer wieder Kandidaten, die mit der Fragestellung wenig anfangen können und stattdessen mit ihren Zielen oder Stärken antworten. Deshalb für Sie einige Beispiele, was mit Werten gemeint sein kann:

**Eigenes Leitbild**

- Aufrichtigkeit
- Authentizität
- Ehrlichkeit
- Effektivität
- Erfolg
- Fairness
- Fleiß
- Geradlinigkeit
- Glaubwürdigkeit
- Hilfsbereitschaft
- Loyalität
- Nachhaltigkeit
- Offenheit
- Professionalität
- Respekt
- Qualität
- Toleranz
- Wertschätzung
- Zuverlässigkeit
- usw.

Wenn Sie sich mit Ihren eigenen Werten ernsthaft auseinandersetzen, könnte dabei eine sehr lange Liste mit Punkten entstehen, die für Sie allesamt wichtig sind. Absolut denkbar ist, dass einzelne Werte dabei sogar in einem Zielkonflikt stehen. Priorisieren Sie deshalb Ihre Werte und finden Sie die drei bis fünf Punkte, die für Sie im Berufsleben am wichtigsten sind.

**Das persönliche Leitbild bewusst machen**

Um weniger angepasste Antworten zu erhalten, ist es speziell bei diesem Themenkomplex sehr beliebt, mit indirekten, projektiven Fragestellungen zu arbeiten. Solche Fragen könnten beispielsweise lauten: »Was stört Sie an Ihren Mitmenschen?« oder »Was erwarten Sie von einem guten Kollegen?«. Durch solche oder ähnliche Fragestellungen versuchen Personalverantwortliche ehrliche Auskünfte zum eigenen Wertesystem zu erhalten. Denn sehr viele Menschen übertragen ihre eigenen Maßstäbe unbewusst auf ihr Umfeld und bringen damit zum Ausdruck, worauf es ihnen ankommt.

### Impulsfragen zum Thema soziale Kompetenz

### Mitarbeiterführung

Impulsfragen:
- *Was verstehen Sie unter Führung?*
- *Welche Eigenschaften sollte eine Führungskraft mitbringen?*
- *Welchen Führungsstil bevorzugen Sie?*
- *Was sind typische Führungsaufgaben?*
- *Welche Führungsinstrumente kennen Sie?*
- *Wie gehen Sie vor, wenn Sie Mitarbeitern Ziele setzen?*
- *Wie motivieren Sie Ihre Mitarbeiter?*
- *Wie kommunizieren Sie unbeliebte Maßnahmen und Entscheidungen an Ihre Mitarbeiter?*
- *Wie würden Sie die ersten 100 Tage in Ihrer neuen Funktion als Führungskraft gestalten?*
- *Wie gehen Sie mit einem sehr guten Mitarbeiter um, der mehr Geld fordert und Sie diese Forderung aufgrund der wirtschaftlichen Situation nicht erfüllen können?*
- *Wie gehen Sie als Vorgesetzter mit dem Konflikt zweier Mitarbeiter um?*
- *Stellen Sie sich vor, Sie müssten in Ihrem Verantwortungsbereich einen Mitarbeiter entlassen. Wonach wählen Sie diesen Mitarbeiter aus?*
- *Was bieten Sie als Führungskraft Ihren Mitarbeitern, und was erwarten Sie von Ihren Mitarbeitern?*
- *Wann und wie erhalten Mitarbeiter von Ihnen als Führungskraft Rückmeldung?*

- *Wie vermitteln Sie als Führungskraft Glaubwürdigkeit?*
- *Welche Aufgaben delegieren Sie?*

**Zusammenarbeit**

Impulsfragen:
- *Was sind für Sie die Voraussetzungen für gute Zusammenarbeit?*
- *Wie gehen Sie damit um, wenn Sie mit einem Kollegen, den Sie unsympathisch finden, zusammenarbeiten müssen?*
- *Wie verhalten Sie sich bei einer Meinungsverschiedenheit mit einem Kollegen?*
- *Wie gehen Sie mit Kritik um?*
- *Wie stellen Sie sich Ihre Einarbeitung vor?*
- *Was verstehen Sie unter Teamarbeit?*

**Kommunikationsvermögen**

Impulsfragen:
- *Welchen Kommunikationsstil bevorzugen Sie?*
- *Wie gehen Sie vor, wenn Sie andere Menschen von Ihren Ideen überzeugen möchten?*
- *Welche Möglichkeiten zur Steuerung von Gesprächen kennen Sie?*
- *Wie gehen Sie mit einem reklamierenden Kunden um?*

**Interkulturelle Kompetenz**

Spielt die interkulturelle Kompetenz für Ihre Zielposition eine erfolgsentscheidende Rolle, so ist mit einer Reihe von Fragen zu Ihrem Verhalten im Umgang mit anderen Kulturen zu rechnen. Gerne wird dann mit Fallbeispielen aus den entsprechenden Zielländern gearbeitet, zum Beispiel: »Wenn Sie mit einem chinesischen Geschäftspartner verhandeln müssten, worauf würden Sie als Verhandlungsführer besonders achten?« Die Auflistung aller denkbaren Konstellationen würde an dieser Stelle den Rahmen sprengen.

### Impulsfragen zum Thema methodische Kompetenz

#### Strategische / unternehmerische Kompetenz

Impulsfragen:
- *Was bedeutet für Sie unternehmerisches Denken?*
- *Worin sehen Sie den Unterschied zwischen Strategie und Taktik?*
- *Halten Sie es für wichtig, alle Wünsche unserer Kunden zu erfüllen?*
- *Wie tragen Sie in Ihrem Verantwortungsbereich zur Umsetzung unserer Unternehmensstrategie bei?*

#### Analytische Fähigkeiten / Problemlösekompetenz

Impulsfragen:
- *Wie gehen Sie herausfordernde berufliche Aufgaben an?*
- *Wie gehen Sie vor, wenn Sie schwerwiegende Entscheidungen treffen müssen?*
- *Wie beurteilen Sie die Aussage: »Lieber eine falsche Entscheidung als gar keine Entscheidung«?*
- *Wie gelingt Ihnen bei Entscheidungen der Spagat zwischen Chance und Risiko?*
- *Beschreiben Sie eine Situation, in der Sie ein schwieriges Problem zu lösen hatten. Wie sind Sie dabei vorgegangen?*

#### Veränderungskompetenz

Impulsfragen:
- *Wie ist Ihre Meinung zu der These: »Das einzig Beständige ist die Veränderung.«?*
- *Was sind für Sie Indikatoren für die Notwendigkeit nach Veränderung?*
- *Wie gehen Sie mit Veränderungen um, die Sie selbst nicht mitgestalten können?*
- *Was verstehen Sie unter Change-Management?*

**Organisation**

Impulsfragen:
- *Wie gehen Sie mit Terminkonflikten um?*
- *Wonach entscheiden Sie, welche Aufgaben Sie zuerst erledigen?*
- *Wie organisieren Sie Ihren Tagesablauf?*
- *Wie planen und organisieren Sie ein langfristiges großes Projekt?*

## Umgang mit speziellen Interviewsituationen

### Reaktion auf bestimmte Fragetechniken

Der Werkzeugkoffer von Interviewern setzt sich aus verschiedenen Fragetechniken zusammen. Diese ermöglichen es, die im letzten Abschnitt dargestellten Interviewthemen über unterschiedlichste Konstellationen abzufragen. Die eingangs dargestellte Übersicht zeigt dazu einige Varianten auf. Grundsätzlich lässt sich fast jedes Interviewthema mit jeder Fragetechnik kombinieren. Im folgenden Abschnitt erhalten Sie einen Überblick über die am häufigsten eingesetzten Fragetechniken und die damit verbundene Taktik der Interviewer.

### Direkte offene Fragen
Bei diesen sogenannten W-Fragen (Welche, Wie, Warum usw.) handelt es sich um die Grundfragetechnik eines jeden Interviews. Offene Fragen begünstigen einen möglichst hohen Informationsoutput. Gleichzeitig ist die Intention der Interviewer für den Befragten transparent.

**W-Fragen**

### Projektive Fragen
Hier wird eine dritte Person gedanklich einbezogen, zum Beispiel: »Wie würden Ihre Kollegen Sie uns beschreiben?« oder »Was stört Sie an Ihren Mitmenschen?«. Dadurch soll die Intention der Fragestellung verschleiert werden, mit dem Ziel, ehrlichere und weniger angepasste Aussagen zu erhalten. Mit projektiven Fragestellungen wird deshalb gerne bei den Themen Stärken, Schwächen und Werte gearbeitet. Die Erfahrung zeigt, dass einige Kandidaten dann tatsächlich aus dem Nähkästchen plaudern und mehr Informationen preisgeben.

Häufig wird die projektive Frage nicht anstatt einer direkten offenen Frage gestellt, sondern zusätzlich zu einem späteren Zeitpunkt. Wenn offen nach Schwächen gefragt wurde, ist es gut möglich, dass die Interviewer einige Minuten später – wenn für Sie das Thema schon abgehakt ist – versuchen, über eine projektive Frage weitere Erkenntnisse zu erlangen. Erkennen Sie diese Taktik, dann sollten Sie natürlich die gleiche Botschaft wie bei der vorher offen gestellten Frage vermitteln, ohne dabei den exakt gleichen Wortlaut zu verwenden.

### Situative Fragen

**Sachverhalte hinterfragen**

Der Kandidat wird dazu aufgefordert, anhand einer konkreten Situation zu schildern, welche Vorgehensweise er zur Problemlösung angewandt hat. Beispiel: »Welches Gespräch mit einem Ihrer Mitarbeiter empfanden Sie als besonders schwierig? ... Bitte beschreiben Sie, wie Sie dabei genau vorgegangen sind.« Diese Frageform dient in erster Linie dazu, herauszufinden, ob bestimmte Fähigkeiten tatsächlich ausgeprägt sind oder lediglich ein theoretischer Lösungsansatz davon existiert. Diese Methode ist bei Interviewern recht beliebt, weil sich damit nahezu alle Kompetenzfelder und Interviewthemen gut hinterfragen lassen. Um die Selbsteinschätzung eines Kandidaten – also die Stärken und Schwächen – auf Plausibilität zu überprüfen und widersprüchliche Aussagen aufzudecken, sind situative Fragen ebenfalls gut geeignet.

Speziell zu Ihren Stärken und Schwächen sollten Sie deshalb im Vorfeld unbedingt nach geeigneten Beispielen suchen. Achten Sie darauf, dass diese nicht zueinander im Widerspruch stehen. Wählen Sie möglichst Situationen aus der jüngeren Vergangenheit aus, die leicht verständlich und schnell vermittelbar sind. Doch auch bei den Fragen zu den sozialen und methodischen Kompetenzen empfehle ich Ihnen, sich vorab bereits gedanklich mit konkreten Begebenheiten auseinanderzusetzen. Nutzen Sie dafür die im Abschnitt »PAR – Überzeugen durch Beispiele« dargestellte Technik.

### Hypothetische Fragen

**Lösung für ein Problem finden**

Bei hypothetischen Fragen wird Ihnen ein Problem geschildert, auf das Sie nun reagieren müssen. Das Szenario ist vergleichbar mit dem anderer Assessment-Center-Aufgaben, in denen bereits unterstellt wird, Sie befänden sich in der Zielposition. Beispiel: »Stellen Sie sich vor, Sie hätten als Führungskraft den Verdacht, dass einer Ihrer Mitarbeiter ein Alkoholproblem hat. Wie verhalten Sie sich?« Der Unterschied besteht lediglich darin, dass die Situation nicht simuliert wird, sondern Sie Ihren Lösungsansatz im Gespräch darstellen müssen.

Hypothetische Fragen kommen vorzugsweise bei den Themenfeldern zum Einsatz, zu denen noch keine Erfahrungen, aber dennoch Lösungsansätze und Hintergrundwissen erwartet werden. Sowohl bei Berufseinsteigern als auch bei angehenden Führungskräften wird diese Befragungsmethode häufig angewandt. Wenn es um die soziale und methodische Kompetenz geht, wird dabei weniger mit alltäglichen Problemen, sondern mit sehr anspruchsvollen Fallbeispielen im oberen Schwierigkeitsgrad gearbeitet.

Als Vorbereitung auf ein Assessment-Center erweist es sich als nützlich, sich gedanklich mit typischen erfolgskritischen Situationen der Zielposition auseinanderzusetzen. Spielen Sie vorab Ihre Herangehensweise an möglichst vielen unterschiedlichen Problemszenarien der angestrebten Funktion gedanklich durch. Damit decken Sie nicht nur ein gewisses Spektrum möglicher Interviewfragen, sondern auch Szenarien anderer Assessment-Center-Aufgaben ab.

### Alternativfragen

»Was ist für Sie als Führungskraft wichtiger, Ergebnis- oder Mitarbeiterorientierung?« Solche Fragen können Sie im Interview schnell in eine Entscheidungszwickmühle bringen. Bevor Sie sich spontan für einen der beiden Aspekte entscheiden, sollten Sie überlegen, in welcher Beziehung diese zueinander stehen.

**Zusammenhang der Aspekte herstellen**

Die meisten Alternativfragen werden so gestellt, dass die vorgegebenen Antworten nicht in einem klaren »Entweder-oder-Verhältnis« stehen, sondern in einer »Sowohl-als-auch-Beziehung«. In diesem Fall bietet es sich an, die Vorteile bzw. die Wichtigkeit beider Aspekte zu beleuchten und anschließend deren Wechselwirkung aufzuzeigen. Obige Frage ließe sich also gut anhand des Grid-Verhaltensmodells, das Sie im Zusammenhang mit den Mitarbeitergesprächen im 4. Kapitel kennengelernt haben, beantworten. Wenn Sie auf solche Fragen mit einem einseitigen Plädoyer reagieren und die wechselseitige Beziehung nicht erkennen, müssen Sie damit rechnen, von den Interviewern nun genau auf der anderen Flanke angegriffen zu werden.

## Skalenfragen

Sie werden von den Interviewern gebeten, auf einer Zahlenskala (zum Beispiel von 1 bis 10) nacheinander bestimmte Fähigkeiten spontan einzuschätzen. Ist diese Fragebatterie abgeschlossen, wird üblicherweise bei einigen Punkten hinterfragt, wie Sie zu genau dieser Einschätzung gelangen. Bewegen Sie sich mit Ihrer Einschätzung ausschließlich im Mittelfeld, könnte der Eindruck einer mangelnden differenzierten Selbstreflexion entstehen. Wenn Sie die beiden Enden der Skala ausnutzen, ist es für Sie auch leichter, Eigenschaften, bei denen Sie unsicher sind, in der Mitte zu platzieren. Die Skalenabfrage kommt im Assessment-Center-Interview nicht ganz so häufig zum Einsatz wie die anderen hier vorgestellten Fragetechniken.

## Zahlenfragen

Die Aufforderung »Bitte nennen Sie uns zehn Schwächen!« ist gut geeignet, um bei Assessment-Center-Kandidaten Panik zu erzeugen, und sind deshalb ein probates Mittel in Stressinterviews. Diese Fragestellung zielt darauf ab, den Bewerber zu irritieren und damit aus seiner vorbereiteten Argumentationsstrategie zu werfen. So banal diese Fragetechnik erscheinen mag, so wirkungsvoll ist sie doch gleichzeitig. Es dürfte klar sein, dass kaum jemand aus dem Stegreif zehn Schwächen nennen kann – geschweige denn freiwillig nennen will. Nicht wenige Kandidaten lassen sich jedoch von solchen Fragen beeindrucken und versuchen die Vorgabe pflichtgemäß zu erfüllen.

Keinen Gefallen tun Sie sich mit Rechtfertigungen wie »Zehn kann ich Ihnen leider nicht nennen, aber zwei oder drei Schwächen hätte ich schon«. Geschickter ist es, bei der Beantwortung der Frage so zu tun, als hätte man die vorgegebene Zahl schlichtweg überhört. Also antworten Sie ganz selbstverständlich so, wie Sie es auch bei einer vollkommen offenen Frage zu diesem Thema tun würden. Auch bei weiterem Nachfragen sollten Sie sich nicht dazu verleiten lassen, weitere Schwächen, die Sie ursprünglich gar nicht nennen wollten, ins Spiel zu bringen.

## Kettenfragen

»Was macht eine gute Führungskraft aus, was ist für Sie als Führungskraft wichtiger, Ergebnis- oder Mitarbeiterorientierung, und wann haben Sie zum letzten Mal einen Veränderungsprozess aktiv mitgestaltet?« Bei Kettenfragen werden zwei oder drei Fragen kombiniert. Mit dieser Fragetechnik soll eine gewisse Komplexität erzeugt werden, um Ihre kognitiven Kapazitäten voll auszulasten. Neben den inhaltlichen Aussagen überprüfen die Interviewer, ob Sie gut zuhören können und in der Lage sind, alle Fragen zu behalten und vollständig und strukturiert zu antworten. Viele Probanden, die zum ersten Mal mit dieser Fragetechnik konfrontiert werden, beantworten nur einen Teil. Meist liegt es daran, dass sie dem Fragesteller geistig vorauseilen, sich nach der ersten Frage bereits Gedanken über deren Beantwortung machen und dabei die weiteren Fragen überhören. Konzentrieren Sie sich bei langen Fragestellungen deshalb ausschließlich aufs Zuhören. Bevor Sie danach beginnen, die Punkte der Reihe nach zu beantworten, bietet es sich an, die Fragestellungen mit Ihren eigenen Worten zu wiederholen und den Beobachtern zurückzuspiegeln. Beispielsweise so: »Wenn ich Sie richtig verstanden habe, möchten Sie von mir wissen, was eine gute Führungskraft ausmacht, ob für mich als Führungskraft die Ergebnis- oder die Mitarbeiterorientierung wichtiger ist und wann ich zum letzten Mal aktiv einen Veränderungsprozess mitgestaltet habe.«

Manchmal erhalten Sie nach dieser Zusammenfassung von den Beobachtern entweder ein Bestätigungssignal, dass Sie auf dem richtigen Weg sind, oder einen Hinweis, falls etwas Wesentliches fehlt. Der Vorteil liegt in jedem Fall darin, dass sich die drei Fragen und deren Reihenfolge besser einprägen und bei der Beantwortung so leicht keine vergessen werden. Beantworten Sie nun die Fragen der Reihe nach. Rechnen Sie jedoch damit, dass dabei nachgefragt wird, um den Schwierigkeitsgrad zu erhöhen. Beliebt ist, nach dem ersten Punkt eine Rückfrage einzuwerfen, um zu erkennen, ob der Kandidat nach deren Beantwortung wieder zu seinem roten Faden zurückfindet. Sollten Sie tatsächlich einmal feststellen, dass Ihnen eine von drei Fragen entfallen ist, dann scheuen Sie sich nicht nachzufragen. Sie dokumentieren damit den Interviewern gegenüber, dass Ihnen bewusst ist, dass noch eine Frage offen ist, und haben die Chance, diese zu beantworten.

## Souverän im Stressinterview

Faktoren der
Stresserzeugung

Von einem Stressinterview spricht man dann, wenn unabhängig von den Interviewthemen über den Kommunikationsstil erheblicher Druck aufgebaut wird. Im vorhergehenden Abschnitt wurde deutlich, dass dies über bestimmte Fragetechniken besonders gut möglich ist. Doch darüber hinaus gibt es weitere Faktoren, die den Charakter eines Stressinterviews verstärken können.

### Fragetechniken und Kommunikationsstil
Vereinzelte Alternativ-, Skalen-, Zahlen- und Kettenfragen sind fast immer anzutreffen und machen noch kein Stressinterview aus. Dominieren diese Fragetypen jedoch zu Lasten der offenen Fragen, wird der Stressfaktor erhöht. Der Umgang mit den einzelnen Fragetechniken wurde im vorherigen Abschnitt bereits ausführlich behandelt.

Penetrantes
Nachfragen

Häufiges Nachfragen, das nicht dem besseren Verständnis dient, sondern darauf angelegt ist, den Kandidaten zu weiteren Aussagen zu nötigen, gehört ebenfalls ins Repertoire der Stresserzeugung. Lassen Sie sich bei penetrantem Nachfragen nicht dazu hinreißen, irgendetwas zu antworten, nur um danach in Ruhe gelassen zu werden. Meist ist gerade das Gegenteil der Fall, nämlich weitere bohrende Fragen folgen. Entgegnen Sie Ihren Gesprächspartnern lieber, dass Ihnen gerade keine weiteren Punkte mehr einfallen, ohne sich dafür zu rechtfertigen.

Auch mit dem entgegensetzten Verhalten kann Druck aufgebaut werden, nämlich durch Schweigen. Stellen Sie sich vor, Sie hätten gerade eine Frage beantwortet und nach Abschluss Ihrer Ausführungen starren die Interviewer Sie nur erwartungsvoll an. Fehlende Rückmeldung und ausbleibende Fragen sind sehr wirkungsvolle Instrumente, um einen Gesprächspartner total zu verunsichern. Um die erdrückende Stille zu beenden, ergreifen nun manche Kandidaten erneut das Wort und laufen damit Gefahr, sich gehörig zu verzetteln. Souveräner ist es in dieser Situation, das Schweigen auszuhalten und abzuwarten, bis die Gesprächspartner die Initiative ergreifen. Wichtig ist dabei, auch köpersprachlich ruhig zu bleiben und dem Blickkontakt nicht auszuweichen.

### Unterstellungen und Übertreibungen

Beliebt ist dabei, Antworten aufzugreifen und diese unzutreffend wiederzugeben oder daraus falsche Schlüsse zu ziehen. Berichtet der Teilnehmer über seine Schwächen, könnten die Interviewer nun versuchen, die dargestellten Verhaltensweisen zu verallgemeinern oder daraus weitere kritische Punkte abzuleiten.

**Falsche Schlüsse ziehen**

*Interviewthema Schwächen*
*Kandidat: Bei Besprechungen falle ich Mitarbeitern öfter ins*
*Wort.*
*Interviewer: Aha, wenn ich Sie richtig verstehe, mangelt es Ihnen*
*an Sensibilität und Einfühlungsvermögen.*

**Beispiel**

Die Taktik besteht darin, die Antworten bewusst falsch zu verstehen und bei der Wiedergabe der Aussagen zu überzeichnen oder zu verallgemeinern, mit dem Ziel, ein verzerrtes Bild von der Person entstehen zu lassen. Lassen Sie diese Unterstellung nun so stehen, wird dies als Zustimmung gewertet. Bei wenig selbstbewussten Kandidaten gelingt es auf diese Weise immer wieder, deren Pluspunkte gänzlich abzutragen und die Schwächen extrem zu verstärken. Die Intention ist herauszufinden, ob der Teilnehmer in der Lage ist, die Grenze zu ziehen und auch einmal »nein« zu sagen.

Beschreiben die Interviewer Sie in einer Art und Weise, die nicht mehr ganz zutrifft, sollten Sie den Eindruck sofort revidieren. Korrigieren Sie die Aussage freundlich, aber unmissverständlich, zum Beispiel: »Nein, vielleicht habe ich mich unklar ausgedrückt. Ich meinte damit lediglich, dass ich dazu neige, meine Mitarbeiter in Besprechungen öfters mal zu unterbrechen. An Sensibilität und Einfühlungsvermögen fehlt es mir keineswegs. Wie könnte ich sonst die Reaktion meiner Mitarbeiter auf mein Verhalten wahrnehmen?«

### Provokationen

**Contenance bewahren** Angriffe und Provokationen dienen dazu herauszufinden, ob es Ihnen gelingt, auch in schwierigen Situationen die Contenance zu wahren. Durch Infragestellen der bisherigen Leistungen, Anzweifeln der Kompetenz oder Aufrühren negativer Erfahrungen versuchen die Interviewer zu provozieren.

**Beispiele**
- *Auf das, was Sie bisher geleistet haben, brauchen Sie wirklich nicht stolz zu sein.*
- *Warum gerade Sie als Führungskraft geeignet sein sollen, ist uns ein Rätsel.*
- *Na, in den bisherigen Übungen haben Sie aber ganz schön danebengegriffen.*
- *Warum haben Sie sich denn so lange auf einer Sachbearbeiterstelle ausgeruht? Scheuten Sie nur die Verantwortung oder mangelte es Ihnen an der Motivation weiterzukommen?*

Bleiben Sie bei solchen Fragen bzw. Aussagen absolut gelassen, freundlich und sachlich. Durch Angriff oder Flucht – natürlich auf der verbalen Ebene – würden Sie ausdrücken, dass die Gesprächspartner bei Ihnen einen Schlag ins Kontor gelandet haben. Widerlegen Sie die Behauptung durch Sachargumente. Manche provozierenden Aussagen können sogar eine Steilvorlage bieten, um die eigenen Leistungen oder die eigene Kompetenz noch einmal ins rechte Licht zu rücken.

### Ablehnende nonverbale Signale

**Ablehnung als Teil der Show** Der Einsatz bestimmter nonverbaler Signale kann ein frostiges Gesprächsklima noch verstärken. Deutlich bedrohlicher wirken inhaltlich unangenehme Fragen natürlich, wenn sie mit entsprechendem Tonfall und der dazugehörigen Mimik vorgetragen werden. Wundern

Sie sich also nicht, wenn Sie in versteinerte Gesichter blicken und der Unterton der Interviewer leicht aggressiv oder zynisch wirkt. Ihre Antworten könnten mit ablehnenden körpersprachlichen Signalen wie Stirnrunzeln, Kopfschütteln oder Verdrehen der Augen quittiert werden.

Lassen Sie sich dadurch nicht verunsichern, die Ablehnung auf der nonverbalen Ebene ist Teil der Show und hat normalerweise nichts mit Ihren Ausführungen zu tun. Versuchen Sie diese Verhaltensweisen zu ignorieren und ziehen Sie deshalb nicht Ihre eigenen Aussagen in Zweifel. Bleiben Sie stets freundlich und beherrscht, auch wenn der Tonfall der Interviewer zynisch oder aggressiv ist.

### Zu guter Letzt

Auch Arbeitgeber haben einen Ruf zu verlieren. Reine Stressinterviews kommen deshalb in der Assessment-Center-Praxis glücklicherweise ausgesprochen selten zum Einsatz. Eher zu erwarten ist, dass im Rahmen eines normal geführten Interviews kleinere Stresssequenzen eingeflochten werden.

Für den Fall, dass das strukturierte Interview im Rahmen Ihres Assessment-Centers einen hohen Stellenwert einnimmt, empfehle ich Ihnen zur vertiefenden Vorbereitung den von mir verfassten Ratgeber »Erfolgreich im Vorstellungsgespräch und Jobinterview – Das Standardwerk für Führungs- und Nachwuchskräfte« (ISBN 978-3-86936-440-7). Dieser enthält weiterführende Strategien, um sich in einem anspruchsvollen Interview optimal zu positionieren und schwierigste Fragen überzeugend zu beantworten. Sie erhalten detaillierte Antworthinweise, konkrete Argumentationsstrategien und Beispiele zu über 200 Interviewfragen aus den unterschiedlichen Kompetenzbereichen.

## Praxisaufgaben

Im Begleitmaterial unter www.assessment-center-kurse.de/vip finden Sie alle in diesem Kapitel enthaltenen Interviewfragen sowohl als PDF-Dokument als auch als Word-Datei, mit der Sie auf Ihrem Rechner weiterarbeiten können.

Versuchen Sie möglichst viele der Fragen zu beantworten. Wie bereits erwähnt: Im Vergleich zu anderen AC-Modulen – bei denen das Erfolgsrezept mehrfaches Üben lautet –, ist die Vorbereitung auf ein Interview dagegen in erster Linie eine inhaltliche Fleißarbeit. Die Antworten auf bestimmte Fragen können nur Sie selbst sich erarbeiten. Nutzen Sie die Möglichkeit, Ihre Antworten später mit einem Sparringspartner zu diskutieren und zu reflektieren.

## Interview auf den Punkt gebracht

| | |
|---|---|
| ✔ | Stellen Sie sich ein möglichst großes Portfolio an herausfordernden beruflichen Begebenheiten zusammen und bereiten Sie diese mit der PAR-Technik auf. |
| ✔ | Entwickeln Sie Ihr Stärken- und Schwächen-Profil mit 3 bis 5 Stärken und 2 bis 3 Schwächen. |
| ✔ | Machen Sie sich klar, was Ihre Motivation für die Zielposition ist und was Sie mit den dazugehörigen Aufgaben verbindet. |
| ✔ | Achten Sie auf die Fragetechnik der Interviewer, daraus lässt sich oft auf die Intention der Fragestellung und die Ausführlichkeit der gewünschten Antwort schließen. |
| ✔ | Belegen Sie Behauptungen im Interview mit Beispielen – also real erlebten Situationen – anhand der PAR-Technik. |
| ✔ | Gehen Sie mit unangenehmen Themen, wie Schwächen oder Misserfolgen, selbstreflektiert um und zeigen Sie, dass Sie auch dafür Verantwortung übernehmen. |
| ✔ | Seien Sie darauf vorbereitet, bei Bedarf mit einer kurzen Selbstvorstellung zu starten. |

# 6. Fallstudie / Case Study

## Hintergründe zur Aufgabe

Was genau verbirgt sich hinter diesem Arbeitstitel? Die Fallstudien-
methode ist in bestimmten Fachdisziplinen in Ausbildung und Studium ein weitverbreitetes didaktisches Instrument und daher vielen
geläufig. Bei den Auswahlinterviews der großen Unternehmensberatungen sind »Cases« ebenfalls eine beliebte Methode. Doch diese beiden Varianten haben nicht so viel mit der in einem Assessment-Center
eingesetzten Fallstudie zu tun. Die Gemeinsamkeit besteht lediglich
darin, dass eine konkrete Situation – also ein Fall – beschrieben ist und
sich der Proband nun mit der Problemlösung auseinandersetzen muss.
Wie Sie mit den Besonderheiten einer Assessment-Center-Fallstudie
umgehen und sie erfolgreich lösen, erfahren Sie in diesem Kapitel.

## Fallstudien in Personalauswahlverfahren

In den Auswahlgesprächen der Unternehmensberatungen werden von **Case Study im**
den Interviewern sogenannte Kurzfälle – im Consultingjargon Cases – **Consulting-Interview**
mündlich geschildert. Der Bewerber muss nun unmittelbar im Ge-
spräch seinen Lösungsansatz aufzeigen. Dabei handelt es sich um eine
Besonderheit der Bewerberinterviews dieser Branche, die davon abgesehen kaum relevant ist. Wenn Sie sich bereits mit dem Kapitel »Strukturiertes Interview« beschäftigt haben, ist Ihnen diese Art der Fallbearbeitung unter dem Begriff »hypothetische Frage« dort schon einmal
begegnet (siehe »Umgang mit speziellen Interviewsituationen«).

Bei der für Assessment-Center charakteristischen Fallstudie, auf die **Klassische**
sich dieses Kapitel konzentriert, ist es üblich, dass dem Kandidaten **Assessment-**
schriftliche Unterlagen ausgehändigt werden. In der knapp bemesse- **Center-Fallstudie**
nen Bearbeitungszeit muss er diese Informationen durchdringen, das
Problem erkennen und dafür eine Lösung erarbeiten. Darüber hinaus
sieht der Arbeitsauftrag bei den allermeisten Fallstudien gleichzeitig
die Entwicklung einer Präsentation vor. Eine Auswertung anhand einer schriftlich dokumentierten Lösung, die wie bei einer Klausur ab-
gegeben werden muss, ist eher unüblich. Abgesehen von einigen Ausnahmen, die überwiegend im öffentlichen Dienst anzutreffen sind,
folgt nach der Fallbearbeitung eine Ergebnispräsentation.

Im Durchschnitt wird für die meisten Fallstudien eine Bearbeitungszeit zwischen 30 und 60 Minuten zur Verfügung gestellt. Die Zeit für die Vorbereitung einer Präsentation ist darin oft schon enthalten – dies sollte jedoch aus dem Arbeitsauftrag hervorgehen. Minifallstudien mit einer kürzeren Zeitvorgabe sind eher selten. Gelegentlich kommen auch sehr umfangreiche, mehrstündige Aufgaben zum Einsatz. Es gibt auch Fallstudien, die sich über die gesamte Laufzeit eines Assessment-Centers erstrecken. Der Kandidat arbeitet dann an der Aufgabe, wenn für ihn Leerlaufphasen eintreten und er nicht gerade in andere Übungen eingebunden ist. Bei der klassischen Assessment-Center-Fallstudie handelt es sich um eine typische Einzelaufgabe, bei der jeder auf sich alleine gestellt ist.

**Gruppenfallstudie** In manchen Assessment-Centern finden bestimmte Gruppenaufgaben unter dem Arbeitstitel »Fallstudie« statt. Der Prozess der Meinungsbildung und die Zusammenarbeit im Team spielen dabei eine große Rolle. Diese Übungen passen deshalb weniger in die Aufgabenkategorie »Fallstudie« sondern eher in die Kategorie »führerlose Gruppendiskussion«. Die im 7. Kapitel »Gruppendiskussion / Teammeeting« vorgestellten Strategien sind zur Bewältigung dieses speziellen Aufgabentyps besser geeignet.

## Beliebte Themen

Assessment-Center-Fallstudien zielen häufig auf eines der folgenden Themen ab:

- Aufbau- oder Ablauforganisation
- Marketing / Vertrieb
- Personalplanung / -entwicklung
- Restrukturierung
- Kostenreduktion
- Investitionsvorhaben
- Unternehmens- / Bereichs- / Abteilungsstrategie

**Im internen AC** In bereichsübergreifenden internen Assessment-Centern, bei denen es um die Eignung für eine bestimmte Hierarchieebene geht, wird das Thema so gewählt, dass für Kandidaten aus den unterschiedlichsten

Fachabteilungen Chancengleichheit gewährleistet ist. Um für einen einheitlichen Schwierigkeitsgrad zu sorgen, verwenden manche Veranstalter deshalb sogar unternehmens- oder branchenfremde Fälle.

*Führungskräfte eines namhaften Kreditinstituts mussten eine Fallstudie aus dem Touristikbereich lösen. In der Rolle des Geschäftsführers eines Reiseveranstalters war gefordert, ein neues Konzept zum Ausbau der eigenen Marktposition zu entwickeln.*

**Beispiel 1**

*Im internen Assessment-Center für die Nachwuchsführungskräfte eines großen Automobilkonzerns ging es um die Gründung eines Fahrradkurierunternehmens. Die Aufgabe bestand darin, einen Businessplan zu erstellen, der vor den Investoren präsentiert werden sollte.*

**Beispiel 2**

Bei einem Auswahl-Assessment-Center mit dem Ziel, den geeignetsten Bewerber für eine ganz bestimmte Stelle zu ermitteln, verhält es sich dagegen genau umgekehrt. Hier sind gerade Themen mit großem Unternehmens- und Branchenbezug sehr gut zur Einschätzung der fachlichen Qualifikation geeignet.

**Bewerberauswahl**

*Bewerber für eine Traineestelle im Marketingbereich in der Konsumgüterindustrie erhielten eine Fallstudie, die auf realen Unternehmensdaten basierte. Die Teilnehmer sollten aus fünf neuen Produkten des Hauses das ihnen am aussichtsreichsten erscheinende auswählen. Für dieses Produkt musste nun ein komplettes Marketingkonzept erstellt und anschließend präsentiert werden.*

**Beispiel 3**

## Fallstudientypen

Bei Fallstudien, die im Rahmen eines Studiums bzw. einer Ausbildung mit didaktischem Hintergrund eingesetzt werden, sind die Informationen meist gut strukturiert. Gerade dies sollten Sie bei einer Assessment-Center-Fallstudie nicht erwarten. Um den Schwierigkeitsgrad zu erhöhen, wird das Material meist eben nicht mundgerecht serviert. Die Unterlagen sind häufig unübersichtlich aufbereitet und enthalten möglicherweise auch eine Reihe überflüssiger Informationen. Die Bandbreite der Informationsmenge erstreckt sich von einer Seite mit

**Informationen sind unstrukturiert**

wenigen Textzeilen bis hin zu umfangreichen mehrseitigen Skripten. Im Extremfall kann die Fallbeschreibung auch mal einen kompletten Aktenordner füllen.

**Zwei Kategorien**  Im Rahmen unzähliger AC-Fallstudien, die ich im Laufe der Jahre analysiert habe, bin ich zu der Erkenntnis gelangt, dass man die Aufgaben eindeutig in zwei Kategorien mit jeweils zwei Untervarianten einteilen kann. Dies hängt davon ab, wie die Ausgangsinformationen aufgebaut sind, in welchem Bezug diese zur Lösung stehen, und wie der Arbeitsauftrag formuliert ist. Die von mir definierten beiden Hauptkategorien sind »geschlossene Fallstudien« und »offene Fallstudien«. Für diese beiden Fallstudientypen wurden von mir entsprechende Bearbeitungstechniken entwickelt, die in diesem Kapitel detailliert vorgestellt werden.

Zu jeder Fallstudie werden Ihnen Ausgangsinformationen zur Verfügung gestellt, die in der folgenden Darstellung durch den linken (gepunkteten) Kreis symbolisiert werden. Diese können, wie bereits erwähnt, mehr oder weniger umfangreich ausfallen. Ebenso wird zu jeder Fallstudie eine Lösung von Ihnen erwartet, dafür steht der rechte (gestrichelte) Kreis.

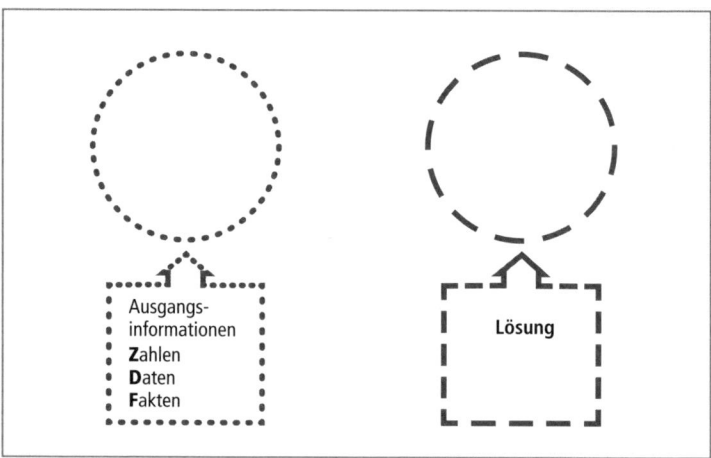

### Geschlossene Fallstudien

Um eine geschlossene Fallstudie handelt es sich bei einem Arbeitsauftrag, der so aufgebaut ist, dass sich die Lösung alleine aus den gegebenen Informationen erschließen lässt.

Bei der Variante »geschlossene Fallstudie ohne Ballast« sind alle enthaltenen Daten relevant.

Variante G1 – geschlossene Fallstudie ohne Ballast

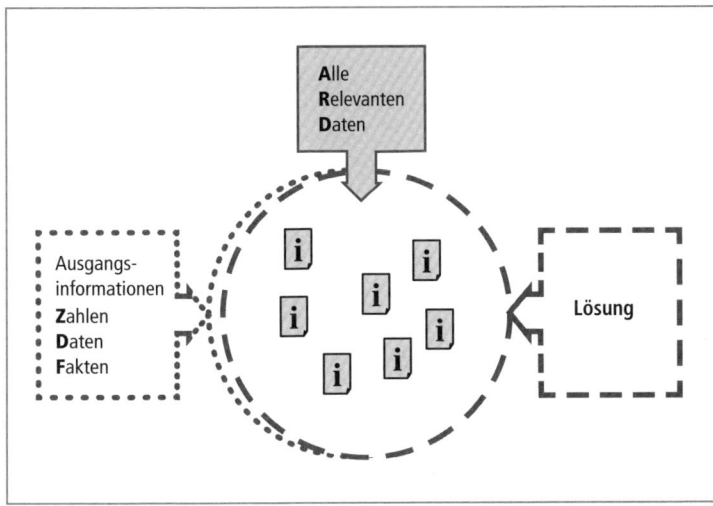

Beispiel

*Sie haben die Aufgabe, von zehn Filialen einer Handelskette die unwirtschaftlichste auszuwählen, die Sie zur Schließung empfehlen. Die Ausgangssituation enthält lediglich zwei Kennzahlen für jede Filiale, nämlich deren Einnahmen und deren Gesamtkosten – sonst keinerlei Informationen.*

Sie lösen den Arbeitsauftrag, indem Sie pro Filiale die Differenz – also den Überschuss oder das Defizit – errechnen und dann die Filiale mit dem schlechtesten Wert auswählen. Solche Fälle sind meist mittels weniger Denk- bzw. Rechenschritte lösbar und vom Schwierigkeitsgrad eher im unteren Bereich anzusiedeln. Nichtsdestotrotz kann auch dieser simpel erscheinende Aufgabentyp etwas kniffliger gestaltet werden, zum Beispiel, wenn mehrere Dreisatzrechnungen notwendig sind, die in einer knappen Zeitvorgabe und womöglich ohne Taschenrechner gelöst werden müssen. Geschlossene Fallstudien ohne Ballast kommen gelegentlich als Minifallstudie zum Einsatz, sind aber nicht repräsentativ für die breite Masse der Assessment-Center-Fallstudien.

**Variante G2 –
geschlossene
Fallstudie
mit Ballast**

Bei der Variante »geschlossene Fallstudie mit Ballast« lässt sich die Lösung ebenfalls nur aus den gegebenen Informationen erschließen, aber nicht alle davon sind relevant. Das Material ist angereichert mit Ballaststoffen – also überflüssigen irrelevanten Daten. Die Herausforderung liegt darin, diese zu erkennen und sich nicht in unwichtigen Details zu verzetteln.

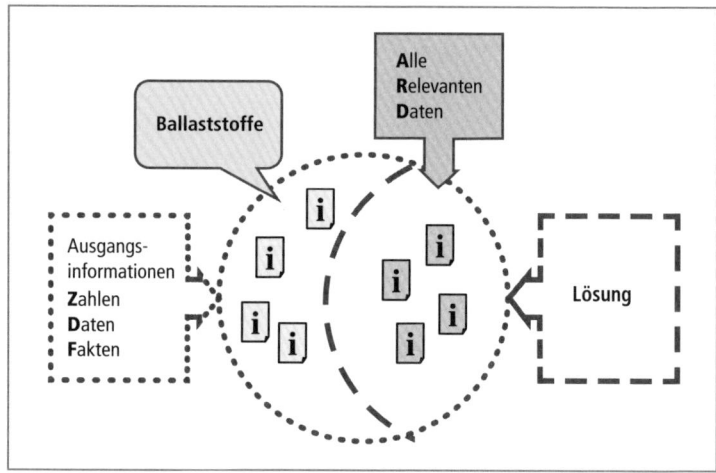

**Beispiel**

*Sie haben die gleiche Aufgabe wie im zuvor dargestellten Beispiel der Variante G1. Der Unterschied besteht jedoch darin, dass zusätzlich zu den beiden Kennzahlen (Einnahmen und Gesamtkosten) eine Reihe weiterer Daten enthalten sind. Neben einer Auflistung der Verkaufsflächen mit Quadratmeterzahlen stehen Ihnen für jede Filiale ein Organigramm sowie eine Aufstellung über deren Energie- und Mietkosten zur Verfügung. Darüber hinaus wird auf mehreren Seiten die Geschichte und Entwicklung des Unternehmens beschrieben.*

Als aufmerksamer Leser werden Sie sich vermutlich denken: »Ist doch glasklar, dass ich eine Reihe der Informationen zur Lösung überhaupt nicht benötige.« Doch die Frage ist, ob Ihnen dies im Assessment-Center immer noch so klar ist, wenn Sie vor dieser zwanzigseitigen Aufgabe mit einem Sammelsurium von Daten sitzen. Viele Kandidaten scheitern bei einer Fallstudie an genau dieser Hürde!

Anspruchsvolle Hürde

**Offene Fallstudie**
Bei offenen Fallstudien ist die Frage so gestellt, dass sich mit den gegebenen Informationen alleine noch kein vernünftiges Ergebnis erreichen lässt. Um zum Ziel zu gelangen, ist es erforderlich, darüber hinaus eigene Ideen und Lösungsvorschläge zu entwickeln.

Bei der Variante »offene Fallstudie ohne Ballast« sind alle dargestellten Informationen relevant, aber zur Problemlösung eben noch nicht ausreichend.

Variante 01 – offene Fallstudie ohne Ballast

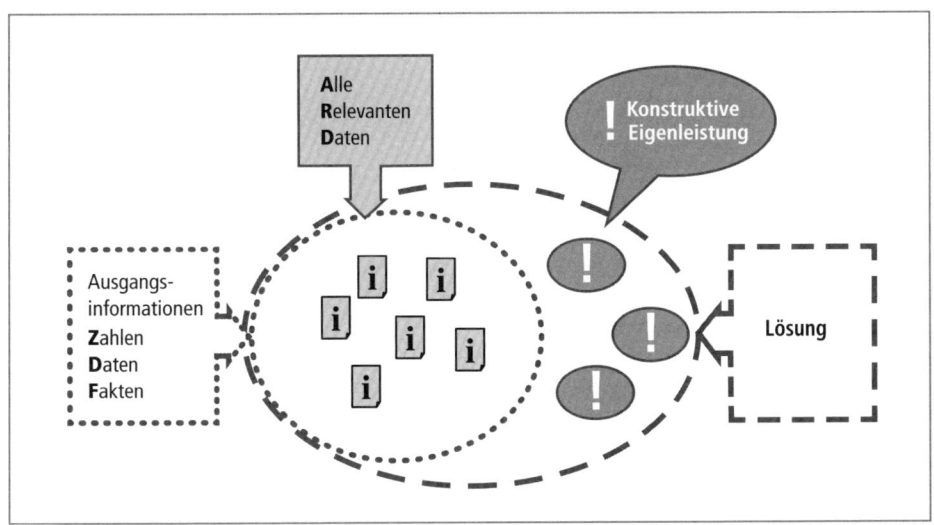

*Sie erhalten den Auftrag, eine Marketingstrategie für ein vorgegebenes neues Produkt zu konzipieren. Der Aufgabentext enthält eine kurze Beschreibung der Eckdaten des Produkts, dessen Vorteile und Einsatzmöglichkeiten sowie Angaben zum verfügbaren Budget.*

**Beispiel**

Zur Lösung der Aufgabe ist es notwendig, über die vorgegebenen Informationen hinaus bestimmte Überlegungen anzustellen. Für welche Zielgruppen könnte das Produkt interessant sein? Über welche Distributionskanäle und Werbemedien erreichen Sie diese am effektivsten? Mit welchen Aktionen oder Events könnten Sie das Produkt einführen und welche Maßnahmen dürfen wie viel kosten? Auf diese Fragen werden Sie in der Ausgangssituation keine Antworten finden. Hier ist Ihr konstruktiver Eigenbeitrag gefragt, also entweder Berufserfahrung und Fachwissen oder zumindest gesunder Menschenverstand und Kreativität.

**Variante 02 – offene Fallstudie mit Ballast**

Im Vergleich zu Variante O1 enthält das Ausgangsmaterial bei der Variante »offene Fallstudie mit Ballast« zusätzlich noch Ballast, also überflüssige irrelevante Daten.

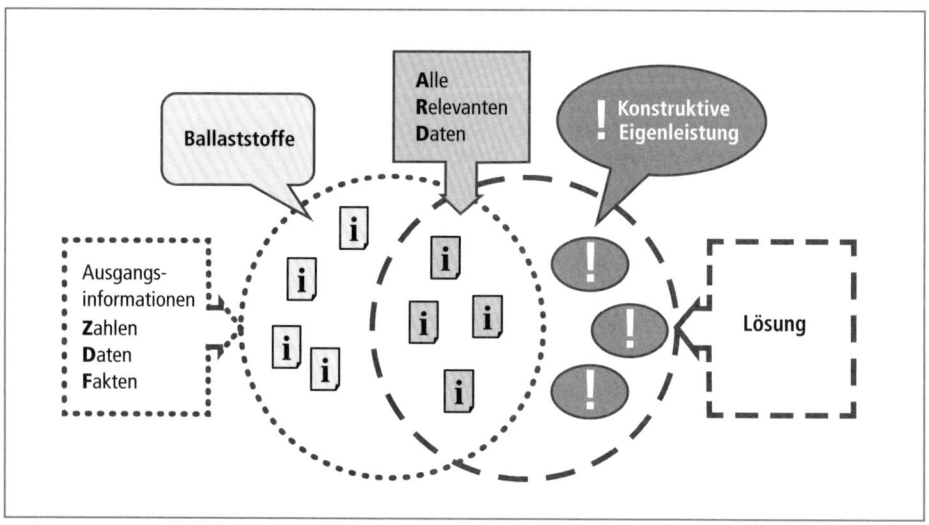

**Beispiel**

*Sie haben die Aufgabe, ein Konzept zur Förderung des unternehmerischen Denkens der Mitarbeiter zu entwickeln. Die Fallbeschreibung ist mit einer Reihe irrelevanter Informationen aufgebläht. Dabei handelt es sich beispielsweise um eine Übersichtskarte mit allen Unternehmensstandorten, diverse Organigramme, eine ausführliche Beschreibung der gesamten Produktpalette sowie ein Interview mit dem Finanzvorstand. In den Unterlagen lassen sich aber auch aussagekräftigere Materialien finden, die Anknüpfungspunkte zum Thema aufweisen, zum Beispiel das Ergebnis einer Mitarbeiterbefragung, eine statistische Auswertung des innerbetrieblichen Vorschlagswesens sowie ein Presseartikel mit Positivbeispielen für unternehmerisches Denken.*

Hier ist es wichtig, sich nicht in Nebensächlichkeiten zu verstricken, sondern mit den aussagekräftigen Informationen zu arbeiten. Es gilt, diese Vorlagen aufzugreifen, fortzuführen und daraus in Eigenleistung weitere Lösungsvorschläge zur Steigerung des unternehmerischen Denkens zu generieren.

### Kombinierte Arbeitsaufträge

Ziehen Sie bitte auch die Möglichkeit in Betracht, dass eine Fallstudie beide Varianten, also sowohl eine geschlossene als auch eine offene Aufgabenstellung, enthalten kann. Am bereits bekannten Marketingbeispiel wird dies deutlich.

*Bewerber für eine Traineestelle im Marketingbereich in der Konsumgüterindustrie erhielten eine Fallstudie, die auf realen Unternehmensdaten basierte. Die Teilnehmer sollten aus fünf neuen Produkten des Hauses das ihnen am aussichtsreichsten erscheinende auswählen. Für dieses Produkt musste nun ein komplettes Marketingkonzept erstellt und anschließend präsentiert werden.*

**Beispiel**

Der erste Arbeitsauftrag deutet auf eine geschlossene Aufgabe hin, nämlich aus vorgegebenen Varianten und gegebenen Informationen eine eindeutige Auswahl zu treffen. Bei der zweiten Aufgabe – der Erstellung eines Marketingkonzepts – handelt es sich dagegen um die offene Version.

## Beurteilungskriterien

Typische Kriterien für die Bewertung der Kandidaten bei Fallstudien sind:

- analytische Fähigkeiten
- Problemlösungskompetenz
- konzeptionelle Fähigkeiten
- strategisches/ganzheitliches Denken
- Entscheidungsvermögen
- Ergebnisorientierung
- Kreativität

**Ausprägung des Transferdenkens** Speziell bei Auswahl-Assessment-Centern für die Besetzung einer bestimmten Fachposition kann die Fallstudie zusätzlich zur Überprüfung der fachlichen Qualifikation herangezogen werden. In diesem Zusammenhang bietet sie außerdem die Möglichkeit, die Ausprägung des Transferdenkens einzuschätzen. Also inwieweit ist der Kandidat in der Lage, sein theoretisches Wissen aus dem Studium bzw. der Ausbildung im Rahmen einer fremden Praxissituation anzuwenden – eine gerade für Berufseinsteiger entscheidende Fähigkeit.

## Lösungsstrategien

### Vergabe der Zeitanteile

Bei fast allen Fallstudien wird eine Ergebnispräsentation eingefordert. Deren Vorbereitung ist meist in der gesamten Fallbearbeitungszeit inkludiert. Deshalb ist es hilfreich, diese vorab grob einzuteilen. Als Faustregel hat sich ein Zeitanteil von ein Viertel bis ein Drittel für die Gestaltung der Präsentation als praktikabel und notwendig erwiesen. Bei einer 60-minütigen Gesamtbearbeitungszeit sollten Sie also dafür etwa 15 bis 20 Minuten veranschlagen. Falls Ihnen diese Zeit sehr lange erscheint, dann machen Sie sich bitte bewusst, dass die Präsentation in der Regel die einzige Möglichkeit ist, das Ergebnis Ihrer Fallbearbeitung sichtbar zu machen. Unterschätzen Sie nicht die für die Vorbereitung der Präsentationsmedien notwendige Zeit.

Gerade bei einer Fallstudie kann ich den Wunsch verstehen, ein möglichst ausgereiftes Ergebnis erarbeiten zu wollen. Leider gelingt es dann oft nicht, dies genauso ansprechend zu vermitteln. Sie tun sich keinen Gefallen damit, wenn Sie zu viel Zeit in die inhaltliche Bearbeitung stecken und dabei die Präsentation vernachlässigen. Kandidaten, die bis zur letzten Minute am Fall gearbeitet haben und ihr Ergebnis dann nur mit einem Schmierzettel vor den Beobachtern vortragen, haben meist schlechte Karten. Setzen Sie sich deshalb vorab selbst ein Limit, wann Sie spätestens die Ergebnisfindung inhaltlich abschließen müssen, um noch vernünftige Präsentationsmedien vorbereiten zu können.

**Zügig statt perfekt**

Es ist keine Seltenheit, dass eine Fallstudie nicht nur eine, sondern mehrere Arbeitsaufträge bzw. Fragestellungen enthält. Hier sollten Sie ebenfalls vorab grob einteilen, wie viel Zeit Sie für welchen Part investieren möchten. In diesem Fall ist es empfehlenswert, nach Abschluss einer Teilaufgabe deren Ergebnis sofort auf die Präsentationsmedien zu übertragen und erst dann zur Bearbeitung der nächsten Fragestellung überzugehen. Selbstverständlich ist es auch denkbar, die Vorbereitung der Ergebnispräsentation für alle Teilaufgaben zum Schluss am Block abzuarbeiten. Den meisten Kandidaten fällt es jedoch leichter, dies etappenweise zu vollziehen, da die Erinnerung an die unmittelbar vorher bearbeiteten Inhalte naturgemäß besser funktioniert.

## Umgang mit der Datenflut

Es gibt immer wieder Aufgaben, die die Teilnehmer vom Umfang des Materials her regelrecht erschlagen. Unabhängig davon, ob es sich um eine geschlossene oder eine offene Fallstudie handelt, besteht die größte Herausforderung zunächst im Handling der Informationsmenge. Fallstudien in der Größenordnung von bis zu 50 Seiten sind leider keine Seltenheit. Gelegentlich kommen auch noch größere Werke zum Einsatz, und so kann es schon einmal vorkommen, dass einem Kandidaten ein ganzer Aktenordner mit Material vorgesetzt wird. Dies wäre ja nicht weiter schlimm, befänden Sie sich nicht in der Prüfungssituation des Assessment-Centers, in der Sie diese Aufgabe unter Zeitdruck lösen müssen. Wenn Sie beginnen, das Fallmaterial wie einen

**Mammutaufgaben**

Roman zu lesen, bei dem Sie vorne anfangen und sich Seite für Seite bis zum Ende zu Gemüte führen, dann haben Sie schon so gut wie verloren. Gehen Sie davon aus, dass bei solchen Mammutfallstudien die Bearbeitungszeit für die Durchdringung aller Informationen von Haus aus zu kurz ist. Doch wenn die Zeit manchmal nicht einmal zum Lesen ausreicht, wie gelingt es Ihnen dann, ein Ergebnis auszuarbeiten und daraus auch noch eine Präsentation zu entwickeln? Sie brauchen also eine geeignete Strategie, um das Fallmaterial zu bearbeiten.

### Die ARD-ZDF-Technik
Die im Zuge unserer speziellen Fallstudientrainings entwickelte ARD-ZDF-Technik ist ein bewährtes Instrument zur effizienten Bearbeitung großer Datenmengen.

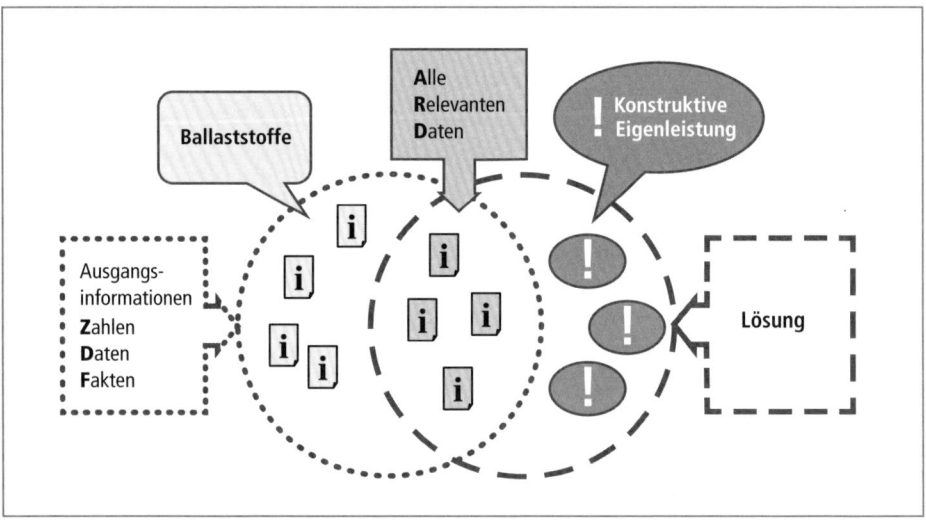

Im Abschnitt »Fallstudientypen« weiter oben haben Sie bereits erfahren, dass die Unterlagen manchmal unübersichtlich aufbereitet und oft sogar mit überflüssigem Ballast aufgebläht sind. Das Ziel der ARD-ZDF-Technik ist es, so schnell wie möglich **A**lle **R**elevanten **D**aten aus den gegebenen **Z**ahlen, **D**aten und **F**akten herauszufiltern, den relevanten Daten Struktur zu verleihen und dann nur noch mit diesen weiterzuarbeiten. Es ist erfolgsentscheidend, rasch zu der in der Grafik dargestellten Schnittmenge zu gelangen und sich nicht mit Nebensächlichkeiten aufzuhalten.

Bearbeitungsschritte der ARD-ZDF-Technik:

Versteckter Arbeitsauftrag

1. **Arbeitsauftrag / Fragestellung suchen:** Jede Fallstudie enthält mindestens einen konkreten Arbeitsauftrag bzw. eine bestimmte Fragestellung. Diese kann natürlich direkt zu Beginn des Falltextes formuliert sein, muss aber nicht. Manchmal ist der Arbeitsauftrag auch weiter hinten versteckt. Wenn Sie ihn nicht direkt auf der ersten Seite entdecken, dann suchen Sie unverzüglich danach, bevor Sie irgendetwas anderes tun.

2. **Arbeitsauftrag / Fragestellung lesen und reflektieren:** Auch wenn es absolut banal klingen mag: Setzen Sie sich immer zunächst mit der Fragestellung auseinander und lesen Sie diese konzentriert durch. Nur wenn Sie wissen, was gefordert ist, können Sie später auch entscheiden, welche Informationen Sie als relevant bewerten müssen. Sofern im Auftrag für Ihre Ergebnispräsentation eine bestimmte Zielgruppe (zum Beispiel Vorstand, Investor, Kunde) genannt ist, sollten Sie dies ebenfalls berücksichtigen. Für bestimmte Zielgruppen können später bestimmte Informationen eine besondere Bedeutung haben (siehe auch Kapitel »Präsentation: Präsentationsziel und Zielgruppe«).

3. **Material aus der Vogelperspektive scannen:** Nachdem Sie nun wissen, was von Ihnen genau gefordert ist, müssen Sie im Ausgangsmaterial nach den Anknüpfungspunkten – also die für Ihren Auftrag relevanten Daten – suchen. Fangen Sie jetzt auf keinen Fall an, alles zu lesen! Umfangreiche Fallunterlagen müssen Sie vielmehr im Schnelldurchgang sichten bzw. überfliegen.

4. **Ballast herausfiltern:** Bilden Sie zwei Stapel, während Sie die Unterlagen überfliegen, einen für die relevanten und einen für die irrelevanten Informationen. Dadurch entziehen Sie dem Datenmaterial bereits den überflüssigen Ballast. Halten Sie sich mit dem Abwägen, was relevant bzw. irrelevant sein könnte, nicht lange auf. Treffen Sie die Entscheidung eher spontan und verlassen Sie

sich dabei auf Ihren ersten Eindruck vom jeweiligen Datenmaterial. Weitere Tipps dazu finden Sie im Anschluss. Wenn es einige Informationen gibt, bei denen Sie nicht sicher sind, dann bilden Sie eventuell noch einen dritten Stapel.

5. **Relevante Daten verarbeiten:** Setzen Sie sich nun ausschließlich mit dem Stapel der relevanten Daten auseinander. Beginnen Sie dabei mit den Informationen, die für Sie die höchste Aussagekraft besitzen. Markieren Sie wichtige Stellen, sodass Sie bei Bedarf schnell darauf zurückgreifen können. Wirklich zentrale Informationen sollten Sie aber nicht nur hervorheben, sondern sich auf einem separaten Blatt stichpunktartig kurz notieren. Denken Sie daran, die Seitenzahl mit aufzunehmen, damit Sie später noch wissen, woher diese Information stammt.

**Weitere Bearbeitungshinweise**

Eine Fallstudie besteht oft aus diversen Dokumenten, die unter Umständen sehr unterschiedlich aufbereitet sind. Wenn Sie dabei folgende Punkte beachten, erleichtern Sie sich die Bearbeitung des Materials:

- **grafische und tabellarische Darstellungen:** Es ist grundsätzlich hilfreich, nach solchen Materialien Ausschau zu halten. Oft finden sich gerade darin konzentrierte Informationen mit hoher Aussagekraft. Aber: Nicht jede Tabelle und jedes Schaubild muss automatisch relevant sein, manche sind auch nur als Ballast eingebaut. Sollten Sie eine Darstellung nicht sofort verstehen, dann lassen Sie lieber die Finger davon, anstatt viel Zeit zu investieren.

- **Zahlen:** Sind im Fallmaterial viele Zahlen enthalten, und wird vom Veranstalter womöglich noch ein Taschenrechner zur Verfügung gestellt, dann ist die Versuchung groß, damit unverzüglich zu arbeiten. Anstatt jedoch lange Zahlenkolonnen in den Rechner zu tippen, sollten Sie sich erst vergegenwärtigen, ob dies überhaupt zielführend ist. Manchmal findet sich an einer anderen Stelle im Fallmaterial bereits eine Kennzahl, die genau das ausdrückt, was Sie vorher mühsam errechnen wollten.

- **mehrseitige Fließtexte, Studien, Protokolle oder Präsentationen:**
  Das Einarbeiten in lange Fließtexte kann zu echten Zeitproblemen
  führen. Oftmals gibt es am Ende eine kurze Zusammenfassung der
  Kernaussagen, die Ihnen das Lesen des ganzen Materials erspart.
  Schauen Sie sich deshalb erst das Ende solcher Dokumente an.
  Müssen Sie sich dennoch mit längeren Textpassagen auseinandersetzen, dann versuchen Sie diese – auch wenn sie von Ihnen als
  relevant eingestuft wurden – nicht Wort für Wort, sondern nur
  quer zu lesen.

- **sich widersprechende Informationen:** Achten Sie bei widersprüchlichen Aussagen in unterschiedlichen Dokumenten auf die
  Aktualität der angegebenen Quelle. Dies gilt besonders für sich
  gegenseitig aufhebende Pressemeldungen und Studien. Das neueste
  Dokument enthält normalerweise die aktuellsten Erkenntnisse und
  sticht damit ältere Informationsquellen.

Machen Sie sich bewusst, dass die Informationsflut und der dadurch **Mut zur Lücke**
entstehende Schwierigkeitsgrad gewollt sind. Die hier dargestellten
Tipps werden Ihnen dabei helfen, das Fallmaterial effizienter zu bearbeiten und relevante Daten schneller zu selektieren. Nichtsdestotrotz
kann es in dieser Stresssituation leicht passieren, dass Sie bestimmte
Informationen übersehen oder falsch bewerten werden. Das ist vollkommen normal. Der Mut zur Lücke ist deshalb besser als ein hoher
Perfektionsanspruch!

## Ergebnisfindung bei der geschlossenen Fallstudie

Sicher erinnern Sie sich noch an das Beispiel für die Variante G2
(»Geschlossene Fallstudie mit Ballast«). Die Aufgabe bestand darin,
anhand bestimmter Kennzahlen eine von zehn Filialen für die Schließung zu empfehlen.

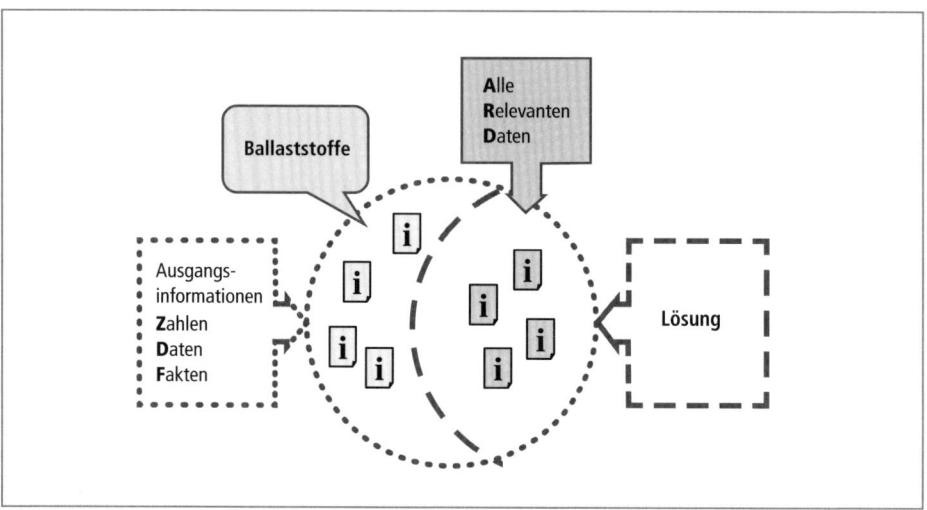

Dabei muss es ja nicht immer um ein Negativthema wie eine Filial-schließung gehen, folgende Arbeitsaufträge wären ebenfalls denkbar:

Aus einer vorgegebenen Auswahl ...

- ein Produkt favorisieren, das mit einer Marketingkampagne gepusht werden soll.
- einen Standort empfehlen, der für die Errichtung einer neuen Produktionsstätte am geeignetsten ist.
- die erfolgversprechendste Geschäftsidee auswählen, in die das Unternehmen investieren soll.
- ein Projekt vorschlagen, von dem der größte Nutzen zu erwarten ist.

Solche Entscheidungs- oder Auswahlaufgaben sind charakteristisch für geschlossene Fallstudien. Auf Basis des gegebenen Fallmaterials wird von Ihnen erwartet, eine Entscheidung zu treffen oder eine klare Empfehlung auszusprechen.

Wenn Sie mithilfe der ARD-ZDF-Technik die Ausgangsinformationen bereits selektiert haben und Ihnen die relevanten Daten vorliegen, dann gehen Sie wie folgt vor:

1. **Auswahlanalyse:** Stellen Sie die relevanten Daten der miteinander konkurrierenden Auswahlmöglichkeiten gegenüber. Häufig sticht ein erfolgskritisches Kriterium heraus, das höher gewichtet werden muss. Am Beispiel der Aufgabe »Filialschließung« wäre das der Überschuss bzw. das Defizit der Filiale. Wenn Sie bei dieser Betrachtung zur Erkenntnis gelangen, dass sieben der zehn Filialen hier deutlich im grünen Bereich liegen, dann klammern Sie diese sofort aus. Beschäftigen Sie sich bei der weiteren Analyse nur noch mit der eingegrenzten Auswahl – also den verbleibenden drei Filialen.

2. **Entscheidung:** Legen Sie sich verbindlich auf die Ihnen am geeignetsten erscheinende Lösung / Variante fest.

3. **Argumentation:** Bauen Sie nun Ihre Argumentation auf, die Sie benötigen, um Ihre Entscheidung fundiert begründen zu können. In der Ergebnispräsentation und einer eventuell daran anknüpfenden Befragung muss plausibel nachvollziehbar sein, warum Sie sich gerade so und nicht anders entschieden haben.

Ein Trainingsteilnehmer brachte das typische Problem solcher Aufgaben auf den Punkt: »Eigentlich wusste ich schon nach zehn Minuten, welche Filiale geschlossen werden muss. hundertprozentig sicher war ich mir aber trotzdem nicht, da auch gute Gründe für eine ganz andere Filiale sprachen. Ich habe daraufhin doch noch einmal mit der Analyse begonnen und mich dann in Details ziemlich verstrickt.« Viele dieser Aufgaben sind so aufgebaut, dass es – im Gegensatz zu einer mathematischen Gleichung – eben keine einzig richtige Musterlösung gibt. Es gibt oft zwei oder sogar mehrere Varianten, die alle als richtig bewertet werden können. Es kommt dann auf die Plausibilität Ihres Lösungswegs und die Stichhaltigkeit Ihrer Argumentation an.

Entscheidungs-dilemma

Ich empfehle Ihnen deshalb, Schritt 1 (Auswahlanalyse) möglichst früh abzuschließen und zügig zu einer Entscheidung (Schritt 2) zu gelangen. Wenn Sie sich in einem Auswahldilemma befinden und zwischen zwei Varianten hin- und hergerissen sind, dann folgen Sie am besten Ihrem Bauchgefühl. Für eine lange, allumfassende Analyse reicht die Zeit normalerweise nicht aus. Zudem ist ungewiss, ob Sie dadurch überhaupt zu neuen, entscheidungsrelevanten Erkenntnissen

Schnell zum Punkt kommen

gelangen. Die Zeit, die Sie hier investieren, fehlt Ihnen für die Entwicklung Ihrer Argumentation und die Vorbereitung der Präsentation. Legen Sie sich deshalb möglichst früh auf Ihren Favoriten fest und verfolgen Sie diese Linie konsequent weiter.

Gerade bei diesem Aufgabentyp sollten Sie nicht überrascht sein, wenn man nach der Ergebnispräsentation versucht, Ihre Lösung infrage zu stellen oder anzugreifen. Lassen Sie sich durch Gegenwind nicht verunsichern und bleiben Sie Ihrem Favoriten treu. Nutzen Sie die im Unterkapitel »Spezielle Strategien für besondere Formen der Präsentation« und hier bei »Präsentation auf verlorenem Posten« vorgestellten Strategien der Einwandbehandlung.

### Ergebnisfindung bei der offenen Fallstudie

Typisch für offene Fallstudien ist, dass die in der Ausgangssituation dargestellten Informationen zur Problemlösung noch nicht ausreichen. Es ist notwendig, eigene Vorschläge zu kreieren und daraus ein Lösungskonzept zu entwickeln.

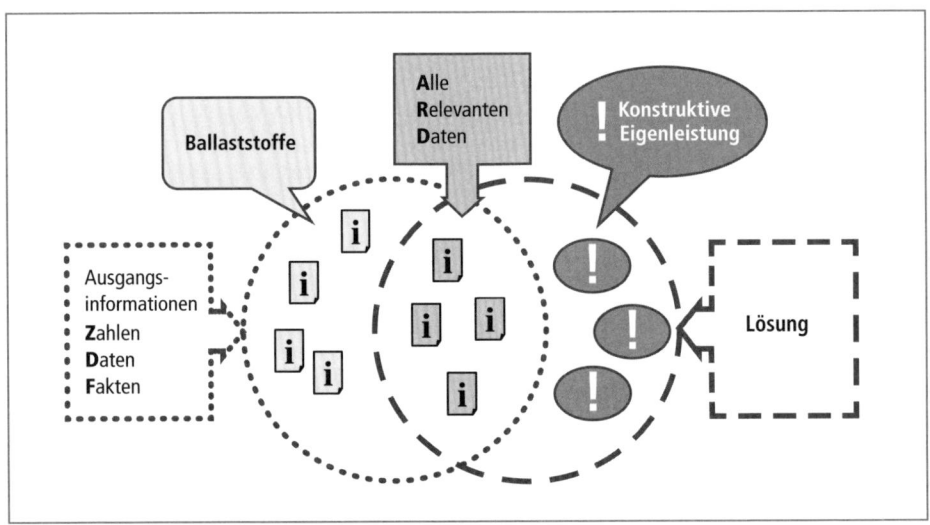

Der Arbeitsauftrag einer offenen Fallstudie enthält oft folgende Formulierungen:

- Entwickeln Sie ein Konzept zur …
- Schlagen Sie geeignete Maßnahmen für … vor.
- Erarbeiten Sie eine geeignete Strategie zum …
- Stellen Sie einen Businessplan auf.

Sofern das Material sehr umfangreich ist, werden Sie mithilfe der ARD-ZDF-Technik daraus zunächst die relevanten Informationen extrahieren. Danach können Sie mit den folgenden Schritten systematisch Ihr Lösungskonzept entwickeln:

1. **Brainstorming:** Notieren Sie alle Ideen und Möglichkeiten, die Ihnen zur Problemlösung gerade vorschweben. Seien Sie an dieser Stelle zunächst unkritisch und nehmen Sie ausgefallene Gedanken ebenso auf wie konventionelle Ansätze. Es geht an dieser Stelle lediglich um die Sammlung des Rohmaterials.

2. **Kategorien:** Finden Sie geeignete Kategorien, anhand derer Sie Ihre Lösungsansätze strukturieren können. Erst wenn es Ihnen gelingt, Ihre Vorschläge sinnvoll zu clustern, kann aus dem Ideenkonglomerat ein Lösungskonzept entstehen. Denkbar wäre hier zum Beispiel, Maßnahmen zeitlich in kurz-, mittel- und langfristig oder nach Instrumentarien wie Schulungsmaßnahmen, Werbemaßnahmen oder Kooperationen zu unterteilen. Bei Marketing- und Vertriebsthemen kann auch eine Strukturierung nach bestimmten Kundenzielgruppen, wie zum Beispiel Familien, Singles, Jugendliche, sinnvoll sein.

3. **Lösungskonzept:** Entwickeln Sie nun aus den geeignetsten Ideen Ihres Rohmaterials konkrete Lösungen innerhalb der von Ihnen zuvor definierten Kategorien. Günstig ist es dabei, einen Lösungs- bzw. Maßnahmenmix aufzubauen, der verschiedene Ansätze in einem ganzheitlichen Konzept vorteilhaft miteinander kombiniert.

4. **Bewertung/Ausblick:** Sofern in der Ausgangssituation ein bestimmtes Budget vorgegeben wurde, sollten Sie darauf Bezug

nehmen und eine ungefähre Aussage treffen, welchen Anteil Sie für welche Lösung bzw. Maßnahme veranschlagen. Ist nicht bekannt, welche Ressourcen zur Verfügung stehen, empfehle ich, zumindest eine grobe Aufwandschätzung vorzunehmen. Eine ausgewogene Bewertung entsteht dann, wenn Sie nicht nur die Kosten-, sondern auch die Nutzenseite beleuchten – also welches Ergebnis Sie in welcher Zeit erwarten. Es wird natürlich nicht möglich sein, eine konkrete Zahl verlässlich zu prognostizieren. Treffen Sie aber zumindest eine grobe Einschätzung, denn jeder Entscheidungsträger möchte wissen, was am Ende dabei herauskommt.

Vergegenwärtigen Sie sich, dass es bei einer offenen Fallstudie nicht um eine einzig richtige Musterlösung gehen kann. Hier können viele Wege zum Ziel – und damit zu einem guten Ergebnis – führen. Entscheidend ist die Plausibilität Ihrer Vorgehensweise und Ihrer Argumentation.

**Einschätzungs-vermögen gefragt** Folgende Frage wird gerade in Bezug auf offene Fallstudien besonders oft gestellt: »Wenn die Aufgabe zu einem bestimmten Thema keine Informationen enthält, was darf ich dann selbst zugrunde legen oder hinzufügen?« Interne Faktoren, zu denen die Ausgangssituation keine Informationen liefert, sollten Sie keinesfalls nach Gutdünken hinzudichten. Enthält die Fallbeschreibung beispielsweise keine Angaben zur Mitarbeiterzahl des Unternehmens, dürfen Sie nun nicht eine Personalstärke von 2000 Mitarbeitern in den Raum stellen. Mit dieser Taktik ist die Gefahr groß, bei der Vorstellung des Ergebnisses Schiffbruch zu erleiden. In diesem Fall müssen Sie bei der Bearbeitung der Aufgabe einfach ohne diese Zahl auskommen.

Anders verhält es sich dagegen bei externen Faktoren, also beispielsweise einer bestimmten Zielgruppe für ein Produkt. Hier können Sie selbstverständlich Annahmen treffen, für wen das Produkt interessant sein könnte und welches Käuferpotenzial daraus resultiert. Ebenso dürfen oder müssen Sie sogar Einschätzungen vornehmen, wenn es um die Auswirkungen Ihrer Vorschläge geht. Was wird aus Ihrem Lösungskonzept resultieren? Wann werden erste Ergebnisse sichtbar sein? Darauf können nur Sie antworten. Bei derartigen Annahmen sind Einfallsreichtum oder Größenwahn allerdings fehl am Platz, gefragt sind stattdessen gutes Einschätzungsvermögen und gesunder Menschenverstand.

## Praxisaufgaben

Das Begleitmaterial unter www.assessment-center-kurse.de/vip enthält zwei Fallstudien:

1. Fallstudie »MyCineDreams«, Umfang 27 Seiten, Bearbeitungszeit 50 Minuten
2. Fallstudie »Flughafenpark,« Umfang 44 Seiten, Bearbeitungszeit 50 Minuten

### Bearbeitungshinweise

- Sie werden von der Bearbeitung der Aufgaben am meisten profitieren, wenn Sie sich bereits in das Kapitel »Fallstudie / Case Study« eingearbeitet haben.

**Hinweise**

- Die Fallstudien befinden sich als PDF-Dokumente im Begleitmaterial und sind für die Bearbeitung in Papierform und nicht am Bildschirm vorgesehen. Drucken Sie die Unterlagen daher zunächst aus.

- Die Lösungen zu den beiden Aufgaben finden Sie als separate Dokumente im Begleitmaterial.

- Falls Sie beabsichtigen, beide Fallstudien zu bearbeiten, dann beginnen Sie mit der Fallstudie 1 »MyCineDreams«, die aufgrund des geringeren Umfangs häufig als etwas einfacher empfunden wird.

- In der vorgegebenen Bearbeitungszeit ist – so wie in den meisten Assessment-Centern – bereits die Zeit für die Anfertigung der Präsentationsmedien (Flipcharts) inkludiert.

- Am meisten werden Sie davon profitieren, wenn Sie die Fallstudien tatsächlich unter Prüfungsbedingungen bearbeiten und dabei versuchen, die in diesem Kapitel dargestellten Lösungsstrategien umzusetzen. Das heißt, halten Sie sich an die vorgegebene Bearbeitungszeit, fertigen Sie Präsentationsmedien an und präsentieren Sie Ihr Ergebnis einem kritischen Zuhörer.

- Halten Sie für die Bearbeitung folgendes Material bereit:
  - Fallstudie, ausgedruckt auf A4-Papier
  - Uhr bzw. Timer für die Zeitmessung
  - Schreibblock
  - Stift
  - Textmarker
  - Taschenrechner
  - Flipchart-Block
  - Flipchart-Marker (schwarz, blau, rot, grün)

- Falls Ihnen zu Hause kein Präsentationsmaterial zur Verfügung steht und Sie Ihr Ergebnis auf DIN-A4-Blättern dokumentieren, dann reduzieren Sie die Bearbeitungszeit um 10 Minuten.

# Fallstudie / Case Study auf den Punkt gebracht

| | |
|---|---|
| ✔ | Müssen Sie die Fallstudie präsentieren, dann planen Sie ¼ bis ⅓ der Gesamtbearbeitungszeit für die Anfertigung Ihrer Präsentationsmedien ein. |
| ✔ | Bevor Sie irgendetwas anderes tun: Lesen Sie zuallererst den konkreten Arbeitsauftrag bzw. die konkrete Fragestellung. |
| ✔ | Wenden Sie die ARD-ZDF-Technik an: **A**lle **R**elevanten **D**aten aus den gegebenen **Z**ahlen, **D**aten und **F**akten herausfiltern. |
| ✔ | Sichten Sie umfangreiche Fallunterlagen im Schnelldurchgang und trennen Sie sich von Ballast. |
| ✔ | Zeigen Sie bei der Bearbeitung Mut zur Lücke, ein hoher Perfektionsanspruch ist eher hinderlich. |
| ✔ | Die einzig richtige Musterlösung gibt es oft nicht, achten Sie deshalb auf die Plausibilität Ihres Lösungsweges und die Stichhaltigkeit Ihrer Argumentation. |
| ✔ | Bereiten Sie Ihre Fallpräsentation ansprechend und gut nachvollziehbar auf. |
| ✔ | Stehen Sie zu Ihrem Ergebnis und präsentieren Sie dies mit voller Überzeugung. |

# 7. Gruppendiskussion / Team-meeting

## Hintergründe zur Aufgabe

Bei der Gruppendiskussion bzw. dem Teammeeting handelt es sich um einen Arbeitsauftrag, den Sie gemeinsam mit anderen AC-Teilnehmern oder auch mit Rollenspielern bearbeiten. Die Gruppengröße bewegt sich dabei in der Regel zwischen vier und acht Personen. Wenn die Teilnehmerzahl größer ist, wird der Ablauf oft so organisiert, dass mehrere Gruppendiskussionen parallel oder nacheinander stattfinden. Eine Gruppenstärke von acht Personen gilt im Allgemeinen als kritische Obergrenze. Die zur Verfügung stehende Diskussionszeit wird mit dem Arbeitsauftrag mitgeteilt und kann je nach Gruppengröße und Komplexität des Themas zwischen 20 Minuten und zwei Stunden variieren. Im Durchschnitt bewegen sich die meisten Gruppendiskussionen jedoch in einem Zeitfenster von 30 bis 50 Minuten.

Als AC-Aufgabe simuliert die Gruppendiskussion den Ablauf eines Meetings bzw. einer Besprechung. Das Thema wird daher üblicherweise so gewählt, dass ein Bezug zum Unternehmen oder zur Branche in Verknüpfung mit Ihrer Zielposition entsteht.

*Bei einem Assessment-Center, das sich an Bewerber für eine Position im Vertrieb eines Kosmetikherstellers richtet, könnte der Arbeitsauftrag für die Gruppendiskussion wie folgt lauten: »Bitte entwickeln Sie gemeinsam ein Konzept für die Markteinführung unserer neu entwickelten Pflegeserie für Männer, die aus folgenden Produkten besteht: ...«*
*(Bearbeitungszeit 45 Minuten.«)*

**Beispiel 1**

*In einem internen Assessment-Center für angehende Führungskräfte wäre folgende Aufgabe denkbar:*

**Beispiel 2**

*Schritt 1: Einzelarbeit (Bearbeitungszeit 30 Minuten)*

*Ziel der Unternehmensleitung ist es, den Wandel des Unternehmens bereichsübergreifend voranzubringen. Hohe Erwartungen sind dabei an die Führungskräfte im mittleren und unteren Management gestellt. Durch ihre Basisnähe und den direkten Bezug zu den Arbeitsprozessen verfügen gerade sie über die idealen Voraussetzun-*

*gen, notwendige Veränderungen zu identifizieren. Als Teamleiter besteht Ihr Auftrag darin, einen Projektvorschlag zur Steigerung der Qualität und Effizienz zu entwickeln. Die Unternehmensleitung legt dabei großen Wert auf einen hohen Wirkungsgrad und eine zügige Realisierbarkeit der eingereichten Projektvorschläge. Zur Entwicklung Ihres Vorschlags stehen Ihnen 30 Minuten zur Verfügung.*

*Schritt 2: Gruppenarbeit (Bearbeitungszeit 30 Minuten)*

*Bitte wählen Sie gemeinsam in Ihrer Gruppe aus allen Projektvorschlägen die beiden aussichtsreichsten aus, die Sie der Unternehmensleitung vorstellen möchten.*

**Die NASA-Übung ist out** Als das Assessment-Center als Auswahlverfahren noch in den Kinderschuhen steckte, erfreuten sich sehr hypothetische und fantasievoll konstruierte Diskussionsthemen großer Beliebtheit. Zum Beispiel mussten die AC-Teilnehmer in der unter dem Titel »NASA-Übung« bekannten Aufgabe darüber diskutieren, welche Gegenstände aus einer vorgegebenen Liste für eine Mondexpedition überlebensnotwendig seien. In eine noch abstrusere Richtung ging die »Höhlen-Übung«, bei der Sie zum Richter über Leben und Tod wurden. Aus einer Höhle, die nach und nach mit Wasser volllief, mussten Personen geborgen werden. Sie hatten die Aufgabe, eine Reihenfolge festzulegen, wer zuerst gerettet werden sollte, wobei davon auszugehen war, dass es die letzten Personen nicht schaffen würden. Glücklicherweise werden solche fragwürdigen oder realitätsfernen Themen heute kaum noch vorgegeben.

Bei Assessment-Centern in der freien Wirtschaft werden meist unternehmens- oder branchennahe Diskussionsthemen eingesetzt. In bereichsübergreifenden internen Assessment-Centern, bei denen es um die Eignung für eine bestimmte Hierarchieebene geht, sind die Themen so gestaltet, dass für Kandidaten aus den unterschiedlichsten Fachabteilungen Chancengleichheit gewährleistet ist (siehe Beispiel 2). Anders kann es sich natürlich bei einem Auswahl-AC verhalten, bei dem mehrere Bewerber um eine ganz bestimmte Stelle konkurrieren. Hier bieten sich Fachthemen geradezu an, um die fachliche Eignung der Kandidaten beurteilen zu können (siehe Beispiel 1). Bei Auswahlverfahren im öffentlichen Dienst stellen die Veranstalter in der Gruppendiskussion gerne gesellschaftspolitische Fragen zur Debatte, wie zum Beispiel »Gibt es in Deutschland eine Zweiklassengesellschaft?« oder »Soll die Höhe von Managergehältern künftig gesetzlich geregelt werden?«.

Bei Gruppendiskussionen lassen sich einerseits nach der Zusammensetzung der Gruppe und andererseits nach der Vorgabe aus dem Arbeitsauftrag vier Varianten unterscheiden. Zunächst möchte ich Ihnen die möglichen Gruppenkonstellationen anhand von Beispielen vorstellen. Im weiteren Verlauf des Kapitels gehe ich dann auf konkrete Strategien zur Bearbeitung der Aufgabe »Gruppendiskussion« ein.

## Mögliche Gruppen-/Teamkonstellationen

Bei der führerlosen Gruppendiskussion ohne Rollenvorgaben (Typ I) handelt es sich um die in Gruppen-Assessments am häufigsten eingesetzte Variante. Alle Diskussionsteilnehmer befinden sich in der gleichen Ausgangssituation und sind hierarchisch gleichgestellt. Auch wenn es keine positionsspezifische Rollenvorgabe gibt, so ist für alle Beteiligten in den Ausgangsinformationen eine gemeinsame Coverstory definiert. Es existieren also gewisse Rahmenbedingungen, innerhalb derer Sie agieren können und die für alle gleichermaßen gelten. Die oben dargestellten Beispiele 1 und 2 beziehen sich auf diese Variante der Gruppendiskussion.

Auch in der führerlosen Gruppendiskussion mit Rollenvorgaben (Typ II) befinden sich alle Gruppenmitglieder auf der gleichen Hierarchieebene, jedoch in verschiedenen Positionen mit zum Teil konträren Zielen, die durch unterschiedliche Rollenanweisungen vorgegeben sind.

**Beispiel für Typ II**

*Die Kandidaten nehmen die Rolle von Abteilungsleitern des Unternehmens ein. Die Aufgabe besteht darin, in der Diskussion zwei Mitarbeiter des Unternehmens zu nominieren, die in diesem Jahr in den Genuss einer besonderen Förderung für Nachwuchstalente kommen. Dabei ist jedem Abteilungsleiter ein persönlicher Favorit aus seinem eigenen Verantwortungsbereich vorgegeben, den er der Gruppe vorschlagen soll.*

Die jeweiligen Rollen der einzelnen Teilnehmer unterscheiden sich also inhaltlich. Verhaltensbezogene Rollenanweisungen, zum Beispiel, dass einzelne Teilnehmer den Auftrag erhalten zu stören oder sich besonders lautstark zu verhalten, sind dagegen absolut unüblich. Da ein Assessment-Center ja gerade veranstaltet wird, um das Verhalten der Teilnehmer einschätzen zu können, wäre die Vorgabe einer solchen Verhaltensrolle sogar ausgesprochen kontraproduktiv. Wenn überhaupt, dann würden solche Störer als Rollenspieler in die Gruppe eingeschleust werden.

**Simulation eines Teammeetings**

Bei der geführten Gruppendiskussion ohne Rollenvorgabe (Typ IV) wird ein Kandidat explizit kraft Aufgabenstellung mit einem besonderen Status gegenüber den restlichen Gruppenmitgliedern versehen. Es handelt sich dabei entweder um die Funktion des neutralen Moderators oder der hierarchisch überstellten Führungskraft. Die Aufgabe gewinnt dadurch den Charakter eines moderierten Workshops oder eines Teammeetings und wird im Assessment-Center oft auch so betitelt.

*Entwickeln Sie als Führungskraft gemeinsam mit Ihrem Team (andere AC-Teilnehmer) einen Maßnahmenkatalog zur unternehmensweiten Kosteneinsparung. Ihr Maßnahmenkatalog soll dem Vorstand als Empfehlung für die Umsetzung von Kosteneinsparungen dienen.*

**Beispiel für Typ IV**

Da bei der Beobachtung und Bewertung des Teamleiters logischerweise andere Maßstäbe bzw. Kriterien als bei den Teammitgliedern herangezogen werden müssen, wäre hier die Chancengleichheit der Kandidaten untereinander nicht mehr gegeben. In der AC-Praxis wird diese Variante deshalb meist so organisiert, dass die AC-Teilnehmer mehrere Teambesprechungen zu unterschiedlichen Themen durchlaufen. Dabei erhält jeder Kandidat einmal die Leitungsfunktion und nimmt dafür an den anderen Runden als Teammitglied teil. In manchen Assessment-Centern wird für diese Übung die Gesamtgruppe aller Teilnehmer in Kleingruppen von vier bis sechs Personen unterteilt, die dann zeitgleich in verschiedenen Räumen nacheinander mehrere Teambesprechungen durchführen. Um der personenbezogenen Konditionierung innerhalb der einzelnen Teams vorzubeugen und damit einen vergleichbaren Schwierigkeitsgrad aufrechtzuerhalten, erfolgt oft nach jeder Runde eine neue Durchmischung der einzelnen Untergruppen.

Bei der geführten Gruppendiskussion mit Rollenvorgabe (Typ III) wird der Kandidat – ähnlich wie in der zuvor dargestellten Variante – mit der Leitung eines Meetings zu einem bestimmten Thema beauftragt. Die Gruppenmitglieder werden in diesem Fall von Rollenspielern bzw. Beobachtern gespielt. Mittels dieser Variante lässt sich auch im Einzel-Assessment eine Gruppensituation erzeugen. Sie ist aber keinesfalls dem Einzel-AC vorbehalten, sondern kann ebenso im Gruppen-AC zum Einsatz kommen.

*Im vergangenen Jahr verlief die Urlaubsplanung in Ihrem Verantwortungsbereich nicht optimal, da viele Mitarbeiter gleichzeitig in den Schulferien in Urlaub wollten. Dies führte zu einem Personalengpass in den Ferienzeiten und zu Unzufriedenheit und Konflikten im Team. Bitte erarbeiten Sie als Teamleiter mit den Ihnen unterstellten Mitarbeitern nun im Rahmen einer Teambesprechung eine Regelung zur Gestaltung der Urlaubsplanung für das kommende Jahr.*

Bei dieser Variante wird es für die Teammitglieder nicht nur eine inhaltliche, sondern auch eine verhaltensbezogene Rolle geben, das heißt die Beobachter spielen verschiedene Charaktere, die in einer bunt gemischten Gruppe zusammentreffen können. Sie müssen also auch mit gruppendynamischen Situationen wie Störungen oder Konflikten rechnen.

### Erteilung des Arbeitsauftrags

Leiter hat Zeit zur Vorbereitung Wann wird der Arbeitsauftrag für eine Gruppendiskussion mitgeteilt? Gibt es eine Vorbereitungszeit oder nicht? Bei Teammeetings – also den geführten Varianten der Gruppendiskussion – gewährt man dem Leiter üblicherweise eine Vorlaufzeit, um sich in den Arbeitsauftrag und das Thema einzuarbeiten sowie die methodischen Vorbereitungen zur Gestaltung der Veranstaltung zu treffen. Die Gruppenmitglieder gehen in diesem Fall meist unvorbereitet in die Diskussion, da es ja bereits zur Aufgabe des Leiters gehört, den Arbeitsauftrag bzw. das Thema zu vermitteln.

Bei führerlosen Diskussionen ohne Rollenvorgabe kann es sein, dass alle Teilnehmer das Thema erst zu Beginn der Diskussion erhalten. Bei Gruppendiskussionen mit Vorbereitungszeit besteht dagegen oft Gelegenheit, sich vorab in Einzelarbeit mit dem Thema und der Aufgabenstellung auseinanderzusetzen. Rechnen Sie auch damit, dass Sie aufgefordert werden, in der Vorlaufzeit eine klare Position zum Thema zu beziehen und ein Diskussionsziel zu definieren und zu dokumentieren. Hintergrund ist der, dass Sie so im Nachhinein an der Umsetzung Ihrer eigenen Ziele gemessen werden können.

Die Auftragserteilung kann zunächst auch verdeckt erfolgen, das heißt, Sie bearbeiten eine Aufgabenstellung in Einzelarbeit und erfahren erst zu Beginn der Gruppendiskussion, dass es sich bei den Ausarbeitungen der einzelnen Teilnehmer um die Grundlage für die Diskussion handelt. Warum aber wird der Arbeitsauftrag manchmal in dieser verdeckten Form erteilt? Wenn die AC-Teilnehmer bereits vorab wissen, dass ihr Ergebnis als Diskussionsgrundlage relevant ist, erfolgt die Entwicklung viel stärker unter taktischen Gesichtspunkten. Seien Sie also wachsam, wenn Sie in Einzelarbeit eine Entscheidung fällen oder ein Konzept entwickeln sollen. Diese Fallbearbeitung (siehe Kapitel »Fallstudie/Case Study«) könnte eventuell auch die Basis für eine später stattfindende Gruppendiskussion sein.

**Verdeckter Arbeitsauftrag**

## Beurteilungskriterien

Typische Bewertungsmaßstäbe für das Verhalten der Teilnehmer in der Gruppendiskussion sind:

- Ergebnisorientierung
- Führungskompetenz
- Kommunikatives Geschick
- Kompromissbereitschaft
- Konfliktfähigkeit
- Kreativität
- Kundenorientierung
- Problemlösungsfähigkeit
- Teamfähigkeit
- Überzeugungsfähigkeit
- unternehmerisches Denken

# Allgemeine Lösungsstrategien

## Strukturierung einer Gruppendiskussion

Bei einer Gruppendiskussion haben Sie es mit einem komplexen Arbeitsauftrag zu tun, bei dem verschiedene Interessen aufeinandertreffen und der in einer begrenzten Zeit bearbeitet werden muss. Um diesen Anforderungen gerecht zu werden und am Ende auch noch ein qualitativ hochwertiges Diskussionsergebnis zu erreichen, ist es besonders wichtig, strukturiert vorzugehen. Die Methodik zur Gestaltung von Besprechungen oder Projektmeetings liefert hier wertvolle Ansätze, die sich bestens auf eine AC-Gruppendiskussion anwenden lassen. Eine Gruppendiskussion verläuft am effektivsten, wenn es Ihnen gelingt, den Arbeitsauftrag in sinnvolle Arbeitsschritte zu zerlegen und die Gesamtzeit in bestimmte Phasen zu unterteilen.

**Ablauf in vier Phasen**  Die folgende Abbildung zeigt Ihnen einen Vier-Phasen-Ablauf, der sich auf viele Aufgabenstellungen und Themen übertragen lässt:

| 1. Einführung/Auftragsklärung | 2. Informationsaustausch/-sammlung | 3. Diskussion und Ergebnisfindung | 4. Ergebnisformulierung |

### Phase 1: Einführung/Auftragsklärung
Zu Beginn sollten Sie noch nicht direkt in die inhaltliche Diskussion einsteigen. Anstatt über das »Was«, also den Inhalt, zu sprechen, ist es zielführender, zuerst das »Wie«, also die Methodik, zu klären. Sie können dabei folgende Punkte abstimmen:

- **Aufgabe und Ziel:** Selbst wenn allen Beteiligten exakt die gleiche Aufgabenstellung vorliegt, passiert es häufig, dass manche die Aufgabe missverstehen oder anders interpretieren. Stellen Sie sicher, dass in der Gruppe ein gemeinsames Verständnis von Aufgabe und Ziel existiert.

- **Vorgehensweise:** Verständigen Sie sich auf die weiteren Schritte, um den Arbeitsauftrag effektiv zu bearbeiten (siehe Phasen 2–4).

- **Zeiteinteilung:** Schätzen Sie ab, für welche Phase Sie wie viel Zeit benötigen. Dabei müssen Sie nicht minutiös vorgehen, sondern sollten eher grob planen. Erfahrungsgemäß erfordert Phase 3 (Diskussion und Entscheidungsfindung) die meiste Zeit. Deshalb sollte der Weg dorthin – Phase 2 (Informationsaustausch / -sammlung) – relativ zügig abgehandelt werden. Um nach der eigentlichen Diskussion das Ergebnis noch einmal gemeinsam zu formulieren und auch zu dokumentieren, sollten Sie einige Minuten einplanen. Setzen Sie sich also ein Zeitlimit, bis wann spätestens Phase 3 (Diskussion und Entscheidungsfindung) abgeschlossen sein muss.

- **Spielregeln:** Ein respektvoller Diskussionsstil sollte als selbstverständlich gelten und muss nicht gesondert vereinbart werden. Schlagen Sie lieber ganz pragmatische Dinge vor, die eine stringente Bearbeitung erleichtern. Beispiele dafür finden Sie in den Ausführungen zu Phase 2 unter »Positionierung« und »Brainstorming«.

- **Verteilung von Aufgaben:** Es bietet sich an, dass ein Teilnehmer die Funktion des Zeitbeauftragten übernimmt. Dieser behält die geplante Zeiteinteilung im Auge und weist bei Überschreitungen darauf hin. Darüber hinaus kann der Zeitbeauftragte in regelmäßigen Abständen (zum Beispiel alle fünf oder zehn Minuten) einen kurzen Hinweis zur aktuellen Zeit geben. Eine weitere geradezu klassische Funktion in einer Gruppendiskussion ist die des Moderators. Dennoch muss nicht jede Gruppe zwangsläufig moderiert werden. Je größer die Diskussionsgruppe, desto notwendiger ist auch eine (gute) Moderation. In kleinen Gruppen von bis zu fünf Personen können die Arbeitsprozesse auch ohne Moderator sehr gut funktionieren. Die Teilnehmer können also eventuell das Thema Moderation zu Beginn der Diskussion bewusst thematisieren.

### Phase 2: Informationsaustausch / -sammlung

Bevor Sie in die inhaltliche Diskussion einsteigen, benötigen Sie zunächst einmal eine Grundlage. Es ist nützlich zu wissen, wer welche Position vertritt, welche Konzepte überhaupt zur Debatte stehen oder welche Ideen die Teilnehmer bereits zur Lösung des Problems haben. Hier bieten sich je nach Aufgabenstellung zwei unterschiedliche Herangehensweisen an:

## PHASE 2: INFORMATIONSAUSTAUSCH / -SAMMLUNG

| A) Positionierung | B) Brainstorming |
|---|---|
| Bei der Positionierung handelt es sich um eine Form des Informationsaustauschs. Jeder Teilnehmer erhält kurz Gelegenheit, seine Position oder sein Lösungskonzept vorzustellen. Diese Variante bietet sich besonders dann an, wenn sich die Gruppenmitglieder schon vorab auf eine bestimmte Position oder Meinung festgelegt haben, wie im Beispiel 2 zu Beginn des Kapitels. Das Ziel sollte sein, dass die Gruppe möglichst schnell einen Überblick über die verschiedenen Positionen oder Konzepte erhält. Damit dies zügig und reibungslos funktioniert, empfehle ich Ihnen folgende Spielregeln:<br><br>• feste Reihenfolge (zum Beispiel im Uhrzeigersinn)<br>• zeitliche Obergrenze für die Beiträge (abhängig von der Gesamtzeit und Gruppenstärke, zum Beispiel pro Person max. eine Minute)<br>• keine Diskussion, keine Fragen<br>• Dokumentation der Vorschläge am Flipchart | Diese Methode ermöglicht es, in kurzer Zeit viele Informationen und Vorschläge zu sammeln bzw. neue Ideen zu generieren. Brainstorming ist also dann gut geeignet, wenn es darum geht, gemeinsam etwas zu entwickeln, und noch keine festen Positionen zum Thema existieren. Dies trifft auf viele Gruppendiskussionen ohne Vorbereitungszeit zu, also wenn die Aufgabe erst mit Beginn der Diskussion mitgeteilt wird (siehe Beispiel 1 zu Beginn des Kapitels). Die einzelnen Vorschläge können entweder per Kartenabfrage an einer Metaplanwand gesammelt oder am Flipchart schriftlich fixiert werden. Die erste Variante bietet den Vorteil, dass Sie später mit dem Material weiterarbeiten, also zum Beispiel durch Umpinnen Themengruppen (Cluster) bilden können. Für ein effektives Brainstorming haben sich in der Praxis folgende Regeln bewährt:<br><br>• Es gibt keine feste Reihenfolge, wer eine Idee hat, ruft sie dem Moderator zu bzw. beschriftet seine Karte<br>• Alle – auch exotisch erscheinende – Vorschläge werden zunächst aufgenommen und visualisiert<br>• Es ist (noch) nicht erlaubt, die Ideen zu kritisieren, zu diskutieren oder zu bewerten; es wird ausschließlich gesammelt<br><br>Auch wenn diese Spielregeln für viele als selbstverständlich gelten, sollten Sie nicht davon ausgehen, dass Sie jedem Teilnehmer geläufig sind. Klären Sie deshalb vor dem Brainstorming unbedingt diese Punkte. |

## Phase 3: Diskussion und Ergebnisfindung

In dieser Phase findet nun die eigentliche Diskussion und Bewertung der vorher zusammengetragenen Vorschläge bzw. Meinungen statt. Je nach Aufgabenstellung kann die Diskussion und Ergebnisfindung mehr oder weniger kontrovers verlaufen. Geht es darum, eine bestimmte Position zu vertreten, auf die Sie sich bereits in der Vorbereitungszeit festgelegt haben, müssen Sie mit einer härteren Auseinandersetzung rechnen als bei der gemeinsamen Entwicklung eines Konzepts, das als Stegreifauftrag zu Beginn der Gruppendiskussion in den Raum gestellt wird. Da in dieser Gesprächsphase ein Austausch der Argumente zwischen allen Beteiligten stattfinden wird, in dem Argumente hinterfragt und gegeneinander abgewogen werden müssen, ist für diesen Part die meiste Bearbeitungszeit erforderlich. Im Sinne eines qualitativ hochwertigen Ergebnisses sollte hier kein reiner Schlagabtausch, sondern eher eine systematische Ergebnisfindung stattfinden. Abhängig vom Diskussionsthema können Sie dafür unterstützend bestimmte Methoden einsetzen:

In der Pro-Contra-Betrachtung werden die Vor- und Nachteile aller im Raum stehenden Konzepte/Meinungen zusammengetragen, aufgelistet und gegeneinander abgewogen.

**Pro-Contra-Betrachtung**

Gibt die Aufgabenstellung vielleicht schon bestimmte Kriterien vor, wie in unserem Beispiel 2 zu Beginn des Kapitels? Wenn ja, bietet es sich geradezu an, diese als Bewertungsmaßstab heranzuziehen. So könnten Sie gemeinsam pro Vorschlag für die Effizienzsteigerung, die Qualitätssteigerung und die Realisierbarkeit Punkte vergeben.

**Bewertung nach bestimmten Kriterien**

|  | Effizienz-steigerung | Qualitäts-steigerung | Machbarkeit |
|---|---|---|---|
| Projektvorschlag 1 | o o o | o | o o |
| Projektvorschlag 2 | o | o o | o o |
| Projektvorschlag 3 | o o | o o o | o |
| Projektvorschlag 4 | o o o | o o | o o o |

**Beispiel**

Enthält die Aufgabenstellung keine Kriterien, so können Sie diese als Gruppe selbstverständlich gemeinsam definieren, sofern es dem Entscheidungsfindungsprozess dient. Sie sollten die Kriterien dann vorzugsweise in einem frühen Stadium – beispielsweise zu Beginn von Phase 2 – festlegen. Kriterien sind jedoch nicht zwangsläufig bei jeder Gruppendiskussion notwendig oder zielführend. Hilfreich sind sie immer dann, wenn es um die Auswahl miteinander konkurrierender Vorschläge geht.

**Mehrheitsbeschluss**

Von der Entscheidungsfindung mit Mehrheitsbeschluss per Abstimmung sollten Sie nur als Ultima Ratio Gebrauch machen, sprich wenn die Diskussion sehr verfahren ist und kurz vor Ablauf der Zeit noch kein Ergebnis in Sicht ist. Wenn Sie zu früh einen Mehrheitsbeschluss per Abstimmung herbeiführen, machen Sie damit die eigentliche Diskussion im Sinne eines abwägenden Entscheidungsfindungsprozesses überflüssig.

Arbeiten Sie auch in dieser Phase der Gruppendiskussion mit Medien. Die visuelle Begleitung des Entscheidungsfindungsprozesses erleichtert die Übersicht und schafft Transparenz.

### Phase 4: Ergebnisformulierung

Im Idealfall haben Sie Ihre Zeitplanung so gestaltet, dass Sie den Prozess der Ergebnisfindung bereits einige Minuten vor Ablauf der Gesamtzeit abgeschlossen haben. Fassen Sie in der Gruppe die Eckpunkte des Ergebnisses zusammen und formulieren Sie es noch einmal schriftlich (Flipchart). Die Gruppenmitglieder sollten in der Lage sein, unmittelbar nach der Diskussion eine kurze Präsentation aus dem Stegreif halten zu können. Stellen Sie sich vor, mit Ablauf der Diskussionszeit beträte der Vorstand des Unternehmens den Raum. Ihr Ergebnis sollte dann so aufbereitet sein, dass für ihn sofort erkennbar ist, zu welchem Entschluss Sie gekommen sind.

**Sinnvolle Struktur als Ziel**

Wenn diese Handlungsempfehlung im Rahmen unserer Assessment-Center-Trainings vorgestellt wird, gibt es öfter folgende Einwände: »Dieser Ablauf hört sich gut an, aber was nützt es mir denn in der Gruppendiskussion, wenn nur ich alleine diese systematische Herangehensweise kenne?« Oder: »Was mache ich denn, wenn es mir nicht gelingt, die anderen Teilnehmer von dieser Vorgehensweise zu überzeugen?« Diese Bedenken sind nachvollziehbar, doch in den meisten Fällen unbegründet. Es ist weniger entscheidend, diese Vorgehensweise lehrbuchmäßig durchzuziehen, sondern vielmehr ist sie dazu gedacht, der Gruppendiskussion von Anfang an eine sinnvolle Struktur zu verleihen. Es ist wichtig, diese methodischen Ansätze unmittelbar zu Beginn der Diskussion einzubringen. Bei vielen Gruppendiskussionen herrscht am Anfang einige Sekunden erwartungsvolle Stille, bis der erste Teilnehmer das Wort ergreift. Nutzen Sie diese Gelegenheit, um Ihren Vorschlag zur Vorgehensweise zu platzieren. Die Wahrscheinlichkeit, dass andere Teilnehmer die von Ihnen vorgestellte Herangehensweise blockieren werden, ist ziemlich gering. Erfahrungsgemäß unterstützen die meisten Diskussionsteilnehmer solche Verfahrensempfehlungen, wenn sich diese logisch anhören und zielführend formuliert werden. Weitaus wahrscheinlicher ist an dieser Stelle, dass andere Teilnehmer weitere ergänzende Vorschläge einbringen. Warum auch nicht, vielleicht handelt es sich ja dabei um Punkte, die Sie selbst übersehen haben? Entscheidend ist in jedem Fall, wie Sie Ihre Vorschläge formulieren. Die oft verwendete Phrase »Bevor wir ins Thema einsteigen, sollten wir erst einmal darüber diskutieren, wie wir vorgehen« halte ich für nicht besonders klug. Diese Formulierung ist viel zu offen und kann damit in eine Debatte über die Methodik ausufern, was weder von Ihnen gewünscht noch zielführend sein kann. Sie müssen außerdem mit der Intervention von sehr sachorientierten oder stringent veranlagten Gruppenmitgliedern rechnen, die zu Recht eine zeitraubende Detaildiskussion befürchten. Besser ist es deshalb, zur Gesprächseröffnung ganz konkrete Vorschläge zu formulieren und dafür Bestätigung einzuholen.

*Wenn ich die Aufgabe richtig verstanden habe, ist unser Auftrag, ein Konzept für die Markteinführung der neuen Pflegeserie für Männer zu entwickeln. Ich schlage vor, dass wir im Rahmen eines Brainstormings zunächst unsere Ideen zusammentragen, die wir anschließend diskutieren und weiterentwickeln sollten. Wäre diese Vorgehensweise für Sie in Ordnung? ... Ein guter Zeitrahmen für das Brainstorming könnten fünf Minuten sein. Die meisten kennen ja sicher die Regeln für Brainstorming: Alle Ideen sind erlaubt und werden aufgenommen, die Vorschläge werden noch nicht diskutiert oder hinterfragt, die Diskussion und Bewertung erfolgt erst nach Abschluss dieser Phase. Können wir uns auf diese Spielregeln verständigen?*

**Beispiel**

**Platzhirsche sind
nicht gefragt**

Die hier dargestellte Strukturierung einer Gruppendiskussion wurde nicht zur Lösung von AC-Aufgaben entwickelt, sondern um Besprechungen im Berufsleben effektiv zu gestalten. Also müssen Sie bei Teilnehmern, die in der Moderation von Meetings sehr erfahren sind (oder dieses Buch gelesen haben), damit rechnen, dass sie einen ähnlichen Ansatz forcieren. Was aber, wenn ein anderes Mitglied der Gruppe vor Ihnen zum Zuge kommt und genau die von Ihnen beabsichtigte Herangehensweise an die Aufgabe vorschlägt? Umso besser, dann sind Sie schon zu zweit! Schließlich geht es ja nicht darum, als Platzhirsch aufzutreten und auf Biegen und Brechen den ersten Redebeitrag zu liefern. Viel wichtiger ist, die richtige Weichenstellung für einen sinnvollen Ablauf sicherzustellen. Wenn der Initiator ein anderer Teilnehmer ist, dann unterstützen Sie ihn dabei und ergänzen eventuell seine Handlungsempfehlung.

Möglicherweise starten zu Beginn einer Gruppendiskussion auch ein oder mehrere Teilnehmer sofort mit inhaltlichen Beiträgen, ohne dass die Vorgehensweise abgestimmt wurde. In diesem Fall empfehle ich Ihnen, freundlich zu unterbrechen und darauf hinzuweisen, dass vorab noch wichtige Punkte geklärt werden müssen.

### Definition der persönlichen Rolle

Bei der Gruppendiskussion gibt es wie bei kaum einer anderen AC-Aufgabe viele Unwägbarkeitsfaktoren. Aus wie vielen Teilnehmern besteht die Gruppe und wie wird deren Zusammensetzung sein? Eher homogen oder sehr heterogen? Aus welchen Fachbereichen kommen die anderen Teilnehmer? Und vor allem: Welche unterschiedlichen Charaktere sind in der Gruppe vertreten? Oft genügt es, eine einzige Person einer Diskussionsgruppe auszutauschen, und der Diskussionsprozess und die Zusammenarbeit können eine andere Wendung nehmen. Dies sind Überlegungen, die fast jeder vor einer AC-Gruppendiskussion anstellt, doch sie sind wenig hilfreich. Unabhängig davon, wie die Gruppe zusammengesetzt ist und welches Thema vorgegeben wird, müssen Sie eine gleichbleibend stabile Performance liefern. Anstatt sich also im Vorfeld mit Dingen zu beschäftigen, die Sie ohnehin nicht beeinflussen können, ist es weitaus zielführender, sich mit dem eigenen Rollenverständnis auseinanderzusetzen.

In diesem Zusammenhang empfehlen viele meiner (Autoren-)Kollegen den Kandidaten, die Moderatorenrolle anzustreben. Dies sei die idealtypische Rolle, mit der man als AC-Teilnehmer automatisch punkten werde. Doch diesen Ansatz halte ich für zu einseitig und zudem schwer umsetzbar. Was machen Sie, wenn ein anderer Teilnehmer schneller war als Sie? Erhalten Sie und die anderen »Nichtmoderatoren« dann von den Beobachtern automatisch eine schlechtere Bewertung? Gerade weil die Empfehlung so häufig ausgesprochen wird, kann die Konkurrenz um die Rolle des Moderators groß sein. Die Wahrscheinlichkeit, als Moderator zum Zuge zu kommen, liegt in jedem Fall deutlich unter 50 Prozent. Zweifellos bietet die Moderatorenrolle die Möglichkeit, stärker in Erscheinung zu treten und sich zu profilieren. Doch mit dieser Funktion sind nicht ausschließlich Vorteile und Chancen verknüpft, sondern ebenso größere Risiken. Was ist, wenn es Ihnen nicht gelingt, den Diskussionsprozess professionell zu moderieren und zu steuern, und die Verantwortung für ein verschlepptes Ergebnis womöglich Ihnen als Moderator zur Last gelegt wird? Bedenken Sie, dass der Moderator eine Doppelfunktion wahrnimmt: Einerseits muss er den Prozess steuern und dabei möglichst neutral agieren, andererseits ist er aber immer noch Diskussionsteilnehmer mit eigenen Vorstellungen, der sich einbringen bzw. seine Position vertreten muss. Relativ oft ist im Assessment-Center zu beobachten, dass der Moderator in der Gruppendiskussion zunehmend an Einfluss verliert und in die Rolle des Schriftführers gerät. Seine Aktivität beschränkt sich dann weitgehend darauf, am Flipchart zu protokollieren statt zu steuern und zu moderieren. Das eigentliche Geschehen findet woanders statt, aber nicht mehr beim sogenannten Moderator. Fazit: Viele sind mit dieser Funktion überfordert. Wer ohne jegliche praktische Erfahrung in der Moderation von Gruppen oder Meetings diese Rolle erstmals im Assessment-Center wahrnehmen möchte, sollte sich auch der Risiken bewusst sein. Ich möchte Ihnen diese Rolle weder grundsätzlich empfehlen noch grundsätzlich davon abraten. Sehen Sie sie vielmehr als eine Option und nicht als das einzig erstrebenswerte Ziel. Entscheiden Sie anhand Ihrer Erfahrung und der aktuellen Diskussionssituation, ob es für Sie und die Gruppe zielführend ist, dass Sie die Moderation übernehmen.

Was aber, wenn Sie nicht der Moderator sein wollen oder können? Sicher ist dann Ihr Ziel als Diskussionsteilnehmer, bei den Beobachtern

Moderatorenrolle birgt auch Risiken

auf jeden Fall einen positiven Eindruck zu hinterlassen. Treten Sie deshalb als konstruktiver und aktiver Teilnehmer auf. Doch woran genau würden AC-Beobachter dies festmachen? Wenn man die in verschiedenen Assessment-Centern herangezogenen Beobachtungskriterien zur Bewertung von Diskussionsteilnehmern betrachtet, lassen sich daraus folgende Verhaltensweisen ableiten, die für einen positiven Eindruck entscheidend sind:

- durchgängige Beteiligung
- Steuerung auf der Prozessebene
- körpersprachliche Präsenz
- respektvoller Kommunikationsstil
- ergebnisorientiertes Handeln
- Gleichgewicht zwischen engagiertem Vertreten der eigenen Position und Kompromissbereitschaft

**Durchgängige Beteiligung**

Um von vornherein Missverständnissen vorzubeugen: Mit durchgängiger Beteiligung ist nicht gemeint, dass Sie ständig reden müssen oder sehr lange Wortmeldungen liefern sollen. Kurze, aber dafür regelmäßig eingestreute Beiträge sind wertvoller als wenige Mammutsequenzen. Bei einer typischen AC-Gruppendiskussion sind zwei Phänomene häufig zu beobachten: einerseits die »Langsamstarter«, andererseits die »Nachlasser«. Bei Letzteren handelt es sich um Diskussionsteilnehmer, die schon sehr früh aktiv sind und viele Beiträge liefern. Ihnen gelingt es jedoch nicht, diese Aktivität aufrechtzuerhalten. Ab einem bestimmten Punkt in der Diskussion ist von diesen Personen nicht mehr viel zu hören; erst gegen Ende schalten sie sich wieder ein. Möglicherweise liegt dies daran, dass nach dem erfolgreichen Start ein Gefühl der Pflichterfüllung suggeriert, man könne sich nun erst einmal eine verdiente Pause gönnen. Zugegeben, es ist anstrengend und erfordert viel Konzertration und Energie, ständig am Ball zu bleiben.

**Steuerung auf der Prozessebene**

Die »Langsamstarter« treten dagegen zu Beginn kaum in Erscheinung. Es dauert eine Weile, bis sie in die Diskussion einsteigen. Bei manchen Menschen liegt es daran, dass sie von Haus aus etwas zurückhaltender sind, andere wiederum schätzen ihre eigene Kompetenz hinsichtlich des Diskussionsthemas nicht besonders hoch ein und bleiben deshalb zunächst im Hintergrund. Achten Sie darauf, dass Sie bereits möglichst früh und dann auch durchgängig in Erscheinung treten. Die Annahme, Sie selbst seien nicht kompetent genug, um bei einem bestimmten Thema in Vorlage zu treten, ist normalerweise unbegründet. Es ist gar nicht notwendig, ständig inhaltliche Beiträge zu liefern. Die sogenannte Prozessebene – also die Methodik (siehe »Vier-Phasen-Ablauf«) – bietet darüber hinaus viele Möglichkeiten, sich aktiv einzubringen und steuernd einzugreifen. Wenn Sie Ideen zur Vorgehensweise oder zu den Spielregeln haben, dann nutzen Sie diese Möglichkeit, um Präsenz zu zeigen. Wenn es sich gerade anbietet, Ideen oder ein Zwischenergebnis am Flipchart für alle sichtbar festzuhalten, schlagen Sie es einfach vor. Sollte es sehr ruhige Teilnehmer geben, die sich kaum zu Wort melden, so ermutigen Sie diese, zum Beispiel mit: »Wir haben jetzt schon verschiedene Sichtweisen zu unserem Maßnahmenpaket gehört. Frau Müller, mich würde auch Ihre Meinung dazu noch interessieren.« Ihr Ziel sollte es sein, kontinuierlich mitzuarbeiten, und wenn es nur mit kleinen Beiträgen oder Anmerkungen ist. Sie sollten im Abstand von wenigen Minuten in Erscheinung treten. Dadurch vermeiden Sie es, als »Langsamstarter« oder »Nachlasser« wahrgenommen zu werden.

Neben den Informationen, die auf der verbalen Ebene vermittelt werden, senden Sie durch Ihre Körpersprache jede Menge nonverbaler Signale aus, die bei den Beobachtern einen bestimmten Eindruck hinterlassen. Dieser muss nicht immer zutreffend sein, denn die Interpretation einzelner körpersprachlicher Merkmale bietet ein weites Feld für Fehlinterpretationen. Doch gerade deshalb sollten Sie sich Ihrer eigenen körpersprachlichen Signale bewusst sein. Wenn man Sie in der Gruppendiskussion beobachtet, sollte der Eindruck eines hellwachen, aufmerksamen und präsenten Teilnehmers entstehen. Die Sitzhaltung vieler Diskussionsteilnehmer – die sich vielleicht über Jahre hinweg in zeitraubenden geschäftlichen Meetings eingeschliffen hat – drückt jedoch oft etwas ganz anderes aus.

**Körpersprachliche Präsenz**

Wie im Kapitel »Rollenspiele« bereits beschrieben, fängt eine ausgeglichene und stabile Sitzhaltung bereits bei den Füßen an. Beide Füße sollten in hüftbreitem Abstand auf dem Boden stehen. Nehmen Sie die ganze Sitzfläche in Anspruch, ohne dabei Ihren Oberkörper nach hinten in die Rückenlehne zu pressen. Ein aufrechter, ganz leicht nach vorne orientierter Oberkörper signalisiert Aufmerksamkeit und Aktivität. Ihre Hände sollten immer sichtbar sein, sich also oberhalb der

**Sitzhaltung**

Tischplatte befinden. Die Beschreibung dieser Sitzhaltung hört sich vielleicht sehr statisch an. Sie ist als Empfehlung für eine Grundposition zu verstehen, die für den Gesprächsbeginn günstig ist und in die Sie im Verlauf der Diskussion immer wieder zurückkehren können. Selbstverständlich sollten Sie nicht wie in Stein gemeißelt ständig in dieser Haltung verharren, sondern Ihre natürliche Gestik und Bewegung einfließen lassen und die Sitzhaltung dabei dynamisch anpassen. Vermeiden Sie es, zu lange in einer Sitzhaltung zu verharren, die unvorteilhafte nonverbale Signale vermittelt. Ein zurückgelehnter Oberkörper, weit nach vorne gestreckte oder übergeschlagene Beine können einen sehr legeren, konsumierenden oder selbstgefälligen Eindruck erzeugen. Nach hinten angewinkelte oder um die Stuhlbeine gewundene Füße mit wenig Bodenkontakt sowie das Sitzen auf der Stuhlkante können je nach Situation als Unsicherheit, Unwohlsein oder Anspannung interpretiert werden.

**Blickkontakt suchen**  Ein wichtiges körpersprachliches Merkmal, das stark mit Aufmerksamkeit und Präsenz verbunden wird, ist der Blickkontakt. Suchen Sie immer wieder Blickkontakt zu den anderen Diskussionsteilnehmern. Insbesondere beim Einbringen eigener Beiträge verleihen Sie Ihren Botschaften dadurch mehr Nachdruck und Überzeugungskraft. Wenig Blickkontakt kann dagegen als Ausdruck mangelnden Selbstbewusstseins oder fehlender Führungsstärke aufgefasst werden. Doch nicht nur als »Sender« sondern auch als »Empfänger« sollten Sie sich darum bemühen. Dadurch signalisieren Sie Aufmerksamkeit und Interesse am Thema und an den Beiträgen der anderen Gruppenmitglieder. Zuhörer, die während der Ausführungen anderer starr auf die eigenen Unterlagen blicken, bringen eher das Gegenteil zum Ausdruck.

**Tipp**

Vermeiden Sie jeglichen Blickkontakt zu den Beobachtern. Blenden Sie diese aus und schenken Sie Ihre Aufmerksamkeit ausschließlich den Teilnehmern der Diskussionsgruppe. Ich erlebe immer wieder, dass Kandidaten bei Gruppendiskussionen – bewusst oder unbewusst – Blickkontakt auch zu Außenstehenden suchen. Dadurch entsteht der Eindruck, der Diskussionsteilnehmer möchte die Aufmerksamkeit der Beobachter auf sich ziehen, weil er vielleicht gerade einen wichtigen Beitrag geliefert hat. Aus Beobachtersicht kann so etwas manipulativ oder zumindest irritierend wirken.

Gelegentlich ist in Gruppendiskussionen das oben genannte Phänomen zu beobachten, dass alle Gruppenmitglieder wie gebannt in ihre eigenen Aufzeichnungen starren. Nach jedem Beitrag schreibt jeder Teilnehmer eifrig in seine Unterlagen, was zu langen Pausen führt. Die Gruppendiskussion mutet dann wie eine stille Einzelarbeit an, die immer mal wieder durch Redebeiträge unterbrochen wird. Zugegebenermaßen ist dies für viele Teilnehmer der bequemere Weg. Sich geschäftig hinter den eigenen Unterlagen zu verschanzen ist leichter, als aktiv in die Diskussion einzutreten. Blickkontakt und die erforderliche körpersprachliche Präsenz bleiben dabei jedoch weitgehend auf der Strecke. Eine lebhafte Interaktion kann so nicht zustande kommen. Lesen und schreiben Sie deshalb während der Diskussion möglichst wenig, denn dadurch nehmen Sie sich die Chance, präsent und aufmerksam zu wirken.

Es geht mir mit diesem Rat nicht darum, die schriftliche Dokumentation des Diskussionsfortschritts infrage zu stellen. Das Festhalten von Vorschlägen und Zwischenergebnissen ist selbstverständlich ein wichtiger Beitrag zur Ergebnissicherung. Aber bitte nicht in Einzelarbeit, sondern mithilfe der zur Verfügung stehenden Medien und für alle transparent!

**Respektvoller Kommunikationsstil**

Ein wertschätzender Umgang mit den anderen Teilnehmern sollte als selbstverständlich gelten. Argumentieren Sie deshalb stets auf der Sachebene und vermeiden Sie persönliche Angriffe. Werten Sie andere Teilnehmer oder deren Vorschläge keinesfalls ab. Lassen Sie andere Teilnehmer grundsätzlich ausreden, ohne ihnen ins Wort zu fallen. Sollte es dennoch bei begründeten Ausnahmen (siehe nächster Abschnitt »Ergebnisorientiertes Handeln«) erforderlich sein zu intervenieren, dann unterbrechen Sie höflich. Wer auf Kosten anderer versucht, taktische Vorteile zu erlangen, wird bei der Mehrzahl der Beobachter keine positive Bewertung ernten. Statt einer Ellbogenmentalität wird heute in den meisten Institutionen auf eine Fairplay-Kultur gesetzt, die von gegenseitiger Wertschätzung und Toleranz geprägt sein sollte.

**Ergebnisorientiertes Handeln**

Manche Ratgeber propagieren zum Thema AC-Gruppendiskussion, das Erreichen eines Ergebnisses sei Nebensache, viel wichtiger sei dagegen die Interaktion und Diskussion der Gruppe. Aus meiner Erfahrung ist dies so nicht zutreffend – beide Aspekte sind wichtig. Das sogenannte ökonomische Prinzip in Form des Maximalprinzips lässt sich auf eine Gruppendiskussion hervorragend übertragen: mit gegebenen Mitteln (= Diskussionszeit und Ausgangsinformationen) ein maximales Ziel (= qualitativ hochwertiges Diskussionsergebnis) erreichen. Für das qualitativ hochwertige Ergebnis sollten Sie die Messlatte allerdings nicht zu hoch anlegen. Niemand erwartet hier ein perfekt ausgefeiltes Konzept, und ebenso wenig gibt es bei dieser Aufgabe eine einzig richtige Musterlösung. In den meisten AC-Diskussionen ist das Erzielen eines Ergebnisses innerhalb der zur Verfügung stehenden Zeit aber sehr wohl ein wesentlicher Aspekt, der keinesfalls vernachlässigt werden sollte – insbesondere in der freien Wirtschaft. Zwar gibt es einige Ausnahmen, bei denen es primär um die Diskussion und den Austausch von Argumenten geht. Dieser Diskussionstyp, oft auch Disput genannt, wird manchmal im öffentlichen Dienst angewandt (siehe in Kapitel 10 »Disput«). Hier geht es darum, zu einem gesellschaftspolitischen Thema (zum Beispiel die gesetzliche Begrenzung von Managergehältern) eine bestimmte Position zu vertreten; eine Einigung der Teilnehmer wird dabei jedoch nicht erwartet. In diesen Fällen wird die Aufgabenstellung auch entsprechend formuliert sein. Bei allen anderen Diskussionen gilt Ergebnisorientierung jedoch als wesentliche Anforderung.

**Verantwortungsvoller Umgang mit Ressourcen**

Wie zeigen Sie Ergebnisorientierung? Indem Sie einerseits mit der begrenzten Ressource Zeit verantwortungsvoll umgehen und gleichzeitig sinnvolle Methoden (siehe »Strukturierung einer Gruppendiskussion« im Abschnitt »Allgemeine Lösungsstrategien«) einsetzen, um auf das gewünschte Ziel hinzuarbeiten. Konzentrieren Sie sich auf das Wesentliche und halten Sie Ihre Beiträge kurz und prägnant. Redebeiträge von über einer halben Minute Dauer werden von vielen als langatmig, Beiträge von über einer Minute oft schon als störend empfunden. Was aber, wenn andere Teilnehmer die Geduld der Gruppe über Gebühr strapazieren? In unseren Seminaren kommt oft die Frage: »Darf ich jemanden, der sehr lange redet, unterbrechen oder gelte ich dann als unhöflich?« Die Frage müsste jedoch vielmehr lauten: »Wenn ich erkenne, dass die Gruppe Gefahr läuft, das Ergebnis nicht zu erreichen, ist es dann nicht sogar meine Pflicht zu intervenieren?« Es kommt tatsächlich immer wieder vor, dass einzelne Teilnehmer – sogenannte Vielredner – mit Mammutbeiträgen den Fortschritt einer

Gruppenaufgabe massiv verzögern. Wenn Sie also das Gefühl haben, dass der Fortschritt der Gruppenaufgabe dadurch behindert wird, sollten Sie auf jeden Fall (höflich) unterbrechen und in Anbetracht der fortgeschrittenen Zeit auf das zu erreichende Ergebnis verweisen. Dasselbe sollten Sie tun, wenn Sie erkennen, dass die Diskussion immer weiter vom gewünschten Kurs abweicht, das Thema bzw. die Aufgabenstellung unnötig kompliziert oder ausgeweitet wird oder die Diskussion sich in immer unwichtigeren Details verzettelt. In diesen Fällen ist es hilfreich, wenn Sie (als Gruppe) in der ersten Diskussionsphase gründlich vorgegangen sind und die Rahmenbedingungen für die Bearbeitung des Auftrags abgesteckt haben. Dann fällt es deutlich leichter, bei Kursabweichungen zu intervenieren, ohne damit einen Konflikt heraufzubeschwören.

> **Tipp**
>
> Ist es notwendig, einen Vielredner zu unterbrechen, um mit den eigenen Themen überhaupt zum Zuge zu kommen, hat sich folgende Technik bewährt: Unterbrechen Sie mit einer positiven Bestätigung und knüpfen Sie mit Ihren eigenen Punkten an, z.B.
>
> - »Stimmt, dabei müssen wir auch beachten, dass ...«;
> - »Das ist ein guter Punkt, ergänzend sollten wir ...« oder
> - »Genau, mir ist es noch wichtig, dass ...«
>
> Damit der Vielredner tatsächlich innehält ist es wichtig, der Unterbrechung stimmlich einen gewissen Schwung und Nachdruck zu verleihen!

**Visualisierung**

Viele Gruppendiskussionen können mithilfe einfacher Visualisierung noch effektiver gestaltet werden und verlaufen dadurch ergebnisorientierter. Mit wachsender Gruppengröße und komplexeren Sachverhalten gestaltet es sich für die Teilnehmer zunehmend schwierig, den Überblick über die verschiedenen Vorschläge und den Verlauf der Diskussion zu behalten. In nahezu jedem Assessment-Center steht Ihnen bei der Gruppendiskussion ein Flipchart zur Verfügung, gelegentlich auch eine Moderationswand zum Anpinnen von Karten. Mit Ausnahme einiger Auswahlverfahren im öffentlichen Dienst ist der Einsatz dieser Medien fast immer erlaubt bzw. sogar erwünscht. Nutzen Sie diese in den verschiedenen Phasen der Gruppendiskussion, um beispielsweise

- das Ziel zu visualisieren,
- Vorschläge und Ideen zu sammeln (Brainstorming),

- unterschiedliche Positionen sichtbar zu machen,
- Pro und Contra darzustellen,
- Punkte für die Erfüllung bestimmter Kriterien zu vergeben (siehe Beispiel vorne),
- Teil- oder Zwischenergebnisse zu dokumentieren oder
- das Endergebnis darzustellen.

Wenn Sie nicht als Moderator agieren und den Eindruck haben, die Visualisierung bestimmter Punkte wäre nun gerade hilfreich, dann tragen Sie zur Ergebnisorientierung bei, indem Sie diesen Vorschlag einbringen.

**Kompromisse sind wichtig ...** Wichtig ist, dass Sie auf ein Gleichgewicht zwischen dem engagierten Vertreten der eigenen Position und Kompromissbereitschaft achten. Wie wir bereits festgestellt haben, ist das Ziel der allermeisten Gruppendiskussionen die Erarbeitung eines gemeinsamen Ergebnisses. Dies setzt natürlich voraus, dass sich die Teilnehmer inhaltlich aufeinander zubewegen und sich vermutlich jeder ein Stück weit von seiner Ausgangsposition entfernen muss. Beharren Sie also nicht bis zum Schluss auf Ihrem Standpunkt, denn damit gefährden Sie das gemeinsame Ergebnis und werden womöglich auch als wenig team- und kompromissfähig bewertet.

**... die eigene Position aber auch** Wenn Sie andererseits jedoch schon in der Anfangsphase der Diskussion von Ihrem Vorschlag komplett abrücken, könnte dies als Opportunismus oder Durchsetzungsschwäche ausgelegt werden. Für Ihre Position muss es ja gute Argumente geben, sonst hätten Sie sich nicht für sie entschieden. Also werfen Sie Ihre Argumente in die Waagschale und argumentieren Sie engagiert für Ihr Konzept. Seien Sie sich aber bewusst, dass es unrealistisch ist, Ihre Position zu 100 Prozent durchzusetzen. Es kann Vorschläge anderer Teilnehmer geben, die in Teilaspekten Ihrem Konzept vielleicht tatsächlich überlegen sind. Die Kunst besteht also darin, den goldenen Mittelweg zu finden. Zeigen Sie Kompromissbereitschaft, ohne Ihre eigene Position komplett aufzugeben. Suchen Sie den kleinsten gemeinsamen Nenner der unterschiedlichen Vorschläge. Versuchen Sie möglichst, Teilaspekte Ihres Konzepts in das gemeinsame Ergebnis einzubringen und geben Sie – falls erforderlich – einzelne Punkte auf, die nicht konsensfähig sind. Stellen Sie sich die Ergebnisfindung wie Verhandlungen in einer großen Koalition vor.

Es gibt jedoch Aufgabenstellungen, bei denen die Ergebnisfindung über Kompromisse nicht möglich ist. Erinnern Sie sich an das Beispiel 2 am Beginn dieses Kapitels, bei dem Sie die beiden aussichtsreichsten Projektvorschläge nominieren sollen? Hier können Sie natürlich keinen Mittelweg anstreben. Sollte Ihr Konzept ausgeschieden sein, bietet es sich an, argumentativ den Vorschlag zu unterstützen, der die meisten Parallelen zum eigenen aufweist oder ein ähnliches Ziel verfolgt. Wichtig ist in diesem Fall, weiterhin engagiert mitzuarbeiten und sich nicht zurückzulehnen, nur weil der eigene Vorschlag aus dem Rennen ist. Unter solchen Umständen bietet es sich auch an, stärker auf der methodischen Ebene an der Ergebnisfindung mitzuwirken.

## Spezielle Strategien für besondere Formen der Gruppendiskussion

Mit den bereits vorgestellten allgemeinen Lösungsstrategien steigern Sie Ihre Chancen auf eine positive Bewertung in der führerlosen Gruppendiskussion ohne Rollenvorgabe (Typ I). Zugleich können Sie die dargestellten Möglichkeiten als Basisempfehlung für die anderen Diskussionstypen (II–IV) heranziehen.

Bei Gruppendiskussionen mit Rollenvorgaben sowie bei geführten Gruppendiskussionen (Teammeetings) gibt es jedoch einige Besonderheiten, die den Schwierigkeitsgrad der Aufgabe erhöhen. Ich möchte Ihnen deshalb für diese Diskussionsvarianten zusätzliche Strategien vorstellen. Sie erfahren in diesem Abschnitt außerdem, wie Sie bei einer Projekt- bzw. Gruppenarbeit, die quasi die Fortsetzung einer Gruppendiskussion ist, vorgehen können.

## Führerlose Gruppendiskussion mit Rollenvorgabe (Typ II)

Für diese Konstellation möchte ich wieder das Ihnen bereits bekannte Beispiel von vorne aufgreifen.

**Beispiel**

*Die Kandidaten nehmen die Rolle von Abteilungsleitern des Unternehmens ein. Die Aufgabe besteht darin, in der Diskussion zwei Mitarbeiter des Unternehmens zu nominieren, die in diesem Jahr in den Genuss einer besonderen Förderung für Nachwuchstalente kommen. Dabei ist jedem Abteilungsleiter ein persönlicher Favorit aus seinem eigenen Verantwortungsbereich vorgegeben, den er der Gruppe vorschlagen soll.*

**Hoher Druck auf die Beteiligten**

Eine Aufgabe mit Rollenvorgaben erhöht den Druck auf die Beteiligten, da die Aufgabenstellung meist impliziert, dass es Gruppenmitglieder geben wird, die leer ausgehen. Viele Teilnehmer fühlen sich nun dazu verpflichtet, auf Biegen und Brechen ihren eigenen Kandidaten durchzuboxen, um am Ende vermeintlich gut dazustehen. Verfolgen alle diese Strategie, endet die Aufgabe in einer Sackgasse oder es kommt zur Eskalation. Bei diesem Aufgabentyp ist die Gefahr groß, dass sich Diskussionsteilnehmer auf ein unsachliches Niveau begeben und der respektvolle Kommunikationsstil auf der Strecke bleibt.

Mit solchen Aufgaben lässt sich sehr gut die Entscheidungsfindung in einer Organisation unter hierarchisch Gleichgestellten simulieren. Aus Ihrer Berufserfahrung kennen Sie vermutlich Fälle, in denen die Demonstration von Macht und die Durchsetzung von Eigeninteressen an erster Stelle standen. Wenn solche Motive das Handeln bestimmen und die Organisationsziele dadurch ins Hintertreffen geraten, handelt es sich um einen typischen Fall von Mikropolitik.

**Unternehmerisches Denken ist gefragt**

Seien Sie in der AC-Gruppendiskussion kein Mikropolitiker! Ein Gewinner-Verlierer-Denken ist zur Lösung dieser Aufgabe kontraproduktiv. Lösen Sie sich deshalb von dem alleinigen Ziel, unbedingt Ihr Anliegen durchzubekommen. Streben Sie ein gemeinsames Ziel auf einer höheren Ebene an, nämlich: eine gemeinsame Entscheidung zu treffen, von der die Organisation als Ganzes am meisten profitiert. Gerade in einem Assessment-Center für Führungskräfte wird erwartet, dass Sie in der Lage sind, über den eigenen Tellerrand hinauszuschauen und unternehmerisch zu denken. Dieses Ziel widerspricht nicht zwangsläufig dem in Ihrem Arbeitsauftrag formulierten Ziel, sich für den Mitarbeiter aus Ihrem Bereich stark zu machen. Doch das rollenbezogene Ziel sollten Sie im Zweifelsfall immer dem höheren gemeinsamen Ziel unterordnen.

Gerade bei dieser Art von Gruppendiskussionen ist es wichtig, sehr strukturiert vorzugehen, um eine sachliche Lösungsfindung sicherzustellen. Eine gute Orientierungshilfe bietet dazu der Abschnitt »Strukturierung einer Gruppendiskussion« im Kapitel »Allgemeine Lösungsstrategien«. Die Gruppendiskussion zum Thema »Nominierung von zwei Mitarbeitern für die Nachwuchsförderung« könnte beispielsweise wie folgt aufgebaut werden:

Zu Beginn sollte auf jeden Fall ein gemeinsames Ziel thematisiert werden, dem alle Teilnehmer zustimmen können, also zum Beispiel die beiden für das Unternehmen geeignetsten Nachwuchstalente auszuwählen. Nun bietet es sich an, die wesentlichen Kriterien festzulegen, die Sie zur Entscheidungsfindung heranziehen wollen. Beschränken Sie sich dabei auf wenige Punkte. Maximal fünf Kriterien haben sich für solche Aufgaben als gute Richtgröße erwiesen. Sie und die anderen Teilnehmer könnten für die Nominierung zum Beispiel folgende Aspekte zugrunde legen: überdurchschnittliche Leistungsbereitschaft, nachweisbare Erfolge, Potenzial für weiterführende Aufgaben, Integrität. Eventuell muss die Gruppe zu einem späteren Zeitpunkt noch einmal darüber diskutieren, ob diese Kriterien gleichbedeutend oder unterschiedlich gewichtet werden sollen. Im nächsten Schritt sollte jeder Teilnehmer in der Rolle des Abteilungsleiters Gelegenheit bekommen, seinen Wunschkandidaten kurz vorzustellen. Es erweist sich als vorteilhaft, ohne Diskussion der Reihe nach vorzugehen und die Redezeit zum Beispiel auf eine Minute zu beschränken.

**Aufbau der Beispiel-Gruppendiskussion**

Ein Teilnehmer/Moderator sollte währenddessen die Eckdaten der vorgestellten Mitarbeiter am Flipchart protokollieren, zum Beispiel in tabellarischer Form. Mit dieser Gesamtübersicht haben Sie als Gruppe nun eine Vergleichsmöglichkeit und zugleich eine Diskussionsgrundlage zu den einzelnen Mitarbeitern. Verknüpfen Sie die Informationen nun mit den Kriterien, die Sie vorab festgelegt haben. Einigen Sie sich – abhängig davon, wie viel Zeit noch zur Verfügung steht – auf ein angemessenes Bewertungsschema. Denkbar wäre, über alle Kandidaten nacheinander zu diskutieren und gemeinsam Punkte für die Erfüllung der Anforderungskriterien zu vergeben. Eine andere Variante könnte so verlaufen, dass jeder Diskussionsteilnehmer zwei aus seiner Sicht geeignete Mitarbeiter empfehlen soll, dabei aber seinen eigenen Kandidaten nicht nennen darf. Wichtig ist, dass die Empfehlung bzw. Punktevergabe durch einen Moderator für alle sichtbar dokumentiert wird, um Unstimmigkeiten zu vermeiden und am Ende ein Gesamtergebnis ableiten zu können.

**Transparenz schaffen** Nach der in diesem Beispiel beschriebenen Vorgehensweise lassen sich die meisten führerlosen Gruppendiskussionen mit Rollenvorgabe gut lösen. Ein zentraler Aspekt ist dabei, möglichst frühzeitig die unterschiedlichen Ausgangsinformationen aller Gruppenmitglieder transparent zu machen (im Beispiel: Informationen zum persönlichen Favoriten). Oft wird die Aufgabe nämlich so gestellt, dass Sie ausschließlich die Ist-Situation für Ihre eigene Rolle, aber nicht die der anderen Beteiligten kennen.

## Geführte Gruppendiskussion / Teammeeting (Typen III und IV)

Bei einer geführten Gruppendiskussion handelt es sich um die Simulation eines Teammeetings. Kraft Aufgabenstellung agieren Sie in der Funktion des Leiters, der den anderen Teammitgliedern überstellt ist. Üblicherweise wird eine Konstellation erzeugt, in der Sie disziplinarischer Vorgesetzter Ihrer Mitarbeiter sind. Die Hierarchieebene, auf der Sie als Besprechungsleiter angesiedelt sind, wird der Ihrer realen Zielposition entsprechen. So kann es sich in Ihrem AC selbstverständlich auch um eine Abteilungs- oder Bereichsbesprechung handeln, die Sie mit den Ihnen unterstellten Führungskräften durchführen. Möglich wäre auch eine Variante, bei der Sie als Projektleiter mit Ihrem Projektteam arbeiten. Diese Konstellation ist nicht ganz so weit verbreitet und findet eher Anwendung in Assessment-Centern, die sich ganz speziell an Projektverantwortliche richten. Die meisten der hier dargestellten Empfehlungen lassen sich auch auf diesen Kontext übertragen.

Bei der Variante IV »geführte Gruppendiskussion ohne Rollenvorgaben« handelt es sich um eine Konstellation, bei der das Team aus anderen AC-Teilnehmern zusammengesetzt ist. Diese haben lediglich die Vorgabe, als Teammitglied normal mitzuarbeiten, auf besondere Verhaltensvorgaben, die Ihnen die Durchführung der Besprechung erschweren könnten, wird dabei i. d. R. verzichtet. Bei dieser Variante kann nur der Kandidat mit der Leitungsrolle sinnvoll beurteilt werden. Alle Assessment-Center-Kandidaten nach einem annähernd gleichen Maßstab bewerten zu können, setzt mehrere Durchführungsrunden voraus, sodass jeder Teilnehmer ein Teammeeting jeweils in der Leitungsrolle absolvieren kann. Aufgrund des ungünstigen Aufwand-Nutzen-Verhältnisses nehmen immer mehr Veranstalter Abstand von dieser Variante, bei der andere Teilnehmer als Teammitglieder eingebunden sind. Sie kommt daher nur noch in wenigen Assessment-Centern zum Einsatz.

Methodisch sauberer und inzwischen weitverbreitet ist die Variante III »geführte Gruppendiskussion mit Rollenvorgaben«, bei der die Teammitglieder – üblicherweise zwei bis vier Personen – durch Rollenspieler verkörpert werden. Der Anspruch an den Leiter ist bei dieser Variante grundsätzlich höher, da die Rollenspieler bestimmte Charaktere verkörpern und Verhaltensrollen folgen, sodass Widerstände und Konflikte provoziert werden. Der Vorteil – nicht nur aus Veranstaltersicht, sondern auch für Sie als Kandidat – liegt jedoch darin, dass bei dieser Vorgehensweise für alle Probanden ein gleich hoher und kalkulierbarer Schwierigkeitsgrad erzeugt wird.

**Teammitglieder sind Rollenspieler**

Ursprünglich wurde diese Variante des Teammeetings / der geführten Gruppendiskussion als Modul für Einzel-Assessments entwickelt, da sie die einzige Möglichkeit darstellte, eine Gruppensituation zu simulieren. Im Laufe der letzten Jahre hielt das Teammeeting mit Rollenspielern auch in immer mehr Gruppen-Assessments für Führungskräfte Einzug und löste dort zum Teil die anderen drei Varianten der Gruppendiskussion ab. Insofern spielt die Durchführungsform – einzeln oder in der Gruppe – bei diversen Führungskräfte-ACs heutzutage überhaupt keine Rolle für die inhaltliche Ausgestaltung. Bei Gruppen-Assessments, bei denen keine Gruppendiskussion der Varianten I, II oder IV stattfindet, handelt es sich faktisch um Einzel-Assessments. Jeder Kandidat durchläuft dann unabhängig von den anderen Teilnehmern seinen Aufgabenparcours und agiert nur noch mit Rollenspielern.

Beispiele für Arbeitsaufträge im Assessment-Center:

*A:*

*Entwickeln Sie als Führungskraft gemeinsam mit Ihrem Team einen Maßnahmenkatalog zur unternehmensweiten Kostenreduktion. Ihr Maßnahmenkatalog soll dem Vorstand als Empfehlung für die Umsetzung von Kosteneinsparungen dienen.*

*B:*

*Sie sind Verkaufsleiter im Lebensmitteleinzelhandel. Um in Zukunft besser auf Kundenwünsche reagieren zu können, sollen die Kunden während ihres Einkaufs angesprochen und nach konkreten Verbesserungsvorschlägen gefragt werden. Diese Aufgabe soll von den Filialmitarbeitern an bestimmten Wochentagen in ruhigeren Phasen durchgeführt werden. Als Verkaufsleiter haben Sie die Aufgabe, die Ihnen unterstellten Filialleiter von diesem Vorhaben in Kenntnis zu setzen und für eine engagierte Umsetzung zu motivieren.*

**Ablauf und Medien vorbereiten**

Als Orientierung für die methodische Gestaltung einer Besprechung sollten Sie den Abschnitt »Strukturierung einer Gruppendiskussion« berücksichtigen. Der dort vorgestellte Ablauf kann Ihnen für viele Besprechungen als Grundgerüst dienen, das Sie je nach Aufgabe oder Thema nur noch an die individuellen Anforderungen anpassen müssen. Der entscheidende Unterschied zur führerlosen Gruppendiskussion liegt jedoch darin, dass Sie diesen Ablauf nicht erst gemeinsam mit der Gruppe entwickeln bzw. verabschieden müssen. Von Ihnen als Führungskraft wird vielmehr erwartet, dass Sie den Fahrplan der Vorgehensweise bereits klar vorgeben.

Nutzen Sie daher die zur Verfügung stehende Vorbereitungszeit, um den Ablauf Ihrer Besprechung zu planen und eventuell benötigte Moderationsmedien vorzubereiten. Richten Sie dabei ein großes Augenmerk auf die Eröffnungsphase, da diese maßgeblichen Einfluss auf den weiteren Verlauf und damit auf den Erfolg der Teambesprechung hat. In dieser Phase ist es nicht nur wichtig, die erforderlichen Sachinformationen – wie Aufgabe, Ziel, Vorgehensweise und Spielregeln – zu vermitteln, sondern parallel die Teammitglieder für das Thema zu gewinnen und für die Mitarbeit bzw. Umsetzung zu motivieren.

*»In dir muss brennen, was du in anderen entzünden willst.«*
AUGUSTINUS

Stellen Sie den Auftrag positiv dar, stiften Sie Sinn, indem Sie die Bedeutung und Tragweite des Themas verdeutlichen. Zeigen Sie auf, welchen wichtigen Beitrag das eigene Team an dieser Stelle leisten kann. Verdeutlichen Sie die daraus resultierenden Mehrwerte und Chancen für das Unternehmen und brechen Sie diese möglichst auf das eigene Team herunter.

Hat der Arbeitsauftrag entwickelnden Charakter – wie in Beispiel A –, bei dem Sie auf Input und Ideen Ihrer Teammitglieder angewiesen sind, bietet es sich an, Phase 2 als Brainstorming auszugestalten. Sofern möglich, empfehle ich Ihnen, dies per Kartenabfrage durchzuführen, d.h. die Teilnehmer nennen ihre Ideen und notieren diese auf Moderationskarten, welche Sie lediglich an der Moderationswand anbringen. Von der Brainstorming-Variante, bei der Sie als Besprechungsleiter auf Zuruf der Teammitglieder, deren Ideen am Flipchart aufschreiben, rate ich Ihnen in diesem Zusammenhang ab. Ich konnte schon häufig erleben, wie hyperaktive Teammitglieder den Teamleiter, der mit dem Schreiben kaum mehr nachkam, vor sich hertrieben. Als Leiter machen Sie sich dann zum Engpass im System und können Ihrer Führungsfunktion kaum mehr gerecht werden. Bei einem Brainstorming mit Kartenabfrage können Sie hingegen leichter steuern und interagieren. Diese Variante hat außerdem den Vorteil, dass Sie die Ideen im nächsten Schritt durch Umpinnen der Karten sehr einfach clustern können. Legen Sie das erforderliche Material bereits in der Vorbereitungszeit zurecht. Sie benötigen eine ausreichende Zahl möglichst einheitlicher Karten, dünne Flipchart-Marker sowie Nadeln zum Anpinnen.

**Brainstorming per Kartenabfrage**

Sie sollten nicht davon ausgehen, dass Ihren Teammitgliedern die gängigen Brainstormingregeln bekannt sind – ein bewusstes Fehlinterpretieren der Methodik könnte zu deren Rolle gehören. Stellen Sie deshalb kurz die wesentlichen Spielregeln dar, wie z.B.

- wer eine Idee hat, nennt diese und schreibt sie auf eine Karte,
- pro Karte nur eine Nennung,
- alle Ideen werden zunächst aufgenommen, ohne zu diskutieren.

Im Falle von Störungen können Sie deutlich leichter intervenieren, indem Sie auf die zuvor kommunizierten Spielregeln verweisen. Rechnen Sie auch damit, dass das Brainstorming nur zögerlich in Gang kommt. Falls Ihre Teammitglieder »auf dem Schlauch stehen«, dann sollten Sie zwei bis drei eigene Ideen vorbereitet haben, die Sie bei Bedarf als Impuls in die Runde werfen können.

Phase 3 dient dazu, die gesammelten Punkte zusammen mit den Teammitgliedern in Richtung des beauftragten Konzeptes aufzubereiten. Dies kann im Rahmen einer Clusterung, Priorisierung, Kosten-Nutzen-Bewertung, Prozessdefinition oder einer anderen sinnvollen Methodik vollzogen werden und ist abhängig vom jeweiligen Thema und dem konkreten Arbeitsauftrag. Zudem bietet es sich bei manchen Aufträgen an, im fortgeschrittenen Stadium der Teambesprechung To-dos zu delegieren, d.h. Arbeitspakete abzuleiten, die von den Mitarbeitern bis zu einem bestimmten Stichtag erledigt werden müssen. Legen Sie den für Sie passenden Bearbeitungsansatz bereits in der Vorbereitungszeit fest. In Phase 4 sollten Sie das erarbeitete Ergebnis bzw. Zwischenergebnis zusammenfassen und einen Ausblick auf die weitere Vorgehensweise – beispielsweise einen Folgetermin – geben.

**Dialog statt Einweg-kommunikation** Bei Arbeitsaufträgen wie Beispiel B mit informierendem Charakter handelt es sich um eine Art Überzeugungspräsentation, die Sie vor Ihrem Team halten. Auch wenn die Aufgabe nicht darin besteht, gemeinsam mit dem Team ein Konzept zu erarbeiten, sollten Sie gerade deshalb auf eine angemessene Einbindung der Teammitglieder achten. Ich erlebe immer wieder Führungskräfte, die solche Aufgaben als Aufforderung zum Monologisieren verstehen. Die Teammitglieder – von denen zunächst ohnehin wenig Gegenliebe für das neue Konzept zu erwarten ist – leisten im Verlauf einer solchen Einwegkommunikation dann immer erbitterteren Widerstand. Die Lösung besteht darin, eventuellen Bedenken möglichst früh Raum zu geben, damit sich die Teammitglieder mit ihren Belangen ernst genommen fühlen. Geben Sie zwischen Ihren Ausführungen immer wieder die Möglichkeit zum

Dialog. So können Sie herausfinden, was Ihre Mitarbeiter bewegt, und sich mit Einwänden argumentativ auseinandersetzen. Der Plan, erst einmal das vollständige Konzept ohne Unterbrechung vorzutragen und sich im Anschluss – beispielsweise nach 15 Minuten – mit allen Fragen der Teammitglieder auseinanderzusetzen, geht in der Regel schief.

Stehen in der Vorbereitungszeit Präsentationsmaterialien zur Verfügung, wird auch erwartet, dass Sie diese nutzen. Die gängigen Medien für Teambesprechungen im Assessment-Center sind Flipchart und Moderationswand. Stellen Sie Arbeitstitel, Ziel und Agenda Ihrer Teambesprechung auf Flipchart dar. Diese vorbereiteten Flipcharts schaffen Transparenz, geben dem Team Orientierung und verleihen Ihnen Sicherheit, da Sie keinen wichtigen Schritt vergessen. Bei Teambesprechungen mit informierendem Charakter (Beispiel B) sollten Sie darüber hinaus die wichtigsten Inhalte und Nutzen des Konzepts stichpunktartig skizziert haben. Hat Ihr Arbeitsauftrag eher entwickelnden Charakter (Beispiel A), können Sie am Flipchart bzw. an der Moderationswand bereits Überschriften für die nächsten Schritte vorbereiten, um während der Besprechung Zeit zu sparen.

Stellen Sie sicher, dass die Charts mit Arbeitstitel, Ziel und Agenda während der ganzen Besprechung als Orientierungshilfe präsent sind. Wenn auf dem Flipchart-Block obenauf Ihr Eröffnungschart hängt und Sie dieses umblättern müssen, um auf den nächsten Seiten weiterzuarbeiten, ist das nicht besonders glücklich. Platzieren Sie deshalb die Orientierungscharts so im Raum, dass sie durchgängig sichtbar bleiben. Checken Sie in der Vorbereitungszeit, welche zusätzlichen Befestigungsmöglichkeiten, wie zum Beispiel Moderationswände oder Magnetleisten, dafür zur Verfügung stehen. Fragen Sie notfalls nach, ob Sie die Blätter mit Kreppband an der Wand befestigen dürfen.

**Orientierungscharts sichtbar platzieren**

## Aufgabe:

Entwicklung von Maßnahmen zur unternehmensweiten Kostenreduktion

## Ziel:

Maßnahmenkatalog als Empfehlung für den Vorstand

## Zeit: 30 Min

Eröffnungschart zur Vorstellung des Themas

## Agenda    Start: 16⁰⁰

1. Eröffnung & Vorstellung Auftrag    < 5 Min ☐

2. Ideensammlung Kostenreduktion    < 10 Min ☐

3. Strukturierung, Fortführung d. Ideen    < 10 Min ☐

4. Dokumentation d. Maßnahmenkataloges    < 5 Min ☐

Ende: 16⁴⁰

Agenda zur Übersicht über den geplanten Ablauf

Ideen Kostenreduktion

Moderationswand mit vorbereiteter Überschrift für das Brainstorming per Kartenabfrage

**Details berücksichtigen**  Es ist mir bewusst, dass die hier dargestellten Möglichkeiten zur Leitung eines Meetings im Tagesgeschäft nicht überall 1:1 so praktiziert werden. Es gibt immer wieder Teilnehmer, die mich im Training fragen: »Also mein Chef nutzt bei Besprechungen kaum Medien, und wenn, dann höchstens PowerPoint. Muss ich denn im Assessment-Center trotzdem solche Punkte umsetzen, auch wenn bei realen Besprechungen in unserem Unternehmen kaum jemand auf so etwas achtet?« Meine Empfehlung lautet hier eindeutig ja. Auch wenn viele der hier vorgeschlagenen Punkte im Berufsalltag untergehen: Bestimmte Kompetenzen machen Sie im Assessment-Center erst durch die Berücksichtigung vieler Kleinigkeiten sichtbar.

Eine gut vorbereitete Besprechung wird Ihnen eine gewisse Sicherheit verleihen und zeigt den Beobachtern, dass Sie strukturiert arbeiten können. Damit alleine ist es aber bei einem Teammeeting noch nicht getan. Da Ihre Teammitglieder durch Rollenspieler verkörpert werden, kann es zu allerlei Unwägbarkeiten kommen. Selbst wenn Sie noch so gut vorbereitet sind, wird es knifflige Situationen geben, auf die Sie spontan reagieren müssen. Sie dürfen davon ausgehen, dass den Rollenspielern bestimmte Verhaltensrollen und Charaktere zugewiesen wurden und es deshalb zu Verzögerungen, Störungen oder Konflikten kommen wird. Oft gibt es eine Hidden Agenda oder Nebenkriegsschauplätze, wie z. B. Machtkämpfe zwischen zwei Mitarbeitern oder Unzufriedenheit mit der Aufgabenverteilung im Team, die Sie erst im Laufe der Teambesprechung mitbekommen. Solche im Untergrund schwelenden Themen können den Verlauf Ihres Meetings erheblich beeinflussen. Dabei sind Ihre Verhaltensflexibilität und Ihr Improvisationsgeschick gefragt. Rechnen Sie damit, dass es erforderlich sein kann, einmal spontan vom vorgesehenen Kurs abzuweichen, um zunächst auf Befindlichkeiten Ihrer Teammitglieder zu reagieren, bevor Sie Ihr anvisiertes Ziel wieder ansteuern können. Bei Störungen des Ablaufs und bei Konflikten ist es notwendig, sofort zu reagieren und den inhaltlichen Fortgang der Besprechung kurz zu unterbrechen, um aus einer Metaebene auf die Störung einzugehen. Mit der Strategie, Probleme zu ignorieren und einfach mit der Aufgabe weiterzumachen, tun Sie sich keinen Gefallen. Die Störung gerät dann immer mehr in den Fokus der Besprechungsteilnehmer und der Arbeitsprozess wird früher oder später zum Erliegen kommen. Handeln Sie also nach dem Motto: »Störungen haben Vorrang und müssen sofort beseitigt werden.«

In der folgenden Tabelle finden Sie eine Übersicht mit typischen Erschwernissen und Störungen sowie Strategien für den Besprechungsleiter, um darauf angemessen zu reagieren. Einigen der dargestellten Szenarien können Sie bereits präventiv entgegenwirken, indem Sie die Eröffnung der Besprechung möglichst strukturiert gestalten und Aufgabe, Ziel, Vorgehensweise und Spielregeln plausibel darstellen.

**Auch mal improvisieren können**

| Verhalten / Störung der Teilnehmer | Strategien für den Besprechungsleiter / Präventionsmaßnahmen |
|---|---|
| Das Team wurde erst kürzlich neu zusammengestellt und im Laufe der Besprechung stellt sich heraus, dass sich die Besprechungsteilnehmer noch gar nicht kennen. | Wenn es Hinweise darauf gibt, dass das Team neu gebildet wurde, dann fragen Sie in der Einführungsphase kurz nach, ob sich alle Teammitglieder persönlich kennen. Falls nicht, dann fordern Sie die Anwesenden auf, sich in zwei Sätzen kurz vorzustellen. Starten Sie selbst beispielhaft mit einer knappen Vorstellung. |
| Zu Beginn fehlt ein Teammitglied und trifft erst mit einigen Minuten Verspätung ein. | Starten Sie die Teambesprechung pünktlich, auch wenn das Team noch unvollständig ist. Trifft der verspätete Mitarbeiter ein, so holen Sie diesen inhaltlich mit einer Kurzfassung des Arbeitsauftrages ab. Weisen Sie ihn freundlich darauf hin, bei der nächsten Besprechung pünktlich zu erscheinen. |
| Die Mitarbeiter verstehen die Aufgabenstellung bewusst falsch und beginnen, in eine andere Richtung zu arbeiten. | Stellen Sie in der Einführungsphase Aufgabe und Ziel möglichst präzise vor. Geben Sie möglichst ein Beispiel, um die Aufgabenstellung zu verdeutlichen. Stellen Sie dabei unbedingt Rückfragen, um sicherzustellen, dass der Auftrag richtig verstanden wurde. Sobald Sie feststellen, dass Teammitglieder in eine andere Richtung arbeiten, unterbrechen Sie unverzüglich und gehen Sie noch einmal auf das gewünschte Ziel ein. |
| Die Teammitglieder zeigen wenig Interesse an der Aufgabe und wirken demotiviert. | Stiften Sie bereits bei der Vorstellung des Themas Sinn. Zeigen Sie auf, worin der Nutzen für die Teammitglieder liegen kann und welchem höheren Ziel der Arbeitsauftrag dient. Appellieren Sie an Ihre Mitarbeiter, die gemeinsame Aufgabe als Chance zu sehen, etwas aktiv mitzugestalten. Stellen Sie ggf. dar, welche Konsequenzen einträten, wenn das Team diese Gelegenheit nicht nutzen würde. |
| Die Teammitglieder verstehen zwar die Notwendigkeit der Aufgabe, begegnen dem Thema jedoch mit Hinweis auf ihr Arbeitspensum von vornherein ablehnend. | Hinterfragen Sie berechtigte Einwände der Mitarbeiter, wie z.B. das aktuelle Arbeitspensum, den Status laufender Projekte oder die Anzahl der Überstunden. Liegt tatsächlich eine überproportional hohe Belastung vor, dann nehmen Sie dazu Stellung und würdigen Sie den Einsatz der Mitarbeiter. Zeigen Sie auf, dass Sie die Situation ernst nehmen und sich |

| | nach der Besprechung damit auseinandersetzen werden. |
| --- | --- |
| Ein Mitarbeiter erscheint – evtl. verspätet – mit dem Handy am Ohr bzw. führt während der Besprechung ein Telefonat. | Dauert das Telefonat nur wenige Augenblicke, dann können Sie die Störung zunächst ignorieren. Sobald der Mitarbeiter aufgelegt hat, sollten Sie kurz nachfragen, ob alles in Ordnung ist. Bitte bedenken Sie, dass es sich eventuell um einen privaten Notfall handeln könnte, wie z. B. Krankheit oder Unfall eines Angehörigen. Nehmen Sie solche Probleme des Mitarbeiters ernst und vereinbaren Sie mit ihm eine der Situation angemessene Vorgehensweise, falls weitere unaufschiebbare Telefonate eingehen (z. B. zum Telefonieren den Raum zu verlassen). Gibt es jedoch keine triftigen Gründe für Telefonate bzw. die Erreichbarkeit einzelner Mitarbeiter, dann unterbinden Sie Telefonate und fordern Sie dazu auf, Handys lautlos zu stellen. Handelt es sich zeitgleich um eine Verspätung, dann denken Sie daran, den Mitarbeiter entsprechend der bereits beschriebenen Vorgehensweise einzubinden. |
| Ein Mitarbeiter tippt auf seinem Handy oder Tablet. | Orientieren Sie sich an der oben dargestellten Vorgehensweise im Umgang mit Telefonaten. |
| Teammitglieder lästern über Dritte nicht Anwesende oder äußeren sich respektlos über deren Arbeit. | Lassen Sie keine Verunglimpfung Dritter zu. Appellieren Sie an das Gebot gegenseitigen Respekts und machen Sie deutlich, dass Sie solche Äußerungen nicht mehr hören möchten. |
| Zwei Mitarbeiter geraten in Streit und beginnen, einen alten Konflikt auszutragen, der nichts mit dem Thema zu tun hat. | Unterbrechen Sie die Konfliktparteien sofort und weisen Sie darauf hin, dass die Besprechung der falsche Rahmen für dieses Thema ist und der Streit den Ablauf verzögert. Vertagen Sie ggf. das Anliegen auf ein persönliches Gespräch mit den Beteiligten. Lassen Sie sich auf keine inhaltliche Diskussion zum Streitthema ein. |
| Die Beiträge von Teammitgliedern werden häufig durch einen Mitarbeiter unterbrochen, der den anderen ins Wort fällt. | Intervenieren Sie bei solchen Störungen und weisen Sie den Unterbrecher freundlich aber bestimmt auf die Einhaltung allgemeingültiger Kommunikationsregeln hin. Bei mehrmaliger Wiederholung sollten Ihre Aufforderungen etwas autoritärer werden. |

| | |
|---|---|
| Ein zurückhaltender Teilnehmer bringt sich überhaupt nicht ein. | Sprechen Sie ruhigere Mitarbeiter immer wieder gezielt an und bitten Sie sie um ihre Vorschläge bzw. eine Stellungnahme. Ermutigen Sie diese Teilnehmer durch Anerkennung und Wertschätzung für ihre Beiträge. |
| Ein Mitarbeiter, an den Sie als Führungskraft Folgeaufgaben delegieren möchten, ist angeblich überlastet und sieht sich nicht dazu imstande. | Heben Sie die Wichtigkeit des Arbeitsauftrags hervor. Lassen Sie sich nicht auf eine inhaltliche Diskussion ein. Verweisen Sie den Mitarbeiter ggf. auf ein Vieraugengespräch nach der Besprechung, in dem Sie mit ihm die Priorisierung seiner anderen Aufgaben klären und eine Lösung suchen. Ziehen Sie die Delegation der Aufgabe nicht zurück, da sonst andere Teammitglieder auch auf Ausnahmeregelungen pochen werden. |
| Ein Mitarbeiter verweigert offen die Mitarbeit und tritt in Opposition zur Führungskraft.<br><br>Hinweis: *Diese Situation, in der Beobachter die Rolle des »meuternden Mitarbeiters« spielen, kommt relativ selten vor.* | Verweisen Sie zunächst auf die Wichtigkeit des Themas und den Nutzen der gemeinsamen Teamarbeit. Stellen Sie den Mitarbeiter gleichzeitig vor die Wahl, sich entweder ab sofort konstruktiv einzubringen oder bei fehlender Identifikation die Teambesprechung zu verlassen. Kündigen Sie in diesem Fall ein Vieraugengespräch nach der Besprechung an. Lassen Sie sich keinesfalls auf eine Diskussion ein. Boykottiert der Mitarbeiter weiterhin, dann zögern Sie nicht, ihn aus der Besprechung auszuschließen. |

Zwar dürfen Sie im Teammeeting mit diversen Störungen rechnen, aber sehen Sie deren Beseitigung nicht als Ihre einzige und zentrale Aufgabe an. Es wäre sehr schade, wenn Sie sich ausschließlich auf Negativszenarien einstellen und deswegen Gelegenheiten für die Wertschätzung und Motivation Ihrer Teammitglieder während des Meetings übersehen.

Nutzen Sie dazu folgende Möglichkeiten:

- Stellen Sie zu Beginn Aufgabe und Ziel sinnstiftend und motivierend vor.
- Loben Sie Ihre Besprechungsteilnehmer für gute Ideen und Beiträge.

- Fordern Sie Ihre Teammitglieder durch wertschätzende Äußerungen immer wieder auf, sich aktiv einzubringen.
- Schaffen Sie ein »Wir-Gefühl« und knüpfen Sie an bereits gemeinsam Geleistetes an.
- Stellen Sie am Ende der Besprechung noch einmal die gemeinsame Teamleistung heraus und blicken Sie positiv in die Zukunft.
- Bedanken Sie sich für die Mitarbeit und verabschieden Sie Ihre Teammitglieder.

## Projekt- / Gruppenarbeit

Bei dieser Aufgabe handelt es sich nicht wie bei den zuvor dargestellten um eine Variante der Gruppendiskussion, sondern vielmehr um deren Fortsetzung. Es geht nicht nur um die Ergebnisfindung in der Gruppe, sondern zugleich um die praktische Umsetzung der Lösung. Entsprechend umfangreicher wird deshalb auch die Zeitvorgabe gesteckt sein. Oft findet die Aufgabe auch unter dem Arbeitstitel »Konstruktionsübung« statt. Die Teilnehmergruppe erhält den Auftrag, ein vorgegebenes Objekt zu konstruieren, das bestimmte Anforderungen erfüllen soll, zum Beispiel eine Verkaufsfiliale, Produktionsstätte oder technische Anlage. Zur Erstellung des Modells werden bestimmte Hilfsmittel und Materialien zur Verfügung gestellt, wie Papier, Pappe, Kleber, Lineal, Schere usw.

*Praktische Umsetzung einer Lösung*

Bevor Sie nun loslegen und sich auf das Material stürzen, müssen Sie in der Gruppe natürlich zunächst einmal zu einer gemeinsamen Vorstellung über das Endprodukt gelangen. Wie muss das Objekt beschaffen sein, um den gewünschten Anforderungen gerecht zu werden? Wichtig ist es außerdem, die Vorgehensweise für die Umsetzung zu klären, also: In welcher Reihenfolge müssen welche Arbeitsschritte stattfinden? Dazu können Sie wie bei einer führerlosen Gruppendiskussion ohne Rollenvorgabe vorgehen und sich an den Empfehlungen im Abschnitt »Strukturierung einer Gruppendiskussion« orientieren.

Unterteilen Sie den Arbeitsauftrag am besten gedanklich in die beiden folgenden Blöcke:

| Block 1: Lösungsfindung | Block 2: Umsetzung |
| --- | --- |
| = führerlose Gruppendiskussion ohne Rollenvorgabe | = Projekt-/Gruppenarbeit |

Um die praktische Umsetzung möglichst effizient zu gestalten, sollten Sie vorab in der Gruppe folgende grundsätzliche Fragen klären:

- In welche sinnvollen Teilaufgaben/Arbeitspakete kann der Arbeitsauftrag zerlegt werden?
- Müssen die Teilaufgaben nacheinander erledigt werden oder können bestimmte Arbeitspakete parallel in Teilprojektgruppen bearbeitet werden?
- Welche Gruppenaufteilung ist sinnvoll bzw. gibt es Fachleute für bestimmte Aufgaben?
- An welchen Stellen könnten Engpässe bei der Bearbeitung auftreten, zum Beispiel, weil als Hilfsmittel nur eine Schere verfügbar ist, diese aber mehrfach benötigt wird?
- Bis wann müssen bestimmte Meilensteine umgesetzt sein, um das gewünschte Gesamtergebnis zu erreichen (Zeitplan)?

## Praxisaufgaben

Das Begleitmaterial unter www.assessment-center-kurse.de/vip enthält verschiedene Gruppendiskussionen und Teammeetings.

### Bearbeitungshinweise

- Sie werden von der Durchführung der Aufgaben am meisten profitieren, wenn Sie sich bereits in das Kapitel »Gruppendiskussion/Teammeeting« eingearbeitet haben.

- Die führerlosen Gruppendiskussionen sollten Sie in einer Teilnehmerrunde von insgesamt vier bis acht Personen durchführen.

Die angegebene Durchführungszeit ist auf vier Personen ausgelegt. Erhöhen Sie die Durchführungszeit für jede weitere Person um fünf Minuten. Sind Sie nur zu dritt, dann ziehen Sie fünf Minuten ab. Eine Durchführung zu zweit ist eher nicht zielführend.

- Die Teammeetings sollten Sie als Leiter mit zwei bis vier weiteren Personen durchführen, die als Mitarbeiter agieren. Die vorgegebene Durchführungszeit bleibt davon unberührt.

- Instruieren Sie bei einem Teammeeting vorab Ihre Mitspieler, welcher Schwierigkeitsgrad gewünscht ist. Grundsätzlich sollten die Teammitglieder eine skeptische Grundhaltung gegenüber Ihrem Vorhaben einnehmen und dafür nicht so einfach zu begeistern sein. Aus der Tabelle »Verhalten/Störung der Teilnehmer« können sich Ihre Mitspieler das eine oder andere Störszenario aussuchen und im Teammeeting anwenden.

- Idealerweise steht Ihnen sowohl bei der Gruppendiskussion als auch beim Teammeeting eine weitere Person als außenstehender Beobachter und Feedbackgeber zur Verfügung. Die teilnehmenden Personen sind oft sehr stark inhaltlich involviert, sodass es ihnen schwerfällt, zum Kommunikationsverhalten der anderen Beteiligten Feedback zu geben.

- Da es sich bei einer Gruppendiskussion bzw. dem Teammeeting um eine Kommunikations- und Interaktionsaufgabe handelt, die unterschiedliche Möglichkeiten zulässt, gibt es dafür auch keine Musterlösung. Im Fokus stehen Ihr Verhalten und Ihre Kommunikationsfähigkeit sowie der Prozess der Ergebnisfindung.

- Sofern möglich, nutzen Sie einen Raum, der mit Präsentations-/Moderationsmedien ausgestattet ist. Ratsam ist auf jeden Fall, ein Flipchart zur Verfügung zu haben, ergänzend ist eine Moderationswand empfehlenswert.

- Führen Sie die Aufgaben unter Prüfungsbedingungen durch, d. h. halten Sie sich an die vorgegebene Vorbereitungs- und Durchführungszeit. Stellen Sie einen Timer, der für Sie aber während der Übung nicht sichtbar sein darf.

- Halten Sie für die Bearbeitung folgendes Material bereit:
  - Entsprechender Aufgabentext für alle Beteiligten ausgedruckt auf A4-Papier
  - Uhr bzw. Timer für die Zeitmessung
  - Schreibblocks
  - Stifte
  - Flipchart / Flipchart-Block
  - mehrere Flipchart-Marker
  - Moderationskarten und Nadeln, sofern eine Moderationswand genutzt werden kann

## Gruppendiskussion / Teammeeting auf den Punkt gebracht

| | |
|---|---|
| ✔ | Konzentrieren Sie sich zu Beginn auf das »Wie« und tragen Sie aktiv zur Definition der Vorgehensweise bei. |
| ✔ | Beteiligen Sie sich kontinuierlich sowohl auf der Inhalts- als auch auf der Prozessebene. |
| ✔ | Engagieren Sie sich für Ihre eigene Position, ohne diese über die der anderen Beteiligten zu stellen. |
| ✔ | Betrachten Sie den Auftrag aus der Metaperspektive – also was ist für das Gesamtunternehmen wichtig. |
| ✔ | Gehen Sie Kompromisse ein, wenn diese der Erreichung eines gemeinsamen höheren Ziels dienen. |
| ✔ | Nutzen Sie Medien, um Transparenz zu schaffen und die Ergebnisfindung zu erleichtern. |
| ✔ | Intervenieren Sie bei Störungen oder der Verletzung von Spielregeln. |
| ✔ | Kommunizieren Sie respektvoll und wertschätzend. |

# 8. Psychometrische Tests

Im Rahmen eines Assessment-Centers bzw. eines Personalauswahlprozesses können psychometrische Tests zum Einsatz kommen. Man unterscheidet dabei zwischen Leistungstests und Persönlichkeitstests. Genaugenommen zählen Tests nicht zu den AC-Aufgaben im engeren Sinne, die nach dem Simulationsprinzip aufgebaut sind. Bei einem Test handelt es sich um ein eigenständiges eignungsdiagnostisches Verfahren, das ähnlich wie ein Interview auf dem Prinzip der Selbstauskunft beruht.

Aus dem typischen Bewerbungsprozess großer Unternehmen sind Testverfahren heute kaum mehr wegzudenken. Oft dienen sie als Auswahlstufe, die zwischen schriftlicher Bewerbung und Interview bzw. Assessment-Center angesiedelt ist. Gerade Arbeitgeber, die eine Masse von eingehenden Bewerbungen verarbeiten müssen, nutzen onlinebasierte Tests quasi als automatisierten Filter für die nächste Auswahlstufe. Meistens handelt es sich dabei um Leistungstests. Doch nicht nur im Rahmen der klassischen Personalauswahl sind Tests weit verbreitet, auch in vielen Assessment-Centern, die der internen Personalselektion bzw. der Qualifikation für die Führungslaufbahn dienen, kommen Testverfahren in den letzten Jahren immer häufiger zum Einsatz.

Die Durchführung ist manchmal vorgelagert, d. h. der Kandidat erhält einen Zugang und bearbeitet den Test einige Tage zuvor online. Tests, die im Zusammenhang mit internen Verfahren durchgeführt werden, sind jedoch nicht als Vorauswahlstufe zu verstehen, sondern stellen eine zusätzliche Informationsquelle neben den Ergebnissen aus den eigentlichen AC-Modulen dar. Die Auslagerung aus dem Assessment-Center ist meist organisatorischen Aspekten geschuldet, um Bearbeitungszeiten einzusparen. Finden Testverfahren innerhalb des Assessment-Centers statt, kommt dabei gelegentlich noch die traditionelle Papiervariante zum Einsatz.

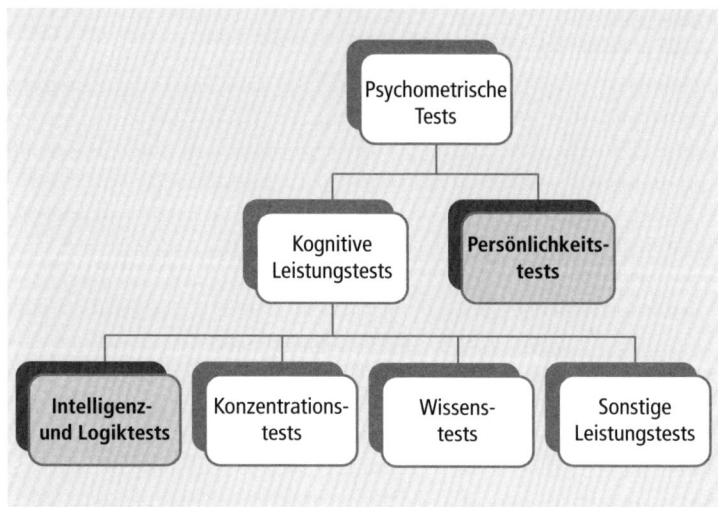

## Kognitive Leistungstests

Leistungstests messen bestimmte kognitive Fähigkeiten, Fertigkeiten oder Wissen und finden unter sehr hohem Zeitdruck statt. Die Antworten der Probanden können dabei eindeutig als richtig oder falsch eingestuft werden. Die Zeitvorgabe ist oft bewusst derart knapp bemessen, dass es selbst sehr guten Kandidaten nicht gelingt, alle Aufgaben vollständig zu bearbeiten. Onlinebasierte Tests sind so angelegt, dass nach Überschreiten des Zeitlimits ein automatischer Abbruch erfolgt.

Leistungstests lassen sich grob in die folgenden Bereiche kategorisieren:

- **Intelligenz- und Logiktests**
  beleuchten Teilbereiche der Intelligenz und kommen branchenunabhängig zum Einsatz. Dazu zählen beispielsweise sprach- und zahlenlogische Tests sowie Interpretation von Grafiken und Tabellen.

- **Konzentrationstests**

  finden speziell bei Berufsgruppen Anwendung, bei denen hohe Aufmerksamkeit und Konzentration von entscheidender Bedeutung sind, z. B. in der Luftfahrt, beim Militär, bei Medizinern sowie im Feuerwehr- und Polizeidienst.

- **Wissenstests**

  werden schwerpunktmäßig bei externen Bewerbern eingesetzt, um sowohl branchenspezifische Vorkenntnisse als auch Allgemeinwissen abzuprüfen.

- **Sonstige Leistungstests**

  umfassen diverse Verfahren, die sehr anforderungs- und positionsspezifisch ausgerichtet sind und für die breite Masse der Bewerber eher irrelevant sind. Dazu können beispielsweise ein Kreativitätstest für die Auswahl eines Art-Directors oder ein Übersetzungstest für Fremdsprachenkorrespondenten zählen.

Da die Bandbreite der Leistungstests so groß ist, dass man diesen ein eigenes Buch widmen könnte, werde ich hier auf diejenigen Testmodule fokussieren, die für die Zielgruppe dieses Buches die höchste Relevanz haben. Es handelt sich dabei um ausgewählte Verfahren aus dem Spektrum der Intelligenz- und Logiktests, die gerade in Assessment-Centern für Führungspositionen immer häufiger zum Einsatz kommen. Hatten solche Leistungstests früher eher einen Lückenfüllercharakter im Assessment-Center, wird ihrem Stellenwert heute in vielen Institutionen eine weitaus größere Bedeutung beigemessen. Vermutlich deshalb, weil es inzwischen als anerkannt gilt, dass eine gewisse Korrelation zwischen Intelligenz und Führungserfolg besteht.

## Testmodule / Aufgaben

Sie finden in diesem Abschnitt Beispielaufgaben zu ausgewählten Leistungstests aus der Kategorie »Intelligenz und Logik«. Um ein Gefühl für den Schwierigkeitsgrad und mögliche Stolpersteine zu erhalten, empfehle ich Ihnen, die Testmodule zunächst unter Prüfungsbedingungen zu bearbeiten, bevor Sie sich mit Lösungshinweisen beschäftigen. Die abgedruckten Beispiele zu einzelnen Modulen sind bewusst auf eine überschaubare Anzahl beschränkt, sodass Sie insgesamt in ca. 20 Minuten, die Aufgaben zu sechs verschiedenen Tests durchlaufen können. Beachten Sie bitte die konkreten Testinstruktionen und Zeitvorgaben zu den jeweiligen Testmodulen.

Die hier vorgestellten Testmodule sowie zusätzliche Übungsaufgaben finden Sie im Begleitmaterial.

### Testmodul: Figurenreihen ergänzen

***Testinstruktion:***
Ihre Aufgabe besteht darin, die Figuren in Reihe 1 sinnvoll zu vervollständigen, indem Sie in das freie Feld eine der fünf Figuren aus Reihe 2 einfügen. Insgesamt stehen Ihnen für die Bearbeitung der beiden Aufgaben 1,5 Minuten zur Verfügung.

▶ **Aufgabe 1:**

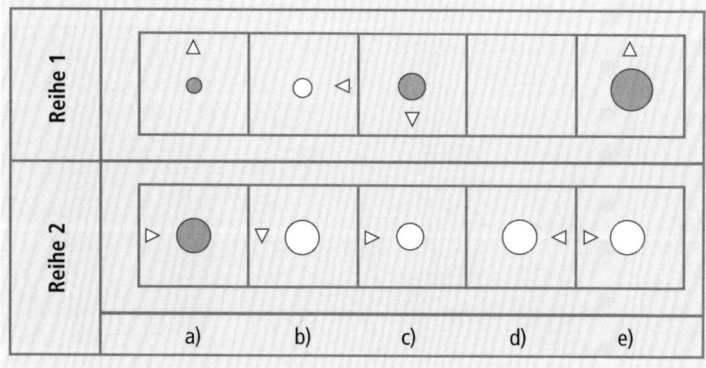

▶ Aufgabe 2:

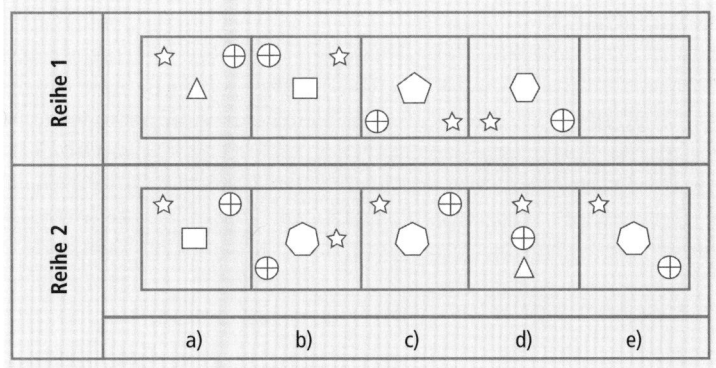

Die Lösung sowie Bearbeitungsempfehlungen zu diesem Testmodul finden Sie im nächsten Abschnitt »Lösungswege«.

**Testmodul: Zahlenreihen fortsetzen**

*Testinstruktion:*
Ihre Aufgabe besteht darin, die Zahlenreihen logisch fortzusetzen und die nächste passende Zahl einzutragen. Insgesamt stehen Ihnen für die Bearbeitung der 4 Aufgaben 5 Minuten zur Verfügung.

| Aufgabe 1: | 0 | 1 | 3 | 6 | 10 | 15 | |
| --- | --- | --- | --- | --- | --- | --- | --- |
| Aufgabe 2: | 100 | 120 | 60 | 80 | 40 | 60 | |
| Aufgabe 3: | 5 | 15 | 17 | 7 | 21 | 23 | |
| Aufgabe 4: | 2 | 2 | 4 | 8 | 14 | 26 | |

Die Lösungen sowie Bearbeitungsempfehlungen zu diesem Testmodul finden Sie im nächsten Abschnitt »Lösungswege«.

**Testmodul: Interpretation von Grafiken**

*Testinstruktion:*
Ihre Aufgabe besteht darin, die folgenden Grafiken mit den dazugehörigen Aussagen abzugleichen. Überprüfen Sie für jede Aussage, ob
sich diese aus den gegebenen Daten ableiten lässt oder nicht. Kreuzen
Sie zu jeder Aussage das entsprechende Feld richtig (r) oder falsch (f)
an. Die Verwendung eines Taschenrechners ist nicht erlaubt. Neben-
rechnungen mit Papier und Stift sind möglich. Insgesamt stehen Ihnen
für die Bearbeitung der beiden Aufgaben 6 Minuten zur Verfügung.

▶ **Aufgabe 1: Apfelanbau in Meran**

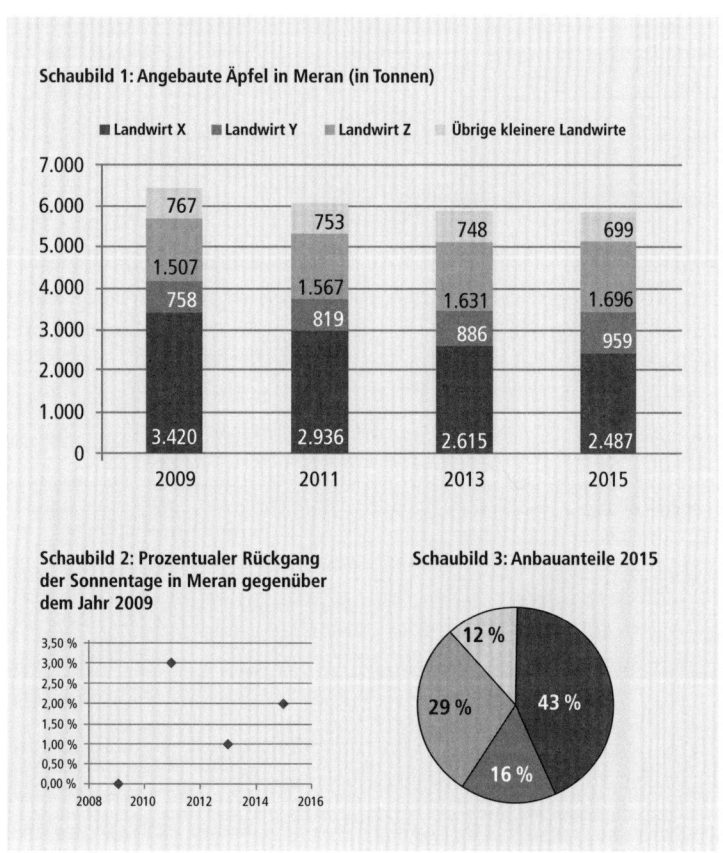

| a) | Der Apfelanbau bei jedem der Landwirte X, Y und Z ging von 2009 bis 2015 zurück. | r ☐ | f ☐ |
|---|---|---|---|
| b) | Die Summe der Anbaumengen aller Meraner Landwirte war jährlich rückläufig. | r ☐ | f ☐ |
| c) | Landwirt Z hatte 2013 einen Anteil von weniger als einem Drittel an den in Meran angebauten Äpfeln. | r ☐ | f ☐ |
| d) | Der Apfelanbau in Meran insgesamt hat von 2015 im Vergleich zu 2009 um ca. 15 % abgenommen und korreliert damit in etwa mit dem Rückgang der Niederschlagsmenge. | r ☐ | f ☐ |
| e) | Im Vergleich von 2015 zu 2013 ging der Anbau von Landwirt X um knapp 5 % zurück, wogegen er bei Landwirt Y um knapp 5 % anstieg. | r ☐ | f ☐ |
| f) | Landwirt Y kann im Vergleich zu Landwirt X und Z über die verglichenen Jahre hinweg den höchsten prozentualen Anstieg an angebauten Äpfeln verzeichnen. | r ☐ | f ☐ |

► Aufgabe 2: Geburten

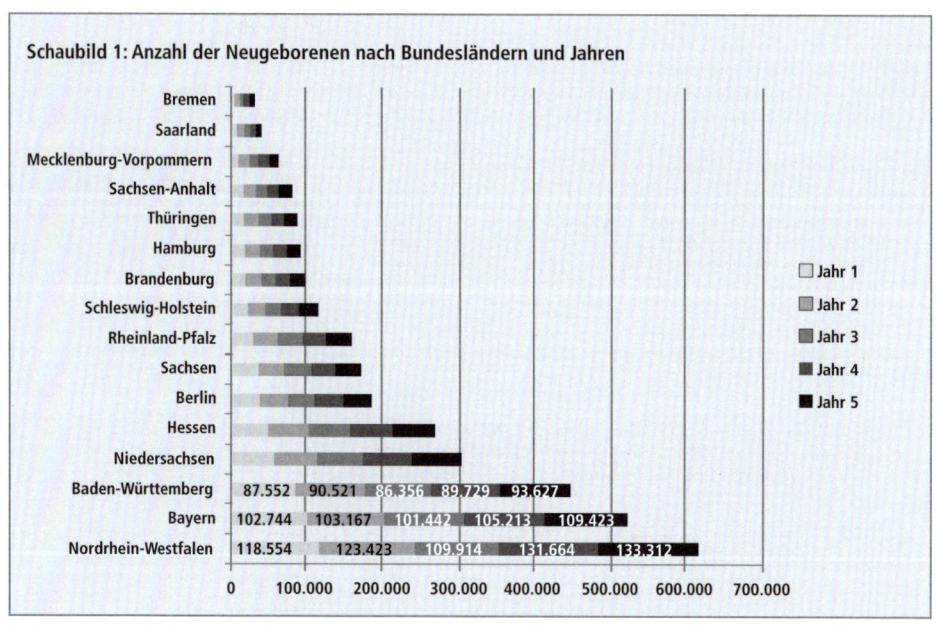

Schaubild 1: Anzahl der Neugeborenen nach Bundesländern und Jahren

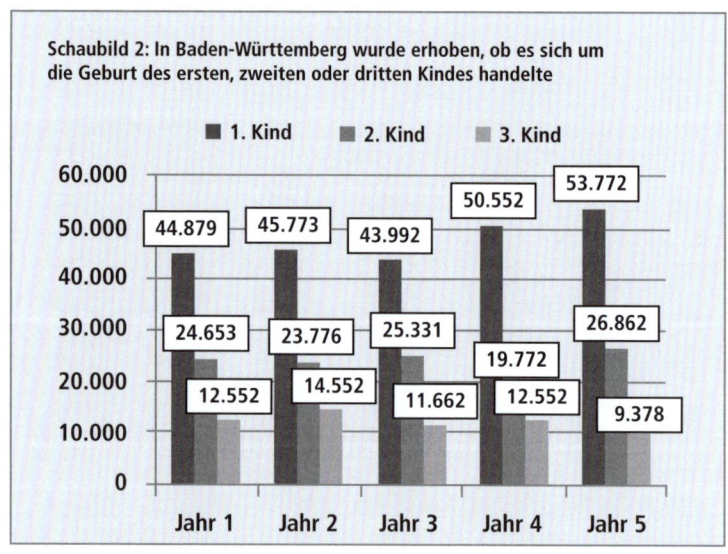

Schaubild 2: In Baden-Württemberg wurde erhoben, ob es sich um die Geburt des ersten, zweiten oder dritten Kindes handelte

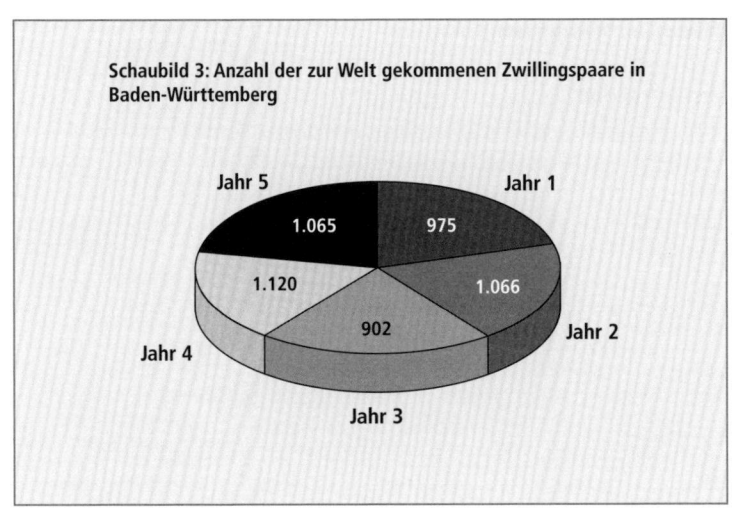

Schaubild 3: Anzahl der zur Welt gekommenen Zwillingspaare in Baden-Württemberg

| | | r | f |
|---|---|---|---|
| a) | Im Jahr 5 handelte es sich – bezogen auf Baden-Württemberg – etwa bei jedem 10. Neugeborenen um das dritte Kind einer Mutter. | ❏ | ❏ |
| b) | Von Jahr 2 auf Jahr 3 ging die Anzahl der Geburten in Bayern um ca. 6 % zurück. | ❏ | ❏ |
| c) | In Brandenburg gab es in einem Jahr ca. 100 000 Neugeborene. | ❏ | ❏ |
| d) | In Baden-Württemberg hatte in Jahr 4 ca. jedes 40. neugeborene Kind einen Zwillingsbruder oder eine Zwillingsschwester. | ❏ | ❏ |
| e) | In den Jahren 1 und 2 gab es in Baden-Württemberg insgesamt 2041 Mehrlingsgeburten. | ❏ | ❏ |
| f) | Der höchste prozentuale Anstieg der Geburten in Nordrhein-Westfalen fand von Jahr 3 auf Jahr 4 statt. | ❏ | ❏ |

Die Lösungen sowie Bearbeitungsempfehlungen zu diesem Testmodul finden Sie im nächsten Abschnitt »Lösungswege«.

## Testmodul: Sprachanalogien

### Testinstruktion:

Ihre Aufgabe besteht darin, den fehlenden Begriff in der Wortgleichung zu ergänzen. Wählen Sie an Stelle des Platzhalters (???) aus den sechs vorgegebenen Begriffen den passenden aus. Beispielsweise verhält sich Vogel:Luft ähnlich wie Fisch:Wasser. Insgesamt stehen Ihnen für die Bearbeitung der 8 Aufgaben 2,5 Minuten zur Verfügung.

**Aufgabe 1:** Schule:Lehrer = Universität:???

| a) Akademiker | b) Absolvent | c) Professor | d) Student | e) Kanzler | f) Rektor |
|---|---|---|---|---|---|

**Aufgabe 2:** Buch:Autor = Schwert:???

| a) Waffe | b) Krieger | c) Metall | d) Schmied | e) Ritter | f) Pflugscharen |
|---|---|---|---|---|---|

**Aufgabe 3:** Deckenleuchte:Helligkeit = Flugzeug:???

| a) Landung | b) Stewardess | c) Flughafen | d) Sicherheit | e) Luftraum | f) Fortbewegung |
|---|---|---|---|---|---|

**Aufgabe 4:** Vermögensverhältnisse:Armut = Gesundheitszustand:???

| a) Infektion | b) Siechtum | c) Leblosigkeit | d) Fitness | e) Krankheit | f) Verschlechterung |
|---|---|---|---|---|---|

**Aufgabe 5:** Herz:Blutkreislauf = Lunge:???

| a) Sauerstoff | b) Bronchitis | c) Luftdruck | d) Atmung | e) Luftröhre | f) Lungenbläschen |
|---|---|---|---|---|---|

**Aufgabe 6:** Spielsüchtiger:Spielcasino = Alkoholiker:???

| a) Kneipe | b) Flasche | c) Bier | d) Droge | e) Brauerei | f) Alkoholkonsum |
|---|---|---|---|---|---|

**Aufgabe 7:** Blumenbeet:Landschaft = Aquarium:???

| a) Fische | b) Wasser | c) Meer | d) Gartenteich | e) Algen | f) Stausee |
|---|---|---|---|---|---|

**Aufgabe 8:** Prüfung:Angst = Beerdigung:???

| a) Abschied | b) Trauer | c) Tod | d) Depression | e) Bestattung | f) Trauerfeier |
|---|---|---|---|---|---|

Die Lösungen sowie Bearbeitungsempfehlungen zu diesem Testmodul finden Sie im nächsten Abschnitt »Lösungswege«.

**Testmodul: Meinungen und Tatsachen**

*Testinstruktion:*
Ihre Aufgabe besteht darin, zu jeder der folgenden Aussagen einzuschätzen ob es sich dabei eher um eine Meinung (M) oder um eine Tatsache (T) handelt und das entsprechende Feld anzukreuzen. Insgesamt stehen Ihnen für die Bearbeitung aller Aussagen 40 Sekunden zur Verfügung.

| Nr. | Aussage | M | T |
|---|---|---|---|
| 1. | Es gibt Menschen, die trotz einer sehr ungesunden Lebensweise auch noch im hohen Alter körperlich gesund sind. | ❑ | ❑ |
| 2. | Im Internet lässt sich Geld verdienen. | ❑ | ❑ |
| 3. | Die größte Bedrohung für unsere Gesellschaft geht vom Terrorismus und von internationalen Krisenherden aus. | ❑ | ❑ |
| 4. | Vor der Lösung eines schwerwiegenden Problems ist eine Ursachenanalyse erforderlich. | ❑ | ❑ |
| 5. | Die Geburt des ersten Kindes ist für Eltern eines der schönsten Ereignisse ihres Lebens. | ❑ | ❑ |
| 6. | Manche Frauen sind im Einparken schlechter als Männer. | ❑ | ❑ |
| 7. | Die Industrialisierung förderte die Entwicklung der Menschheit. | ❑ | ❑ |
| 8. | Es gibt kein Leben nach dem Tod. | ❑ | ❑ |
| 9. | Manche sehen in einer veganen Ernährung eine ideale Lebensweise. | ❑ | ❑ |

Die Lösungen sowie Bearbeitungsempfehlungen zu diesem Testmodul finden Sie im nächsten Abschnitt »Lösungswege«.

## Testmodul: Implikationen erkennen

*Testinstruktion:*
Bei diesem Modul geht es darum, formallogisch richtige Schlussfolgerungen zu erkennen. Zu Beginn der Aufgabe steht eine Feststellung bzw. Prämisse. Bitte erkennen Sie diese als wahr an, auch wenn diese z. T. inhaltlich absurd ist. Danach wird Ihnen eine Reihe von möglichen Schlussfolgerungen vorgeschlagen. Kreuzen Sie diejenige(n) an, die Sie für zutreffend halten. Insgesamt stehen Ihnen für die Bearbeitung der drei Aufgaben 2 Minuten zur Verfügung.

▶ **Aufgabe 1:**

**Feststellung:**
Alle Kugelschreiber sind Stifte. Alle Kugelschreiber sind Schreibgeräte.

**Vorgeschlagene Schlussfolgerungen:**
- ❑ a) Alle Stifte sind Schreibgeräte.
- ❑ b) Einige Stifte sind keine Schreibgeräte.
- ❑ c) Einige Stifte sind Schreibgeräte.
- ❑ d) Einige Stifte sind keine Kugelschreiber.
- ❑ e) Keine der vorherigen Schlussfolgerungen trifft zu.

▶ **Aufgabe 2:**

**Feststellung:**
Alle Bäume können sprechen. Pflanzen sind keine Bäume. Viele Tiere können alles, was Bäume können.

**Vorgeschlagene Schlussfolgerungen:**
- ❑ a) Viele Tiere können sprechen.
- ❑ b) Einige Pflanzen können sprechen.
- ❑ c) Wenn man kein Tier ist, kann man auch nicht sprechen.
- ❑ d) Alle Bäume sind Pflanzen.
- ❑ e) Einige Tiere sind schlauer als Bäume.
- ❑ f) Keine der vorherigen Schlussfolgerungen trifft zu.

▶ **Aufgabe 3:**

**Feststellung:**
Einige Führungskräfte sind Manager. Einige Führungskräfte sind nicht autoritär.

**Vorgeschlagene Schlussfolgerungen:**
- ❏ a) Alle Manager sind nicht autoritär.
- ❏ b) Einige Manager sind nicht autoritär.
- ❏ c) Alle Manager sind Führungskräfte.
- ❏ d) Einige Manager sind autoritär.
- ❏ e) Keine der vorherigen Schlussfolgerungen trifft zu.

Die Lösungen sowie Bearbeitungsempfehlungen zu diesem Testmodul finden Sie im nächsten Abschnitt »Lösungswege«.

## Lösungswege

### Lösungsweg: Figurenreihen ergänzen

**Lösungen:**
▶ Aufgabe 1 = **e**; ▶ Aufgabe 2 = **c**

Hier geht es darum, die Regel oder das Muster zu erkennen, nach der sich die obere Figurenreihe fortsetzt.

Die Regel bei Aufgabe 1 lautet:
- Der Kreis wird immer größer.
- Die Farbe des Kreisinneren wechselt sich ab, einmal Grau, dann Weiß usw.
- Das Dreieck wandert im Uhrzeigersinn um den Kreis.
- Die Spitze des Dreiecks wechselt die Richtung und zeigt einmal nach außen, dann nach innen usw.

Die Regel bei Aufgabe 2 lautet:
- Der Stern wandert im Uhrzeigersinn durch die vier Ecken des Feldes.
- Das Fadenkreuz befindet sich in der gegenüberliegenden Ecke des Sterns.
- Das mehreckige Symbol in der Mitte erhält pro Feld eine weitere Ecke.

**Bearbeitungsempfehlungen**
Vergleichen Sie von Feld zu Feld, was sich verändert und was gleichbleibt. Achten Sie bei den einzelnen Elementen dabei systematisch auf folgende Aspekte:
- Position
- Anzahl
- Farbe
- Größe
- Ausrichtung
- Form

**Lösungsweg: Zahlenreihen fortsetzen**

| | | | | | | | Lösung |
|---|---|---|---|---|---|---|---|
| **Aufgabe 1:** | 0 | 1 | 3 | 6 | 10 | 15 | 21 |
| Regel: | +1 | +2 | +3 | +4 | +5 | +6 | |
| **Aufgabe 2:** | 100 | 120 | 60 | 80 | 40 | 60 | 30 |
| Regel: | +20 | :2 | +20 | :2 | +20 | :2 | |
| **Aufgabe 3:** | 5 | 15 | 17 | 7 | 21 | 23 | 13 |
| Regel: | x3 | +2 | -10 | x3 | +2 | -10 | |
| **Aufgabe 4:** | 2 | 2 | 4 | 8 | 14 | 26 | 48 |
| Regel: | Jeweils drei Zahlen addiert ergeben die nächste: Zahl 1 + Zahl 2 + Zahl 3 = Zahl 4 | | | | | | |

## Bearbeitungsempfehlungen

Bei diesem Aufgabentyp geht es darum, die dahintersteckende Regel zu erkennen. Diese beinhaltet üblicherweise mehrere Rechenschritte, die sich in einem bestimmten Zyklus wiederholen. Wie Sie anhand der obigen Lösungen sehen, kann es unterschiedliche Muster von Regeln geben. Die Regel zu Aufgabe Nr. 1 erkennen viele auf den ersten Blick, ohne großartige Berechnungen anstellen zu müssen. Bei den Aufgaben 2 bis 4 tun sich die meisten etwas schwerer. Wenn die Regel für Sie nicht auf den ersten Blick erkennbar ist, dann gehen Sie wie folgt vor: Ermitteln Sie pro Zahl die Differenz zur nächsten Zahl. Vergegenwärtigen Sie sich, welche Rechenoperationen dafür infrage kommen. Ist die nachfolgende Zahl größer, können es naturgemäß nur Addition und Multiplikation sein, ist sie kleiner, muss es sich um Subtraktion oder Division handeln. Zur besseren Nachvollziehbarkeit sehen Sie anhand des Beispiels von Aufgabe 3, wie Sie die Regel mit wenigen Rechenschritten ableiten können.

| Rechen-schritte | ⟳1 | ⟳2 | ⟳3 | ⟳4 | ⟳5 | |
|---|---|---|---|---|---|---|
| Aufgabe 3 | 5 | 15 | 17 | 7 | 21 | 23 |

| Rechen-schritte | Möglichkeit 1 Addition bzw. Subtraktion | Möglichkeit 2 Multiplikation bzw. Division | Kommentar |
|---|---|---|---|
| 1 | 5 + 10 = 15 | 5 x 3 = 15 | Zu diesem Zeitpunkt sind noch beide Möglichkeiten plausibel. Bei Rechenschritt 4 wird deutlich, welche ausscheidet. |
| 2 | 15 + 2 = 17 | 15 x ? = 17 (Multiplikationsfaktor wäre 1,1$\overline{3}$.) | Da Möglichkeit 2 so nicht mehr im Kopf rechenbar ist, scheidet sie sofort aus. |
| 3 | 17 − 10 = 7 | 17 : ? = 7 (Divisionsfaktor wäre 2,43.) | Da Möglichkeit 2 so nicht mehr im Kopf rechenbar ist, scheidet sie sofort aus. |

| | | | |
|---|---|---|---|
| ⟲ 4 | 7 + 14 = 21 | 7 x 3 = 21 | Ab hier ist erkennbar, dass sich ein Muster wiederholt und die Regel vermutlich **Zahl x 3 + 2 − 10** lautet. |
| ⟲ 5 | 21 + 2 = 23 | | Um zu überprüfen, ob die Regel stimmt, kann die Reihe noch zu Ende gerechnet werden. |

Bei vielen Zahlenreihen lässt sich mithilfe dieser Vorgehensweise die dahintersteckende Regel erkennen – allerdings nicht bei allen. Wenn Sie versuchen, Aufgabe 4 nach diesem Prinzip zu lösen, werden Sie feststellen, dass Sie damit auf kein plausibles Muster kommen. Dies liegt daran, dass diese Reihe nach einer anderen Gesetzmäßigkeit arbeitet. Hier müssen gedanklich nur noch die richtigen Rechenzeichen zwischen den gegebenen Zahlen eingefügt werden. In unserem Fall lautet die Regel Zahl 1 + Zahl 2 + Zahl 3 = Zahl 4, Zahl 2 + Zahl 3 + Zahl 4 = Zahl 5 usw. Um darauf zu kommen, muss man selbstverständlich etwas experimentieren. Beginnen Sie zunächst mit Zahl 1 und Zahl 2 und wenden Sie dafür die infrage kommenden Rechenoperationen an, um als Ergebnis Zahl 3 zu erhalten. Im Beispiel von Aufgabe 4 funktioniert die zunächst mögliche Regel »Multiplikation« nur bis zum Ergebnis »8« und ist ab dann nicht mehr anwendbar, was bedeutet, die Regel ist vermutlich falsch. Sollten Sie feststellen, dass Sie mit zwei Zahlen nicht weiterkommen, dann beginnen Sie nun zusätzlich Zahl 3 in die Berechnung einzubeziehen usw., bis Sie zu einer Regel gelangen, die bis zum Ende der Zahlenreihe anwendbar ist. Falls Sie Papier und Stift nutzen können, ist es selbstverständlich hilfreich, bei der Bearbeitung anspruchsvoller Zahlenreihen Notizen anzufertigen.

Lösungen zur ▸ Aufgabe 1 »Apfelanbau in Meran«:

a. Der Apfelanbau bei jedem der Landwirte X, Y und Z ging von
2009 bis 2015 zurück. = **falsch**
⇨ *Begründung:* Die Landwirte Y und Z konnten den Apfelanbau
steigern, was anhand der Tonnenangaben (Schaubild 1) erkennbar ist.

b. Die Summe der Anbaumenge aller Meraner Landwirte war jährlich rückläufig. = **falsch**
⇨ *Begründung:* Auf den ersten Blick (Schaubild 1) mag diese
Aussage zwar stimmig erscheinen. Der Vergleich der Anbaumengen bezieht sich jedoch auf Zwei-Jahres-Abstände (2009, 2011,
2013, 2015). Theoretisch kann es in den dazwischenliegenden
geraden Jahren eine Steigerung gegeben haben. Ob die Anbaumenge tatsächlich jährlich rückläufig war, kann nicht abgelesen
werden.

c. Landwirt Z hatte 2013 einen Anteil von weniger als einem Drittel
an den in Meran angebauten Äpfeln. = **richtig**
⇨ *Begründung:* Mit 1631 Tonnen hat Landwirt Z einen Anteil
von 27,7 % an den in 2013 insgesamt 5880 Tonnen Äpfeln
(Schaubild 1). Eine exakte Berechnung ist nicht erforderlich,
die Lösung kann überschlagsartig ermittelt werden (Gesamtjah-
resmenge geteilt durch drei). Noch einfacher ist in diesem Fall
der optische Vergleich. Wenn Sie die Höhe der Säule 2013 mit
dem darin enthaltenen Anteil von Landwirt Z vergleichen, ist
relativ schnell erkennbar, dass dieser kleiner als ein Drittel sein
muss.

d. Der Apfelanbau in Meran insgesamt hat von 2015 im Vergleich
zu 2009 um ca. 15 % abgenommen und korreliert damit in etwa
mit dem Rückgang der Niederschlagsmenge. = **falsch**
⇨ *Begründung:* Zur Niederschlagsmenge ist in keinem der
Schaubilder irgendeine Information enthalten. Auch der prozentuale Rückgang der Sonnentage (Schaubild 2) steht damit in
keinerlei Zusammenhang. Das Berechnen bzw. Überschlagen der

15-%-Angabe ist daher überflüssig. Abgesehen davon ist dieser Wert falsch.

e. Im Vergleich von 2015 zu 2013 ging der Anbau von Landwirt X um knapp 5 % zurück, wogegen er bei Landwirt Y um knapp 5 % anstieg. = **falsch**
⇨ *Begründung:* Die Aussage zu Landwirt X ist zutreffend. Er hat 128 Tonnen weniger angebaut, das entspricht einem Rückgang von 4,9 %. Dies lässt sich durch eine Überschlagsrechnung leicht ermitteln (Schaubild 1). Wenn Sie die Kommastelle beim Basiswert von 2615 um zwei Stellen nach links verschieben, wissen Sie, wie viel 1 % ist, nämlich ca. 26 Tonnen. Multipliziert mit 5 kommen Sie auf 130 Tonnen, was ca. 5 % entspricht. Gleiches vollziehen Sie für Landwirt Y. 1 % entspricht hier grob 9 Tonnen. Ohne weiterzurechnen ist nun bereits erkennbar, dass die Steigerung mehr als 5 % betragen muss, weswegen die Aussage zu Landwirt Y nicht zutrifft.

f. Landwirt Y kann im Vergleich zu Landwirt X und Z über die verglichenen Jahre hinweg den höchsten prozentualen Anstieg an angebauten Äpfeln verzeichnen. = **richtig**
⇨ *Begründung:* Der regelmäßige Anstieg bei Landwirt Y bewegt sich bei etwa 8 %, wogegen Landwirt Z nur etwa 4 % verzeichnen kann. Hier hilft es, für die beiden Landwirte den absoluten Zuwachs in Tonnen zu vergleichen (Schaubild 1). Der Mehranbau in Tonnen ist bei beiden Landwirten in etwa vergleichbar. Das Ausgangsniveau von Landwirt Z beläuft sich ca. auf das Doppelte von Y, weswegen prozentual betrachtet bei Landwirt Y die größte Steigerung vorliegt. Landwirt X kann sofort aus der Betrachtung ausgeklammert werden, da seine Anbauzahlen offensichtlich rückläufig sind.

**Lösungen zur ▶ Aufgabe 2 »Geburten«:**

a. Im Jahr 5 handelte es sich – bezogen auf Baden-Württemberg – etwa bei jedem 10. Neugeborenen um das dritte Kind einer Mutter. = **richtig**
⇨ *Begründung:* Die Anzahl der Neugeborenen, bei denen es sich um das dritte Kind handelte, beläuft sich auf 9378 (Schaubild 2).

Im Jahr 5 gab es in Baden-Württemberg insgesamt 93 627 Neugeborene (Schaubild 1). Setzt man diese beiden Zahlen zueinander
in Bezug, ist auch ohne irgendeine Rechnung erkennbar, dass es
sich um ein Verhältnis von etwa 1:10 handelt.

b. Von Jahr 2 auf Jahr 3 ging die Anzahl der Geburten in Bayern
   um ca. 6 % zurück. = **falsch**
   ⇨ *Begründung:* Wie anhand des Balkens von Bayern (Schaubild 1) erkennbar ist, beläuft sich der Rückgang von Jahr 2 zu
   Jahr 3 auf 1725 Geburten. Anhand einer einfachen Überschlagsrechnung lässt sich feststellen, dass die Aussage nicht zutreffen
   kann, denn 1 % entspricht ca. 1032 Geburten.

c. In Brandenburg gab es in einem Jahr ca. 100 000 Neugeborene.
   = **falsch**
   ⇨ *Begründung:* Anhand des Balkens von Brandenburg im Vergleich zu anderen Bundesländern (Schaubild 1) lässt sich schnell
   erkennen, dass sich die Zahl von ca. 100 000 auf die 5 Jahre in
   Summe bezieht.

d. In Baden-Württemberg, hatte im Jahr 4 ca. jedes 40. neugeborene
   Kind einen Zwillingsbruder oder eine Zwillingsschwester.
   = **richtig**
   ⇨ *Begründung:* Schaubild 3 bezieht sich auf die Anzahl der
   Zwillingspaare – nicht die auf die Anzahl der neugeborenen
   Zwillingskinder. Die Anzahl der Neugeborenen, die Teil eines
   Zwillingspaares sind und somit einen Zwillingsbruder oder eine
   Zwillingsschwester haben müssen, beläuft sich im Jahr 4 auf
   2240. Die Anzahl aller Neugeborenen beträgt in diesem Jahr
   89 729 (Schaubild 1). Setzt man diese beiden Zahlen per Über-
   schlagsrechnung miteinander in Bezug, ergibt sich daraus ein
   Verhältnis von etwa 1:40.

e. In den Jahren 1 und 2 gab es in Baden-Württemberg insgesamt
   2041 Mehrlingsgeburten. = **falsch**
   ⇨ *Begründung:* Schaubild 3 bezieht sich nur auf einen Teil
   der Mehrlingsgeburten, nämlich auf die von Zwillingen. Zu
   Drillingen, Vierlingen usw. sind keinerlei Informationen enthalten.

f. Der höchste prozentuale Anstieg der Geburten in Nordrhein-Westfalen fand von Jahr 3 auf Jahr 4 statt. = **richtig**

⇨ *Begründung:* Durch den Vergleich der fünf Geburtenzahlen auf dem Nordrhein-Westfalen-Balken (Schaubild 1) fällt schnell auf, dass von Jahr 3 auf Jahr 4 ein Sprung von knapp 22 000 stattgefunden hat, der erheblich höher ausfällt als von 1 auf 2 und von 4 auf 5. Eine Berechnung erübrigt sich.

**Bearbeitungsempfehlungen**
Verschaffen Sie sich zunächst einen kurzen Überblick über die Ausgangsinformationen, das können eine oder mehrere Grafiken oder tabellarisch aufbereitete Daten sein. Investieren Sie dafür nicht mehr als 15 Sekunden. Versuchen Sie erst gar nicht, alle enthaltenen Informationen zu 100 % zu verstehen, denn dies kostet zu viel Zeit. Es geht vielmehr darum, auf die Schnelle zu erkennen, wovon die Aufgabe handelt, nämlich im Beispiel von Aufgabe 1 von Anbaumengen mehrerer Landwirte verglichen über mehrere Jahre und zusätzlich von Sonnentagen. Steigen Sie nicht tiefer ein, denn Sie wissen zu diesem Zeitpunkt noch gar nicht, ob alle Daten und Zusammenhänge gleichermaßen relevant sind. Wie sich später herausstellt, sind bei dieser Aufgabe die Schaubilder 2 und 3 nutzlos und tragen eher zur Verwirrung bei.

Zu jeder Aufgabe sind mehrere Aussagen gegeben, die Sie als zutreffend oder unzutreffend bewerten müssen. Bearbeiten Sie zuerst diejenigen, die Ihnen einfach erscheinen, anstatt sich zu Beginn an der kniffligsten Aussage festzubeißen. Da jede Aussage eigenständig gelöst werden kann, brauchen Sie nicht der Reihe nach (a, b, c, d, e, f) vorzugehen. Achten Sie beim Erfassen der Aussage auf den exakten Wortlaut, denn dieser macht oft den maßgeblichen Unterschied in der Bedeutung aus.

**Beispiel**

*»Landwirt Z hatte 2013 einen Anteil von einem Drittel an den in Meran angebauten Äpfeln.« oder »Landwirt Z hatte 2013 einen Anteil von weniger als einem Drittel an den in Meran angebauten Äpfeln.«*

Die erste Formulierung erfordert einen exakten Vergleich und eventuell eine genaue Berechnung, da sie nur als richtig bewertet werden kann, sofern es sich genau um ein Drittel handelt. Im zweiten Fall ist die Bandbreite größer, jede Anbaumenge unterhalb eines Drittels wäre zutreffend. Auch wenn Ihnen solche alltäglichen Formulierungen bewusst sind, besteht gerade in der Prüfungssituation unter Zeitdruck eine erhöhte Gefahr, solche kleinen aber bedeutsamen Wörter zu übersehen. Lesen Sie deshalb die jeweilige Aussage aufmerksam und vor allem vollständig durch.

> *»Der Apfelanbau in Meran insgesamt hat von 2015 im Vergleich zu 2009 um ca. 15% abgenommen und korreliert damit in etwa mit dem Rückgang der Niederschlagsmenge.«*

**Beispiel**

Hier erlebe ich immer wieder Probanden, die nur die erste Hälfte lesen und nun sofort beginnen nachzurechnen, ob der 15%ige Rückgang stimmt. Manche Arbeitsschritte lassen sich vermeiden, wenn man die Aussage zu Ende liest. Denn nachdem zu den Niederschlagsmengen keinerlei Informationen vorliegen, ist die komplette Aussage unzutreffend – unabhängig davon, ob der erste Teil richtig oder falsch ist. Falls Sie einen Taschenrechner nutzen können, sollten Sie sich nicht dazu verleiten lassen, sofort jede Zahl einzutippen. Eine exakte Berechnung ist manchmal weder notwendig noch in der Kürze der Zeit durchführbar. In vielen Fällen lassen sich Zahlen per Überschlagsrechnung im Kopf oder auf Papier schneller überprüfen. Manchmal sind bestimmte Angaben auch ganz einfach anhand des Schaubildes überprüfbar, z. B. durch den Vergleich der Länge zweier Balken, sodass sich eine Berechnung erübrigt.

### Lösungsweg: Sprachanalogien

**Lösungen:**
▸ Aufgabe 1 = **c**
Schule : Lehrer = Universität : Professor
(Analogie = Bildungseinrichtung : Lehrender)
▸ Aufgabe 2 = **d**
Buch : Autor = Schwert : Schmied
(Analogie = Produkt : Produzent)
▸ Aufgabe 3 = **f**
Deckenleuchte : Helligkeit = Flugzeug : Fortbewegung
(Analogie = Gegenstand : Funktion)

► Aufgabe 4 = **e**

Vermögensverhältnisse : Armut = Gesundheitszustand : Krankheit

(Analogie = Lebensbereich : schlechter Zustand)

► Aufgabe 5 = **d**

Herz : Blutkreislauf = Lunge : Atmung

(Analogie = Organ : Funktion)

► Aufgabe 6 = **a**

Spielsüchtiger : Spielcasino = Alkoholiker : Kneipe

(Analogie = Süchtiger : Ort, an dem er der Sucht verfällt)

► Aufgabe 7 = **c**

Blumenbeet : Wiese = Aquarium : Meer

(Analogie = künstlich angelegt : natürlich)

► Aufgabe 8 = **b**

Prüfung : Angst = Beerdigung : Trauer

(Analogie = Situation : typische Emotion)

## Bearbeitungsempfehlungen

Machen Sie sich bewusst, in welcher Beziehung die beiden Begriffe des vorgegebenen Paares zueinander stehen, und übertragen Sie diese auf das zu vervollständigende Begriffspaar. Bei Aufgabe 1 dürfte das keine große Herausforderung darstellen. Erschließt sich Ihnen die Analogie nicht auf den ersten Blick, dann versuchen Sie, gedanklich eine passende Beziehungsformulierung für das vorgegebene Begriffspaar zu finden. Im Beispiel von Aufgabe 2 könnte diese lauten »Buch **wird geschaffen vom** Autor«. Gleichen Sie mit dieser Formulierung nun gedanklich die zum Begriff »Schwert« vorgegebenen Lösungsvorschläge ab. Verfahren Sie dabei am besten nach dem Ausschlussprinzip, dann wird schnell klar, dass »Waffe«, »Metall« und »Pflugscharen« ohnehin falsch sein müssen, da es sich dabei um Gegenstände und nicht um Personen handelt. »Krieger« und »Ritter« scheiden aus, da diese das Schwert nutzen, aber nicht herstellen. Folglich kann die richtige Lösung nur lauten »Schwert **wird geschaffen vom** Schmied«. Zu Übungszwecken empfehle ich Ihnen, gedanklich nun die entsprechenden Beziehungsformulierungen zu den Aufgaben 3 bis 8 zu entwickeln.

## Lösungen zur ▶ Aufgabe »Meinungen und Tatsachen«

1. Es gibt Menschen, die trotz einer sehr ungesunden Lebensweise auch noch im hohen Alter körperlich gesund sind. = **Tatsache**
   ⇨ *Begründung:* Auch wenn eine sehr ungesunde Lebensweise statistisch betrachtet sicher keine gute Voraussetzung für eine hohe Lebenserwartung ist, so gibt es immer wieder Ausnahmeerscheinungen – z. B. Personen, die selbst durch starken Zigarettenkonsum keine gesundheitlichen Beeinträchtigungen erfahren und bis ins hohe Alter gesund sind.
   ⇨ *Gegenbeispiel für eine Meinung:* Eine ungesunde Lebensweise führt zu körperlichen Gebrechen und Krankheiten im Alter.

2. Im Internet lässt sich Geld verdienen. = **Tatsache**
   ⇨ *Begründung:* Nahezu überall lässt sich Geld verdienen, ob im Internet an der Börse oder im Immobilienhandel. Da nicht näher spezifiziert ist, durch wen wie viel Geld im Internet verdient wird, kann die Aussage als Tatsache gewertet werden.
   ⇨ *Gegenbeispiel für eine Meinung:* Onlinehändler verdienen im Internet viel Geld.

3. Die größte Bedrohung für unsere Gesellschaft geht vom Terrorismus und von internationalen Krisenherden aus. = **Meinung**
   ⇨ *Begründung:* Natürlich stellen Terrorismus und internationale Krisenherde eine Bedrohung dar. Hier macht es das Wort »größte« aus. Dabei handelt es sich um eine subjektive Einschätzung. Für andere Personen stellen eventuell Themen wie Klimawandel, Wirtschaftskrisen oder Überbevölkerung die größte Bedrohung für unsere Gesellschaft dar.
   ⇨ *Gegenbeispiel für eine Tatsache:* Vom Terrorismus und von internationalen Krisen können Bedrohungen für unsere Gesellschaft ausgehen.

4. Vor der Lösung eines schwerwiegenden Problems ist eine Ursachenanalyse erforderlich. = **Meinung**
   ⇨ *Begründung:* Diese Vorgehensweise klingt zwar plausibel und ist in vielen Fällen vermutlich sinnvoll. Bei bestimmten

Problemen kann jedoch schnelles entschlossenes Handeln vorrangig sein. Denken Sie beispielsweise an ein Schiffsunglück, bei dem es um die sofortige Rettung der Überlebenden geht.

⇨ *Gegenbeispiel für eine Tatsache:* Manche Berater halten vor der Lösung eines schwerwiegenden Problems eine Ursachenforschung für erforderlich.

5. Die Geburt des ersten Kindes ist für Eltern eines der schönsten Ereignisse ihres Lebens. = **Meinung**

    ⇨ *Begründung:* Auf die Mehrzahl der Eltern hierzulande trifft dies vermutlich zu, aber sicher nicht auf alle. Unter bestimmten Umständen zählt die Geburt eines Kindes für Eltern vielleicht nicht unbedingt zu den schönsten Ereignissen.

    ⇨ *Gegenbeispiel für eine Tatsache:* Die Geburt des ersten Kindes ist für manche Eltern eines der schönsten Ereignisse ihres Lebens.

6. Manche Frauen sind im Einparken schlechter als Männer. = **Tatsache**

    ⇨ *Begründung:* Zunächst könnte sich dieser Satz nach einer chauvinistischen Aussage anhören und wäre damit eine Meinung. Dennoch wird es eine Gruppe von Frauen geben, die beim Einparken schlechter ist als der Durchschnitt der Männer. Umgekehrt wird es ebenso eine Gruppe von Männern geben, die schlechter einparken als der Durchschnitt der Frauen. Ausschlaggebend ist hier das Wort »manche«.

    ⇨ *Gegenbeispiel für eine Meinung:* Frauen sind im Einparken schlechter als Männer.

7. Die Industrialisierung förderte die Entwicklung der Menschheit. = **Meinung**

    ⇨ *Begründung:* Das Wort »fördert« impliziert eine positive Beeinflussung. In manchen Ländern werden jedoch Industriearbeiter unter fast sklavenartigen Bedingungen ausgebeutet. Kann man in diesem Zusammenhang von einer positiven Entwicklung sprechen? Was genau ist überhaupt mit der Entwicklung der Menschheit gemeint, etwa die Evolution? Und falls ja, wie wurde diese durch die Industrialisierung gefördert?

    ⇨ *Gegenbeispiel für eine Tatsache:* Die Industrialisierung beeinflusste die Lebenssituation vieler Menschen.

8. Es gibt kein Leben nach dem Tod. = **Meinung**

⇨ *Begründung:* Darüber, ob oder in welcher Form es ein Leben nach dem Tod gibt – und falls ja, ob dies alle Individuen betrifft –, gibt es keine gesicherten Erkenntnisse.

⇨ *Gegenbeispiel für eine Tatsache:* Es gibt Menschen, die davon überzeugt sind, dass es kein Leben nach dem Tod gibt.

9. Manche sehen in einer veganen Ernährung eine ideale Lebensweise. = **Tatsache**

⇨ *Begründung:* Die Tatsache bezieht sich auf die Sichtweise mancher Menschen und nicht auf die vegane Ernährung an sich. Dass dies manche Menschen so sehen, kann daher als Tatsache gewertet werden.

⇨ *Gegenbeispiel für eine Meinung:* Vegane Ernährung stellt eine ideale Lebensweise dar.

## Bearbeitungsempfehlungen

Denkt man über die Aussagen dieses Testmoduls kurz nach, lassen sich auf den zweiten Blick Tatsachen meist sehr einfach von Meinungen differenzieren. Ein gutes Beispiel dafür ist die letzte Aussage zur veganen Ernährung. Hier geht es nicht darum, zu beurteilen, ob die vegane Ernährung eine ideale Lebensweise darstellt oder nicht, sondern, ob die Behauptung, dass manche Menschen diese Sichtweise vertreten, zutrifft. Das Gegenbeispiel für Fall Nr. 9 lautet: »Vegane Ernährung stellt eine ideale Lebensweise dar.« Darüber lässt sich trefflich streiten, deshalb handelt es sich natürlich um eine Meinung. Sie erkennen daran, dass Meinungen sehr oft so konstruiert sind, dass die Aussage den Anspruch auf die einzige Wahrheit bzw. Allgemeingültigkeit erhebt.

Etwas schwieriger gestaltet es sich bei Glaubenssätzen oder Feststellungen, wie:

- Wer Erfolg haben will, muss dafür hart arbeiten.
- Konflikte löst man am besten im persönlichen Gespräch.
- Vor der Lösung eines schwerwiegenden Problems ist eine Ursachenanalyse erforderlich.

Dies liegt daran, dass vermutlich ein Großteil der Leser diesen Aussagen sofort beipflichten würde, da sie für viele Menschen plausibel und vernünftig klingen. Nichtsdestotrotz handelt es sich dabei um Meinungen.

**Tipp**

Seien Sie besonders wachsam bei Aussagen, mit denen Sie sich sehr gut identifizieren können oder die Ihnen absolut plausibel erscheinen. Hier besteht die Gefahr Meinungen eher als Tatsachen zu bewerten.

Natürlich können gelegentlich auch anerkannte Tatsachen eingestreut sein, wie »Die Erde ist keine Scheibe«, deren Einordnung jedoch keine Herausforderung darstellen sollte. Bei vielen Tatsachen (dieses Testmoduls) sind Aussagen dahingehend relativiert, dass unterschiedliche Positionen nebeneinander existieren können, ohne miteinander zu konkurrieren. So könnten Sie bei Beispiel Nr. 6 als Frau entgegnen: »Es gibt auch Männer, die schlechter einparken als Frauen«, und hätten damit genauso recht.

Der Anspruch dieses Testmoduls wird zunächst von vielen Probanden unterschätzt, da jede einzelne Aussage für sich mittels gesundem Menschenverstand meist leicht zuordenbar ist, nachdem man das Grundprinzip verstanden hat. Der Schwierigkeitsgrad entsteht jedoch durch die knappe Zeitvorgabe, die sorgfältiges Abwägen und Nachdenken ausschließt. Hier sind es 9 Aussagen in 40 Sekunden, es gibt auch Tests mit knapp 30 Aussagen, die in 2 Minuten zu bearbeiten sind. Für eine schnelle Einschätzung hilft es, sich an bestimmten Schlüsselwörtern bzw. Formulierungen zu orientieren, die entweder auf eine Tatsache oder eine Meinung hindeuten.

**Tatsachen lassen sich oft an folgenden Schüsselwörtern festmachen:**

- »**Es gibt** …« bezogen auf Personen oder Mengen deutet auf eine Tatsache hin. Z.B. »Es gibt Eltern, die …«, »Es gibt Frauen, die …«, Es gibt Führungskräfte, die …« oder wie bei Aussage 1 »Es gibt Menschen, die …«. Solche Aussagen implizieren, dass es daneben auch Menschen geben kann, auf die diese Aussage nicht zutrifft, und sind deshalb i.d.R. Tatsachen. Nicht zu verwechseln sind diese mit den Formulierungen »Es gibt ein …« oder

»Es gibt kein …«, auf die Sie noch bei den Meinungen stoßen werden.

- Gleiches gilt für Aussagen mit **»manche«** oder **»einige«**. Diese unbestimmten Zahlworte beschreiben eine nicht näher quantifizierte Teilmenge. Deshalb können solche Aussagen ebenfalls meist als Tatsachen gewertet werden, wie im Beispiel von Aussage Nr. 6.

- Aussagen mit **»man kann …«** oder **»es lässt sich …«** haben ebenfalls optionalen Charakter – wie im Beispiel von Aussage Nr. 2 – und sind daher i. d. R. Tatsachen.

**Meinungen lassen sich oft anhand folgender Schlüsselwörter erkennen:**

- Aussagen wie **»Eltern sind …«**, **»Kinder mögen …«** oder **»Führungskräfte haben …«** erheben den Anspruch auf Allgemeingültigkeit – wie im Beispiel von Aussage Nr. 5. Selbst wenn nicht explizit das Wort »alle« beinhaltet ist, so haben die Aussagen »Eltern sind« und »Alle Eltern sind« annähernd die gleiche Bedeutung und fallen daher in die Kategorie der Meinungen. Umgekehrt verhält es sich, sobald die Aussage ein unbestimmtes Zahlwort wie »manche« oder »einige« enthält. Diese haben Sie bereits als Schlüsselworte zu den Tatsachen kennengelernt.

- **»Es gibt kein …«** oder **»Es gibt ein …«** sind ebenfalls Formulierungen mit allgemeingültigem Charakter, bei denen es sich in der Regel um Meinungen handelt – wie im Beispiel von Aussage Nr. 8.

Die Schlüsselwörter und Formulierungen zur Unterscheidung von Meinungen und Tatsachen geben eine gute Orientierung, um möglichst viele Aussagen in kürzester Zeit zutreffend zu bewerten. Jedoch bestätigen Ausnahmen die Regel. Selbstverständlich können bestimmte Aussagen in Einzelfällen auch so konstruiert sein, dass die hier dargestellten Regeln zu Schlüsselwörter und Formulierungen nicht greifen.

## Lösungsweg: Implikationen erkennen

Lösungen:
- ▶ Aufgabe 1: »Kugelschreiber« = **c**;
- ▶ Aufgabe 2: »Bäume« = **a**;
- ▶ Aufgabe 3: »Führungskräfte«= **e**

### Bearbeitungsempfehlungen
### am Beispiel der Aufgabe 3 »Führungskräfte«

Blenden Sie eigene Erfahrungen zu den Feststellungen aus, diese sind beim Lösen solcher Implikationen sogar kontraproduktiv. Die Aussagen sind inhaltlich oft sinnfrei oder manchmal sogar absurd. In Aufgabe 2 mit den sprechenden Bäumen ist dies natürlich sofort erkennbar. Bei den Aufgaben 1 und 3 ist es dagegen schwieriger, sich sofort auf die formallogische Ebene zu beschränken, da die hier getroffenen Feststellungen zunächst inhaltlich plausibel klingen. Die Gefahr besteht darin, sich inhaltlich zu verzetteln und darüber nachzudenken, worin der Unterschied zwischen Managern und Führungskräften liegt oder wie groß der Anteil der nicht autoritären Führungskräfte tatsächlich sein könnte. Vermeiden Sie solche Überlegungen und betrachten Sie die Begrifflichkeiten stattdessen als reine Platzhalter, die für abstrakte Mengen stehen und die beliebig gewählt sind. Anstatt Manager und Führungskräfte könnten die Bezeichnungen genauso gut Äpfel und Birnen lauten. Der Lösungsansatz liegt darin, sich auf die formallogische Beziehung zu fokussieren, die zwischen diesen Elementen existiert. Achten Sie beim Lesen der Feststellung auf Formulierungen wie »alle« und »einige«. In diesen beiden Wörtern liegt oft der Schlüssel zur Lösung.

Grundsätzlich hilft es, sich die in der Feststellung enthaltenen Aussagen in Form verschiedener Mengen bildhaft vorzustellen oder diese zu Übungszwecken mit Papier und Stift zu skizzieren.

Anhand des folgenden Schaubildes zu Aufgabe Nr. 3 mit den Managern und den Führungskräften möchte ich Ihnen verdeutlichen, welche Implikationen in der Feststellung enthalten sind.

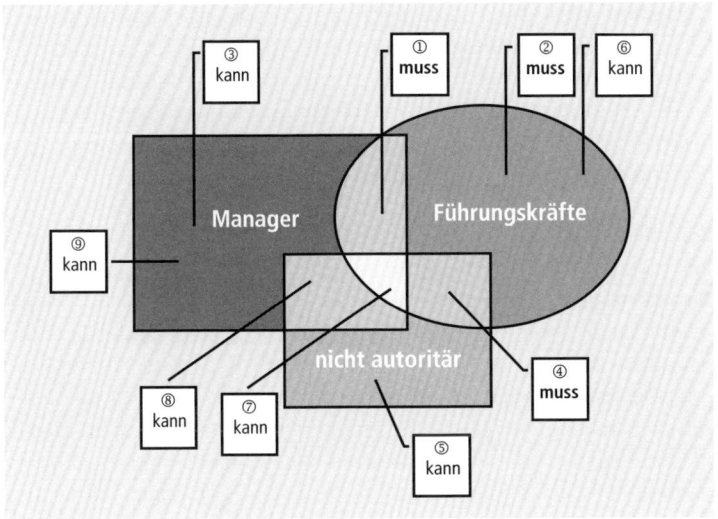

Die Feststellung setzt sich aus den beiden Aussagen »Einige Führungskräfte sind Manager« (Aussage 1) und »Einige Führungskräfte sind nicht autoritär« (Aussage 2) zusammen und muss an dieser Stelle als wahr akzeptiert werden. Folgendes lässt sich daraus ableiten:

- Gemäß Aussage 1 gibt es Führungskräfte, die Manager sein müssen ①. Die Aussage lässt aber auch die Interpretation zu, dass es Führungskräfte geben muss, die nicht zu den Managern gehören ②, und Manager geben kann, die nicht zu den Führungskräften zählen ③. Dadurch scheidet die vorgeschlagene Schlussfolgerung c »Alle Manager sind Führungskräfte« aus.

- Gemäß Aussage 2 muss es Führungskräfte geben, die nicht autoritär sind ④. Gleichzeitig kann anhand der Aussage nicht ausgeschlossen werden, dass es auch andere nichtautoritäre Personen gibt, die nicht zu den Führungskräften zählen ⑤.

- Darüber hinaus lässt sich nicht ausschließen, dass es Führungskräfte gibt, die weder zu den Managern noch zu den nichtautoritären Personen zählen ⑥. Ebenso könnten auch nichtautoritäre Führungskräfte existieren, die zu den Managern zählen ⑦, nichtautoritäre Manager, die keine Führungskräfte sind ⑧, und auch autoritäre Manager, die keine Führungskräfte sind ⑨. Es lässt sich daraus keine sichere Aussage über die Autorität bzw. Nichtautorität von Managern ableiten, sodass die vorgeschlagenen Schlussfolgerungen a, b und d ebenfalls nicht bestätigt werden können.

### Vorbereitung auf Leistungstests

**Prinzipien erkennen** Bei manchen der hier vorgestellten Bearbeitungsempfehlungen und Lösungswege werden Sie sich vielleicht fragen, ob Sie diese im Assessment-Center unter Prüfungsbedingungen überhaupt umsetzen können. Beim Testmodul »Implikationen erkennen«, das wir im vorherigen Abschnitt behandelt haben, stehen Ihnen im Schnitt 40 Sekunden pro Aufgabe zur Verfügung. In Anbetracht der knappen Zeit wird es kaum möglich sein – wie am Beispiel der Aufgabe »Führungskräfte« dargestellt –, ein Schaubild zu skizzieren und sämtliche Teilmengen mit den möglichen Muss- und Kann-Varianten zu veranschaulichen. Das müssen Sie auch nicht. Die hier dargestellten Lösungswege sollen Ihnen vielmehr dabei helfen, die hinter den Aufgaben steckenden Prinzipien zu verstehen. Nehmen Sie sich im Übungsmodus einige Aufgaben zunächst ohne Zeitdruck vor und zerlegen Sie diese in ihre einzelnen Bestandteile – am besten mit Papier und Stift. Damit schärfen Sie Ihren Blick für die Gesetzmäßigkeiten der verschiedenen Testmodule. Bei weiteren Übungen sollten Sie dann den Zeitdruck erhöhen und auf die Anfertigung von Hilfskonstrukten verzichten. So wird es Ihnen im Assessment-Center gelingen, solche Leistungstests zügig mit der erforderlichen Treffsicherheit zu lösen.

**Intuitiv agieren** Das Ziel ist nicht, in der Prüfungssituation strikt nach Lehrbuch vorzugehen – das werden Sie in vielen Fällen kaum schaffen –, sondern intuitiv das Richtige zu tun, weil Sie sich vorher schon einmal ausgiebig damit beschäftigt haben. Zusätzliche Übungsaufgaben zu den hier dargestellten Testmodulen sind im Begleitmaterial enthalten. Weitere Möglichkeiten, Leistungstests kostenpflichtig zu üben, finden Sie im Linkverzeichnis im hinteren Teil des Buches.

Darüber hinaus gibt es diverse Apps für Smartphones, mit denen Sie Leistungstests trainieren können.

## Allgemeine Bearbeitungstipps für Leistungstests

### Zeitmanagement

Machen Sie sich bewusst, wie viel Zeit Ihnen pro Aufgabe zur Verfügung steht, bevor Sie loslegen, damit Sie sich nicht zu lange an einer einzelnen Frage aufhalten. Angenommen, Sie müssen ein Testmodul mit 10 Aufgaben innerhalb von 15 Minuten lösen, dann wissen Sie, dass Sie im Schnitt 1,5 Minuten pro Aufgabe verwenden dürfen. Stehen insgesamt weniger als 5 Minuten für das gesamte Testmodul zur Verfügung, lohnt sich so eine Überschlagsrechnung nicht, Legen Sie stattdessen sofort los. Je länger die Bearbeitungszeit ist, desto eher werden Sie davon profitieren.

### Vollständige Bearbeitung

Sind noch einige Fragen unbeantwortet und die Bearbeitungszeit läuft in wenigen Augenblicken ab, dann versuchen Sie, die noch offenen Aufgaben spontan zu beantworten. Bei vielen Leistungstests sind nur Kreuze zu setzen und bei den allermeisten Tests werden falsche Antworten genauso behandelt wie unbeantwortete Fragen – nur sehr selten ist dafür ein Punktabzug zu erwarten. Insofern ist eine gewisse Wahrscheinlichkeit für Zufallstreffer gegeben.

### Leistungskurve berücksichtigen

Wenn Sie den Test vorab von zu Hause aus bearbeiten, können Sie üblicherweise innerhalb eines Zeitfensters von einigen Tagen selbst entscheiden, wann Sie die Bearbeitung vornehmen. Wählen Sie ein Zeitfenster aus, das der Hochphase Ihrer persönlichen Leistungskurve entspricht – bei vielen Menschen ist diese vormittags. Eine störungsfreie Arbeitsatmosphäre sollte dafür selbstverständlich sein. Sie tun sich keinen Gefallen, wenn Sie sich einen Leistungstest noch nach einem anstrengenden Arbeitstag vornehmen.

### Hilfsmittel bereithalten

Zu Hause können Sie einen Timer nutzen und Papier und Stift bereitlegen, für den Fall, dass Sie ad hoc etwas skizzieren möchten. Findet die Bearbeitung während des Assessment-Centers statt, haben Sie auf solche Hilfsmittel eventuell nur bedingt Zugriff und müssen natürlich die gegebenen Spielregeln berücksichtigen.

## Persönlichkeitstests

Die Fragestellungen von Persönlichkeitstests zielen auf Verhaltenspräferenzen, Einstellung, Motivation, Neigungen, Normen und Werte ab. Die Antworten können hier nicht wie bei einem Leistungstest als richtig oder falsch einsortiert werden, sondern schlagen sich in der Ausprägung bestimmter Eigenschaften in einem Punktesystem bzw. Profil nieder. Man spricht dabei von psychometrischen Persönlichkeitstests. Ein Persönlichkeitstest muss von der Ergebnisrelevanz her aber nicht zwangsläufig den gleichen Stellenwert wie die anderen Assessment-Center-Module einnehmen. Häufig dient das Testergebnis als zusätzliche Kontrollinstanz und/oder als Grundlage für ein strukturiertes Interview.

**Was bedeutet psychometrisch**

Psychometrisch sagt nichts über den Inhalt oder die Zielsetzung eines Tests aus. Es bedeutet, dass die Datenerhebung mittels standardisierter Fragebögen, die eine systematische Messung und Auswertung zulassen, erfolgt. In Abgrenzung zu psychometrischen Tests unterscheidet man projektive Tests. Dabei muss die Testperson Bilder oder Muster frei interpretieren und ihre damit verbundenen Assoziationen zum Ausdruck bringen. Am bekanntesten dürfte in diesem Zusammenhang der Rorschachtest sein, der umgangssprachlich auch als Tintenkleckstest bezeichnet wird. In einigen Kulturen sind solche Tests in der Personalauswahl noch geläufig. Sollten Sie jedoch im deutschsprachigen Raum bei einem Auswahlverfahren mit so einem »Persönlichkeitstest« konfrontiert werden, dann dürfen Sie zu Recht die Seriosität des Arbeitgebers oder des durchführenden Beratungsunternehmens anzweifeln.

**Messverfahren**

Das Ergebnis eines Persönlichkeitstests kann niemals als eine absolute, allgemeingültige Beschreibung der Persönlichkeit eines Probanden betrachtet werden, sondern macht die Ausprägung bestimmter Persönlichkeitsmerkmale sichtbar. Dabei lassen sich zwei Messverfahren unterscheiden, das normative und das ipsative. Normativ bedeutet, das Testergebnis wird mit dem Durchschnitt einer bestimmten Personengruppe – die als Norm dient – verglichen. Bei Tests, die nach dem ipsativen Prinzip aufgebaut sind, ist dies nicht der Fall. Maßstab ist hier das Individuum selbst, d.h. die ermittelten Persönlichkeitsausprägungen des Probanden werden zueinander in Bezug gesetzt. Ist beispielsweise die Durchsetzungsfähigkeit von Herrn Müller eher stark oder schwach ausgeprägt im Vergleich zu den anderen bei ihm erhobenen Eigenschaften?

Für Assessoren ist es interessant, Teilbereiche, die gewisse Auffälligkeiten aufweisen – also beispielsweise eine besonders hohe oder niedrige Ausprägung – im Rahmen eines Interviews gezielt zu hinterfragen. Zugleich werden natürlich im Rahmen eines Assessment-Centers in den unterschiedlichen Übungen verschiedene Verhaltensausprägungen sichtbar. Möglicherweise lassen sich bei der Gegenüberstellung mit dem Testergebnis bestimmte Parallelen oder Abweichungen erkennen. Ein Persönlichkeitstest kann die Bewertung der Beobachter sowohl bestätigen, als auch Widersprüche aufdecken.

Mit zwei Fachbegriffen aus der Testsprache möchte ich Sie an dieser Stelle noch behelligen – nämlich mit Dimensionen und Items. Wenn Sie zu einzelnen Persönlichkeitstests näher recherchieren, werden Sie zwangsläufig immer auf diese beiden Begrifflichkeiten stoßen, deswegen verwende ich sie auch in diesem Kapitel. Dimensionen sind die Eigenschaften, die im Rahmen des Tests bewertet bzw. gemessen werden. Also beispielsweise Durchsetzungsstärke, Teamorientierung, Veränderungsbereitschaft usw. Im AC-Jargon wird diese Bezeichnung ebenfalls häufig verwendet, hier ist sie gleichbedeutend für die Kriterien oder Eigenschaften, die bei einer Assessment-Center-Übung bewertet werden. Bei Items handelt es sich bei einem Persönlichkeitstest um die einzelnen Aussagen bzw. Fragen, die zu beantworten sind. Dabei kann der Test je nach Konstrukt eine mittlere zweistellige Zahl an Items bis hin zu einer mittleren dreistelligen Zahl von Items beinhalten, die Sie bearbeiten müssen. Wie solche Items in unterschiedlichen Tests aufgebaut sein können, erfahren Sie im nächsten Abschnitt.

**Dimensionen und Items**

## Aufbau von Items/Frage-Antwort-Formate

Grundsätzlich lassen sich bei psychometrischen Persönlichkeitstests die folgenden Frage-Antwort-Formate unterscheiden, nach denen die Items aufgebaut sind:

### Bewertung auf einer Skala

| Ich fühle mich gut, wenn ich an meine körperlichen Grenzen gehe. | | | | | |
|---|---|---|---|---|---|
| 1 | 2 | 3 | 4 | 5 | 6 |
| trifft überhaupt nicht zu | | | | | trifft absolut zu |

Die Testperson muss Aussagen auf einer mehrstufigen Skala bewerten. Die Anzahl der Abstufungen kann dabei abhängig vom jeweiligen Test variieren.

### Zustimmung/Ablehnung

| Ich gehe gern unter Leute. |
|---|
| ❏ Ja  ❏ Nein |

Dieses Format lässt nur Zustimmung oder Ablehnung der Aussage – im Sinne von ja/nein, richtig/falsch oder zutreffend/unzutreffend – zu.

### Entscheidung für eine Option

| Ich umgebe mich gern mit Menschen, |
|---|
| ❏ die planvoll und strukturiert arbeiten. |
| ❏ die fantasievoll und kreativ sind. |

oder

> Von Ihrem Vorgesetzten erhalten Sie kritisches Feedback bezüglich Ihres Arbeitsverhaltens, wie gehen Sie damit um?
> ❑ Ich nehme die Kritik an und passe mein Verhalten entsprechend an.
> ❑ Ich ignoriere die Kritik zunächst und diskutiere die Aussage meines Vorgesetzten mit meinen Kollegen.
> ❑ Ich hinterfrage die Kritik in Ruhe und überlege, was ich besser machen kann.
> ❑ Ich diskutiere die Punkte mit meinem Vorgesetzten.

Zu einer Ausgangsthematik werden dem Probanden zwei oder mehrere Entscheidungsoptionen angeboten, bei denen er sich auf eine festlegen muss.

### Festlegung auf eine Aussage

Hier werden zwei Aussagen zur Auswahl gestellt. Auf den ersten Blick handelt es sich somit um das gleiche Item-Format wie das vorherige.

> Was trifft am ehesten auf Sie zu?
> ❑ Ich verbringe meine Pausen gerne mit Kollegen.
> ❑ Ich erreiche gerne Ziele.

Im Gegensatz zum vorherigen Format werden hier zwei Positivaussagen zur Auswahl gestellt, die inhaltlich nicht miteinander konkurrieren und eigentlich völlig unabhängig betrachtet werden müssten.

### Bilden eines Rankings

> Mir ist es wichtig, Aufgaben stets gründlich und sorgfältig zu erledigen.
> Ich stecke mir gerne herausfordernde Ziele.
> Rückmeldungen zu meinen Arbeitsergebnissen sind mir wichtig.
> Ich entscheide mich häufig spontan für eine Vorgehensweise.
> Kreativität und Ideenreichtum zeichnen mich aus.

Hier besteht ein Item aus mehreren Positiv-Aussagen, die der Proband in der für ihn am zutreffendsten Reihenfolge anordnen muss. Also steht diejenige, mit der er sich am deutlichsten identifizieren kann, an erster Stelle usw. Die Aussagen können dabei im Onlinetest mit der Mouse nach oben oder unten gezogen werden.

## Punktevergabe

| | | |
|---|---|---|
| Ich trete selbstsicher auf. | | ● ● ○ ○ ○ ○ |
| Ich berücksichtige die Auswirkungen von Plänen. | | ● ● ● ○ ○ ○ |
| Ich habe klare Vorstellungen von meinen Zielen. | | ○ ○ ○ ○ ○ ○ |

| | |
|---|---|
| Sie können noch maximal 1 Punkt vergeben. | ● ○ ○ ○ ○ ○ |

Bei diesem Frage-Antwort-Format sind unterschiedliche Positiv-Aussagen zu einem Block zusammengefasst. Der Testperson steht pro Block eine bestimmte Anzahl an Punkten zur Verfügung, die sie auf die Aussagen aufteilen muss. Im vorliegenden Beispiel können insgesamt sechs Punkte auf drei Aussagen verteilt werden, wobei der Proband bereits fünf der sechs Punkte vergeben hat.

Es gibt einige Persönlichkeitstests, bei denen sich mehrere Frage-Antwort-Formate abwechseln. Die meisten sind jedoch so aufgebaut, dass sich ein bestimmtes Frage-Antwort-Format durch den kompletten Test hindurchzieht. Bei den drei letzten vorgestellten Formaten – Festlegung auf eine Aussage, Bilden eines Rankings, Punktevergabe – konkurrieren i. d. R. positiv belegte Aussagen miteinander. Bei diesen Formaten ist es daher kaum möglich, Rückschlüsse auf sozial erwünschte Antworten zu ziehen.

## Big-Five und BIP™

Ich stelle Ihnen nun zwei Verfahren vor, die in der Eignungsdiagnostik weit verbreitet sind, nämlich die sogenannten »Big-Five« und das »Bochumer Inventar zur berufsbezogenen Persönlichkeitsbeschreibung« – kurz BIP™. Es handelt sich dabei um anerkannte, gut erforschte Verfahren, an deren Prinzipien diverse andere Persönlichkeitstests anknüpfen – sie sind sozusagen die Mutter manch anderer Verfahren. Deshalb behandle ich diese beiden ein wenig ausführlicher vorneweg. Eine Schnellübersicht mit weiteren relevanten Persönlichkeitstests finden Sie danach im Abschnitt »11 Persönlichkeitstests im Überblick«.

**Big-Five-Modell**

Der Big-Five-Test misst die Ausprägung der fünf zentralen Persönlichkeitsdimensionen Neurotizismus, Extraversion, Offenheit für Erfahrungen, Verträglichkeit und Gewissenhaftigkeit.

| Big-Five-Dimension | | Gegenpol | Erläuterungen der Big-Five-Dimension |
|---|---|---|---|
| Neurotizismus | ←——→ | Belastbarkeit | Damit ist negative Emotionalität gemeint, d. h. ist eine Person schnell reizbar, wann lässt sie sich von Problemen aus dem Lot bringen und wie reagiert sie auf Belastungen. |
| Extraversion | ←——→ | Introversion | Bezeichnet die Orientierung nach außen; extravertierten Menschen fällt es leicht, soziale Kontakte zu knüpfen. |
| Offenheit für Erfahrungen | ←——→ | Unbeweglichkeit | Beinhaltet Neugier, geistige Flexibilität, vielseitiges Interesse |
| Verträglichkeit | ←——→ | Streitlust Konkurrenzdenken | Bemüht um Kooperation und darum, anderen entgegenzukommen. Persönliche Interessen werden den Gruppeninteressen eher untergeordnet. |
| Gewissenhaftigkeit | ←——→ | Nachlässigkeit | Sich verpflichtet fühlen zu Aufgaben und Zielen, hohe Selbstdisziplin, Konzentration auf Zielerreichung |

Diese sogenannten »Big Five« gelten seither unter Persönlichkeitsforschern hinsichtlich ihrer qualitativen Kriterien als State oft the Art. Bei diesen fünf Persönlichkeitsdimensionen sind sich Wissenschaftler weltweit einig, dass es sich dabei um wirklich fünf markante Faktoren handelt, die unabhängig von der Herkunft oder dem Kulturkreis hohes Gewicht haben.

Das Big-Five-Modell kann in zwei unterschiedlich umfangreichen Testvarianten zum Einsatz kommen. Beim Neo-Persönlichkeitsinventar (NEO-PI-R) handelt es sich um die Langform mit 240 Aussagen und einer Bearbeitungszeit von ca. 45 bis 60 Minuten. Die Kompaktform, das Neo-Fünf-Faktoren-Inventar (NEO-FFI), beinhaltet 60 Aussagen bei einer Bearbeitungszeit von 10 bis 15 Minuten. Die Aussagen müssen vom Probanden auf einer fünfstufigen Skala zugeordnet werden.

### Beispielhafte Items

| Bei Veranstaltungen stehe ich sehr gerne im Mittelpunkt des Geschehens. | | | | |
|---|---|---|---|---|
| 1<br>– | 2 | 3 | 4 | 5<br>+ |

| Mir ist es wichtig, Aufgaben stets sorgfältig und gründlich zu erledigen. | | | | |
|---|---|---|---|---|
| 1<br>– | 2 | 3 | 4 | 5<br>+ |

| Wenn ich an die Zukunft denke, mache ich mir über viele Dinge Sorgen. | | | | |
|---|---|---|---|---|
| 1<br>– | 2 | 3 | 4 | 5<br>+ |

| Auf andere Menschen wirke ich zunächst eher distanziert oder überheblich. | | | | |
|---|---|---|---|---|
| 1<br>– | 2 | 3 | 4 | 5<br>+ |

| Philosophische Debatten halte ich für Zeitverschwendung. | | | | |
|---|---|---|---|---|
| 1<br>– | 2 | 3 | 4 | 5<br>+ |

### BIP™ – Bochumer Inventar zur berufsbezogenen Persönlichkeitsbeschreibung

Der BIP™-Test, der unter der Federführung von Rüdiger Hossiep an der Ruhr-Universität Bochum entwickelt wurde, betrachtet bis zu 17 für das Berufsleben bedeutsame Persönlichkeitseigenschaften (Dimensionen), die sich vier Hauptkategorien zuordnen lassen.

| Dimensionen / Persönlichkeitsmerkmale, die der BIP™-Test beleuchtet | |
|---|---|
| Berufliche Orientierung | • Leistungsmotivation<br>• Gestaltungsmotivation<br>• Führungsmotivation<br>• Wettbewerbsorientierung |
| Arbeitsverhalten | • Gewissenhaftigkeit<br>• Flexibilität<br>• Handlungsorientierung<br>• Analyseorientierung |
| Soziale Kompetenzen | • Sensitivität<br>• Kontaktfähigkeit<br>• Soziabilität<br>• Teamorientierung<br>• Durchsetzungsstärke<br>• Begeisterungsfähigkeit |
| Psychische Konstitution | • Emotionale Stabilität<br>• Belastbarkeit<br>• Selbstbewusstsein |

Der Test umfasst bis zu 253 Aussagen, die auf einer sechsstufigen Skala zuzuordnen sind. Die Bearbeitungszeit beträgt 45 Minuten. Die Kurzform des BIP™ – der BIP™-6F – enthält 48 Items bei einer Bearbeitungsdauer von ca. 15 Minuten. Die Betrachtung ist dabei reduziert auf die sechs Faktoren Disziplin, Dominanz, Engagement, Kooperation, soziale Kompetenz und Stabilität.

*Beispielhafte Items*

| Es fällt mir nicht schwer, andere zu kritisieren. | | | | | |
|---|---|---|---|---|---|
| O | O | O | O | O | O |
| trifft voll zu | | | | | trifft überhaupt nicht zu |

| Die Dinge, die ich mir für den Tag vornehme, habe ich bis abends erledigt. | | | | | |
|---|---|---|---|---|---|
| O | O | O | O | O | O |
| trifft voll zu | | | | | trifft überhaupt nicht zu |

| Ich verhalte mich anderen gegenüber oft etwas zu nachgiebig. | | | | | |
|---|---|---|---|---|---|
| O | O | O | O | O | O |
| trifft voll zu | | | | | trifft überhaupt nicht zu |

| Wenn ich vor einer größeren Gruppe sprechen muss, bin ich angespannt. | | | | | |
|---|---|---|---|---|---|
| O | O | O | O | O | O |
| trifft voll zu | | | | | trifft überhaupt nicht zu |

Bei den »Big-Five« und dem »Bochumer Inventar zur berufsbezoge-nen Persönlichkeitsbeschreibung (BIP™)« handelt es sich um weitver-breitete Verfahren im Rahmen der Eignungsdiagnostik. Diverse kom-merzielle Testinstitute oder AC-Veranstalter bieten eigene Tests unter eigenem Namen an. Einige dieser Tests basieren auf dem Grundprin-zip der beiden vorgestellten Modelle, auch wenn sie einen anderen Titel tragen.

## 11 Persönlichkeitstests im Überblick

Die folgende Übersicht ermöglicht Ihnen einen groben Überblick über gängige Persönlichkeitstests, die gerade im Zusammenhang mit Personalauswahlverfahren und Assessment-Centern häufig eingesetzt werden.

Übersicht über gängige Persönlichkeitstests (in alphabetischer Rei-henfolge):

## BIP™ – Bochumer Inventar zur berufsbezogenen Persönlichkeitsbeschreibung

| Rahmenbedingungen | Dimensionen | Items |
|---|---|---|
| Varianten:<br>• BIP™-6F<br>• BIP™<br><br>Bearbeitungszeit abhängig von der Variante 15 bis 45 Minuten<br><br>Frage-Antwort-Format:<br>Festlegung auf einer sechs-stufigen Skala | Bis zu 17 Dimensionen, die vier Hauptkategorien zugeordnet sind:<br><br>• Berufliche Orientierung<br>• Arbeitsverhalten<br>• Soziale Kompetenz<br>• Psychische Konstitution | 48 bis 253 Items<br><br>Beispielhaftes Item:<br><br>Ich verhalte mich anderen gegenüber oft etwas zu nachgiebig.<br><br>□□□□□□<br>trifft voll zu     trifft überhaupt nicht zu |

Weiterführende Informationen im Abschnitt »BIP™ – Bochumer Inventar zur berufsbezogenen Persönlichkeitsbeschreibung« weiter vorne

## CAPTain – Computer Aided Personnel Test answers inevitable

| Rahmenbedingungen | Dimensionen | Items |
|---|---|---|
| Zum Standardfragebogen ist zusätzlich die Bearbeitung eines Selbsteinschätzungs-bogens möglich.<br><br>Bearbeitungszeit abhängig von der Variante 30 bis 60 Minuten<br><br>Frage-Antwort-Format im Standardfragebogen:<br>Festlegung auf eine von zwei vorgegebenen Aussagen | 38 Dimensionen, die 6 Berei-chen zugeordnet sind:<br>• Arbeitsleistung<br>• Führungseigenschaften<br>• Entscheidungsfindung<br>• Persönlichkeit<br>• Teamverhalten<br>• Diverse Basisbereiche<br><br>Misst berufsbezogene Verhaltensdispositionen. Der Tiefenstruktur der Per-sönlichkeit wird dabei keine Bedeutung beigemessen. | 183 Items im Standardfragebo-gen (Subjektivfragebogen)<br><br>Beispielhaftes Item:<br><br>❏ A) Ich versuche immer, mein Bestes zu geben.<br><br>❏ B) Ich mag Aufgaben, die Genauigkeit erfordern. |

## CPI™ – California Psychological Inventory™

| Rahmenbedingungen | Dimensionen | Items |
|---|---|---|
| Varianten:<br>• CPI 260®<br>• CPI 434®<br><br>Bearbeitungszeit abhängig von der Variante 25 bis 60 Minuten | 20 Dimensionen<br>• Geselligkeit<br>• Dominanz<br>• Sozialisation<br>• Guter Eindruck | 260 oder 434 Items<br><br>Beispielhafte Items:<br><br>Eine Badewanne ist mir lieber als eine Dusche.<br>❏ richtig ❏ falsch |

| Frage-Antwort-Format: Zustimmung/Ablehnung Einige Items tangieren die Privatsphäre! | • Psychologisches Feingefühl • Selbstbeherrschung • und weitere 3 Vektorskalen • Zwischenmenschlicher Stil • Anpassung • Selbstverwirklichung Ableitung von 4 verschiedenen Typen • Alpha (Implementer) • Beta (Supporter) • Gamma (Innovator) • Delta (Visualizer) | Ich muss zugeben, dass ich ziemlich viel rede. ❑ richtig ❑ falsch Gelegentlich habe ich versucht, Gedichte zu schreiben. ❑ richtig ❑ falsch |
| --- | --- | --- |

## Harrison Assessments

| Rahmenbedingungen | Dimensionen | Items |
| --- | --- | --- |
| Bearbeitungszeit 20 bis 40 Minuten Frage-Antwort-Format: Ranking von 8 Aussagen bilden | 150 Dimensionen wie z. B. • Risikobereitschaft • Einfühlungsvermögen • Eigeninitiative • Belastbarkeit • Lernbereitschaft • Flexibilität | 2 Fragebögen mit jeweils 8 Items. Ein Item enthält wiederum 8 Aussagen, unter denen ein Ranking zu bilden ist. Nach dem Drag-and-Drop-Prinzip platziert der Proband die Aussage an der für ihn zutreffenden Position. |

**Beispielhaftes Item:**

Sortieren Sie diese 8 Sätze in der Reihenfolge, wie sie Sie am zutreffendsten beschreiben:

• Ich mag Situationen, die mir viel Eigeninitiative erlauben.
• Ich möchte gut bezahlt werden.
• Ich strebe gerne nach herausfordernden Zielen.
• Es gefällt mir, die Bedürfnisse anderer zu verstehen und ihnen beim Erreichen ihrer Ziele zu helfen.
• Ich bin gerne handwerklich tätig.
• Ich würde gerne für einen kompetenten Vorgesetzten arbeiten.
• Ich arbeite gerne mit anderen zusammen.
• Ich arbeite entspannt und gleichmäßig.

| Hogan™ Assessments | | |
|---|---|---|
| **Rahmenbedingungen** | **Dimensionen** | **Items** |
| Je nach Zielsetzung sind unterschiedliche Testvarianten verfügbar.<br><br>Bearbeitungszeit abhängig von der Variante 30 bis 60 Minuten<br><br>Frage-Antwort-Format: Zustimmung/Ablehnung<br><br>Einige Items tangieren die Privatsphäre! | 7 Grunddimensionen<br>• Ausgeglichenheit<br>• Ehrgeiz<br>• Soziale Umgänglichkeit<br>• Einfühlungsvermögen<br>• Besonnenheit<br>• Wissbegierde<br>• Lernansatz<br><br>Abhängig von der Testvariante können darüber hinaus 11 verhaltensbezogene Behinderungen bzw. kontraproduktive Verhaltensweisen erfasst werden.<br><br>Orientierung am Big-Five-Modell | 168 bis 373 Items<br><br>Beispielhafte Items:<br><br>Ich habe fast immer gute Laune.<br>❑ wahr  ❑ falsch<br><br>Ich mache Dinge oft ganz spontan.<br>❑ wahr  ❑ falsch<br><br>Manchmal habe ich meine Eltern gehasst.<br>❑ wahr  ❑ falsch |

| LPE – Leadership Potential Evaluation | | |
|---|---|---|
| **Rahmenbedingungen** | **Dimensionen** | **Items** |
| Bearbeitungszeit 40 Minuten<br><br>Frage-Antwort-Format: Festlegung auf einer vierstufigen Skala | 10 Dimensionen:<br>• Selbstvertrauen<br>• Kontakt<br>• Durchsetzung<br>• Dominanz/Führungsanspruch<br>• Initiative<br>• Systematik/Planung<br>• Belastbarkeit/Stabilität<br>• Motivation<br>• Soziale Kompetenz<br>• Leadership | 281 Items<br><br>Beispielhaftes Item:<br><br>Ich habe großes Vertrauen in meine Fähigkeiten. Trifft auf mich<br>❑ genau zu<br>❑ eher zu<br>❑ eher nicht zu<br>❑ gar nicht zu. |

## MBTI® – Myers-Briggs-Typenindikator®

| Rahmenbedingungen | Dimensionen | Items |
|---|---|---|
| Bearbeitungszeit 15 bis 20 Minuten<br><br>Frage-Antwort-Format: Entscheidung für eine von zwei vorgegebenen Optionen | 4 bipolare Dimensionen<br>• Extraversion vs. Introversion<br>• Sinnliche vs. Intuitive Wahrnehmung<br>• Analytische vs. Gefühlsmäßige Beurteilung<br>• Beurteilung vs. Wahrnehmung<br><br>Basiert auf der Theorie von C. G. Jung, Ableitung von 16 verschiedenen Typen | Insgesamt 90 Items<br>Beispielhaftes Item:<br>Ich komme gewöhnlich besser mit Menschen aus,<br>❏ die realistisch sind<br>❏ die emotional sind. |

## NEO

| Rahmenbedingungen | Dimensionen | Items |
|---|---|---|
| Varianten:<br>• Neo Fünf Faktoren Inventar (NEO-FFI)<br>• Neo Persönlichkeitsinventar (Neo PI-R)<br><br>Bearbeitungszeit abhängig von der Variante 10 bis 60 Minuten<br><br>Frage-Antwort-Format: Festlegung auf einer fünfstufigen Skala | Fünf Dimensionen:<br>• Neurotizismus<br>• Extraversion<br>• Offenheit für Erfahrungen<br>• Verträglichkeit<br>• Gewissenhaftigkeit<br><br>Es handelt sich um das Big-Five-Modell. | 60 oder 240 Items<br>Beispielhaftes Item:<br>Bei Veranstaltungen stehe ich sehr gerne im Mittelpunkt des Geschehens.<br>❏ starke Ablehnung<br>❏ Ablehnung<br>❏ neutral<br>❏ Zustimmung<br>❏ starke Zustimmung |

Weiterführende Informationen im Abschnitt »Big-Five-Modell« weiter vorne

## OPQ – Occupational Personality Questionnaire

| Rahmenbedingungen | Dimensionen | Items |
|---|---|---|
| Bearbeitungszeit 45 Minuten<br>Frage-Antwort-Format:<br>Im Prinzip nehmen Sie ein Ranking von drei Aussagen vor, indem Sie sowohl die am meisten zutreffende als auch die am wenigsten zutreffende auswählen. | 32 Dimensionen, die 3 Bereichen zugeordnet sind:<br>• Zwischenmenschliches Verhalten<br>• Denkstile<br>• Emotionen | 90 Items<br>Beispielhaftes Item:<br>Kreuzen Sie die Aussage an, die am meisten auf Sie zutrifft, und die, die am wenigsten auf Sie zutrifft. |

|  | + | − |
|---|---|---|
| Ich messe mich gerne mit anderen. |  |  |
| Ich bevorzuge strukturierte Abläufe. |  |  |
| Ich blicke positiv in die Zukunft. |  |  |

## PI® – Predictive Index®

| Rahmenbedingungen | Dimensionen | Items |
|---|---|---|
| Bearbeitungszeit 10 Minuten<br>Spezielles Frage-Antwort-Format: Der Test umfasst 2 Fragebögen mit jeweils 86 Adjektiven. Fragebogen 1 erfasst den Soll-Zustand – also wie Ihr Verhalten sein sollte.<br>Fragebogen 2 enthält die gleichen Adjektive und erfasst den Ist-Zustand. Zahlenmäßig besteht keine Limitierung, es darf alles angekreuzt werden, was passend erscheint. | 4 Hauptdimensionen:<br>• Dominanz<br>• Extraversion<br>• Geduld<br>• Formalismus<br><br>2 übergreifende Dimensionen<br>• Entscheidungsverhalten<br>• Motivation | 2 Fragebögen mit jeweils 86 Adjektiven<br>Beispielhafte Items/Adjektive<br>❏ entspannt<br>❏ entschlossen<br>❏ gewissenhaft<br>❏ ernst<br>❏ intuitiv<br>... |

## Shapes

| Rahmenbedingungen | Dimensionen | Items |
|---|---|---|
| Je nach Zielsetzung sind unterschiedliche Testvarianten verfügbar.<br><br>Bearbeitungszeit 15 bis 20 Minuten<br><br>Frage-Antwort-Format: Punktvergabe | 18 Dimensionen, die vier Bereichen zugeordnet sind:<br>• interaktiv<br>• operativ<br>• intellektuell<br>• emotional | 90 bis 192 Items, die blockweise zusammengefasst sind.<br><br>Üblicherweise steht pro Block die doppelte Anzahl an Punkten zur Verfügung, die durch den Probanden auf die Einzelitems verteilt werden muss. |

| | | |
|---|---|---|
| Ich trete selbstsicher auf.<br>Ich berücksichtige die Auswirkungen von Plänen.<br>Ich habe klare Vorstellungen von meinen Zielen. | ● ● ○ ○ ○ ○<br>● ● ● ○ ○ ○<br>○ ○ ○ ○ ○ ○ | Für die drei Items dieses Blocks stehen insgesamt sechs Punkte zur Verfügung, von denen der Proband bereits fünf vergeben hat. |
| Sie können noch maximal 1 Punkt vergeben. | ● ○ ○ ○ ○ ○ | |

Kostenpflichtig absolvierbar unter: www.intertrainment.de/persoenlichkeitsprofil

Diese Übersicht hat keinerlei Anspruch auf Vollständigkeit. Vielmehr handelt es sich um einen repräsentativen Überblick der im Rahmen von Assessment-Centern häufig eingesetzten Persönlichkeitstests. Darüber hinaus existieren diverse Verfahren zahlreicher Testinstitute bzw. kommerzieller Anbieter, deren Auflistung an dieser Stelle den Rahmen sprengen würde.

Die meisten Testverfahren unterliegen einer stetigen Weiterentwicklung, wodurch sich Rahmenbedingungen, Anzahl der Dimensionen und Items im Laufe der Zeit geringfügig ändern und somit von den hier dargestellten Informationen abweichen können. Bei einzelnen der hier dargestellten Persönlichkeitstests ist es möglich, auf der Internetpräsenz des Anbieters eine kostenlose Forschungs- oder Probeversion des jeweiligen Tests zu durchlaufen. Manchmal findet man auf der Anbieter-Homepage auch eine Musterauswertung, die darüber Aufschluss gibt, wie der Ergebnisbericht aufgebaut ist.

## Verhaltensempfehlung für die Bearbeitung

Verhalten Sie sich bei der Bearbeitung von Persönlichkeitstests grundsätzlich ehrlich, beantworten Sie die Fragen möglichst zügig und spontan und halten Sie sich an die Zeitvorgabe. Sich tendenziell ein wenig positiver darzustellen, ist bis zu einem gewissen Grad in Ordnung und legitim, aber bitte übertreiben Sie es nicht. Wenn Sie versuchen, unter taktischen Gesichtspunkten zu antworten, um ein vermeintliches Ideal zu erzielen, das vielleicht gar nicht Ihrer Persönlichkeit entspricht, geht das meistens schief. Denn das Testergebnis wird selten eigenständig betrachtet. Es dient häufig als Grundlage für ein später stattfindendes Interview oder als Abgleich zu den Beobachtungen aus dem Assessment-Center. Haben Sie beim Persönlichkeitstest mit falschen Karten gespielt, ist das Risiko sehr hoch, sich bei einem Interview schnell in Widersprüche zu verstricken oder bei den praktischen Übungen im Assessment-Center einen konträren Eindruck zu hinterlassen.

Bei Themen, die zu sehr die Privatsphäre tangieren – und von denen Sie der Meinung sind, dass diese niemanden etwas angehen –, dürfen Sie eine Ausnahme machen. Dazu zählen beispielsweise Kindheitserlebnisse, Beziehungsthemen oder private Probleme. Hier halte ich Notlügen für absolut angemessen. Um Sie zu beruhigen, bei den meisten der im Rahmen von Personalauswahlverfahren eingesetzten Tests sind diese Bereiche von vornherein überhaupt nicht enthalten. Von den 11 hier vorgestellten Persönlichkeitstests tangieren lediglich zwei (CPI™ und Hogan™ Assessments) das Privatleben. Gerade Arbeitgeber im deutschsprachigen Raum sind bemüht, »politisch korrekte« Testverfahren einzusetzen, die auch auf Probandenseite die notwendige Akzeptanz genießen.

**Umgang mit intimen Fragen**

Versuchen Sie nicht, Persönlichkeitstests knacken zu wollen! Bedenken Sie, dass das Ergebnis eines realen Persönlichkeitstests auf Basis eines komplizierten Algorithmus ermittelt wird. Ein Test enthält oft mehrere Hundert Items, die sich in abgewandelter Form wiederholen und für deren Bearbeitung Sie im Assessment-Center weniger als eine Stunde Zeit haben. Schon aufgrund des Testumfangs ist es kaum möglich, jede einzelne Aussage unter taktischen Gesichtspunkten abzuwägen. Bestimmte Frage-Antwort-Formate (siehe Abschnitt »Aufbau

**Tricksen lohnt sich nicht**

von Items/Frage-Antwort-Formate«) werden zudem bewusst eingesetzt, um sozial erwünschtes Antworten zu verhindern. Kalkulieren nach dem Motto des linearen Bewertungsprinzips, bei dem ein höherer Wert automatisch zu einem besseren Ergebnis führt, ist ebenfalls kritisch. Persönlichkeitstests können sehr unterschiedlich aufgebaut sein. So ist es möglich, dass eine hohe Punktzahl bzw. Ausprägung bei einer Dimension nicht zwangsläufig eine positive Interpretation für die zu besetzende Position zur Folge hat – es könnte sich auch genau umgekehrt verhalten. Innerhalb eines Tests ist es denkbar, dass ein hoher Wert bei bestimmten Dimensionen eher positiv gesehen wird, wogegen bei anderen Dimensionen ein niedriger Wert als günstiger erachtet wird. Einige Verfahren sind sogar so konstruiert, dass sehr hohe Werte im Sinne eines übertriebenen Verhaltens zu einer negativen Bewertung führen. Manche Persönlichkeitstests sind zudem mit Kontrollfragen abgesichert, die Manipulationen sichtbar machen. Das Testergebnis enthält dann eine Kontrollskala, auf der erkennbar ist, bis zu welchem Grad ein Proband unwahre Angaben gemacht hat.

Ist die Bearbeitung innerhalb des Assessment-Centers vorgesehen, so ist die zur Verfügung stehende Zeit wie bei allen anderen Modulen ohnehin vorgegeben und begrenzt. Falls Sie den Test vorab von zu Hause aus bearbeiten müssen, dann sorgen Sie für eine störungsfreie Atmosphäre und behalten Sie die vorgegebene Bearbeitungszeit im Auge.

**Dokumentation der Bearbeitungsdauer** Während Leistungstests i.d.R. so programmiert sind, dass der Test nach Überschreitung eines Zeitlimits automatisch abbricht, trifft das auf Persönlichkeitstests nicht unbedingt zu. Manchmal gibt es hier lediglich eine empfohlene Bearbeitungsdauer. Selbst wenn Sie sich unbeaufsichtigt alle Zeit der Welt nehmen könnten und systemseitig kein Abbruch erfolgt, sind Sie gut beraten, sich an die vorgegebene Zeit zu halten. Der Hintergrund ist, dass manche Onlinetests so konzipiert sind, dass Ihre Bearbeitungszeit – heruntergebrochen bis auf jede einzelne Aussage – dokumentiert wird und in der Testauswertung ersichtlich ist. Wenn Sie das Zeitbudget deutlich überstrapazieren, deutet dies auf Manipulationen bzw. die Inanspruchnahme fremder Hilfe hin.

## Vorbereitung auf Persönlichkeitstests

Wie Sie bereits erfahren haben, sollten Sie die Fragen im Persönlichkeitstest grundsätzlich ehrlich und spontan beantworten. Daher wird mir oft die Frage gestellt, ob eine Vorbereitung auf solche Verfahren überhaupt möglich ist. Die Antwort lautet: Bedingt. Während Sie bei Leistungstests gewisse Effekte durch mehrfaches Üben unterschiedlicher Aufgaben erzielen können, ist diese Vorgehensweise bei Persönlichkeitstests nicht sinnvoll. Hinter realen Persönlichkeitstests verbirgt sich ein aufwendiges Konstrukt, welches in jahrelanger Arbeit erforscht, entwickelt und erprobt wurde. Sogenannte Persönlichkeitstests, die Sie für Übungszwecke in der Ratgeberliteratur finden, liefern kaum einen Mehrwert. Auch wenn so ein Übungstest den gleichen Arbeitstitel wie der reale Test trägt, ist er nicht direkt vergleichbar. Die Intention hinter den einzelnen Aussagen ist meist ziemlich leicht durchschaubar. Mittels sozial angepasster Antworten auf die durchschaubaren Fragen ist bei Übungstests ein vermeintliches Idealergebnis leicht erreichbar. Das Ergebnis hat jedoch nur in etwa die Aussagekraft eines Wochenhoroskops und kann sogar vollkommen konträr im Vergleich zur Echtversion ausfallen.

Oft ist im Vorfeld des Assessment-Centers gar nicht bekannt, welches Testverfahren genau zum Einsatz kommt und welche Dimensionen dabei erhoben werden. Aufgrund der Vielzahl der auf dem Markt existierenden Tests ist es weder möglich noch zielführend, sich mit allen erdenklichen Persönlichkeitstests und den zugrundeliegenden Theorien und Modellen auseinanderzusetzen. Falls Ihnen nicht bekannt ist, welcher Test genau zum Einsatz kommt, dann verschaffen Sie sich stattdessen einen groben Überblick über die in diesem Kapitel dargestellten Persönlichkeitstests. Sie decken damit eine gewisse Bandbreite ab und haben zumindest eine grobe Vorstellung davon, was Sie im Assessment-Center unter dem Arbeitstitel »Persönlichkeitstest« erwarten kann.

Haben Sie Kenntnis davon, welches Verfahren im AC zum Einsatz kommt, ist es natürlich sinnvoll und legitim, sich über diesen Test zu informieren. Auf der Internetpräsenz des Testinstituts findet man meist Angaben zu Dimensionen, Items und Bearbeitungszeit – manchmal auch eine beispielhafte Musterauswertung. Die jeweiligen Links

**Recherche zum Testverfahren**

zu gängigsten Tests finden Sie im Abschnitt »11 Persönlichkeitstests im Überblick«. Bei einzelnen Anbietern ist es möglich, eine abgespeckte Forschungs- oder Probeversion des Tests zu durchlaufen. Falls solche Möglichkeiten gegeben sind, können Sie diese guten Gewissens nutzen. Es ist davon auszugehen, dass der reale Test ohnehin andere Items enthält oder umfassender ist als die Probeversion. Darüber hinaus empfehle ich Ihnen, sich mit dem dahinterstehenden Persönlichkeitsmodell – zum Beispiel den »Big-Five« – und den dazugehörigen Testdimensionen auseinanderzusetzen. Gehen Sie in sich und reflektieren Sie, welche Dimensionen/Persönlichkeitseigenschaften bei Ihnen wie stark ausgeprägt sind. Also wo sehen Sie sich beispielsweise bei einem Kriterium wie »Offenheit für Erfahrungen« auf einer Skala von 1 bis 5, und woran würden Sie dies festmachen?

**Pre-Testing zur Selbstreflexion**  Unter bestimmten Voraussetzungen kann auch die Durchführung eines Pre-Testings – d.h. das Absolvieren eines realen Persönlichkeitstests im Vorfeld – nützlich sein. Nämlich dann, wenn Sie im Sinne von Selbstreflexion an Ihrer persönlichen Standortbestimmung interessiert sind. Man kann reale Persönlichkeitstests bei dafür zugelassenen Instituten absolvieren. Dies ist bei den meisten Testverfahren über einen Onlinezugang möglich. Nützliche Erkenntnisse liefert das Ergebnis eines wissenschaftlichen Persönlichkeitstests im Hinblick auf die Analyse der persönlichen Stärken und Schwächen und kann damit der fundierten Vorbereitung auf ein Interview dienen. Gute Erfahrungen habe ich im Pre-Testing bei denjenigen Kandidaten gemacht, die ihre Vorbereitung auf ein Auswahlverfahren langfristig betreiben und als echte Chance zur persönlichen Weiterentwicklung sehen. Überwiegt stattdessen die Motivation, dadurch taktische Vorteile zu erlangen oder gar den Schlüssel zum Knacken solcher Tests zu erhalten, dann rate ich davon dringend ab. Denn dies ist ohnehin nicht möglich und könnte sich für Sie sogar als kontraproduktiv erweisen.


## Praxisaufgaben

Das Begleitmaterial unter www.assessment-center-kurse.de/vip enthält Übungsaufgaben zu den unter »Kognitive Leistungstests« vorgestellten Testmodulen:

- Figurenreihen ergänzen
- Zahlenreihen fortsetzen
- Interpretation von Grafiken
- Sprachanalogien
- Meinungen und Tatsachen
- Implikationen erkennen

## Bearbeitungshinweise

- Sie werden von der Bearbeitung der Tests am meisten profitieren, wenn Sie sich bereits in das Unterkapitel »Kognitive Leistungstests« eingearbeitet haben.

- Die PDF-Dokumente im Begleitmaterial sind für die Bearbeitung in Papierform und *nicht* am Bildschirm vorgesehen. Drucken Sie die Unterlagen daher zunächst aus.

- Halten Sie für die Bearbeitung folgendes Material bereit:
  - Tests ausgedruckt auf A4-Papier
  - Uhr bzw. Timer für die Zeitmessung
  - Schreibblock
  - Zwei unterschiedlich farbig schreibende Stifte

> **Tipp**
>
> Verwenden Sie für die Bearbeitung zwei Stifte mit unterschiedlichen Schriftfarben, z. B. Blau und Rot. Bearbeiten Sie die Testmodule zunächst unter Einhaltung der exakten Zeitvorgabe und nutzen Sie dazu den blauen Stift. Haben Sie nach Ablauf der vorgegebenen Zeit das jeweilige Testmodul noch nicht vollständig gelöst – was keinesfalls ungewöhnlich ist –, dann bringen Sie die Aufgabe mit dem roten Stift zu Ende und stoppen Sie die Zeit erneut. Das ermöglicht Ihnen, das jeweilige Testmodul vollständig zu bearbeiten, um bestimmte Zusammenhänge besser zu verstehen. Anhand der zweiten Schriftfarbe können Sie gleichzeitig exakt auswerten, wie weit Sie unter Prüfungsbedingungen in der vorgegebenen Bearbeitungszeit gekommen sind.

# Psychometrische Tests auf den Punkt gebracht

| | KOGNITIVE LEISTUNGSTESTS |
|---|---|
| ✔ | Nehmen Sie sich einzelne Übungsaufgaben zunächst ohne Zeitdruck vor und versuchen Sie, die hinter den Aufgaben steckenden Prinzipien zu verstehen. |
| ✔ | Entwickeln Sie Testroutine, indem Sie unterschiedliche Testmodule unter Prüfungsbedingungen trainieren. |
| ✔ | Überschlagen Sie zu Beginn des Testmoduls, wie viel Zeit Sie ungefähr pro Einzelaufgabe zur Verfügung haben. |
| ✔ | Sind Sie sich nicht ganz sicher, dann beantworten Sie Fragen spontan, anstatt sie unbeantwortet zu lassen. |
| | PERSÖNLICHKEITSTESTS |
| ✔ | Beantworten Sie die Fragen grundsätzlich ehrlich. Sich tendenziell ein bisschen positiver darzustellen, ist okay, aber übertreiben Sie es keinesfalls. |
| ✔ | Bearbeiten Sie den Test möglichst zügig, ohne lange über die einzelnen Fragen nachzudenken. |
| ✔ | Ist Ihnen bekannt, welches Verfahren zum Einsatz kommt, dann informieren Sie sich über den Test und das dahinterstehende Persönlichkeitsmodell. |
| ✔ | Versuchen Sie nicht, einen Persönlichkeitstest knacken zu wollen, das ist meist ohnehin nicht möglich. |

# 9. Postkorb- / Managementaufgabe

## Hintergründe zur Aufgabe

Der Postkorb ist eine typische Einzelaufgabe, bei der Sie auf Basis der in Ihrem Posteingang vorliegenden Mitteilungen Probleme erkennen und die richtigen Entscheidungen treffen müssen. Hinsichtlich der Fülle des Materials und des Zeitdrucks können gewisse Parallelen zu einer Fallstudie bestehen. Die typische AC-Fallstudie ist allerdings auf ein strategisches Thema mit mittel- bis langfristiger Perspektive ausgerichtet, wogegen es bei Postkorb-/Managementaufgaben um operative Entscheidungen – also ums Tagesgeschäft geht. Termine koordinieren, Abläufe organisieren, diverse Entscheidungen treffen und Aufgaben delegieren sind die typischen Aktivitäten innerhalb dieses Assessment-Center-Moduls.

**Operative Entscheidungen**

> Ein Anwärter für eine Management-Position im Lebensmitteleinzelhandel hatte die Information, dass in seinem AC eine Fallstudie durchgeführt werde. Bei genauerer Analyse der Aufgabe stellte sich jedoch heraus, dass sich hinter dem Arbeitstitel »Fallstudie« eine Postkorbaufgabe verbarg. Assessment-Center-Aufgaben und deren Arbeitstitel sind keineswegs einheitlich definiert. Reflektieren Sie solche Vorabinformationen deshalb immer kritisch. Falls Sie sich mit Kollegen austauschen, die im Unternehmen bereits ein Assessment-Center absolviert haben, ist es besser, sich die Aufgaben beschreiben zu lassen, anstatt sich auf Schlagwörter zu verlassen. Erst eine ausführliche Beschreibung liefert Aufschluss darüber, welches AC-Modul sich tatsächlich hinter einem bestimmten Arbeitstitel verbirgt.

**Hinweis**

Für viele gilt der Postkorb als die typische Assessment-Center-Aufgabe schlechthin. Statistisch betrachtet ist der Einsatz dieses Moduls jedoch rückläufig. Es kommt heute nicht einmal mehr in jedem zweiten Assessment-Center zum Einsatz. Dabei sind gewisse Branchenunterschiede erkennbar. Nach wie vor beliebt sind Postkorb-/Managementaufgaben bei Banken, Versicherungen, Dienstleistungsunternehmen und in Teilbereichen des öffentlichen Dienstes. In der Industrie wird dagegen in den meisten Fällen darauf verzichtet. Auch die Zielebene, für die das Assessment-Center durchgeführt wird, spielt eine Rolle. Je höher diese in der Hierarchie angesiedelt ist, desto weniger wahrscheinlich ist der Postkorb.

Unter Fachleuten ist diese Assessment-Center-Aufgabe schon seit Längerem umstritten. Die Hauptkritikpunkte sind der oft fehlende

**Unter Fachleuten umstritten**

Bezug zum Anforderungsprofil und die zum Teil realitätsfernen Rahmenbedingungen. Wird beispielsweise unterstellt, nach Antritt einer Geschäftsreise nicht mehr erreichbar zu sein, fragt man sich zu Recht, in welchem Jahrhundert der Autor dieser Aufgabe wohl gelebt hat. Die meisten AC-Konstrukteure haben auf diese Schwachpunkte reagiert und sind um die Entwicklung zeitgemäßer Postkorbszenarien bemüht.

## Aufbau der Aufgabe

**Ausgangssituation** Zunächst erhalten Sie eine Beschreibung der Ausgangssituation, Ihrer Funktion und natürlich des Arbeitsauftrags. Neben Informationen zu Ihrem Verantwortungsbereich, Ihren Mitarbeitern und Vorgesetzten kann dort auch die Situation des Unternehmens und der Branche geschildert sein. Eventuell finden Sie auch ein Organigramm oder einen Terminkalender vor. Je nach Auswertungsformat der Aufgabe können auch bestimmte Bearbeitungsformulare enthalten sein, in denen die Lösung zu dokumentieren ist.

Dann folgt eine Reihe von Schriftstücken, ähnlich wie sie auch in einem Posteingangskorb aufgelaufen sein könnten – daher auch der Name. Stellen Sie sich auf ein buntes Sammelsurium von Unterlagen ein. Mitteilungen von Vorgesetzten, Mitarbeitern, anderen Abteilungen sowie Geschäftspartnern wechseln sich dabei ab. Zusätzlich könnten auch Pressemeldungen, Werbebriefe und Unternehmensstatistiken enthalten sein. Während früher gerne Mitteilungen wie zum Beispiel »Ihr Kindermädchen hat mit sofortiger Wirkung gekündigt« eingestreut wurden, verzichtet man heute in modernen Postkorbaufgaben gänzlich auf private Ereignisse. Private Vorgänge werden unter eignungsdiagnostischen Gesichtspunkten als kritisch angesehen. Kandidaten, die weder ein Kindermädchen, geschweige denn Kinder haben, würde es schwerer fallen, sich mit ihrer Rolle ernsthaft zu identifizieren. Sollten Sie im Assessment-Center tatsächlich noch auf einen Postkorb mit solchen Elementen treffen, lässt dies gewisse Zweifel an der Professionalität des Verfahrens zu.

**Anzahl der Mitteilungen** Bis vor einigen Jahren galt auf Veranstalterseite die ungeschriebene Regel, dass ein Postkorb mit einem bestimmten Anspruch aus mindestens 15 Schriftstücken bestehen sollte. Diese Zahl galt als Untergren-ze, d. h. nach oben hin konnte ein Postkorb durchaus eine hohe zwei-stellige Zahl an Mitteilungen enthalten. Solche Postkörbe gibt es selbstverständlich auch weiterhin. In letzter Zeit hat sich daneben eine bestimmte Art von Postkorb etabliert, die mit weniger Mitteilungen auskommt. Deren Anzahl beläuft sich auf fünf bis 25. Ich bezeichne diese Form als »Fragebogen-Postkorb«. Das klingt im ersten Moment nach einer leicht lösbaren Übung – ist es aber nicht unbedingt. Aufga-ben mit wenigen Schriftstücken können ebenso anspruchsvoll sein wie jene mit vielen Schriftstücken und umgekehrt. Was es damit ge-nau auf sich hat, werden Sie noch erfahren.

Gelegentlich kommt es bei Postkorbaufgaben vor, dass einzelne Nach-richten erst während der Bearbeitung nachgereicht werden oder Sie während der Bearbeitung einen Anruf Ihres fiktiven Vorgesetzten mit weiteren Informationen erhalten. Abhängig vom Umfang der Aufga-be kann sich das Zeitfenster für die Bearbeitung zwischen 30 Minuten bis hin zu einigen Stunden bewegen. Oftmals ist die Zeitvorgabe ganz bewusst sehr knapp bemessen, sodass es überhaupt nicht möglich ist, alle Vorgänge lückenlos zu bearbeiten. Die meisten Postkorb-/Ma-nagementaufgaben werden in Papierform durchgeführt. Einige Un-ternehmen leisten sich auch die Onlineversion, die nach dem Prinzip eines elektronischen Posteingangs funktioniert. Aufgrund des deutlich höheren Entwicklungsaufwands und der damit verbundenen Kosten kommt diese im Vergleich zur Papieraufgabe aber eher selten zum Einsatz. Abhängig davon, in welcher Form die Lösung zu dokumen-tieren ist, lassen sich zwei grundlegende Varianten des Postkorbes unterscheiden, nämlich der Fragebogen-Postkorb und der Tableau-Postkorb.

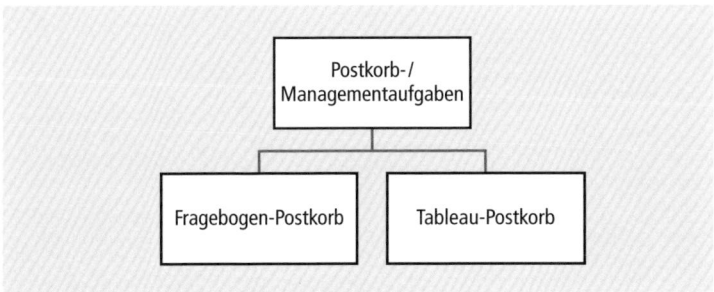

Bei den beiden Varianten Fragebogen- und Tableau-Postkorb handelt es sich um eine von mir vorgenommene Kategorisierung, die sich im Laufe einer jahrelangen Analyse zahlreicher Postkorbaufgaben aus unterschiedlichen Organisationen heraus ergab. Sie werden später noch feststellen, dass diese Unterteilung insofern wichtig ist, als sich daraus gewisse Unterschiede hinsichtlich der Bearbeitungsstrategie ergeben. Zur Veranschaulichung sehen Sie auf den folgenden Seiten jeweils an einem schematisch dargestellten Beispiel, was Sie sich unter den beiden Varianten vorstellen müssen.

## Prinzip des Fragebogen-Postkorbs

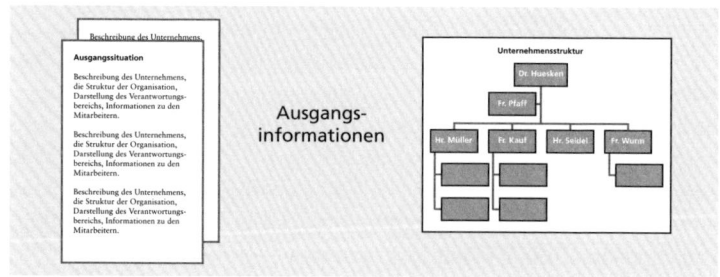

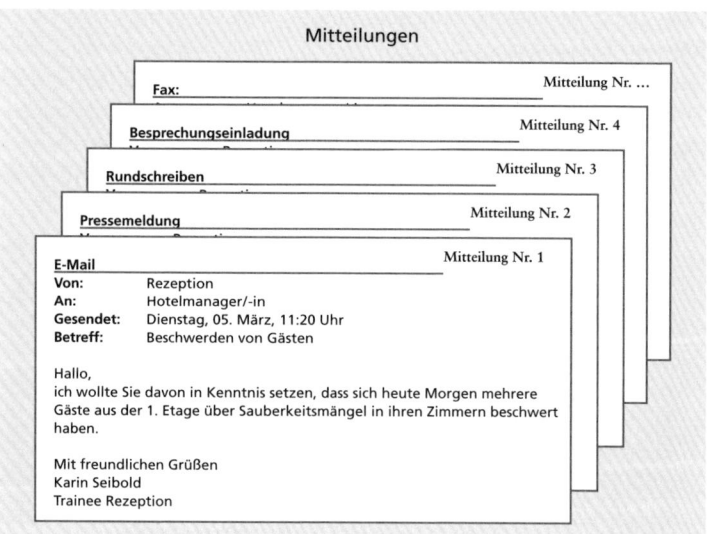

| Mitteilung Nr. | Frage(n) |
|---|---|
| 1 | Was muss in dieser Angelegenheit sichergestellt werden? Was unternehmen Sie? |
| 2 | Welches Problem liegt vor? Welche Maßnahmen ergreifen Sie? Welche Zusammenhänge mit anderen Vorgängen haben Sie erkannt? |
| 3 | Ist diese Veranstaltung für Sie von Interesse und wie gehen Sie mit diesem Termin um? Begründen Sie kurz Ihre Einschätzung und Entscheidung. |
| 4 | Wer wird diesen Termin wahrnehmen, und was veranlassen Sie? |
| … | |

Beim Fragebogen-Postkorb sind zu jeder Mitteilung in einem separaten Fragebogen eine oder mehrere Fragen vorgegeben, die Sie als Proband beantworten sollen. Sie können somit pro Mitteilung für richtige bzw. inhaltlich sinnvolle Lösungen eine bestimmte Anzahl an Punkten erzielen. Auch wenn die Anzahl der erreichbaren Punkte von Mitteilung zu Mitteilung etwas variieren kann, so dürfen Sie davon ausgehen, dass hinsichtlich der Gewichtung keine maßgeblichen Unterschiede existieren.

Am verbreitetsten ist beim Fragebogen-Postkorb die oben dargestellte Variante mit offenen Fragen, die stichpunktartig zu beantworten sind. Alternativ kann der Fragebogen-Postkorb aber auch nach dem Multiple-Choice-Verfahren aufgebaut sein, wie Sie im folgenden Beispiel anhand unserer Mitteilung Nr. 1 sehen. Dabei sind zu jeder Mitteilung diverse Lösungsoptionen vorgegeben, aus denen Sie die zutreffenden auswählen müssen. Das Multiple-Choice-Prinzip ist auch charakteristisch für den Online-Postkorb. Das heißt, bei Online-Postkörben handelt es sich üblicherweise um Fragebogen-Postkörbe, lediglich mit dem Unterschied, dass Sie die Aufgabe nicht mit Papier und Stift, sondern am Bildschirm bearbeiten.

**Multiple-Choice-Verfahren und Online-Postkorb**

## Fragebogen-Postkorb nach dem Multiple-Choice-Prinzip

---

**E-Mail**

**Von:** Rezeption
**An:** Hotelmanager/-in
**Gesendet:** Dienstag, 05. März, 11:20 Uhr
**Betreff:** Beschwerden von Gästen

Hallo,
ich wollte Sie davon in Kenntnis setzen, dass sich heute Morgen mehrere
Gäste aus der 1. Etage über Sauberkeitsmängel in ihren Zimmern beschwert
haben.

Mit freundlichen Grüßen
Karin Seibold
Trainee Rezeption

---

**Bitte wählen Sie die Ihrer Meinung nach angemessene(n) Lösung(en) aus:**

❑ Thema auf die Agenda für die nächste Abteilungsleiterbesprechung
  setzen, um Maßnahmen zur Erhöhung der Gästezufriedenheit zu
  erarbeiten.

❑ Frau Seibold anweisen, die Zimmer unverzüglich nachzureinigen.

❑ Nachricht an die Hausdame Frau Preisinger weiterleiten, die für das
  Housekeeping und Reinigungspersonal verantwortlich ist.

❑ Recherchieren, ob diese Gäste auch durch Beschwerden in anderen
  Bereichen des Hotels aufgefallen sind.

❑ Rückfrage an Frau Seibold, um welche Zimmer es sich konkret handelt,
  damit Sie die Sauberkeit der Zimmer persönlich überprüfen können.

❑ Rundschreiben an das Reinigungspersonal veranlassen, mit dem Hinweis,
  dass eine sorgfältigere Zimmerreinigung in der 1. Etage erforderlich ist.

❑ Veranlassen, dass die entsprechenden Zimmer unverzüglich überprüft
  und bei Bedarf nachgereinigt werden.

❑ Rückfrage an Frau Seibold, welche Punkte konkret beanstandet wurden.

❑ Die Hausdame, Frau Preisinger, auffordern, mit den zuständigen
  Mitarbeitern die Beanstandungen zu besprechen.

❑ Kritikgespräch mit dem Reinigungspersonal in Anwesenheit von Frau
  Preisinger führen.

## Prinzip des Tableau-Postkorbs

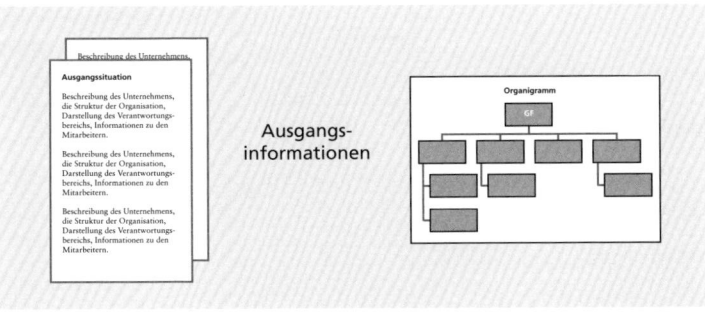

Ausgangs-informationen

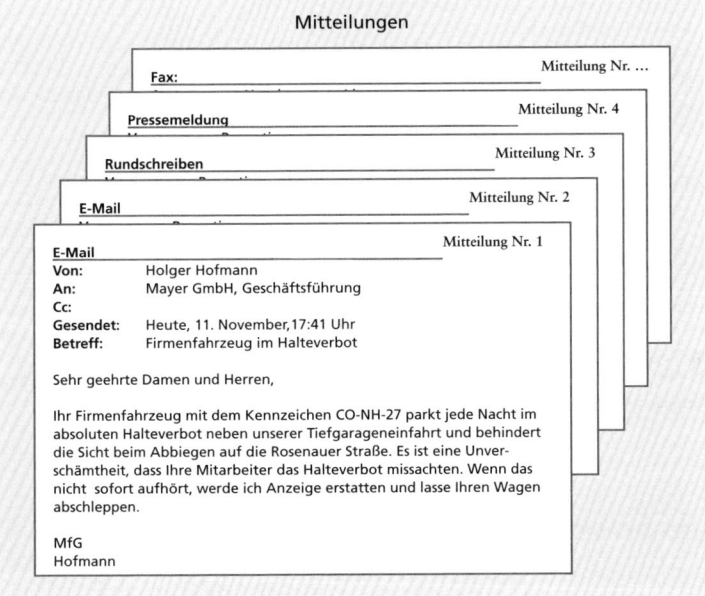

Mitteilungen

Fax: — Mitteilung Nr. ...

Pressemeldung — Mitteilung Nr. 4

Rundschreiben — Mitteilung Nr. 3

E-Mail — Mitteilung Nr. 2

E-Mail — Mitteilung Nr. 1

**Von:** Holger Hofmann
**An:** Mayer GmbH, Geschäftsführung
**Cc:**
**Gesendet:** Heute, 11. November, 17:41 Uhr
**Betreff:** Firmenfahrzeug im Halteverbot

Sehr geehrte Damen und Herren,

Ihr Firmenfahrzeug mit dem Kennzeichen CO-NH-27 parkt jede Nacht im absoluten Halteverbot neben unserer Tiefgarageneinfahrt und behindert die Sicht beim Abbiegen auf die Rosenauer Straße. Es ist eine Unverschämtheit, dass Ihre Mitarbeiter das Halteverbot missachten. Wenn das nicht sofort aufhört, werde ich Anzeige erstatten und lasse Ihren Wagen abschleppen.

MfG
Hofmann

**Bearbeitung eines Terminkalenders (Formular 1)**

| Terminkalender | | | | | |
|---|---|---|---|---|---|
| | Mo. 11.11. | Di. 12.11. | Mi. 13.11. | Do. 14.11. | Fr. 15.11. |
| 07:00–08:00 | | | | | |
| 08:00–09:00 | | | | | |
| 09:00–10:00 | | | | | |
| 10:00–11:00 | | | | | |
| 11:00–12:00 | | | | | |
| 12:00–13:00 | | | | | |
| 13:00–14:00 | | | | | |
| 14:00–15:00 | | | | | |
| 15:00–16:00 | | | | | |
| 16:00–17:00 | | | | | |
| 17:00–18:00 | | | | | |
| 18:00–19:00 | | | | | |

und/oder ...

**Freie Dokumentation der Lösungsansätze zu den einzelnen Mitteilungen (Formular 2)**

| Lösungsblatt | |
|---|---|
| Mitteilung Nr. | Notieren Sie hier Ihre Lösungsansätze zu den einzelnen Vorgängen: |
| 1 | |
| 2 | |
| 3 | |
| 4 | |
| ... | |

und/oder ...

**Erstellung von Aufgabenlisten für die Mitarbeiter (Formular 3)**

| To-do-Liste | | | | | |
|---|---|---|---|---|---|
| Tragen Sie hier die durch Ihre Mitarbeiter zu erledigenden Aufgaben ein: | | | | | |
| Herr Heinlein | | Frau Rothenburg | | Herr Gunnwaldt | |
| Aufgaben | Erledigung bis | Aufgaben | Erledigung bis | Aufgaben | Erledigung bis |
|  |  |  |  |  |  |

Der Tableau-Postkorb ist darauf ausgerichtet, Geschäftsvorfälle abzuarbeiten und durch geschicktes Managen der zur Verfügung stehenden Ressourcen einen reibungslosen Geschäftsbetrieb für einen vorgegebenen Zeitraum sicherzustellen. Für die Dokumentation der Lösung können je nach Postkorb ein oder mehrere Formulare zur Verfügung stehen. So kann Ihr Auftrag beispielsweise darin bestehen, die anstehenden Aufgaben in einem Terminkalender zu planen (Formular 1), zu jedem Vorgang die Lösung frei zu skizzieren (Formular 2) und/oder Aufgabenlisten für Ihre Mitarbeiter zu erstellen (Formular 3). Bitte beachten Sie, dass die hier dargestellten Lösungsformulare bzw. Antwortformate keinerlei Anspruch auf Vollständigkeit haben und nicht allgemeingültig für alle Tableau-Postkörbe sind. Sie sollen Ihnen vielmehr exemplarisch aufzeigen, wie diese Art von Postkorb aufgebaut sein kann. Abhängig von der Aufgabe sind unterschiedliche Formulartypen und Antwortformate denkbar. Es ist davon auszugehen, dass Vorgänge z. T. stark miteinander verwoben sind und zu Terminkollisionen oder Kompetenzüberschneidungen führen. Befinden Sie sich in einer Führungsrolle, müssen Sie entscheiden, welche Aufgaben bzw. Termine Sie persönlich wahrnehmen und welche Vorgänge Sie an Mitarbeiter delegieren. Die Wertigkeit der einzelnen Mitteilungen kann beim Tableau-Postkorb stark variieren. So ist es durchaus möglich, dass sich bestimmte unbearbeitete Vorgänge kaum auf das Gesamtergebnis niederschlagen, sofern die erfolgskritischen Themen gut gelöst wurden und gewährleistet ist, dass im Verantwortungsbereich alles »rundläuft«.

**Tableau-Varianten für spezielle Positionen** Zielgruppenspezifische Unterformen dieser Postkorbvariante sind der Projektplan, Ressourcenplan oder der Tourenplan. Bei Letzterem besteht die Aufgabe darin, Termine und Fahrstrecken zu koordinieren. Diese Variante bietet sich an, wenn die wirtschaftliche Wegstreckenplanung tatsächlich ein wesentlicher Erfolgsfaktor für die Zielposition ist, wie zum Beispiel im Außendienst oder im Bereich Logistik. Ziel eines Ressourcenplans ist es, Kapazitäten optimal auszulasten, zum Beispiel in Form eines Maschinenbelegungs- oder eines Mitarbeitereinsatzplans. Im letzteren Fall könnte der Auftrag lauten, einen Schichtplan für einen bestimmten Zeitraum zu erstellen. Zur Gewährleistung eines reibungslosen Ablaufs ist eine bestimmte Mindestbesetzung erforderlich. Vermutlich enthält Ihr Posteingang Mitteilungen, die die Planung erschweren, wie zum Beispiel Krankmeldungen, Urlaubsanträge und Sonderaufgaben. Sofern es sich bei der Erstellung eines solchen Einsatzplans um eine typische erfolgskritische Aufgabe der Zielposition handelt, ist damit auch in einem Assessment-Center zu rechnen. Denkbar wäre diese Variante für Führungskräfte aus dem Dienstleistungssektor und der Fertigung (zum Beispiel Schichtleiter). Gelegentlich wird auch eine Projektplanung in Form eines Postkorbs dargestellt. Der Proband muss dabei Meilensteine und Budget sinnvoll planen, sein Projektteam koordinieren und mit den Stakeholdern kommunizieren. Diese besondere Postkorbvariante kommt, abgesehen von speziellen Auswahlverfahren für Projektverantwortliche, relativ selten zum Einsatz. Kenntnisse aus dem Projektmanagement sowie der Netzplantechnik sind hier von Vorteil.

# Wesentliche Unterschiede im Überblick

| MERKMALE DER BEIDEN POSTKORB-VARIANTEN | | |
|---|---|---|
| | **Fragebogen-Postkorb** | **Tableau-Postkorb** |
| **Antwortformat / Form der Lösungsdokumentation** | Beantwortung vorgegebener Frage(n) zu jedem einzelnen Vorgang; in Textform oder nach dem Multiple-Choice-Prinzip | Diverse Möglichkeiten / Antwortformate<br><br>Formulare, Aufgabenlisten, Kalender, Erstellen von (Aufgaben-)Plänen, freie Formulierung von Lösungen |
| **Anzahl Mitteilungen** | 5 bis 25 | Mehr als 15 bis hin zu einer hohen zweistelligen Anzahl möglich |
| **Wertigkeit der einzelnen Mitteilungen** | Vergleichbar, geringe Unterschiede möglich | Deutliche Unterschiede möglich; bestimmte Mitteilungen können überproportional hoch ins Gewicht fallen. |
| **Zusammenhänge und Abhängigkeiten zwischen einzelnen Mitteilungen** | Mittel bis gering, manchmal keinerlei Querverbindungen oder Überschneidungen | Mittel bis hoch, oft zahlreiche Terminkonflikte, Querverbindungen oder Überschneidungen |
| **Daraus resultiert für die Bearbeitung:** | | |
| **Unbearbeitete Mitteilungen** | Sollten vermieden werden, da fehlende Antworten zu Punkteverlust führen. | Wirken sich nicht zwangsläufig schädlich aus, sofern diese von untergeordneter Bedeutung sind. |
| **Gesamtüberblick über alle Vorgänge** | Eventuell hilfreich, aber nicht zwingend erforderlich. | Sinnvoll, um Zusammenhänge zu erkennen. |
| **Reihenfolge der Bearbeitung** | Unerheblich; Mitteilungen, bei denen die Beantwortung der Fragen schwerfällt, sollten zurückgestellt werden. | Anhand eines zuvor definierten Rankings, damit bei Ablauf der Zeit zumindest die relevanten bzw. erfolgskritischen Mitteilungen behandelt wurden. |
| **Vollständige Bearbeitung** | Sollte angestrebt werden, da fehlende Antworten zu Punkteverlust führen. | Nicht zwangsläufig erforderlich, sofern alle wesentlichen Themen abgearbeitet wurden. |

## Beurteilungskriterien

Typische Kriterien für die Bewertung der Kandidaten bei Postkorb-/ Managementaufgaben sind:
- Analytische Fähigkeiten/vernetztes Denken
- Problemlösungskompetenz
- Organisationsfähigkeit
- Entscheidungsvermögen und Handlungsorientierung
- Arbeitsorganisation und Prioritätensetzung
- Unternehmerisches Denken
- Kundenorientierung

Je nach Aufgabentyp und Anforderungsprofil können weitere Bewertungsmaßstäbe zugrunde gelegt werden.

Bei Führungskräften:
- Führungskompetenz
- Delegationsverhalten

**Nicht verunsichern lassen** Ist während der Bearbeitung eine Person aus dem Veranstalterteam zugegen, bietet dies natürlich Anlass zu Spekulationen. Allerdings ist es unüblich, das Teilnehmerverhalten in der Bearbeitungsphase zu bewerten. Die Anwesenheit des Beobachters dient normalerweise nur dazu, einen Ansprechpartner vor Ort zu haben und gegebenenfalls den Einsatz unerlaubter Hilfsmittel zu vermeiden.

## Ergebnisauswertung

Unabhängig davon, ob Sie einen Fragebogen- oder Tableau-Postkorb bearbeiten, kann die Ergebnisfindung grundsätzlich nach drei verschiedenen Auswertungsansätzen erfolgen:

### Bewertung der schriftlichen Aufzeichnungen
Die Beobachter gleichen Ihre schriftlichen Aufzeichnungen mit einer Musterlösung ab. Berücksichtigt werden dabei in aller Regel nur vorgegebene Bearbeitungsformulare – wie Fragebogen, Terminkalender usw. – und nicht Notizen auf irgendwelchen Hilfszetteln.

**Postkorb-Interview**

Hier haben Sie nach der Postkorbbearbeitung im Rahmen eines persönlichen Gesprächs die Möglichkeit, zu den einzelnen Vorgängen Stellung zu beziehen. Die Beobachter folgen im Auswertungsgespräch oft einem Interviewleitfaden. Sie müssen also bestimmte Fragen zu den unterschiedlichen Geschäftsvorfällen beantworten und Ihre Entscheidungen begründen. Üblicherweise stehen Ihnen währenddessen Ihre angefertigten Aufzeichnungen zur Verfügung.

**Postkorb-Präsentation**

Die Postkorbbearbeitung kann – ähnlich wie bei einer Fallstudie – auch in eine Ergebnispräsentation münden, wenngleich dieser Ansatz für die Postkorbauswertung eher selten angewandt wird. Neben den eigenen Aufzeichnungen stehen im Rahmen einer kurzen Vorbereitungszeit Präsentationsmedien wie Flipchart oder Moderationswand zur Verfügung. Die vorgegebene maximale Präsentationszeit bewegt sich häufig in einem Zeitrahmen von fünf bis 15 Minuten. Steht diesem Zeitfenster das Ergebnis eines umfangreicheren Postkorbs gegenüber, ist es oft weder möglich noch sinnvoll, auf sämtliche Mitteilungen einzugehen. Dies trifft insbesondere auf den Tableau-Postkorb zu. In diesem Fall ist es zielführender, die Lösung zunächst auf einer Metaebene zu präsentieren, also was waren die übergeordneten Themen, welche Vorgänge hatten für Sie die größte Bedeutung und wie sind Sie dabei methodisch vorgegangen. Für eine überschaubare Anzahl erfolgskritischer Vorgänge sollten Sie zusätzlich ins Detail gehen und dazu ganz konkrete Maßnahmen vorstellen.

In manchen Assessment-Centern werden zwei der drei Auswertungsansätze miteinander kombiniert. Bevorzugt trifft dies auf die Auswertung der schriftlichen Aufzeichnungen und das Postkorb-Interview zu. Sind bestimmte Lösungen anhand der schriftlichen Dokumentation nicht eindeutig bewertbar, so können diese im Interview noch einmal gezielt hinterfragt werden. Findet ein Interview oder eine Präsentation statt, so wird i. d. R. bereits in den Teilnehmerinstruktionen des Postkorbs darauf verwiesen. Enthalten diese keinen diesbezüglichen Hinweis, ist davon auszugehen, dass sich die Auswertung auf Ihre schriftlichen Aufzeichnungen beschränken wird.

## Der erste Schritt auf dem Weg zur Lösung

**Erfassen der Ausgangssituation**

Der erste Schritt bei der Postkorbbearbeitung besteht darin, sich mit der Beschreibung der Ausgangssituation auseinanderzusetzen. Neben den Bearbeitungsinstruktionen, also ob beispielsweise ein Fragebogen oder ein Kalender auszufüllen ist, beinhaltet diese Informationen zum Unternehmen, zu Ihrer Funktion und Ihrem Verantwortungsbereich. Oft wird in einer Art Cover Story der Status quo geschildert, d. h. wie ist es um Ihr Unternehmen gerade bestellt, vor welchen Herausforderungen steht die Branche und mit welchen Projekten befasst sich Ihre Abteilung gerade. Diese Vorinformationen erstrecken sich üblicherweise über einige Seiten, bevor die eigentlichen Postkorbmitteilungen folgen. Ein Fehler, dem viele AC-Kandidaten erliegen, besteht darin, dass sie zu viel Zeit in das Lesen dieser Ausgangssituation investieren und gar zehn oder 15 Minuten damit verbringen. Durch den Aufbau der Unterlagen ist dieser Effekt quasi vorprogrammiert, denn Sie bekommen den Postkorb als Ganzes ausgehändigt – also beispielsweise einen 30-seitigen Papierstapel. Dieser ist nicht physisch getrennt nach Ausgangsinformationen und Mitteilungen.

Kandidaten mit geringer Postkorbroutine gehen so vor, dass sie sich nun Seite für Seite durch die Ausgangsinformationen arbeiten, bis sie – abhängig vom Umfang des Materials – entweder nach wenigen Seiten oder nach vielen Seiten Basisinformationen bei den zu bearbeitenden Mitteilungen angekommen sind. Das Lesen des Ausgangsmaterials wird bei dieser Vorgehensweise zur unkalkulierbaren Blackbox, die wertvolle Bearbeitungszeit kosten kann. Umfassen die Basisinformationen zwei Seiten oder sieben Seiten Material? Ist Letzteres der Fall, sollten Sie anders vorgehen, da nicht alle Angaben gleichermaßen relevant sein werden. Bevor Sie sich mit diesen Unterlagen befassen, müssen Sie wissen, worauf Sie sich einlassen. Schauen Sie daher zunächst, ab welcher Seite die Postkorbmitteilungen beginnen, und trennen Sie den Stapel an dieser Stelle. So wissen Sie, wie umfangreich Ihre Ausgangsinformationen überhaupt sind.

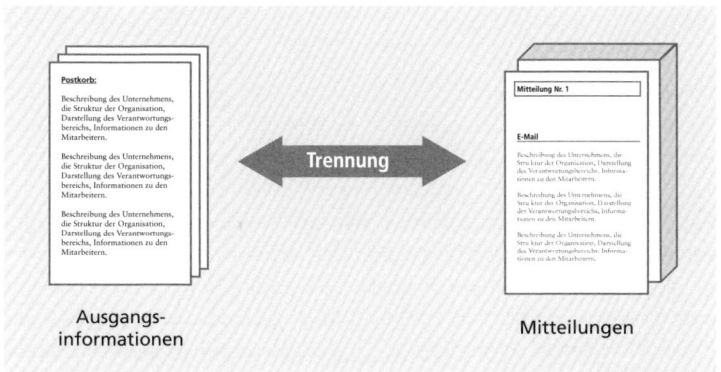

Als angemessene Zeit für die Einarbeitung in die Ausgangssituation können Sie 5 bis maximal 10 % der Gesamtbearbeitungszeit veranschlagen – d. h. bei einem 60-minütigen Postkorb dürfen Sie dafür etwa 3 bis maximal 6 Minuten investieren.

**Tipp**

Oft befinden sich im Ausgangsmaterial Unterlagen, die der besseren Orientierung dienen und Metainformationen enthalten, wie ein Organigramm oder eine Terminübersicht. Legen Sie diese vor sich aus, bevor Sie mit dem Lesen beginnen. Beim Durcharbeiten des Ausgangstextes können Sie sich daran parallel orientieren. Solche Metaunterlagen sollten Sie auch bei der späteren Bearbeitung der einzelnen Mitteilungen für Sie gut sichtbar am Tisch liegen haben.

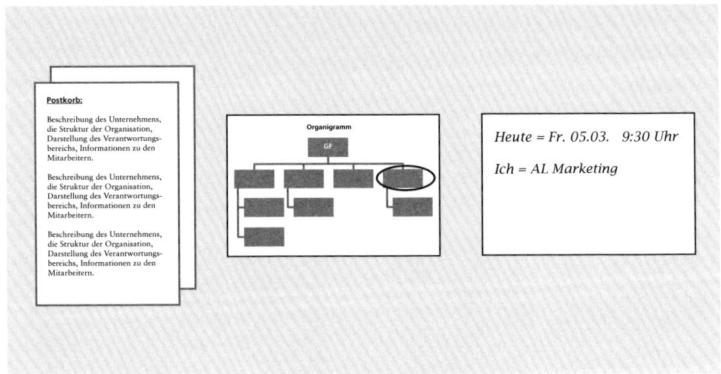

**Funktion und Zeitpunkt**

Während der kompletten Übung müssen Ihnen sowohl die Funktion, die Sie im Postkorb innehaben, als auch der in der Aufgabe angegebene Ausgangszeitpunkt – z. B heute ist Freitag der 5. März – präsent sein. In unseren Trainings erlebe ich häufig Kandidaten, die nach der Postkorbbearbeitung berichten: »Ich war phasenweise schon damit überfordert, mich zu erinnern, welcher Tag heute ist, und musste mehrfach nachschauen.« Und das, obwohl sie diese Information im Text registriert und sogar mit Textmarker hervorgehoben hatten. Das aktuelle Postkorbdatum ist als Bezugspunkt essenziell, da Sie auf diverse Terminanfragen und Fristen reagieren müssen. Bei manchen Postkörben spielen sogar Angaben zur Uhrzeit eine Rolle. So etwas bei jeder Mitteilung erneut nachschauen zu müssen, kostet unnötig Zeit. Notieren Sie sich deshalb diese Angaben in großen Lettern auf einem separaten Zettel, den Sie während der gesamten Postkorbbearbeitung vor sich liegen haben. Machen Sie sich bewusst, ob es sich bei der Ihnen vorliegenden Aufgabe um den Fragebogen-Postkorb oder den Tableau-Postkorb handelt, da dies für die weiteren Bearbeitungsschritte von Bedeutung ist.

## Lösungsstrategie für den Fragebogen-Postkorb

Mit den folgenden Schritten können Sie den typischen Fragebogen-Postkorb effizient bearbeiten:

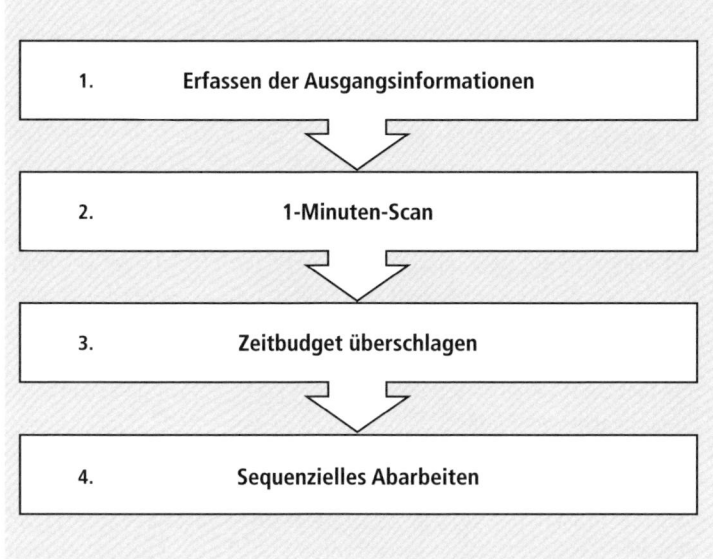

## 1. Erfassen der Ausgangsinformationen

Gehen Sie wie auf den vorherigen Seiten beschrieben vor (siehe »Der erste Schritt auf dem Weg zur Lösung«).

## 2. 1-Minuten-Scan

Blättern Sie alle Vorgänge einmal schnell durch. Der 1-Minuten-Scan bezieht sich auf den kompletten Stapel der Mitteilungen. Fangen Sie also keinesfalls an, Details zu lesen. Manchmal befinden sich zusätzliche systemrelevante Informationen in diesem Stapel. So könnten z. B. eine Budgetübersicht, eine Aufstellung zu den Mitarbeitern oder ein Terminkalender an eine Mitteilung angehängt oder die Krankmeldung eines Mitarbeiters enthalten sein. Wenn Sie solche Unterlagen entdecken, die von übergeordneter Bedeutung sein könnten, dann legen Sie diese am besten separat zu den anderen Metainformationen, die Sie bereits im Ausgangsmaterial identifiziert haben.

### 3. Zeitbudget überschlagen

Anhand des Fragebogens oder des 1-Minuten-Scans erkennen Sie, aus wie vielen Mitteilungen der Postkorb besteht. Überschlagen Sie grob, wie viel Zeit Ihnen ab jetzt zur Beantwortung jedes einzelnen Vorgangs zu Verfügung steht. Angenommen, die Gesamtbearbeitungzeit für einen Postkorb mit 20 Mitteilungen beträgt 45 Minuten, und fünf Minuten haben Sie bereits mit den Schritten 1 und 2 verbraucht, dann stehen Ihnen jetzt im Schnitt noch zwei Minuten für die Bearbeitung jeder einzelnen Mitteilung zur Verfügung. Dieser Richtwert dient Ihnen später als Orientierung, um zu überprüfen, ob Sie noch im Plan liegen.

### 4. Sequenzielles Abarbeiten der Mitteilungen

#### Beantworten der Fragen

Bearbeiten Sie die Mitteilungen zügig nacheinander ab. Gehen Sie davon aus, dass alle Mitteilungen in etwa gleichwertig sind. Starten Sie mit Mitteilung Nr. 1 und beantworten Sie die dazugehörige(n) Frage(n), gehen Sie dann zu Mitteilung Nr. 2 usw. Es können zwar gelegentlich Querverbindungen zwischen einzelnen Vorgängen existieren, allerdings ist es beim Fragebogen-Postkorb effizienter, diese erst zu behandeln, sobald sie auftreten, und dann ggf. zur damit verbundenen Mitteilung zurückzuspringen und eine entsprechende Korrektur vorzunehmen. Sollten Ihnen einzelne Vorgänge Schwierigkeiten bereiten, dann überspringen Sie diese, anstatt sich lange daran festzubeißen. Nehmen Sie sich solche Mitteilungen lieber am Ende vor, sofern noch Zeit zur Verfügung steht.

#### Parallele Terminübersicht führen

Müssen Sie Fragen beantworten, die Einfluss auf die Terminplanung haben, z. B. »Wer wird diesen Termin wahrnehmen?«, dann skizzieren Sie sich dafür einen Terminkalender oder Zeitstrahl. Halten Sie terminliche Verpflichtungen, die Sie eingehen, dort parallel fest. Notieren Sie dazu am besten die Nummer des Vorgangs, damit Sie diesen bei Bedarf schnell zurückverfolgen können. So gelingt es Ihnen, den Überblick über Ihre terminlichen Verpflichtungen zu behalten und eventuelle Terminkollisionen sofort zu erkennen.

<table>
<tr><td colspan="2">Mitteilung Nr. 8</td></tr>
</table>

**Besprechungseinladung**

| | |
|---|---|
| **Von:** | G. Habich, Geschäftsführung |
| **An:** | Hotelmanager/in |
| **Gesendet:** | Freitag, 05. März, 11:20 Uhr |
| **Betreff:** | Meeting, 10. März |

Sehr geehrte/r Frau/Herr ........,

mit den Gesellschaftern unseres Hotels haben wir für kommenden Mittwoch ein Meeting anberaumt, um die weiteren Umbaumaßnahmen zu budgetieren. Für Ihre Präsentation zum Status quo der Umbauarbeiten sind 20 Minuten eingeplant. Bitte halten Sie sich von 14:00 bis 16:00 Uhr zu unserer Verfügung.

Mit freundlichen Grüßen

*Gernoth Habich*

Geschäftsführender Gesellschafter

---

## FRAGEBOGEN

| Mitteilung Nr. | Frage(n) |
|---|---|
| 8 | Wer wird diesen Termin wahrnehmen und was veranlassen Sie?<br>*Nehme Termin persönlich wahr.*<br>*Termin rückbestätigen,*<br>*Vorbereitung der Präsentation durch Assistentin bis kommenden Di* |
| 9 | Worin sehen Sie die Ursachen? Wen müssen Sie informieren? |

*Heute: Fr. 05.03*

| Mo.<br>08.03. | Di.<br>09.03. | Mi.<br>10.03. | Do.<br>11.03. | Fr.<br>12.03. |
|---|---|---|---|---|
| | | | | 8:30 – 9:00<br>Nr. 4<br><br>Präs. Fa.<br>Crohn |
| | | 14:00 – 16:00<br>Nr. 8<br><br>Meeting<br>Gesellsch. | | |

## Lösungsstrategie für den Tableau-Postkorb

Mit den folgenden Schritten können Sie den typischen Tableau-Post-korb effizient bearbeiten:

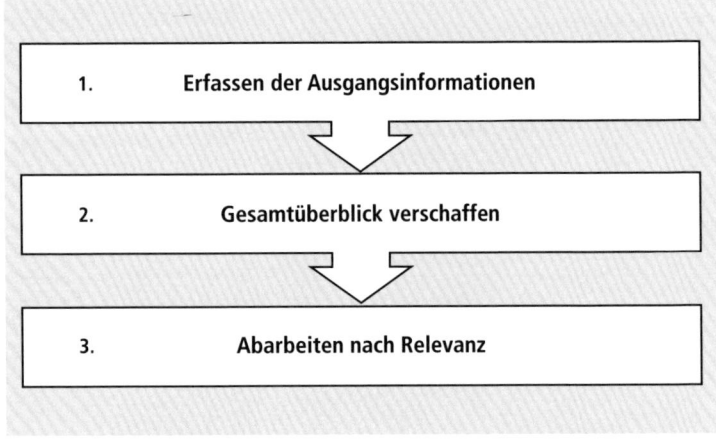

1. Erfassen der Ausgangsinformationen

2. Gesamtüberblick verschaffen

3. Abarbeiten nach Relevanz

1. **Erfassen der Ausgangsinformationen**

   Gehen Sie wie vorne beschrieben vor (siehe »Der erste Schritt auf dem Weg zur Lösung«).

2. **Gesamtüberblick verschaffen**

   Sichten Sie die Vorgänge einmal im Schnelldurchgang, um einschätzen zu können, welche Themen sich überhaupt in Ihrem Bearbeitungsstapel verbergen und zwischen welchen Vorgängen Zusammenhänge und Abhängigkeiten bestehen. Manchmal befinden sich systemrelevante Informationen, wie eine Budgetübersicht, eine Aufstellung zu den Mitarbeitern oder eine Terminübersicht in den Mitteilungen. Gerne werden einige erfolgskritische Nachrichten auch am Ende der Unterlagen eingestreut, beispielsweise die Krankmeldung eines Mitarbeiters oder die Anfrage eines Großkunden. In der Regel ist es nützlich, die Mitteilungen während des Sichtens bereits bestimmten Clustern zuzuordnen bzw. nach Relevanz zu sortieren. Besonders bei sehr umfangreichen Postkörben – bei denen sich die Anzahl im oberen zweistelligen Bereich bewegt – kann es sinnvoll sein, sich zu den wesentlichen Vorgängen stichpunktartige Notizen anzufertigen oder die einzelnen Schriftstücke nach bestimmten Kriterien zu stapeln. Wichtig ist, den Überblick zu behalten und Querverbindungen zu erkennen, um später die Vorgänge möglichst systematisch und effizient abarbeiten zu können.

Folgende Methoden können Sie dazu in diesem Bearbeitungsschritt unterstützend nutzen:

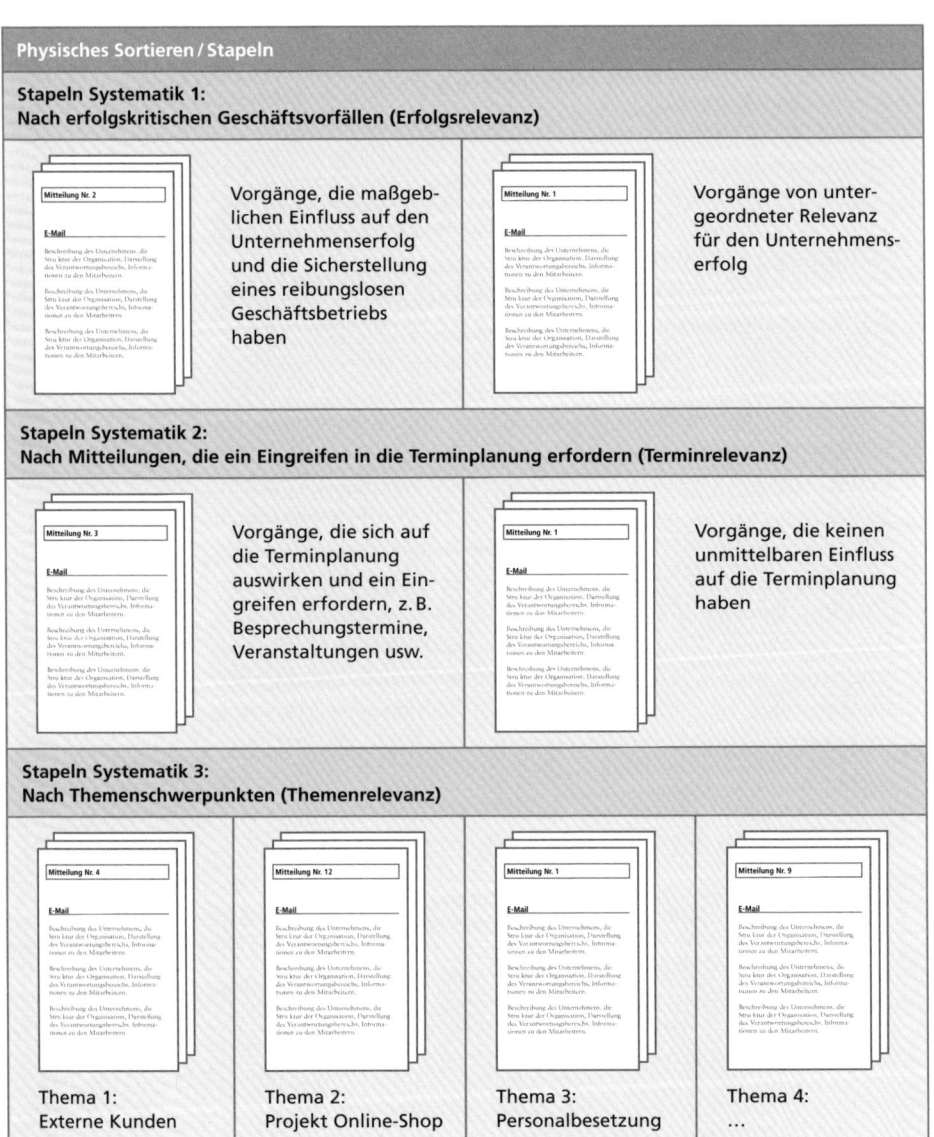

**Stapeln Systematik 1:**
**Nach erfolgskritischen Geschäftsvorfällen (Erfolgsrelevanz)**

Vorgänge, die maßgeblichen Einfluss auf den Unternehmenserfolg und die Sicherstellung eines reibungslosen Geschäftsbetriebs haben

Vorgänge von untergeordneter Relevanz für den Unternehmenserfolg

**Stapeln Systematik 2:**
**Nach Mitteilungen, die ein Eingreifen in die Terminplanung erfordern (Terminrelevanz)**

Vorgänge, die sich auf die Terminplanung auswirken und ein Eingreifen erfordern, z. B. Besprechungstermine, Veranstaltungen usw.

Vorgänge, die keinen unmittelbaren Einfluss auf die Terminplanung haben

**Stapeln Systematik 3:**
**Nach Themenschwerpunkten (Themenrelevanz)**

Thema 1: Externe Kunden

Thema 2: Projekt Online-Shop

Thema 3: Personalbesetzung

Thema 4: …

Dies sind drei bewährte Systematiken, nach denen Sie Ihre Mitteilungen stapeln können. Welche davon Sie anwenden, ist sehr stark von der Ausrichtung der jeweiligen Tableau-Postkorbaufgabe abhängig. Eine allgemeingültige Empfehlung macht daher an dieser Stelle wenig Sinn. Es gibt weder richtig noch falsch, sondern die Einteilung muss in diesem Moment für Sie plausibel und praktikabel sein.

Alternativ zum physischen Sortieren bzw. Stapeln ist dieses Prinzip natürlich auch mit Papier und Stift möglich. Sie notieren sich beim Sichten der Vorgänge zu jeder Nachricht – quasi als Aufhänger – ein Stichwort. Hier gibt es grundsätzlich zwei Möglichkeiten, das tabellarische Sortieren und das grafische Sortieren, das ich an folgendem Beispiel veranschaulichen möchte:

*Bei dieser Postkorbaufgabe befinden Sie sich in der Rolle eines Abteilungsleiters. (Da es hier nur darum geht, die Vorgehensweise zu verdeutlichen, ist dieses Beispiel auf sechs einfache Mitteilungen reduziert.)*

**Beispiel**

*Mitteilung 1:*
*Rundschreiben Ihres Vorgesetzten an alle Abteilungsleiter, in dem die Entwicklung von Kosteneinsparungsvorschlägen bis zur nächsten Abteilungsleiterbesprechung eingefordert wird*

*Mitteilung 2:*
*Der Mitarbeiter Herr Klein bittet Sie um einen Gesprächstermin bezüglich eines Kunden Müller.*

*Mitteilung 3:*
*Ihre Mitarbeiterin Frau Schreiber beantragt Urlaub vom 16. bis 18.06.*

*Mitteilung 4:*
*Ihr Assistent erinnert Sie an Ihren wichtigen Gesprächstermin mit dem A-Kunden Müller am 09.06. um 11:00 Uhr, bei dem es um die Konditionenverhandlung für einen Großauftrag geht.*

*Mitteilung 5:*
*Der Bereichsleiter Finanzen weist darauf hin, dass er die Umsatzplanung von Ihnen spätestens bis 15.06. benötigt.*

*Mitteilung 6:*
*Vom Sekretariat Ihres Vorgesetzten erhalten Sie eine Einladung zur Abteilungsleiterbesprechung am 09.06. um 10:45 Uhr.*

**Tabellarisches Sortieren**

| Nr. | Thema | Termin | Bezug Nr. | Relevanz |
|---|---|---|---|---|
| 1 | Vorschl. Kosteneinsp. | AL-Bespr. | | |
| 2 | Gespr. MA Klein wg. KU. Müller | ? | | |
| 3 | U-Antr. MA Schreiber | 16.-18.06. | | |
| 4 | Konditionenverh. KU. Müller | 09.06., 11:00 | 2 | ! |
| 5 | Ums. Planung | ⇨ 15.06. | | |
| 6 | AL-Bespr. | 09.06., 10:45 | 1 | |
| 7 | | | | |
| 8 | | | | |
| 9 | | | | |

Fertigen Sie sich ein tabellarisches Raster an, in das Sie parallel zum Sichten des Postkorbstapels die Schlüsselinformationen zu den jeweiligen Mitteilungen eintragen.

**Grafisches Sortieren**

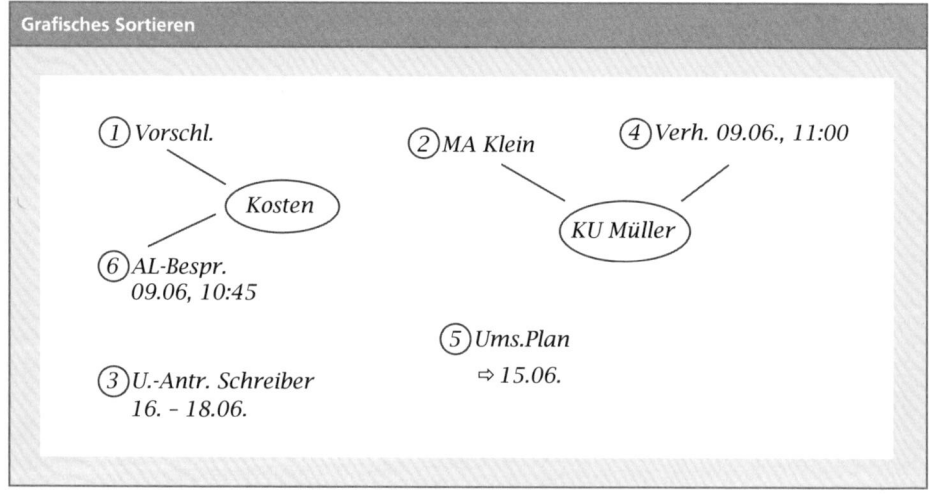

Beim grafischen Clustern entwickeln Sie während des Sichtens des Postkorbstapels parallel eine Mindmap-Struktur. In dieser können Sie inhaltlich zusammengehörige Mitteilungen verbinden und daraus übergeordnete Themen-Cluster, wie z. B. »Kosten« oder »Kunde Müller«, bilden.

Betrachten Sie bitte alle hier dargestellten Hilfsmittel bzw. Methoden – tabellarisches Sortieren, grafisches Sortieren und physisches Stapeln – als Optionen, die Sie anwenden können, aber nicht müssen. Geeignet ist ein Hilfsmittel dann, wenn es für Sie den Zweck erfüllt, den Tableau-Postkorb effektiv zu bearbeiten. Falls Sie eines der hier vorgestellten Instrumente nutzen, dann machen Sie daraus bitte keine Wissenschaft und gehen Sie möglichst zügig vor. Pragmatismus geht vor Perfektionismus! Wichtig ist außerdem, dass das gewählte Instrument gut zu Ihrem persönlichen Arbeitsstil passt. So erzielen visuelle Typen oft gute Ergebnisse mit dem grafischen Sortieren, wohingegen ausgeprägte Analytiker häufig das tabellarische Modell bevorzugen und haptisch orientierte Menschen eher zum physischen Stapeln neigen. Andere Kandidaten wiederum nutzen keines der vorgestellten Instrumente, sondern arbeiten intuitiv nach ihrem eigenen System und gelangen damit ebenfalls zu guten Resultaten.

> **Tipp**
>
> Die Anwendung dieser Hilfsmittel erfordert eine gewisse Routine. So kann es sein, dass sich bei der erstmaligen Nutzung kein nennenswerter Vorteil erzielen lässt. Testen Sie die Handhabung auf jeden Fall vor dem echten Assessment-Center im Übungskontext, damit Sie einschätzen können, was Ihnen tatsächlich hilft und womit Sie am besten zurechtkommen.

### 3. Abarbeiten nach Relevanz

Lösen Sie die Vorgänge nach dem von Ihnen definierten Ranking – also den relevanten Stapel bzw. die relevanten Themen vorrangig. Berücksichtigen Sie dabei die zuvor identifizierten Zusammenhänge und Abhängigkeiten zwischen den einzelnen Nachrichten und dokumentieren Sie Ihre Lösungen in den dafür vorgesehenen Bearbeitungsformularen. Ein striktes Abarbeiten anhand der durch die Aufgabe vorgegebenen numerischen Reihenfolge – also erst Mitteilung Nr. 1, dann Mitteilung Nr. 2 usw. – ist bei dieser Postkorbvariante nicht sonderlich zielführend. Gut möglich, dass es sich bei den ersten Vorgängen um eher unbedeutende Angelegenheiten handelt. Investieren Sie dafür zu viel Zeit und Sie schaffen es nicht, alle Mitteilungen zu bearbeiten, dann bleiben am Ende womöglich erfolgskritische Themen unbearbeitet liegen.

## Weitere Bearbeitungstipps

Die in diesem Abschnitt dargestellten Bearbeitungstipps treffen in erster Linie auf den Tableau-Postkorb zu. Einige Empfehlungen sind bedingt auf den Fragebogen-Postkorb übertragbar.

**Tauglichkeit des Eisenhower-Prinzips** Bei der Recherche nach dem Thema Postkorb stößt man fast immer auf das sogenannte Eisenhower-Prinzip, deshalb kann es an dieser Stelle nicht unerwähnt bleiben. Es handelt sich um eine Methode, bei der die anstehenden Aufgaben anhand der Kriterien »Wichtigkeit« und »Dringlichkeit« in vier Kategorien unterteilt werden. Dieses Prinzip wurde von US-Präsident Eisenhower angewandt und verbreitet. Heute wird es häufig in Verbindung mit dem Thema Zeitmanagement gelehrt.

| | | |
|---|---|---|
| **hoch** | Kategorie 2:<br>Erledigung auf einen späteren<br>Zeitpunkt verschieben | Kategorie 1:<br>Sofort entscheiden und<br>erledigen |
| **Wichtigkeit** | Kategorie 4:<br>Ablage P (Papierkorb),<br>nicht bearbeiten | Kategorie 3:<br>Delegation an Mitarbeiter |
| **gering** | | |
| | **gering** Dringlichkeit **hoch** | |

Theoretisch ist es auch bei der Postkorbbearbeitung möglich, die Vorgänge nach dem Eisenhower-Prinzip zu priorisieren und vier Kategorien zu bilden. Erfahrungsgemäß lässt sich diese Methode jedoch nur bei den wenigsten Postkörben 1:1 umsetzen. Oft ist es schwierig, die Mitteilungen so messerscharf den vier Quadranten zuzuordnen. Bei manchen Aufgaben drängt sich der Eindruck auf, sie enthielten fast ausschließlich Vorgänge der Kategorie 1. Diese Unterteilung erweist sich deshalb oft als ziemlich mühselig und wenig ergiebig. Empfehlenswerter ist es dagegen, die Geschäftsvorfälle nach gesundem Menschenverstand in zwei Kategorien einzuteilen: nämlich in hohe Relevanz und geringe Relevanz, oder in erfolgskritische und unkritische Vorgänge. Dies ist einfacher und schneller handhabbar.

**Auf zwei Kategorien beschränken**

Auch wenn sich das Eisenhower-Prinzip bei der praktischen Postkorbbearbeitung meist als schwer anwendbar erweist, so ist es als Erklärungsmodell doch gut geeignet. Sofern Sie im Rahmen eines Postkorb-Interviews oder einer Postkorb-Präsentation Gelegenheit haben, den Beobachtern Ihre Vorgehensweise zu erläutern, lässt sich hier gut mit den beiden Kriterien »Wichtigkeit« und »Dringlichkeit« argumentieren.

Postkorbaufgaben für Führungskräfte sind häufig so konzipiert, dass einige Mitarbeiter zur Verfügung stehen, an die Aufgaben delegiert werden können. Wenn die Beteiligten sowie deren Arbeitsverhalten und Aufgabengebiete sehr ausführlich beschrieben werden, deutet dies darauf hin, dass zusätzlich Ihr Delegationsverhalten beurteilt wird. Es ist daher wichtig, zu erkennen, welche Arbeitspakete bei welchem Mitarbeiter am besten platziert sind. Anhand der Beschreibung lassen sich oft bestimmte Mitarbeitertypen identifizieren, wie zum Beispiel der Pflichtbewusste, der Unzuverlässige, der Erfahrene, der Neue oder der Überlastete. Berücksichtigen Sie deshalb bei der Delegation von Aufgaben fachliche Eignung, Berufserfahrung, Auslastung und Arbeitsverhalten Ihrer Mannschaft. Stellen Sie sicher, dass die erfolgskritischen und anspruchsvollen Aufgaben (Vorgänge von hoher Relevanz) bei einem verlässlichen und kompetenten Mitarbeiter landen.

**Delegation an Mitarbeiter**

Andererseits sollten Sie sich in der Rolle der Führungskraft der Tatsache bewusst sein, dass nicht alles delegierbar ist. Bestimmte Aufgaben

**Nicht delegierbare Führungsaufgaben**

müssen Sie persönlich wahrnehmen. Typische nicht delegierbare Führungsaufgaben sind:

- Personalangelegenheiten (zum Beispiel Mitarbeiterauswahl, Leistungsbeurteilungen, Jahresgespräche)
- strategische Ausrichtung des Verantwortungsbereichs
- Budgetplanung

**Böse Überraschung am Ende**

Eine böse Überraschung kann ein Postkorb in puncto Delegation allerdings noch bereithalten. Angenommen, Sie haben eine Reihe von wesentlichen Vorgängen an einen Ihnen dafür besonders kompetent erscheinenden Mitarbeiter delegiert und dies in den dafür vorgesehenen Bearbeitungsformularen eingetragen. Stellen Sie sich vor, als eine der letzten Mitteilungen Ihres Posteingangsstapels taucht nun die Krankmeldung genau dieses Mitarbeiters auf, aus der hervorgeht, dass er die nächsten zwei Wochen ausfällt. Das kann passieren, wenn Sie es versäumt haben, sich vorab einen Gesamtüberblick zu verschaffen. In manchen Postkorbaufgaben wird mit diesem – zugegeben etwas boshaften – Szenario gearbeitet und eine Krankmeldung oder Abwesenheitsnotiz des Mitarbeiters im hinteren Teil des Mitteilungsstapels platziert. Müssen Sie nun aufgrund dieser neuen Erkenntnis komplett umplanen, wird Sie dies gehörig unter Druck setzen. Besser ist daher, vorausschauend zu agieren und solche Überraschungsnachrichten frühzeitig zu erkennen.

**Umgang mit Privatem**

Private Vorgänge haben in einer zeitgemäßen Postkorbaufgabe heutzutage nichts mehr zu suchen. Tauchen sie dennoch auf, handelt es sich höchstwahrscheinlich um einen veralteten Postkorb. Insofern sollten Sie private Vorgänge nicht grundsätzlich nach dem Motto »beruflich geht vor privat« dem irrelevanten Stapel zuführen, sondern auch diese Mitteilungen kurz prüfen. Es ist durchaus möglich, dass einzelne private Mitteilungen von hoher Relevanz sind. Denken Sie z. B. an Notfallszenarien, bei denen es um die eigene Existenz bzw. Gesundheit (oder die von Familienangehörigen) geht. Selbstverständlich gibt es auch Postkörbe, die ausschließlich in einem privaten Kontext spielen und die dennoch zeitgemäß und qualitativ hochwertig sind. Dabei kann es zum Beispiel um die Organisation einer Sommerfete oder einer Rundreise gehen. Solche Aufgaben richten sich oftmals an Schüler oder Ausbildungsplatzsuchende, denen die Identifikation mit privaten Themen leichter fällt. In Assessment-Centern für Führungskräfte oder Berufserfahrene wären sie jedoch absolut untypisch.

## Praxisaufgaben

Das Begleitmaterial unter www.assessment-center-kurse.de/vip enthält zwei Postkorb-/Managementaufgaben:

1. Fragebogen-Postkorb »SEBI«, Umfang: 44 Seiten bzw.
   19 Mitteilungen, Bearbeitungszeit 50 Minuten
2. Tableau-Postkorb »Röthmann«, Umfang: 29 Seiten bzw.
   16 Mitteilungen, Bearbeitungszeit 30 Minuten

### Bearbeitungshinweise

- Sie werden von der Bearbeitung der Aufgaben am meisten profitieren, wenn Sie sich bereits in das Kapitel »Postkorb-/Managementaufgabe« eingearbeitet haben.

**Hinweise**

- Die Postkorb-/Managementaufgaben befinden sich als PDF-Dokumente im Begleitmaterial und sind für die Bearbeitung in Papierform und nicht am Bildschirm vorgesehen. Drucken Sie die Unterlagen daher zunächst aus.

- Die Lösungen zu den beiden Aufgaben finden Sie als separate Dokumente im Begleitmaterial.

- Halten Sie für die Bearbeitung folgendes Material bereit:
  - Postkorb ausgedruckt auf A4-Papier
  - Uhr bzw. Timer für die Zeitmessung
  - Schreibblock
  - Zwei unterschiedlich farbig schreibende Stifte
  - Textmarker
  - Taschenrechner

Verwenden Sie für die Postkorbbearbeitung zwei Stifte mit unterschiedlichen Schriftfarben, z. B. Blau und Rot. Bearbeiten Sie die Aufgabe zunächst unter Einhaltung der exakten Zeitvorgabe und nutzen Sie dazu den blauen Stift. Haben Sie nach Ablauf der vorgegebenen Zeit den Postkorb noch nicht vollständig gelöst – was keinesfalls ungewöhnlich ist –, dann bringen Sie die Aufgabe mit dem roten Stift zu Ende und stoppen Sie die Zeit erneut. Das ermöglicht Ihnen, den Postkorb vollständig zu bearbeiten, um bestimmte Zusammenhänge besser zu verstehen. Anhand der zweiten Schriftfarbe können Sie gleichzeitig exakt auswerten, wie weit Sie unter Prüfungsbedingungen in der vorgegebenen Bearbeitungszeit gekommen sind.

## Postkorb- / Managementaufgabe auf den Punkt gebracht

| | |
|---|---|
| ✔ | Trennen Sie zuerst die Ausgangsinformationen von den darauffolgenden Postkorbmitteilungen. |
| ✔ | Verbringen Sie nicht zu viel Zeit mit dem Einlesen in die Ausgangsinformationen. 5 bis 10 % der Gesamtbearbeitungszeit sind angemessen. |
| ✔ | Legen Sie die Metainformationen wie ein Organigramm oder eine Terminübersicht vor sich aus. |
| ✔ | Notieren Sie sich folgende Angaben aus der Aufgabe: eigene Funktion, heutiges Datum und ggf. Uhrzeit. |
| ✔ | Machen Sie sich bewusst, ob es sich um einen Fragebogen- oder einen Tableau-Postkorb handelt, und richten Sie danach die weitere Vorgehensweise aus. |
| ✔ | Bearbeiten Sie die Mitteilungen eines Fragebogen-Postkorbs sequenziell ab und stellen Sie schwer zu beantwortende Fragen zunächst zurück. |
| ✔ | Versuchen Sie beim Fragebogen-Postkorb, möglichst alle Vorgänge zu beantworten. |
| ✔ | Verschaffen Sie sich beim Tableau-Postkorb zunächst zügig einen Gesamtüberblick und sortieren Sie die Mitteilungen. |
| ✔ | Stellen Sie beim Tableau-Postkorb sicher, dass Sie die Mitteilungen mit der höchsten Relevanz vorrangig abarbeiten. |

# 10. Strategien für weitere Aufgaben

Sie erhalten in diesem Kapitel die wichtigsten Hintergrundinformationen und Lösungsstrategien für die Bearbeitung weiterer Aufgaben. Diese Module sind im Assessment-Center aber statistisch betrachtet nicht mehr so stark vertreten wie die zuvor behandelten sieben Hauptaufgaben.

Weitere Assessment-Center-Module:

- Bericht
- Biografischer Fragebogen
- Disput
- Fact-Finding
- Planspiel
- Selbstreflexion
- Vorstellungsrunde

## Bericht

### Beschreibung der Aufgabe

Ihr Auftrag besteht darin, anhand vorgegebener Informationen einen Bericht zu einem bestimmten Thema zu verfassen. Dabei kann das Ausgangsmaterial ähnlich umfangreich und unübersichtlich strukturiert sein wie bei einer Fallstudie. Im Gegensatz dazu ist es jedoch nicht Ihre Aufgabe, eine Lösung zu erarbeiten. Vielmehr sollen Sie eine übersichtliche Zusammenfassung der wesentlichen Inhalte erstellen. Manchmal wird für diesen Arbeitsauftrag ein PC mit Textverarbeitungsprogramm zur Verfügung gestellt, ansonsten erfolgt die Bearbeitung handschriftlich. Eventuell enthält der Arbeitsauftrag eine Seitenzahl als Obergrenze für Ihr Arbeitsergebnis. Eine Präsentation wird normalerweise nicht erwartet. Der Bericht hat als Einzelaufgabe – und damit eventuell als Lückenfüller – den früher bevorzugt eingesetzten Aufsatz weitgehend abgelöst.

*Die Führungskräfteanwärter eines Schweizer Kreditinstituts bekamen im internen Assessment-Center den Auftrag, für den Vorstand einen Statusbericht zu einem aktuellen Projekt zu erstellen. Die ausgehändigten Informationen zum Projekt umfassten mehrere Hundert Seiten. Die Bearbeitung erstreckte sich über einen kompletten Assessment-Center-Tag. Dabei wurde die Einzelarbeit jedoch immer wieder zur Durchführung anderer Aufgaben, wie zum Beispiel von Rollenspielen, unterbrochen.*

## Beurteilungskriterien

• analytische Fähigkeiten
• strukturiertes Vorgehen
• vernetztes Denken
• Fähigkeit, Prioritäten zu setzen
• schriftliches Ausdrucksvermögen

## Empfehlung

Wenden Sie zur Verarbeitung umfangreicher Ausgangsinformationen die ARD-ZDF-Technik an (siehe Kapitel »Fallstudie / Case Study«, Abschnitt »Umgang mit der Datenflut«). Ihr Ziel muss es sein, die Informationen so zu filtern, zu komprimieren und aufzubereiten, dass deren Kernaussagen erhalten bleiben und sinngemäß vermittelt werden. Vergegenwärtigen Sie sich in diesem Zusammenhang, welche Informationen der Leser Ihres Berichts unbedingt benötigt. Denken Sie daran, dass es nicht darum geht, selbst Stellung zu beziehen oder gar Lösungen anzubieten. Wahren Sie unbedingt Neutralität!

Bauen Sie Ihren Bericht übersichtlich und klar strukturiert auf. Halten Sie sich unbedingt an die vorgegebene Obergrenze und folgen Sie bei der Erstellung dem Motto: »So wenig wie möglich, so viel wie nötig.«

# Biografischer Fragebogen

## Beschreibung der Aufgabe

Im Rahmen mehrstufiger Personalauswahlverfahren wird über dieses Modul oft die erste Selektion der Bewerbungen vorgenommen. Wenn Sie sich bei einem Großunternehmen schon einmal online beworben haben, kennen Sie solche Abfragemasken. Sie müssen zunächst diverse Felder ausfüllen und eine Reihe von Fragen beantworten, bevor Sie die Bewerbung abschließen können. Dabei handelt es sich in der Regel um einen biografischen Fragebogen. Dieses Instrument dient dem Arbeitgeber zur systematischen, standardisierten Erfassung diagnostisch relevanter Informationen.

Auch im Rahmen interner Assessment-Center kann der biografische Fragebogen zum Einsatz kommen. Das Ziel ist hier jedoch weniger eine Vorselektion. Die gewonnenen Informationen können sowohl als Grundlage für ein Interview dienen als auch in die Erstellung eines Entwicklungsplans miteinbezogen werden. Die Beantwortung des Fragebogens ist üblicherweise vorgelagert, findet also einige Tage oder Wochen vor dem Assessment-Center statt, und kann online oder in Papierform erfolgen.

In einem biografischen Fragebogen werden zunächst die Daten und Fakten zur Person und zum Werdegang erfasst, wie

- persönliche Daten,
- Ausbildung,
- berufliche Stationen / Berufserfahrung,
- Auslandsaufenthalte,
- Weiterbildung,
- Interessen, Hobbys
- und eventuell Versetzungsbereitschaft.

Natürlich kann bei der Bewerberauswahl für eine bestimmte Stelle über weitere Fragen auch die fachliche Eignung überprüft werden.

Geht es in dem Assessment-Center um die Qualifizierung für eine bestimmte Hierarchieebene, dann sind zusätzlich oft Fragen zur Persönlichkeit enthalten. Thematisiert werden dabei Punkte wie zum Beispiel

- Stärken,
- Schwächen,
- Erfolge,
- Misserfolge und
- Ziele.

## Empfehlung

Die Bearbeitung der Fragen zu Ihren persönlichen Daten und Ihrem Werdegang sollte keine Schwierigkeiten bereiten. Beantworten Sie solche Fragen unbedingt wahrheitsgemäß, da Ihre Aussagen überprüfbar sind.

Sind darüber hinaus Fragen zur Persönlichkeit bzw. zu Soft-Skill-Themen vorgegeben, dann nehmen Sie sich für deren Beantwortung viel Zeit. Machen Sie sich bewusst, dass Sie über diese Aussagen eine Selbsteinschätzung vor Beginn des Assessment-Centers abliefern. Diese sollte auf jeden Fall gut durchdacht sein. Beantworten Sie die Fragen mithilfe der im Kapitel »Strukturiertes Interview« vorgestellten Strategien (»Standortbestimmung und Fragen zum Thema Persönlichkeit«).

Fertigen Sie für Ihre eigenen Unterlagen immer eine Kopie des von Ihnen ausgefüllten biografischen Fragebogens an. Erfolgt die Bearbeitung online, dann kopieren Sie Ihre Eingaben per Screenshot. So haben Sie die Möglichkeit, sich kurz vor dem Assessment-Center Ihre Antworten noch einmal zu vergegenwärtigen und sich auf ein mögliches Interview vorzubereiten.

## Disput

### Beschreibung der Aufgabe

Hierbei handelt es sich um ein Modul, das fast ausschließlich bei Assessment-Centern im öffentlichen Dienst – bevorzugt in Bundesbehörden – zum Einsatz kommt. Als Diskussionsgrundlage wird oft ein kontroverses gesellschaftliches oder politisches Thema vorgegeben, zu dem Sie nun eine bestimmte Position vertreten müssen.

- *Soll die Höhe der Managergehälter gesetzlich begrenzt werden?*
- *Ist die Einführung eines generellen Tempolimits auf deutschen Autobahnen sinnvoll?*

**Beispiele**

Bei einem Disput gibt es im Assessment-Center zwei Varianten. Er kann in Form eines Zweiergesprächs stattfinden, in dem Sie entweder gegen einen anderen Kandidaten oder gegen einen Mitwirkenden aus dem Veranstalterteam antreten. Die andere Möglichkeit wäre eine Gruppenaufgabe, bei der die eine Hälfte die Pro-Position und die andere Hälfte die Contra-Position vertreten muss. Oft wird eine kurze Vorbereitungszeit von wenigen Minuten gewährt, um sich in das Thema hineinzudenken. Die Durchführung dauert in der Zweierkonstellation meist zwischen fünf und zehn Minuten. Findet die Aufgabe in der Gruppe statt, veranschlagt man je Disputant mindestens fünf Minuten (zum Beispiel bei vier Teilnehmern mindestens 20 Minuten).

**Vertreten einer Position**

Sofern es sich um einen Diskussionspartner aus dem Veranstalterteam handelt, überlässt man in der Regel dem Kandidaten die Auswahl seiner Position. Sie können sich also vor Beginn entscheiden, ob Sie als Befürworter oder Gegner des Vorschlags auftreten möchten. Anders verhält es sich dagegen, wenn Sie mit anderen Kandidaten diskutieren müssen. Um Chancengleichheit zu gewährleisten, wird allen Beteiligten ihre Position vorgegeben. Die Wahrscheinlichkeit ist deshalb hoch, dass Sie eine Meinung vertreten müssen, die gar nicht Ihrer persönlichen Überzeugung entspricht.

Genau darin ist eine der Schwachstellen und Kritikpunkte dieser Aufgabe begründet. Diese Konstellation erschwert es vielen Teilnehmern, sich mit dem Auftrag zu identifizieren. Dies unterscheidet den Disput auch von einer Gruppendiskussion mit Rollenvorgabe, in der versucht wird, Rollen bzw. Funktionen vorzugeben, die eine relativ hohe Identifikation ermöglichen. Im Vergleich zur klassischen Gruppendiskussion wird beim Disput zudem am Ende kein Ergebnis erwartet. Außerdem ist der Einsatz von Medien normalerweise nicht zulässig.

## Beurteilungskriterien

- sprachliches Ausdrucksvermögen
- Argumentationsstärke
- Überzeugungsfähigkeit

## Empfehlung

Das wichtigste Gebot lautet: Identifizieren Sie sich unbedingt mit Ihrer Position – auch wenn diese vorgegeben ist und womöglich nicht Ihrer persönlichen Überzeugung entspricht. Nehmen Sie das Thema ernst, selbst wenn es Ihnen trivial erscheint.

Ein Disput lässt sich im Vorfeld sehr gut mit einem Übungspartner trainieren. Bitten Sie Ihren Mitspieler, ein kontroverses Thema auszuwählen und Ihnen eine bestimmte Position zuzuweisen – im Idealfall die, die nicht Ihrer persönlichen Meinung entspricht. Achten Sie bei dieser Aufgabe auch auf Ihre nonverbalen Signale, wie Blickkontakt, Sitzhaltung und Gestik. Orientieren Sie sich dabei an den Hinweisen im Kapitel »Gruppendiskussion/Teammeeting« (Abschnitt »Körpersprachliche Präsenz«).

# Fact-Finding

## Beschreibung der Aufgabe

Bei dieser Übung handelt es sich um eine Kombination aus Fallstudie und Rollenspiel.

*Auszug aus dem Arbeitsauftrag:*
*... Die Transaxle GmbH plant die Errichtung einer neuen Produktionsstätte im Ausland. Dabei sind vier Standorte in unterschiedlichen Ländern in der engeren Auswahl. Nähere Informationen zu den einzelnen Standorten finden Sie auf den folgenden Seiten. Sie wurden als Unternehmensberater beauftragt, der Transaxle GmbH eine Standortempfehlung auszusprechen. Sie haben nun 20 Minuten Zeit, um sich mit den Ausgangsinformationen auseinanderzusetzen. Anschließend haben Sie die Gelegenheit, mit Herrn Dr. Roth, einem der Geschäftsführer, im Rahmen eines zehnminütigen Gesprächs offene Fragen zu klären. Danach stehen Ihnen zur Entwicklung Ihrer Entscheidungsvorlage 15 Minuten zur Verfügung. Diese präsentieren Sie im Anschluss der Geschäftsführung.*

Die Fallbearbeitung wird bei dieser Aufgabe durch die Rollenspielsituation unterbrochen. Für die Bearbeitung des Fallmaterials steht Ihnen zu Beginn meist ein Zeitraum von zehn bis 20 Minuten zur Verfügung. Die Ausgangsinformationen bewegen sich in der Regel in einem Umfang von fünf bis 15 Seiten. Gehen Sie davon aus, dass darin aber nicht alle notwendigen Informationen enthalten sind. Nach dieser ersten Bearbeitungsphase schließt sich dann ein Gespräch mit Ihrem Auftraggeber an, dafür wird oft ein Zeitrahmen von fünf bis 15 Minuten angesetzt.

**Suche nach den fehlenden Puzzleteilen**

Die Herausforderung besteht darin, das Fallmaterial bis zu diesem Zeitpunkt bereits so durchdrungen zu haben, dass Sie wissen, welche Punkte zur Problemlösung fehlen, und genau diese zu hinterfragen. Im Gespräch selbst besteht eine gewisse Gefahr sich zu verzetteln. Ihr Ansprechpartner – der sich in der Rolle Ihres Auftraggebers zwar grundsätzlich kooperativ verhalten wird – könnte Ihnen die Faktensuche durch schlecht strukturierte, unvollständige oder überflüssige Informationen erschweren.

Nach Abschluss des Gesprächs setzen Sie die Fallbearbeitung fort und erarbeiten Ihren Lösungsvorschlag, der anschließend meist im Rahmen einer Präsentation vorgestellt werden muss.

**Beurteilungskriterien**

- analytische Fähigkeiten
- Problemlösungskompetenz
- konzeptionelle Fähigkeiten
- strategisches/ganzheitliches Denken
- Ergebnisorientierung
- kommunikatives Geschick

**Empfehlung**

Zur Vorbereitung auf diese spezielle Assessment-Center-Aufgabe empfehle ich Ihnen, sich auf jeden Fall mit dem kompletten Kapitel »Fallstudie/Case Study« und mit Teilbereichen des Kapitels »Rollenspiel« auseinanderzusetzen.

Die wichtigsten Punkte bei der Lösung einer Fact-Finding-Aufgabe werden nun anhand der jeweiligen Bearbeitungsschritte kurz dargestellt.

**1. Bearbeitungsschritt:**
**Sichtung des Fallmaterials und Gesprächsvorbereitung**
Selektieren Sie zügig das Ausgangsmaterial mithilfe der ARD-ZDF-Technik (siehe Kapitel »Fallstudie/Case Study«, Abschnitt »Umgang mit der Datenflut«). Trennen Sie möglichen Ballast von den relevanten Daten und setzen Sie sich dann nur noch mit diesen auseinander.

Suchen Sie nach Informationslücken, widersprüchlichen Angaben und klärungsbedürftigen Themen und notieren Sie diese. Priorisieren Sie diese Punkte. Fragen Sie sich: Welches sind die wichtigsten Fragen, auf die Sie unbedingt Antworten benötigen, um überhaupt weiterarbeiten zu können? Im Kapitel »Rollenspiel« finden Sie unter der Rubrik »Gesprächsvorbereitung« im Abschnitt »Fragefelder« dazu weitere Tipps.

## 2. Bearbeitungsschritt:
### Rollenspiel – Gespräch mit dem Auftraggeber

Beim Rollenspiel der Fact-Finding-Aufgabe gibt es einige Parallelen zu dem im Kapitel »Rollenspiel« im Abschnitt »Spezielle Strategien für unterschiedliche Gesprächstypen« behandelten Verkaufsgespräch. Bezugspunkte finden sich dort speziell in Phase 3 »Belange des Gesprächspartners/Bedarfsermittlung« und in Phase 4 »Bewertung«, wogegen die anderen Gesprächsphasen nicht 1:1 übertragbar sind.

Kommen Sie gemeinsam mit Ihrem Auftraggeber möglichst schnell zum Thema, ohne dabei eine freundliche Gesprächseröffnung und Begrüßung zu übergehen. Auf Smalltalk sollten Sie dabei weitgehend verzichten. Zeigen Sie dem Gesprächspartner kurz das Gesprächsziel auf, nämlich die Informationen herauszuarbeiten, die zur Lösung seines Problems noch erforderlich sind. Bitten Sie Ihr Gegenüber um Verständnis, dass Sie in Anbetracht der knappen Zeit das Gespräch recht stringent führen müssen. Das heißt, dass Sie ihm viele Fragen stellen werden und es eventuell erforderlich sein könnte, ihn bei seinen Ausführungen zu unterbrechen, um an bestimmten Punkten direkt nachzuhaken.

Arbeiten Sie Ihre Themen nun der Wichtigkeit nach ab. Formulieren Sie Ihre Fragen möglichst präzise. Stellen Sie immer nur eine Frage und warten Sie die Antwort ab, bevor Sie zur nächsten Frage kommen. Notieren Sie sich die Antworten stichpunktartig. Wenn Sie mehrere Fragen auf einmal stellen, müssen Sie damit rechnen, dass bei der Beantwortung Punkte offen bleiben. Falls es notwendig ist, dann scheuen Sie sich nicht, Ihren Gesprächspartner freundlich zu unterbrechen bzw. mit einer Nachfrage einzuhaken.

Achten Sie im Gespräch auch auf Ihre nonverbalen Signale und berücksichtigen Sie dabei die im Kapitel »Rollenspiel« unter »Körpersprache und Kommunikation zwischen den Zeilen« dargestellten Empfehlungen.

**3. Bearbeitungsschritt:**
**Fallbearbeitung und Lösungsentwicklung**
Verknüpfen Sie die im Gespräch gewonnenen Erkenntnisse mit den Informationen aus dem Fallmaterial und entwickeln Sie daraus Ihre Lösung. Orientieren Sie sich dabei an den im Kapitel »Fallstudie/Case Study« vorgestellten Strategien zur Ergebnisfindung, die Ihrem Arbeitsauftrag entsprechen – also entweder geschlossene oder offene Fallstudie.

## Planspiel

### Beschreibung der Aufgabe

Bei dieser computergestützten Aufgabe agieren Sie als Führungskraft in einem fiktiven Unternehmen. Der Schwerpunkt der meisten Planspiele liegt auf strategischen Themen – insofern existieren inhaltliche Parallelen zu einer Fallstudie. Dort bleiben die Auswirkungen Ihres Lösungsansatzes jedoch hypothetisch und sind nicht sofort überprüfbar – in erster Linie zählt die Plausibilität. Im Planspiel bekommen Sie dagegen die Folgen Ihrer Entscheidungen direkt zu spüren. Die Aufgabe ist interaktiv – vom Prinzip vergleichbar mit einem Computerspiel. Darin besteht der große Unterschied zu einer Fallstudie.

Um die vorgegebenen Unternehmensziele umzusetzen, müssen Sie bestimmte Entscheidungen treffen und Transaktionen tätigen. So kann es beispielsweise erforderlich sein, dass Sie Personal einstellen oder abbauen, Budgets vergeben, Rohstoffe einkaufen, die Produktpalette erweitern oder Ihre Verkaufspreise anpassen. Das System reagiert nun auf Ihre Aktionen, unter Berücksichtigung hinterlegter betriebswirtschaftlicher und volkswirtschaftlicher Mechanismen sowie empirischer Zusammenhänge. Bei anspruchsvollen Planspielen können auch unvorhergesehene Ereignisse eintreten, die schnelle Entscheidungen von Ihnen erfordern, wie Naturkatastrophen, Lieferengpässe oder Werksspionage. Im Idealfall ist das Planspiel auf die Anforderungen einer bestimmten Führungsebene zugeschnitten und spiegelt die Wettbewerbssituation des eigenen Unternehmens wider.

Die zur Verfügung stehende Bearbeitungszeit bewegt sich meist jenseits von 45 Minuten. Planspiele können sowohl als Einzel- als auch als Gruppenaufgaben eingesetzt werden.

## Beurteilungskriterien

- Strategisches/unternehmerisches Denken
- vernetztes Denken
- Entscheidungsfähigkeit
- Kenntnis über allgemeine betriebswirtschaftliche und volkswirtschaftliche Zusammenhänge
- Kenntnis über die erfolgsentscheidenden Unternehmenskennzahlen und -parameter

## Empfehlung

Da die fiktive Organisation im Planspiel meist gewisse Parallelen zum eigenen Unternehmen aufweist, ist es hilfreich, sich damit vorab noch einmal näher zu beschäftigen. Sie müssen wissen, welches die wichtigsten Kennzahlen im eigenen Unternehmen sind, und vor allen Dingen, wie sich diese genau zusammensetzen. Um nur ein ganz simples Beispiel zu nennen: Gewinn = Ertrag – Aufwand. Zugegeben, die Berechnung des Gewinns dürfte keine große Herausforderung darstellen, nur gibt es darüber hinaus noch eine Reihe weiterer Kennzahlen. Im Assessment-Center-Training bin ich immer wieder erstaunt, wenn manche Führungskräfte nicht erklären können, wie sich in ihrem Unternehmen ein bestimmter Deckungsbeitrag errechnet.

Setzen Sie sich zur Vorbereitung auf ein Planspiel mit folgenden Fragen auseinander:

- Welches sind die wichtigsten Unternehmens- und Branchenkennzahlen?
- Wie berechnen sich diese?
- Zwischen welchen Kennzahlen besteht eine Wechselwirkung bzw. eine Abhängigkeit?
- Welche Kennzahlen befinden sich in einem Zielkonflikt?

*Kennzahlen kennen*

- Auf was für einem Geschäftsmodell beruht die Wertschöpfung Ihres Unternehmens?
- Welches sind die für den Erfolg Ihres Unternehmens entscheidenden internen und externen Faktoren?
- Worin sehen Sie die Chancen und die Risiken für Ihr Unternehmen und dessen Branche?

**Strategisch handeln** Auch wenn Sie ein Planspiel an einem Bildschirmarbeitsplatz bearbeiten, ist es ratsam, Papier und Stift für stichpunktartige Notizen bereitzuhalten. Bevor Sie nun überhaupt Entscheidungen treffen können, müssen Sie zunächst die Ist-Situation mit den Unternehmenszielen abgleichen. Verschaffen Sie sich deshalb schnell einen Überblick über die aktuelle Lage des Unternehmens und über die wichtigsten Kennzahlen. Möglicherweise wird Ihnen vor dem Start der Computersimulation eine kurze Einarbeitungszeit zur Verfügung gestellt. Diese sollten Sie für den Soll-Ist-Vergleich und Ihre Strategieentwicklung nutzen. Falls nicht, dann versuchen Sie dennoch zu Beginn der Aufgabe Ihre Vorgehensweise grob zu planen. Viel Zeit wird Ihnen dafür aber nicht bleiben, da vermutlich bestimmte Ereignisse Ihr Eingreifen erfordern werden. Doch wenn Sie in einem Planspiel ohne Strategie vorgehen und nur »auf Sicht fahren«, werden Sie feststellen, dass Sie zunehmend reagieren, anstatt zu agieren, und damit Ihren Handlungsspielraum immer mehr einschränken.

Überlegen Sie, welche Lösungsalternativen Ihnen zur Zielerreichung zur Verfügung stehen, und welche Auswirkungen auf das Gesamtunternehmen zu erwarten sind. Welche Folgen – außer den von Ihnen gewünschten – können also noch eintreten? Kürzen Sie beispielsweise aufgrund der Kostensituation das Werbebudget, dann haben Sie damit eine Einsparung realisiert. Gleichzeitig ist jedoch auch ein Rückgang der Abverkäufe und damit des Umsatzes zu erwarten.

Führen Sie wichtige Entscheidungen immer nacheinander aus und überprüfen Sie zunächst deren Auswirkung, bevor Sie die nächste Transaktion tätigen. So können Sie bei Bedarf rechtzeitig korrigierend eingreifen. Wenn Sie jedoch mehrere Parameter gleichzeitig verändern, kann ein komplexes Ursache-Wirkungs-Geflecht entstehen, welches die Korrektur von Fehlern erschwert. Die Erreichung des Maximalziels in der vorgegebenen Zeit ist meist utopisch. Manche

Aufgaben sind sogar so programmiert, dass bei guten Leistungen des Teilnehmers der Schwierigkeitsgrad automatisch ansteigt. Sie können sich also am Ende auch damit zufriedengeben, wenn Sie mit Ihrem Ergebnis auf dem richtigen Weg liegen. Ist das Planspiel als Gruppenaufgabe angelegt, so wird der Prozess der Entscheidungsfindung natürlich eine gewisse Rolle spielen – in diesem Fall existieren einige Parallelen zu einer führerlosen Gruppendiskussion mit Rollenvorgabe. Berücksichtigen Sie hierfür auch die allgemeinen Lösungsstrategien im Kapitel »Gruppendiskussion / Teammeeting«. Findet das Planspiel als Einzelaufgabe statt, so knüpft daran oft ein Gespräch bzw. Kurzinterview mit den Beobachtern an, in dem Sie die Gelegenheit haben, Ihre Strategie darzustellen.

## Selbstreflexion

### Beschreibung der Aufgabe

Eine Zusatzaufgabe besteht manchmal darin, eine Einschätzung über die eigenen Leistungen abzugeben. Diese kann sowohl mündlich als auch schriftlich abgefragt werden, entweder direkt nach jeder Aufgabe oder gegen Ende in einem kompletten Bearbeitungsblock. Die Selbstreflexion kommt bevorzugt in internen Auswahlverfahren und Assessment-Centern für Führungspositionen zum Einsatz.

Bei einer schriftlichen Gesamteinschätzung könnten folgende typische Fragen vorgegeben sein:

1. Bei welchen Aufgaben sind Sie mit Ihrer Leistung zufrieden, und warum?
2. Bei welchen Aufgaben sind Sie mit Ihrer Leistung ganz oder teilweise unzufrieden, und warum?
3. Haben Sie in diesem Assessment-Center Lernfelder für sich erkannt, und wenn ja, welche?
4. Wie zufrieden sind Sie mit Ihrem Gesamtauftritt in diesem Assessment-Center?

Eine mündliche Selbsteinschätzung könnte entweder ein Modul innerhalb eines strukturierten Interviews sein oder unmittelbar nach jeder Aufgabe abgefragt werden. Manchmal werden solche Fragen beiläufig gestellt und hören sich dann etwa wie folgt an:

• Na, wie ist denn die Aufgabe aus Ihrer Sicht gelaufen?
• Wie fühlen Sie sich denn jetzt nach dieser Übung?

Auch wenn dies im ersten Moment wie nett gemeinter Smalltalk klingt, handelt es sich dabei um eine Form der Aufforderung zur Selbstreflexion.

Inwieweit eine Selbsteinschätzung das Gesamtergebnis eines Auswahlverfahrens beeinflusst, lässt sich nicht allgemein beantworten, da deren Bewertung sehr unterschiedlich gehandhabt werden kann. In manchen Assessment-Centern wird die Selbstreflexion als Zusatzinformation betrachtet und dann herangezogen, wenn in der abschließenden Beobachterkonferenz Unstimmigkeiten bei der Urteilsfindung auftreten.

### Beurteilungskriterium

• Fähigkeit zur Selbstreflexion

### Empfehlung

Werden Sie nach einer Aufgabe von Beobachtern gefragt, wie Sie sich einschätzen, empfiehlt es sich, darauf differenziert zu antworten. Spontane, unüberlegte Antworten wie »Naja, ganz gut« oder »Ich denke, ich liege im Mittelfeld« fallen dann oft sehr pauschal und wenig aussagekräftig aus. Mit solchen »Tendenz-zur-Mitte-Antworten« drücken Sie so gut wie gar nichts aus, lediglich, dass es Ihnen schwerfällt, Ihre eigenen Leistungen zu reflektieren.

Um aussagekräftiger und differenzierter zu antworten, können Sie bei Ihrer Selbsteinschätzung folgende Punkte berücksichtigen:

- persönliches Ziel
- gute Teilbereiche
- weniger guter Teilbereich
- Lernerfahrung
- Gesamtzufriedenheit

Die Antwort auf eine allgemeine Frage zur Selbsteinschätzung im Anschluss an ein Mitarbeitergespräch könnte wie folgt ausfallen:

*Es war mein Ziel, das Verspätungsproblem mit Herrn Koch zu lösen. Ich denke, es ist mir gut gelungen, eine angenehme Gesprächsatmosphäre aufzubauen und trotzdem die Ernsthaftigkeit des Themas zu vermitteln. Bei der Ergründung der Ursachen für die Verspätung habe ich selbst zu viel geredet. Die Hintergründe wurden mir deshalb erst spät bewusst, das war nicht optimal. Beim nächsten Mal würde ich deshalb mehr offene Fragen stellen. Da wir eine gute Lösung gefunden haben, bin ich mit dem Gespräch insgesamt zufrieden.*

**Beispiel**

**Hinweis**

Das dargestellte Beispiel bezieht sich auf ein einfaches Mitarbeitergespräch, das lediglich die Lösung einer Verspätungsthematik beinhaltete. Würde es sich um ein komplexes Mitarbeitergespräch mit verschiedenen Themen und Gesprächszielen handeln, müsste sich dies natürlich auch in der Selbstreflexion widerspiegeln. Die Selbstreflexion dürfte dann auch entsprechend umfangreicher ausfallen.

Anstatt eine Aufgabe pauschal mit »gut gelaufen« oder »mittelmäßig« zu bewerten, ist es aussagekräftiger, wie im dargestellten Beispiel die guten und weniger guten Teilbereiche konkret zu benennen. Sie bringen damit zum Ausdruck, dass Sie in der Lage sind, differenziert zu reflektieren, und erkannt haben, woran Sie noch arbeiten können. Wenn Sie auf den weniger guten Teilbereich eingehen, ist es vorteilhaft, sich zu der auffälligsten Schwachstelle zu bekennen, die vermutlich auch für die Beobachter sichtbar war. Falls Sie das Gefühl haben, eine systematische Vorgehensweise sei bei der Durchführung nicht sichtbar geworden, könnten Sie die Gelegenheit nutzen, um die von Ihnen beabsichtigte Strategie noch einmal ganz kurz aufzuzeigen.

Müssen Sie im Rahmen einer schriftlichen Selbstreflexion am Ende des Assessment-Centers zu vorgegebenen Fragen Stellung nehmen, können Sie ähnlich vorgehen (siehe Fragen weiter oben). Bei den Fragen 1 und 2 sollten Sie auf jeden Fall darauf eingehen, bei welchen Übungen Sie mit Ihren Leistungen zufrieden und bei welchen Sie nicht zufrieden sind. Anstatt nur Aufgaben zu benennen, ist es auch hier aussagekräftiger, die guten bzw. weniger guten Teilbereiche innerhalb der jeweiligen Übung zu konkretisieren. Bei der dritten Frage sollten Sie natürlich Lernfelder benennen können. Wenn Sie die Frage mit Nein beantworten, gleicht das einer K.-o.-Aussage.

Folgende Fehler können eine Selbsteinschätzung abwerten. Der Kandidat ...

- ... erzählt den kompletten Verlauf der Aufgabe nach, anstatt sich auf wesentliche Punkte zu beschränken.
- ... macht Dritte für einen unbefriedigenden Ausgang verantwortlich (Beispiel: »Weil sich der Mitarbeiter so verhielt, konnte ich nicht ...«).
- ... reagiert überwiegend mit Pauschalaussagen oder »Tendenz-zur-Mitte-Antworten«.


## Vorstellungsrunde

### Beschreibung der Aufgabe

Viele Assessment-Center beginnen mit einer Vorstellungsrunde, die von den Moderatoren bzw. Beobachtern eröffnet und von den Teilnehmern fortgesetzt wird. Normalerweise fließt dieses Modul nicht in die Bewertung ein, sondern dient wirklich nur dem gegenseitigen Kennenlernen. Dennoch sollten Sie natürlich auch hier einen positiven Eindruck hinterlassen.

## Empfehlung

Wenn von einer kurzen Vorstellung die Rede ist, wird keine klassische Selbstpräsentation erwartet. Bei einer Vorstellungsrunde bleiben die Beteiligten üblicherweise sitzen. Der Einsatz von Präsentationsmedien ist dabei meist nicht erforderlich bzw. auch nicht gewünscht. Wenn Sie eine exponierte Rolle einnehmen und als einziger Teilnehmer vor die Gruppe treten, könnte das als überheblich interpretiert werden. Negativ fallen auf jeden Fall Kandidaten auf, die trotz der Bitte, sich möglichst kurz zu fassen, nun ausschweifen und versuchen, ihre gut vorbereitete mehrminütige Selbstpräsentation zu platzieren.

Sofern keine anderslautenden Vorgaben existieren, ist es empfehlenswert, sich in der Vorstellungsrunde auf etwa eine halbe Minute zu beschränken bzw. sich am Vorbild der Beobachter zu orientieren. Gerade weil es innerhalb dieser Zeit gar nicht möglich ist, sich umfassend vorzustellen, sollten Sie sich gut überlegen, was Sie einfließen lassen und auf welche Informationen Sie verzichten. Weniger ist dabei oft mehr. Gestalten Sie Ihre persönliche Vorstellung möglichst interessant, anstatt einem 08/15-Schema zu folgen. Sie könnten beispielsweise kurz darauf eingehen, warum Sie an dem Assessment-Center teilnehmen und sich für eine bestimmte Hierarchieebene qualifizieren möchten. Dadurch bringen Sie bereits an dieser Stelle des Assessment-Centers Ihre Motivation für die Zielposition zum Ausdruck.

# Weiterführende Links für Ihre Assessment-Center-Vorbereitung

Inkludiertes Assessment-Center-Übungsmaterial bzw. Praxisaufgaben zum Download (Passwort siehe Vorwort)
www.assessment-center-kurse.de/vip/

Englischsprachige Ausgabe des vorliegenden Buches:
»Excelling at Assessment Centres« von Johannes Stärk
https://amzn.to/3rCeY0A

Buchempfehlung zur vertiefenden Interviewvorbereitung:
»Erfolgreich im Vorstellungsgespräch und Jobinterview« von
Johannes Stärk
www.gabal-verlag.de/buch/erfolgreich-im-vorstellungsgespraech-
und-jobinterview/9783869364407

Simulation diverser Online-Testverfahren (kognitive Leistungstests
und Persönlichkeitstests):
Kostenpflichtiges Onlineportal https://tinyurl.com/de-jobtestprep

 Kostenpflichtige Durchführung des in Kapitel 8 »Psychometrische Tests« vorgestellten Persönlichkeitstests »Shapes«
www.intertrainment.de/persoenlichkeitsprofil

 Johannes Stärks Assessment-Center-Seminare und individuelle Coachings mit sofort verfügbaren Terminen:
www.intertrainment.de

 Assessment-Center-Online-Trainings mit Best-Practice-Videos zum Selbststudium und als Last-Minute-Vorbereitung
www.assessment-center-kurse.de

# Praxisaufgaben

Als Leser dieses Buches haben Sie Zugriff auf über 280 Seiten mit Praxisaufgaben, die Ihnen ergänzend zu den Inhalten des Buches, also »on top« zur Verfügung stehen. Von der Bearbeitung der Praxisaufgaben werden Sie am meisten profitieren, wenn Sie sich dazu zunächst in das Kapitel zu dem entsprechenden Assessment-Center-Modul eingelesen haben. Am Ende des jeweiligen Kapitels finden Sie konkrete Bearbeitungshinweise zum Umgang mit den Praxisaufgaben. Beim Einlesen brauchen Sie keine Bedenken zu haben, dass Sie dadurch bereits Lösungen oder Aha-Effekte der Praxisaufgaben vorwegnehmen, da es sich bei diesen um echtes Zusatzmaterial handelt, das im Buch nicht enthalten ist.

**Über 280 Seiten Zusatzmaterial**

Lediglich der Interviewfragenkatalog bildet hier eine Ausnahme. Alle Interviewfragen, die im Kapitel »Strukturiertes Interview« behandelt werden, finden Sie zur Bearbeitung nochmals als Word-Dokument in den Praxisaufgaben. Mit Ausnahme dieses Interviewfragenkataloges sind die Praxisaufgaben ausschließlich zur Bearbeitung in Papierform vorgesehen.

## Praxisaufgaben zu Kapitel 3 »Präsentation«

- 10 Arbeitsaufträge zum Thema Selbstpräsentation
- 10 Arbeitsaufträge zu allgemeinen Präsentationsthemen

**10 + 10 Präsentationsaufträge**

## Praxisaufgaben zu Kapitel 4 »Rollenspiel«

- 10 Mitarbeitergespräche
- 2 Kundengespräche
- 2 Gespräche auf gleicher Hierarchieebene

**14 anspruchsvolle Gesprächssituationen**

## Praxisaufgaben zu Kapitel 5 »Strukturiertes Interview«

**Persönliche, soziale und methodische Kompetenz**

6-seitiger Interviewfragenkatalog mit 62 Fragen zu 13 Themen

## Praxisaufgaben zu Kapitel 6 »Fallstudie / Case Study«

**2 umfangreiche Fallstudien**

- Fallstudie 1 »MyCineDreams«, Umfang: 27 Seiten
- Lösung zu Fallstudie 1 »MyCineDreams«, Umfang: 9 Seiten
- Fallstudie 2 »Flughafenpark«, Umfang: 44 Seiten
- Lösung zu Fallstudie 2 »Flughafenpark«, Umfang: 5 Seiten

## Praxisaufgaben zu Kapitel 7 »Gruppendiskussion / Teammeeting«

**11 Diskussionsthemen**

- 5 Arbeitsaufträge für führerlose Gruppendiskussionen ohne Rollenvorgabe
- 3 Arbeitsaufträge für führerlose Gruppendiskussionen mit Rollenvorgabe
- 3 Arbeitsaufträge zur Leitung eines Teammeetings

## Praxisaufgaben zu Kapitel 8 »Psychometrische Tests«

**6 Testmodule – 116 Aufgaben**

- Figurenreihen
  (Testmodul bestehend aus 11 Aufgaben + Musterlösung)
- Zahlenreihen
  (Testmodul bestehend aus 21 Aufgaben + Musterlösung)
- Interpretation von Grafiken
  (Testmodul bestehend aus 10 Aufgaben + Musterlösung)
- Sprachanalogien
  (Testmodul bestehend aus 30 Aufgaben + Musterlösung)
- Meinungen und Tatsachen
  (Testmodul bestehend aus 30 Aufgaben + Musterlösung)
- Implikationen erkennen
  (Testmodul bestehend aus 14 Aufgaben + Musterlösung)

## Praxisaufgaben zu Kapitel 9 »Postkorb-/Managementaufgabe«

- Fragebogen-Postkorb »Sebi«, Umfang: 44 Seiten
- Lösung zu Fragebogen-Postkorb »Sebi«, Umfang: 5 Seiten
- Tableau-Postkorb »Röthmann«, Umfang: 29 Seiten
- Lösung zu Tableau-Postkorb »Röthmann«, Umfang: 3 Seiten

**2 knifflige
Postkorbaufgaben**

# Literaturverzeichnis

Brenner, Doris; Brenner, Frank: *Assessment-Center: incl. Internetworkshop*, Offenbach: GABAL, 2005

Faerber, Yvonne; Turck, Daniela; Vollstädt, Oliver: *Umgang mit schwierigen Mitarbeitern*, Planegg: Haufe, 2006

Grünig, Carolin; Mielke, Gregor: *Präsentieren und Überzeugen. Das Kienbaum-Trainingskonzept*, Planegg: Haufe, 2004

Hufnagl, Heidrun: *Multimodale Personalauswahl. Die erfolgreiche Alternative zum Assessment-Center*, Würzburg: Lexika, 2002

Kanning, Uwe Peter; Hofer, Stefan; Willbrenning, Birgit Schulze: *Professionelle Personenbeurteilung. Ein Trainingsmanual*, Göttingen: Hogrefe, 2004

Kießling-Sonntag, Jochem: *Handbuch Mitarbeitergespräche*, Berlin: Cornelsen, 2000

Kühn, Stephan; Platte, Iris; Wottawa, Heinrich: *Psychologische Theorien für Unternehmen*, 2. Auflage, Göttingen: Vandenhoeck & Ruprecht, 2006

Lucas, Michael: *Effiziente Personalauswahl durch professionelle Interviewführung*, Renningen: Expert Verlag, 2004

Obermann, Christoph: *Assessment-Center. Entwicklung, Durchführung, Trends*; 4. Auflage, Wiesbaden: Gabler, 2009

Oppermann-Weber, Ursula: *Mitarbeiterführung. Führungsansätze passend auswählen, Führungsinstrumente richtig einsetzen*, 2. Auflage, Berlin: Cornelsen, 2005

Saum-Aldehoff, Thomas: *Big Five. Sich selbst und andere erkennen*, Düsseldorf: Patmos, 2007

Simon, Walter: *Persönlichkeitsmodelle und Persönlichkeitstests*, Offenbach: GABAL, 2006

Stärk, Johannes: *Erfolgreich im Vorstellungsgespräch und Jobinterview – Das Standardwerk für Führungs- und Nachwuchskräfte*, Offenbach: GABAL, 2012

Stärk, Johannes: *Überzeugend auftreten. Wie Sie sich selbst wirkungsvoll präsentieren*, 1. Auflage, Berlin: Cornelsen, 2008
Sünderhauf, Katrin; Stumpf, Siegfried; Höft, Stefan: *Assessment-Center. Von der Auftragsklärung bis zur Qualitätssicherung*, Lengerich: Pabst, 2005
Werth, Lioba: *Psychologie für die Wirtschaft. Grundlagen und Anwendungen*, 1. Auflage, München: Spektrum, 2004

# Register

# Über den Autor

Johannes Stärk ist einer der wenigen hochspezialisierten
Assessment-Center-Coaches und -Trainer.
Er hat seit 2001 zigtausend Kandidaten zum Erfolg verholfen.

**Viel Erfolg für Ihr
Assessment-Center!**

Ihr

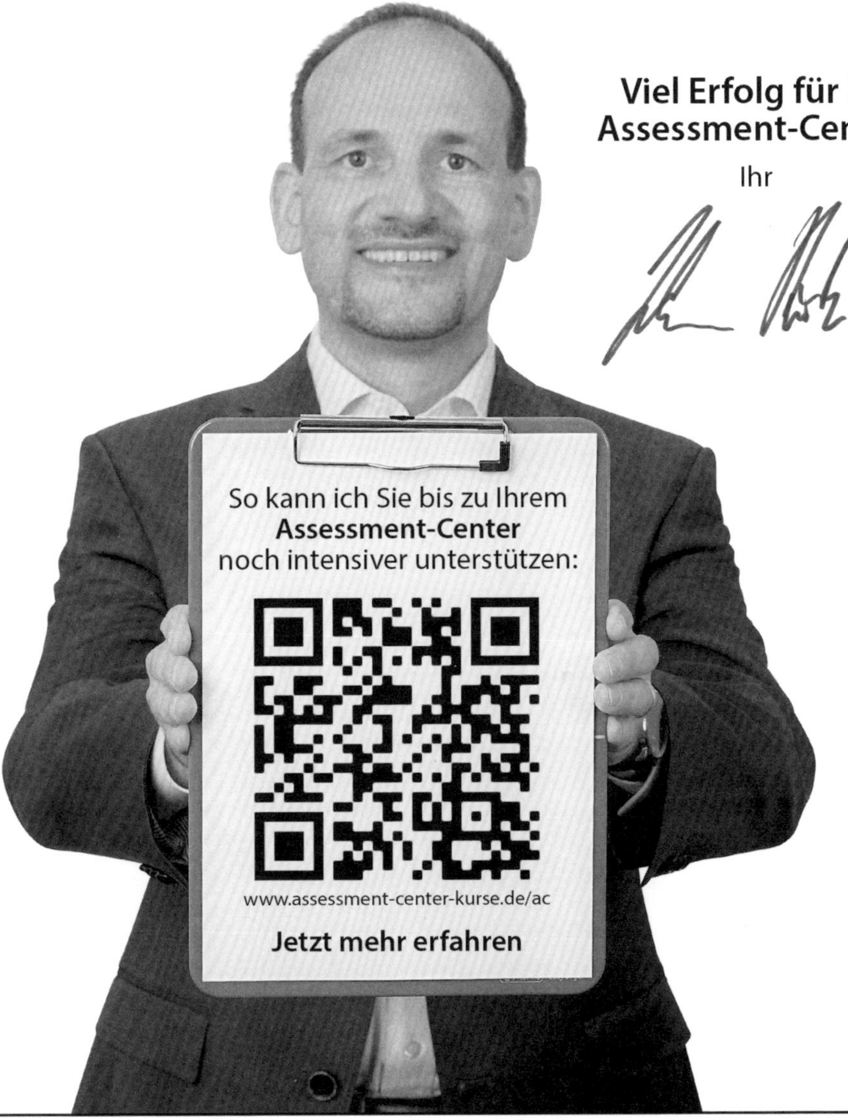

So kann ich Sie bis zu Ihrem
**Assessment-Center**
noch intensiver unterstützen:

www.assessment-center-kurse.de/ac

**Jetzt mehr erfahren**

www.assessment-center-kurse.de

www.intertrainment.de

# Vorhang auf für
## das GABAL Magazin

## Wissen teilen, Menschen vernetzen

Auf unserem Online-Portal bieten wir hochwertige Inhalte, praxisrelevantes Wissen und umsetzbare Impulse. Wir erweitern unsere Community und verleihen unseren Inhalten und AutorInnen noch mehr Sichtbarkeit.

Erprobte Lösungen für Ihre persönlichen, beruflichen und wirtschaftlichen Herausforderungen

## Das GABAL MAGAZIN bietet aktuellen Content und fundiertes Know-how zu den Themen

- **Management, Führung**
- **Marketing, Kommunikation, Vertrieb**
- **Wirtschaft, Gesellschaft**
- **Persönliche Entwicklung, Karriere, Finanzen**
- **Training, Coaching, Beratung**

### Zu jeder Kategorie bieten wir individuelle Newsletter

 **Wählen Sie nach Ihren persönlichen Interessen aus!**

## Vielfältige Medien-Formate – serviceorientiert aufbereitet, jederzeit und überall verfügbar

- **Fachartikel**
- **Interviews**
- **Selbsttests**
- **Podcasts**
- **Videos**
- **Wissensnuggets**

Neugierig?
Dann gleich QR-Code scannen!
Wir lesen uns auf
**www.gabal-magazin.de.**